1.
2.
3.
4.
5.

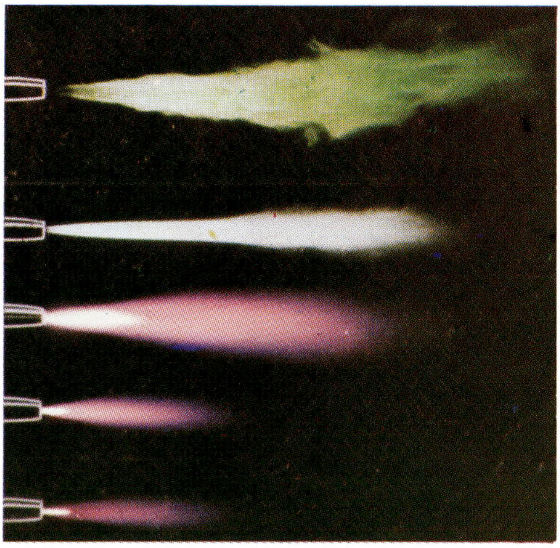

1. 아세틸렌 불꽃
2. 아세틸렌 과잉 불꽃
3. 약간 아세틸렌 과잉 불꽃
4. 표준 북꽃
5. 산소 과잉 불꽃

가스 용접 불꽃의 조정

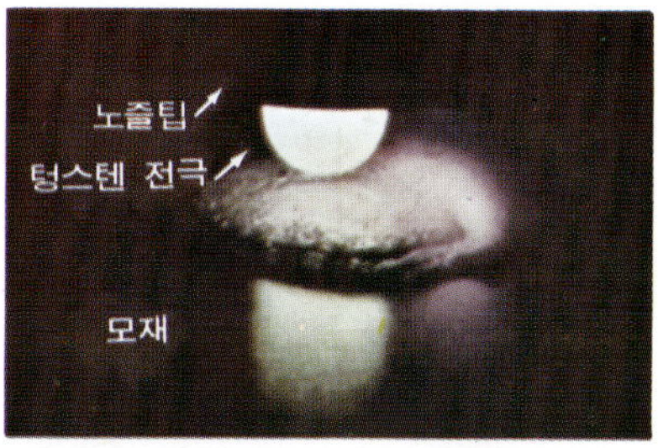

(a) 아아크 발생 후 15초

(b) 아아크 발생 후 60초

TIG 아아크 용접에서 알루미늄 모재 위의 청소 작용

D.C.R.P. 100 Amp, 텅스텐 전극 지름 6.4㎜

정상 상태의 TIG 아아크

D.C.R.P. 100 Amp

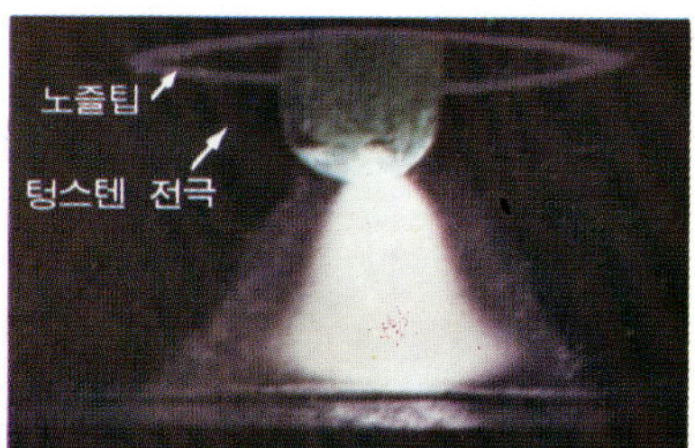

D.C.R.P.의 TIG 아아크

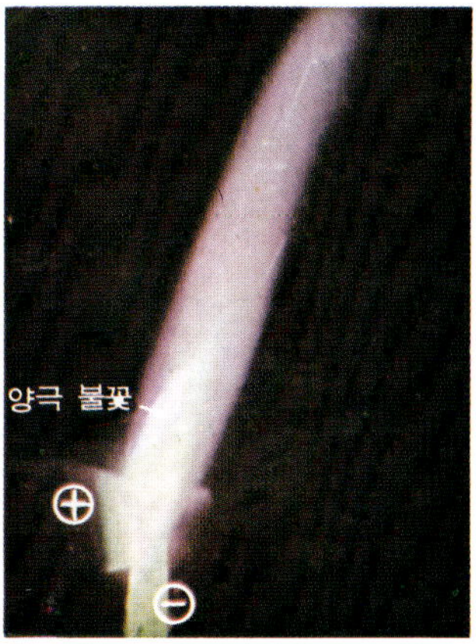

탄소 아아크 (90 Amp)

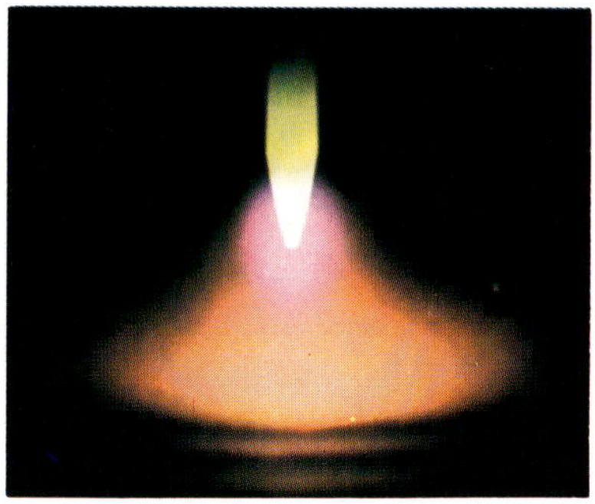

저압기중의 TIG 아아크 (D.C.S.P.)

P =32 mm Hg, 수냉 토오치, ϕ 4 mm
아아크 길이 15 mm, 200 A, 필터 사용
알곤 함유량 10 *l* /min

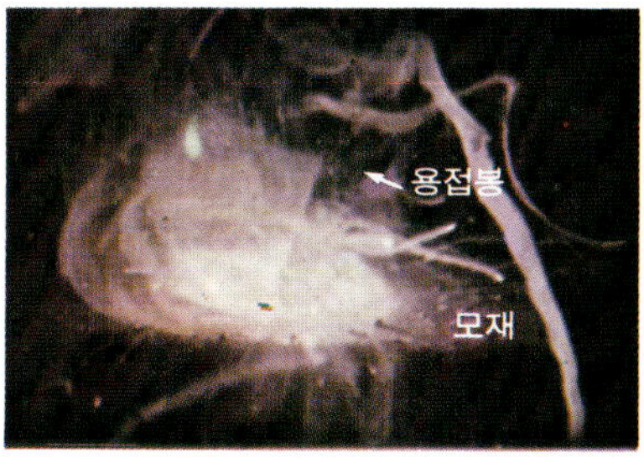

(a)

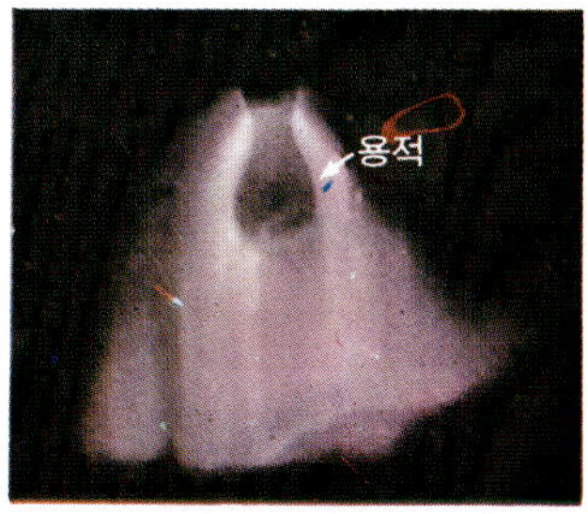

D.C.S.P. 230 Amp ϕ2.4 mm

알루미늄 MIG 용접

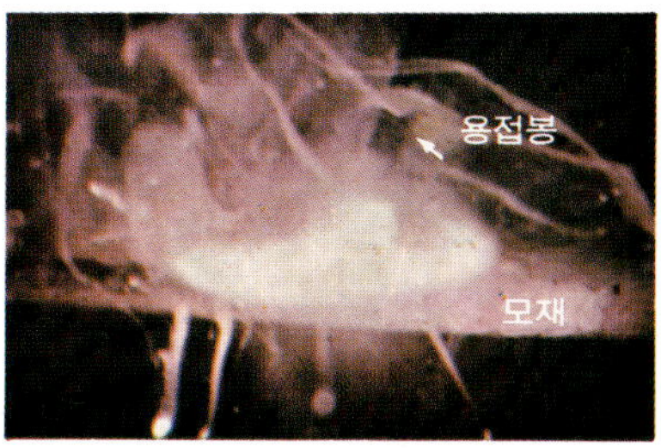

(b)

피복봉의 용접 아아크

D.C.R.P. 100 Amp, 봉지름 3.2 mm

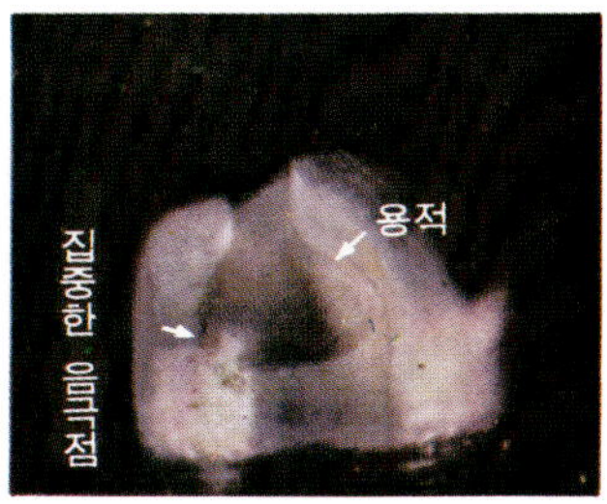

D.C.S.P. 300 Amp ϕ2.4 mm

불수강

스테인레스강 MIG 용접

實用熔接工學

嚴 基 元 著

東 明 社

머 리 말

한 나라의 공업의 발달은 기계 공학의 발달로 가늠된다고 한다. 이는 유능한 기술자와 기능공의 확보가 그 나라의 국운을 좌우한다는 뜻이다. 특히 용접 공학 분야는 기계, 금속, 전기, 토목, 건축, 조선, 항공, 자동차 등 각 분야의 공업 발전에 필수적인 과목임은 두말할 나위 없고, 근년 새로이 눈부시게 개척되고 있는 우주 공학이나 해양 공학 분야에 이르기까지의 각종 기계 공작의 주요 접합법(接合法)으로 매우 긴요한 위치를 차지하고 있는 분야이다.

이러한 점을 감안하여, 이 책은 용접에 대한 기술 습득을 위한 초심자와 미숙련자(未熟練者)에게 **짧은 시간에 올바른 지식과 정확한 기능을 익히게 하여, 한 사람의 훌륭한 기술자를 양성함을** 그 목적으로 하여, 기초 지식과 실기(實技)를 완전히 터득할 수 있게 하기 위하여 엮은 책이다.

또, 이 책은 그 동안 본인이 오랫동안 대학에서 직접 강의를 담당한 경험과 국제 기능 올림픽 대회에 참가할 후보 선수들의 기술 지도를 한 내용을 바탕으로, 용접 공학을 전공하려는 분이나 직접 용접 분야에 종사하려는 분들을 위하여 엮은 것이다.

근래 용접 기술로서 연구 개발하여야 할 분야가 많이 있으나, 그 중에서도 가장 기초적인 전기·아아크 용접과 가스 용접의 수동 용접 실기(手動熔接實技)에 중점을 두었다. 이는 수동 용접 실기에 익숙하면 용접 기술의 전반적인 이해는 물론, 학문적인 용접 공학의 전문 분야에 이르는 데도 기본적인 사항이 되기 때문이다.

따라서, 이 책은 대학이나 전문학교의 실습용 참고서일 뿐 아니라, **실제로 국제 기능 올림픽 대회에 참가하여 세계적인 기술자의 인정을 받고자 하는 기술자를 위한 길잡이가 되리라 생각된다.**

이 책에 사용된 용어는 문교부 제정 용어와 외래어 표기법에 준하였다.

끝으로, 이 책을 펴내는 데 있어서 세련되지 못하고 미숙한 부분이 적지 않음을 감지하면서 독자 여러분의 성원에 힘입어 앞으로 수정 보완하려고 한다. 그리고, 이 책이 우리 나라 산업 발전에 이바지할 일꾼을 위하여 조금이라도 도움이 될 수 있다면 다시없는 영광으로 생각하며, 집필 중 많은 조언과 격려를 해 주신 선배님들과 출간을 맡아 주신 동명사 여러분에게 심심한 사의를 표하는 바이다.

엄 기 원 씀

차 례

제 1 장 총론(總論)

제 2 장 아아크 용접(Arc熔接)

제 3 장 가스 용접(Gas 熔接)

제4장 특수 용접(特殊熔接)

제5장 압접(壓接)

제 1 장

총 론(總論)

1·1 용접의 정의

용접(熔接, welding)이란 2개 혹은 그 이상의 물체나 재료를 용융(溶融) 또는 반용융 상태로 하여 접합(接合, coalescence)하든가 상온 상태의 부재(部材)를 접촉시키고 압력(壓力)을 작용시켜 접촉면을 밀착시키면서 접합하는 금속적 이음(metallurgical jointing)과 두 물체 사이에 용가재(溶加材)를 첨가하여 간접적으로 접합시키는 작업을 말하며, 용접으로 이음된 것은 분해할 수 없다.

1·2 용접 기술의 역사

용접의 역사는 오랜 옛날부터 금속의 이용과 더불어 발전되어 B.C. 3000년경 메소포타미아(Mesopotamia) 지방에서 구리판의 납땜이 사용되었고 B.C. 1350년경에는 중동 지방(中東地方)에서 단접법(鍛接法)이 사용되었으며, A.D. 310년경에 역시 인도(印度)에서 단접법이 사용되었다. 이들 용접법의 열원(熱源)은 목탄(木炭)이나 석탄(石炭)을 사용하였으나 본격적인 용접의 발달은 18세기 말경 전기 에너지(電氣 energy)를 쉽게 이용할 수 있게 된 후로부터 현재에 이르기까지 무수한 용접법이 발달되었고(표 1·1 참조), 앞으로 계속적인 연구 과제가 있음을 암시하고 있다.

1·3 용접법의 종류

용접법을 대별하면 융접(融接, fusion welding), 압접(壓接, pressure welding)과 납땜(brazing and soldering)이 있다. 융접은 접합부에 용융 금속을 생성

표 1·1 용접법의 개발 연대

연 대	특 허 품	국 적	발 명 자
1801	아아크 발견	영 국	Sir Humphrey Davy
1880	탄소 아아크 용접법	독 일	N.V. Benardos
1885	탄산가스 피포·금속 아아크 용접법	독 일	N.V. Benardos
1886	전기 저항 용접법	미 국	E. Thomson
1888	금속 아아크 용접법	소 련	N.G. Slawjanow
1889	텅스텐 쌍극 용접법	독 일	H. Zerener
1890	잠호 용접법	소 련	N.G. Slawjanow
1895	테르밋 용접법	독 일	H. Goldschmidt
1900	산소 아세틸렌가스 용접법	프랑스	E. Fouche or Picard
1904	공정 용접법	스위스	H. Wasserman
1907	피복 용접봉	스웨덴	O. Kjellberg
1916	셀룰로우스계 피복 용접봉	미 국	R. Smith
1920	헤리 아아크 용접법	미 국	Linde Co.
1923	용융 아아크 용접법	벨기에	M.G. Motte
1926	원자 수소 용접법	미 국	J. Langmuir
1928	시그마 용접법	미 국	Linde Co.
1928	탄산가스 아아크 용접법	미 국	P. Alexander
1936	잠호 용접용 용제 계량	미 국	L.T. Jone H.E. Kennedy
1936	엘렉트로 슬랙 용접법	소 련	Paton 영구소
1937	용제 혼입 용접봉	벨기에	Arcos Co.
1943	초음파 용접법	미 국	A. Behr
1944	폭발 용접법	영 국	L.R. Carl
1948	전자 비임 용접법	독 일	K.H. Steigerwald
1950	플라스마 아아크 용접법	독 일	F. Buhorn
1957	마찰 용접법	소 련	A.I. Chudikow
1963	레이저 용접법	미 국	T.H. Maiman

혹은 공급하여 용접하는 방법으로 모재(母材)도 용융되나 가압(加壓)은 필요하지 않다. 저항 용접(抵抗熔接)은 국부적으로 모재가 용융하나 가압력이 필요하며, 납땜은 모재가 용융하지 않으나 땜납이 녹아서 접합면의 사이에 표면 장력(表面張力)의 흡인력이 작용되어 접합되며, 땜납의 용융점이 450°C 이상일 때에는 경납땜(brazing)이라 하고, 450°C 이하일 때를 연납땜(soldering)이라 하며, 이들의 용접법을 자세히 분류하면 표 1·2와 같다.

1·4 절단법의 분류

절단법(切斷法)에는 가스 절단법과 아아크 절단법이 있으며, 가스 절단은 산소(酸素)와 금속(金屬)과의 반응열(反應熱)을 이용하여 금속을 절단하는 방법

표 1·2 용접법의 분류

- 용접
  - 용접
    - 아아크 용접
      - 비소모 전극
        - 비피복 아아크—탄소 아아크 용접
        - 피포 아아크
          - 원자 수소 용접
          - 불활성가스 텅스텐 용접(TIG)
      - 소모 전극
        - 비피복 아아크
          - 금속 아아크 용접
          - 스터드 용접
        - 피포 아아크
          - 피복 금속 아아크 용접
          - 잠호 용접
          - 불활성가스 아아크 용접(MIG)
          - 탄산가스 아아크 용접
    - 가스 용접
      - 산소 수소 용접
      - 산소 아세틸렌 용접
      - 공기 아세틸렌 용접
    - 테르밋 용접
      - 용융 테르밋 용접
      - 가압 테르밋 용접
    - 엘렉트로 슬랙 용접
    - 엘렉트로 가스 용접
    - 전자 비임 용접
    - 플라즈마 용접
    - 레이저 용접
    - 전착 용접
    - 저온 용접
  - 압접
    - 가열식
      - 압 접
        - 가스 압접
        - 유도 가열 압접
      - 단 접
        - 해머 용접
        - 다이 용접
        - 로울러 용접
      - 전기 저항 용접
        - 겹치기
          - 점 용접
          - 시임 용접
          - 프로젝션 용접
        - 맞대기
          - 업셋 용접
          - 플래시 버트 용접
          - 퍼커션 용접
    - 비가열식
      - 확산 용접
      - 초음파 용접
      - 마찰 용접
      - 폭압 용접
      - 냉간 압접
  - 납땜
    - 연 납
    - 경 납
      - 가스토오치 납땜
      - 노내 납땜
      - 유도 납땜
      - 저항 납땜
      - 침지 납땜
      - 진공 납땜

이고, 아아크 절단은 전기 아아크열을 이용하는 것으로 최근 고도로 발달된 절단 기술은 기계 절단에 비견할 수 없을 정도의 고능률(高能率)로 되어 있으며 절단 방법의 분류는 표 1·3과 같다.

표 1·3 절단법의 분류

- 가스 절단
  - 보통 가스 절단
    - 상온 절단
    - 고온 절단
    - 수중 절단(under water cutting)
  - 분말 절단
    - 철분 절단
    - 용제 절단
  - 산소 아아크 절단
  - 가스 가공
    - 가우징(gouging)
    - 스카훵(scarfing)
    - 산소공(酸素孔)
    - 선삭(旋削)
- 아아크 절단
  - 탄소 아아크 절단
  - 피복 아아크 절단
  - 피포가스 아아크 절단
    - TIG 절단
    - MIG 절단
  - 아아크 공기 가우징(arc-air gouging)
  - 플라즈마 제트 절단(plasma jet cutting)

1·5 용접의 적용과 그 장단점

최근 기계나 구조물(構造物)에 구성되고 있는 공업 재료의 약 90 %가 철강(鐵鋼)이며, 그 중 약 80 %가 압연재(壓延材) 혹은 주물(鑄物)이며, 이들의 결합에는 거의 용접에 의존한다. 그러므로, 용접의 장단점을 잘 살펴 적용 범위를 확실히 하는 것이 좋다.

1·5·1 장 점

(1) 용접 구조물은 균질(均質)하고 강도가 높으며, 절삭 칩(chip)이 적으므로 재료의 중량을 절약할 수 있다.

(2) 이음의 형상을 자유롭게 선택할 수 있으며, 구조를 간단하게 하고 재료의 두께에 제한이 없다.

(3) 기밀(氣密)과 수밀성(水密性)이 우수하다.

(4) 주물에 비하여 신뢰도(信賴度)가 높으며, 이음의 효율을 100 % 정도로 높일 수 있다.

(5) 주물 제작 과정과 같이 주형(鑄型)이 필요하지 않으므로 적은 수의 제품

이더라도 그 제작에 있어서 능률적이다.

(6) 용접 준비와 용접 작업이 비교적 간단하며, 작업의 자동화(自動化)가 용이하다.

1·5·2 단 점

(1) 용접부가 단시간에 금속적 변화를 받음으로써 변질하여 취성(脆性, brittleness)의 악영향을 일으키므로, 이것을 적당한 열처리(熱處理)를 하여 이 취성의 성질을 여리게 해야 한다.

(2) 용접부는 열영향에 의하여 변형(變形) 수축(收縮)되므로, 용접한 재료 내부에 내부 응력(內部應力)이 생겨 균열(crack) 등의 위험이 발생하게 된다. 그러므로, 용접부의 변형 수축은 풀림(annealing)의 열처리를 하여 잔류 응력(殘留應力)을 제거하도록 해야 한다.

(3) 용접 구조에서 구조물은 모두 한덩어리로 되어 있으므로 균열이 발생하였을 때에는 균열이 퍼져나가 전체가 쪼개질 위험이 있다. 한 예로 전 용접선(全熔接船)이 해상에서 반으로 쪼개진 일이 있었다. 그러므로, 균열 전파의 방지를 위한 설계가 필요하다.

(4) 용접공의 기술에 의하여 결합부(結合部)의 강도가 좌우되므로 숙련된 기술이 필요하다.

(5) 기공(氣孔, blow hole), 균열 등의 여러 가지 용접 결함이 발생하기 쉬우므로 이들의 검사를 철저히 해야 한다.

(6) 용접부는 응력 집중에 민감하고 구조용 강재(構造用鋼材)는 저온에서 취성 파괴의 위험성이 발생하기 쉬우므로 각별한 주의가 필요하다.

1·6 용접 자세

용접 작업을 할 때 모재(母材)를 놓는 위치와 작업자의 자세에 따라 용접 자세(熔接姿勢)를 정할 수 있다. 그림 1·1은 용접 자세를 나타낸 것이다.

(1) 아래보기 자세(flat position)

모재를 수평으로 놓고 용접봉(熔接棒)을 아래로 향하여 용접하는 자세이며, 용접선(熔接線)을 수평면에서 15°까지 경사시킬 수 있다.

(2) 수평 자세(horizontal position)

모재의 용접면이 수평면에 대하여 80∼150°, 210∼280°의 회전을 할 수 있으며, 15° 이하의 경사를 가지고 용접선이 수평이 되게 하는 용접 자세이다.

(3) 수직 자세(vertical position)

수직면(垂直面)에서는 15° 이하의 경사를 갖는 면에 용접을 하며, 용접선은 수직 혹은 수직면에 대하여 15° 이하의 경사를 가지고 수직면 앞쪽에서 용접하는 자세이다.

(4) 위보기 자세(overhead position)

용접봉을 모재(母材)의 아래쪽에 대고 모재의 아래쪽에서 용접하는 자세이다.

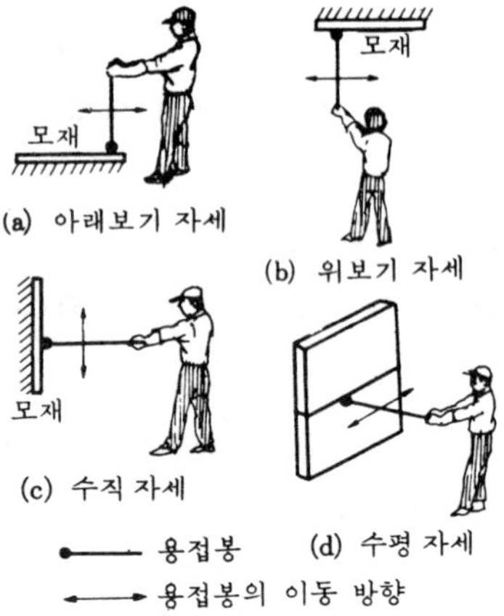

그림 1·1 용접 자세

1·7 용접 이음의 종류

아아크 용접, 가스 용접 등과 같이 녹여서 용접을 하는 것에는 그림 1·2와 같이 여러 부재(部材)를 조합해서 용접을 한다.

1과 2는 가장 많이 사용되는 방법이며, 1은 버트 용접(butt welding), 2, 3, 4는 겹침 용접 또는 랩 용접(lap welding)이라고 한다. 5와 6은 T형 부분의 용접으로 모서리를 용접하므로 필릿 용접(隅角熔接, fillet welding)이라고 한다. 7과 같은 용접은 모서리 용접(角部熔接, corner welding)이라 하고, 8은 끝단을 용접하므로 변두리 용접(edge welding)이라고 한다. 9는 한쪽 모재 구멍을 이용하여 구멍 안쪽과 다른 모재의 표면을 용접하는 것으로, 일종의 리벳 접합(接合) 같은 형식으로 된다. 이것을 플러그 용접(plug welding)이라고 한다. 용접된 부분이 2 및 5와 같이 용착 금속이 둥글게 올라온 견고한 용접을 콘벡스 필릿 용접(convex fillet welding)이라고 하고, 3 및 6과 같이 용접부(熔接部)가 들어간 것을 콘케이브 필릿 용접(concave fillet welding)이라고 한다. 특수 용접으로서 연질 모재(軟質母材)의 표면에 경질 용접봉으로 용접하여 경질 표면층을 형성하는

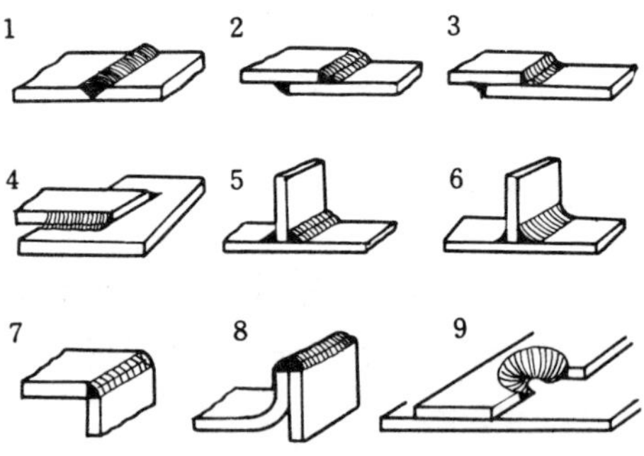

그림 1·2 용접 이음의 종류

하이드 페이싱(hard facing) 방식도 있다. 또는 마모(磨耗)된 부분품의 표면에 같은 재질의 용접을 하여 본래 치수로 만드는 것을 덧살 용접(surfacing)이라고 하며, 현장에서는 흔히 빌트 업 용접(built up welding)이라고 부른다. 이 중에서 가장 많이 쓰이는 이음법은 맞대기 용접이며, 모재의 두께에 따라 용접부는 그림 1·3과 같이 끝을 가공하여 홈을 만든다.

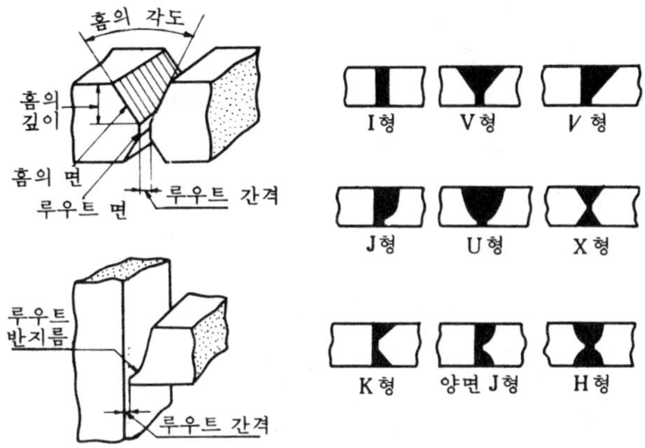

(a) 홈의 각부 명칭 (b) 홈의 종류

그림 1·3 맞대기 이음의 홈 형성과 각부 명칭

이 부분을 홈(groove)이라 하고, 홈을 메우는 용접 방법을 맞대기 용접 혹은 홈 용접(groove weld)이라 한다.

모서리 이음(coner joint)이나 T이음(tee joint)에서도 적당한 홈을 만들어 맞대기 용접을 하면 튼튼한 이음이 얻어진다. 홈의 형상이나 치수는 이음의 종류, 판의 두께, 용접 방법에 따라 선택하며, 여러 가지의 특징과 특성을 가지고 있으므로 이들을 고려하여 선택해야 한다.

아아크 용접에서는 일반적으로 판 두께가 6 mm 이하에서는 I형 홈, 4~12 mm에서는 V형 홈, 이 이상에서는 X형, H형, K형 등이 쓰인다. 그리고, 필릿 용접은 용접선의 형상에 따라 그림 1·4(a)와 같이 연속 필릿 용접(continous fillet weld)과 떰 필릿 용접(intermittent fillet weld)으로 나누어진다. 또 용접선에 대하여 하중(荷重)이 작용하는 방향에 따라 그림 1·4(b)와 같이 전면 필릿 용접(front fillet weld), 측면 필릿 용접(side fillet weld), 경사 필릿 용접(slop fillet weld)으로 분류된다.

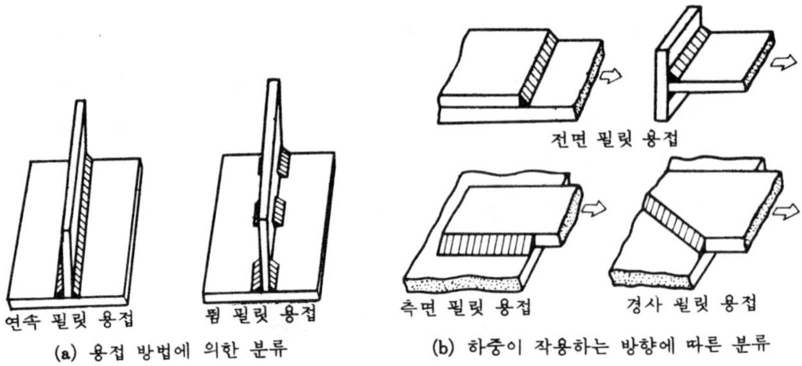

그림 1·4 필릿 용접의 종류

그림 1·5는 용접 이음 형식과 용접 자세를 종합한 것이다.

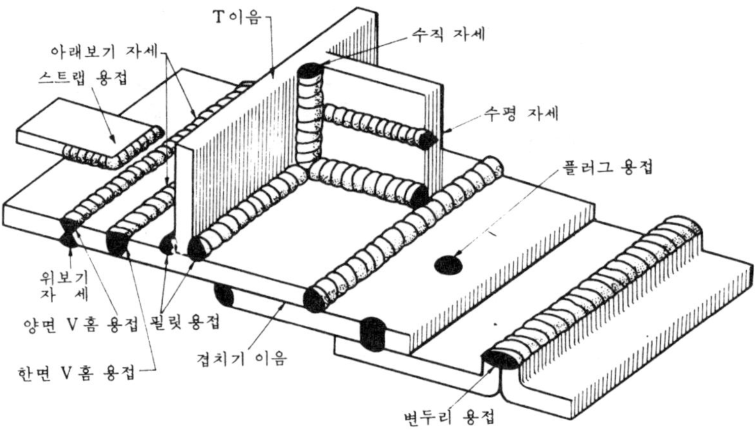

그림 1·5 용접 이음 형식과 용접 자세

표 1·4 홈 용접의 자세 (Positions of groove welds)

자　세	축한계 기호	경사축	회 전 면
아래보기	*A*	0～15°	150～210°
수　평	*B*	0～15°	80～150°
			210～280°
위 보 기	*C*	0～80°	0～80°
			280～360°
수　직	*D*	15～80°	80～280°
	E	80～90°	0～360°

용접선(熔接線 : weld line)은 비이드 용접, 필릿 용접, 맞대기 용접의 방향을 표시하는 선이고 용접축(熔接軸: axis of a weld)은 용접선에 직각을 이루는 용착부의 단면의 도심(圖心)을 지나며 그 단면에 수직한 선이다.

《참고》 1. 수평면은 항시 평면 용접인 아래보기 자세일 때이다.
2. 경사축은 수평면과 수직면에서 측정한다.
3. 회전면 각은 경사축을 P점에 고정하고 시계 방향으로 회전한 것이다.

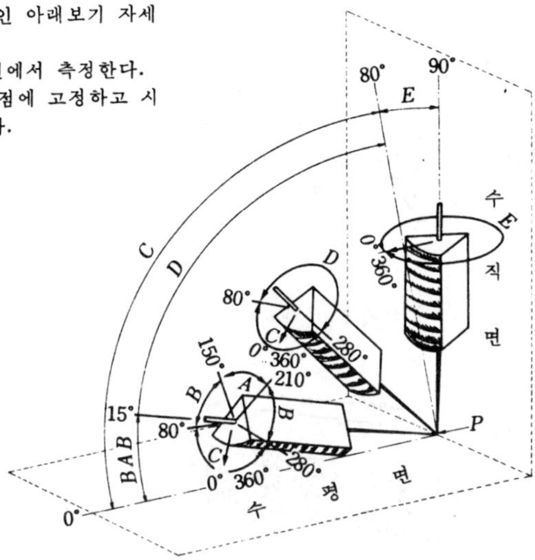

그림 1·6 홈 용접 자세

표 1·5 필릿 용접의 자세(Positions of fillet welds)

자　세	축한계 기호	경사축	회 전 면
아래보기	A	0~15°	150~210°
수　평	B	0~15°	125~150°
			210~235°
위 보 기	C	0~80°	0~125°
			235~360°
수　직	D	15~80°	125~235°
	E	80~90°	0~360°

《참고》

파이프의 홈 용접은 수평 고정 자세, 수평 회전 자세, 수직 자세가 있으며, 파이프의 중심축을 기준으로 한다.

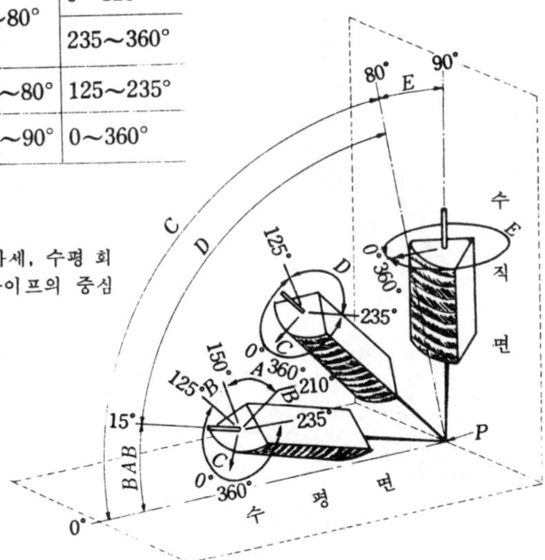

그림 1·7 필릿 용접 자세

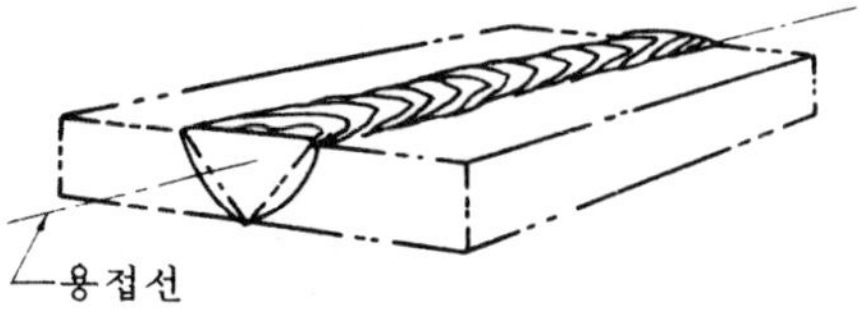

아래보기 자세

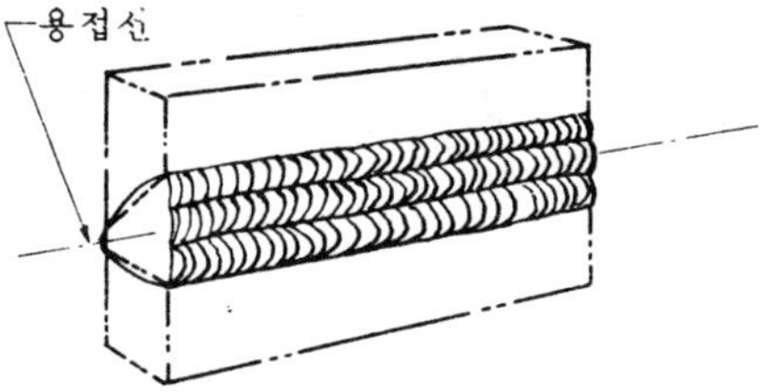

수평 자세

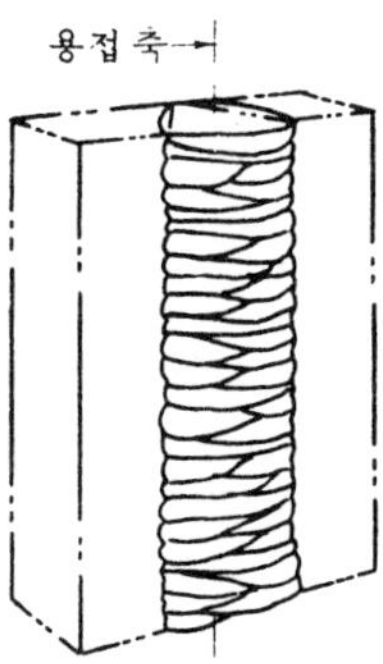

수직 자세

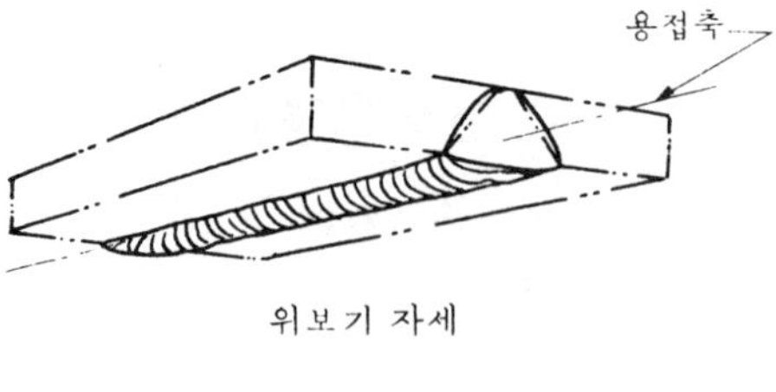

위보기 자세

그림 1·8 홈 용접 자세

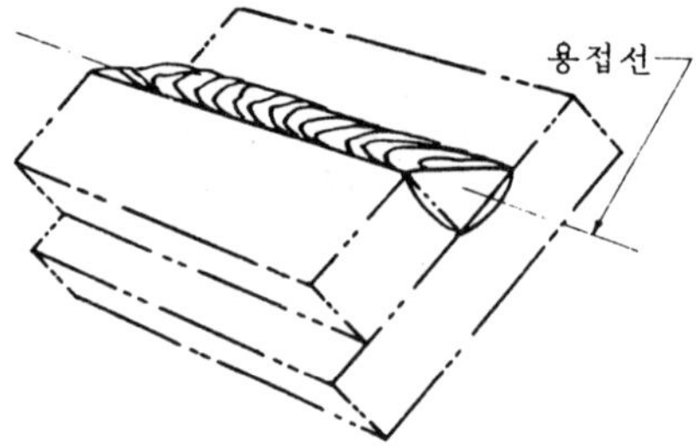

아래보기 자세

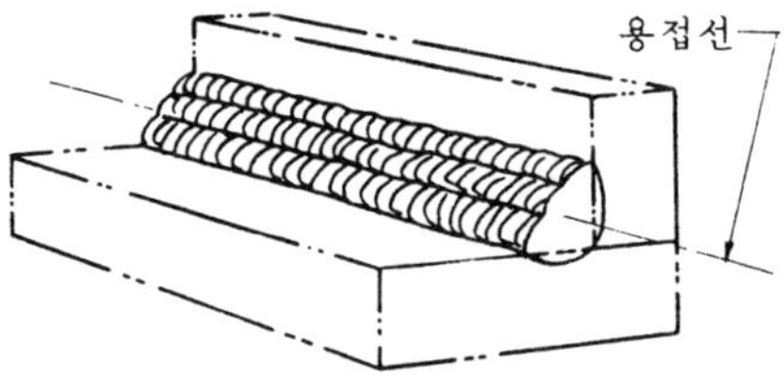

수평 자세

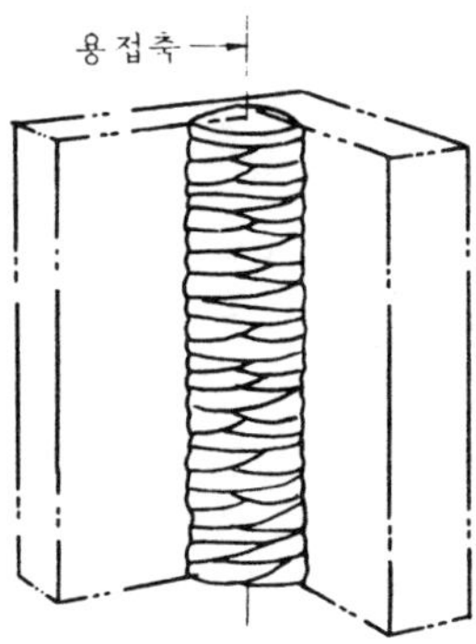

수직 자세

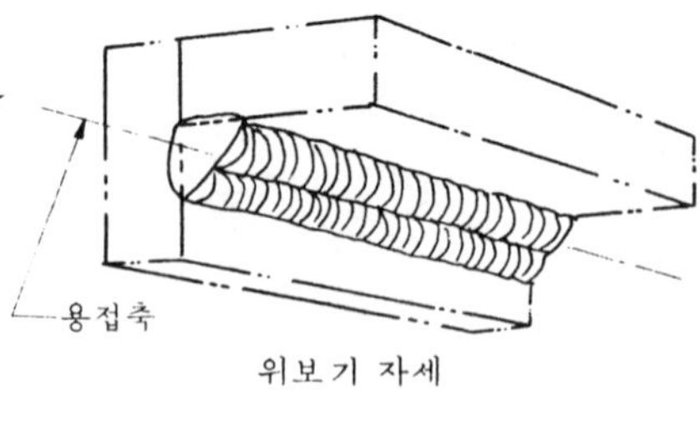

위보기 자세

그림 1·9 필릿 용접 자세

제 2 장

아아크 용접(Arc 熔接)

2·1 아아크 용접법

아아크 용접법(arc welding process)은 사용하는 전극(電極, electrode)의 종류에 따라 피복 아아크 용접봉(熔接棒)을 사용할 때 피복 금속 아아크 용접(shielded metal arc welding)이라 하고, 탄소 전극(炭素電極)을 사용할 때를 탄소 아아크 용접(carbon arc welding)이라 하는데, 보통 아아크 용접의 어의(語意)는 용접계에서 가장 많이 실용화되고 있는 피복 금속 아아크 용접을 말하고 있는 것이다. 이 용접법은 모재(base metal)와 금속 전극과의 사이에 아아크를 발생시켜 이 강한 아아크열에 의하여 용접봉과 모재를 융해 융합(融解融合)시켜서 용착 금속(deposited metal)을 만들어 모재와 모재를 접합시키는 방법인 것이다. 아아크열의 발생 온도는 대단히 높아 약 6,000°C가 된다. 따라서, 모든 금속을 간단히 융해할 수 있다. 아아크열에 의하여 녹은 용접봉의

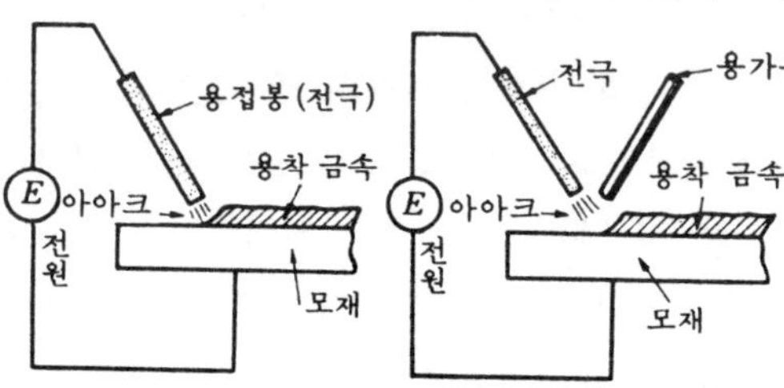

(a) 금속 아아크 용접 (b) 탄소 아아크 용접

그림 2·1 아아크 용접법

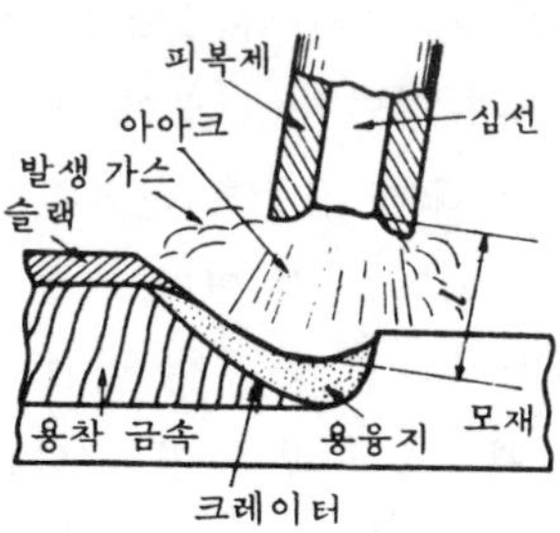

그림 2·2 피복 금속 아아크 용접

금속은 용적(溶滴, droplet)으로 되어 아아크력에 의하여 비이드의 종단인 크레이터(crater)의 용융지(溶融池, molten pool)로 운반되고 피복제(被覆劑,

flux)는 아아크열에 분해되며, 이 때 발생한 가스는 용융 금속을 덮어서 용융 금속 중에 산소와 질소가 침입하여 악영향을 미치지 않도록 보호하는 역할을 한다. 즉, 용융 금속의 산화(oxidation)와 질화(nitrizing)가 일어나지 않도록 보호 작용을 하는 것이다. 그리고, 피복제의 용융은 슬랙(slag)이 만들어지고 탈산 작용(脫酸作用)을 하며, 응고(凝固) 중의 용착 금속을 산화와 질화를 방지하여 용착 금속의 급랭(急冷)을 방지하는 작용을 한다.

전원(電源)은 교류와 직류를 사용하는데 교류 전원을 사용한 것을 교류 용접(交流熔接)이라 하고, 직류 전원을 사용한 것을 직류 용접(直流熔接)이라고 한다. 직류 용접은 모재쪽에 정극(正極)을 연결하였을 때를 정극성(stright polarity, 약자 DCSP)이라 하고, 부극(負極)을 연결하였을 때를 역극성(reverse polarity, 약자 DCRP)이라 한다.

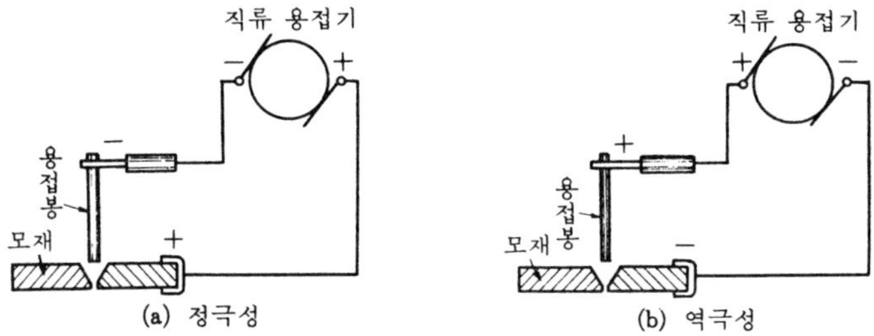

그림 2·3 아아크 용접 회로와 극성

교류 용접은 모재쪽에 정(正), 부(負)의 어느 쪽 극성을 연결해도 극성이 교차되어 흐르므로 발열량에 차가 없다. 모재와 용접봉 사이의 아아크 전압은 아아크의 길이와 더불어 증가하고 전류의 증가와 더불어 증가한다. 용접봉의 용융 속도는 전류치(電流値)에 정비례하고 아아크 전압에는 관계 없다. 교류 용접에 있어서 아아크 전압은 약 20～40 V이고 가장 많이 사용되는 전류는 50～400 A 정도, 아아크의 길이는 1.0～4 mm 정도이며 용접을 하고 있지 않을 때, 즉 무부하 전압(無負荷電壓)은 약 80 V이다.

그리고, 아아크열에 의하여 녹은 모재의 용융지(molton pool)의 깊이는 용접의 양부(良否)를 판단하는 기준이 되며, 이 용융지의 깊이(파임 깊이, penetration)에 영향을 주는 인자(因子)는 전류량, 극성, 아아크 길이의 안전성, 전극의 기울기, 용접봉의 지름과 운봉 속도(運棒速度)가 되는 것이다.

2·2 용접 재료(weld metal)

2·2·1 철강 재료

최근 많이 사용되고 있는 용접 재료는 철강(鐵鋼)으로서 철강은 철(Fe)과 탄소(C)의 합금에 여러 가지 원소(元素)인 망간(Mn), 규소(Si), 인(P), 황(S) 등이 함유된 것으로 다른 금속 재료와 비교하여 강도(強度), 경도(硬度), 강성(剛性), 연성(延性) 등이 좋으며, 이들의 성질은 열처리를 함으로써 개량할 수 있는 잇점을 가지고 있다.

철강에는 탄소강(carbon steel)이라 하는 철과 탄소의 합금 중에 Mn, Si, P, S 등을 함유한 강철과 이 탄소강에 니켈(Ni), 코발트(Co), 망간(Mn), 크롬(Cr) 등을 첨가하여 특수강(特殊鋼)인 합금강(合金鋼)을 만들며, Cr 과 Ni 을 철 중에 첨가하여 주원소로 한 스테인레스강에는 Cr = 12~14 %, C = 0.04~0.5 % 의 13 Cr 형의 페라이트계 스테인레스강(ferrite stainless steel)과 Cr = 16~20 %, Ni = 7~10 %, C<0.2 %, 18(Cr)−8(Ni)형의 오오스테나이트계 스테인레스강(austenite stainless steel)이 있으며 항공기, 석유 공업, 화력 발전용과 기계 장치의 부품이 고온도에 견딜 수 있는 내열강(耐熱鋼) 등이 있다.

2·2·2 철강의 분류

철강은 철과 탄소의 합금으로서 강과 주철(cast iron)로 분류되며, 철 중에 몇 %의 탄소가 함유하고 있는가 하는 함유량에 따라 표 2·1 과 같이 분류된다. 이 중에서 아아크 용접에 많이 사용되는 강(鋼)은 탄소량이 0.12~0.3 % 의 저탄소강이며, 이보다도 탄소량이 많은 것은 용접할 때 아아크의 열영향을 모재가 받게 되어 강재(鋼材)는 담금의 효과가 되어 용접부와 그 부근이 경화(硬化)되어 기계적 성질이 나빠진다.

표 2·1 철강의 탄소 함유량에 의한 분류

철강	강	특수극 연강	C<0.08 %
		극 연 강	C<0.08~0.12 %
		연 강	C = 0.12~0.20 %
		반 연 강	C = 0.20~0.30 %
		반 경 강	C = 0.30~0.40 %
		경 강	C = 0.40~0.50 %
		최 경 강	C = 0.50~0.70 %
		고 탄 소 강	C = 0.70~1.70 %
	주철		(C = 1.7~6.67 %)

그리고, 탄소 공구강(炭素工具鋼)은 탄소량이 C = 0.6~1.5 % 함유된 것으로 제 1 종부터 제 7 종까지 있으나, 이 재료는 탄소량이 높기 때문에

용접할 때에 특별한 주의를 해야 한다. 주철(鑄鐵)은 철에 탄소량 C = 1.7~6.67 %의 합금으로써 Si = 1~3 % 정도가 함유되고 있다. 주철에는 보통 주철, 고급 주철, 합금 주철, 가단(可鍛) 주철, 구상 흑연(球狀黑鉛) 주철, 칠드 주철(chilled cast iron) 등이 있다.

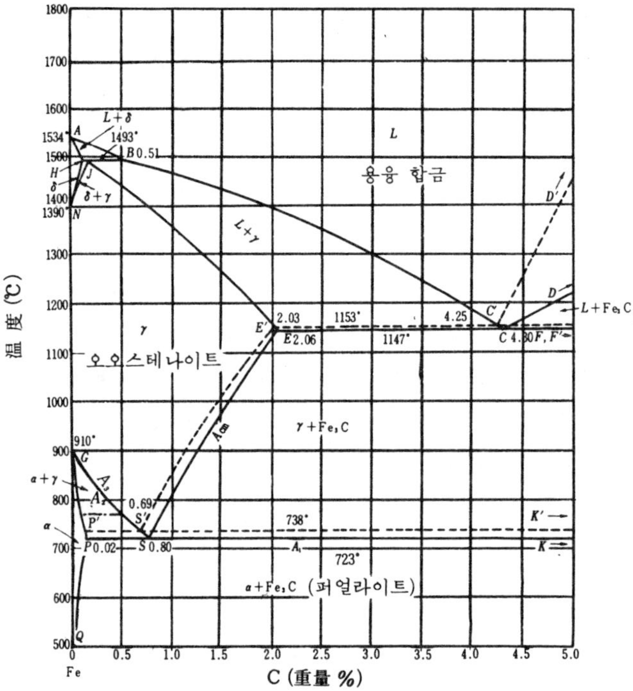

그림 2·4 철 탄소계 평형 상태도

2·2·3 탄소강의 용접성

강(鋼)은 철과 탄소의 합금이며, 이 탄소는 Fe 원자 3개와 C의 원자 1개가 Fe_3C 시멘타이트(cementite)란 화합물(化合物)을 만든다. 이것은 매우 좋은 화합물이 되어 강의 강도를 높이며 변형도를 감소시킨다. 철 중에 탄소량이 많을수록 Fe_3C의 양이 많아져서 경도와 강도가 높아진다. 주철 중에 탄소는 강의 탄소량보다 많이 있으나 이 탄소는 Fe_3C를 만드는 외에 탄소가 단독으로 흑연(黑鉛)으로 되어 존재하는 수가 많다. 이 흑연은 취성의 물질이며 대부분 편상(片狀)으로 되어 주철 중에 존재하기 때문에 주철은 강보다 탄소량이 많은데도 강보다 취성이며 약한 것이다. 그러므로, 강 중에 탄소량이 적은 것이 용접성(熔接性)이 양호하다. 그 이유는 융접은 용접봉과 모재를 고온도로 가열하여 융해 융합하는 것이기 때문에 모재는 고온으로 된다. 그리고, 용접 후에 용착 금속(溶着金屬)과 모재는 급열 급랭(急熱急冷)의 영향을 받게 되어 그 온도의 변화와 온도 분포는 매우 복잡하게 된다.

보통 온도 분포는 아아크의 바로 밑을 정점(頂點)으로 하여 산골짝과 같은 곡을 그리며, 용착 금속부에서 멀리 떨어짐에 따라 온도가 급격히 낮아진다. 이와 같은 급열 급랭의 영향을 경강(硬鋼)과 연강(軟鋼)을 비교해 보면, 경강일 때 약 800~900°C의 온도에 가열 급랭된 부분은 담금질의 효과를 받아서 경도가 높아지며, 충격치는 취성의 성질로 되고 담금질이 된 부분은 균열의 발생이 되기도 한다. 그러나 연강은 탄소량이 적으므로 이 담금의 효과에 대한 악영향을 그리 받지 않으면서 충분한 용접이 가능하다. 그러므로, 경강을 용접할 때는 모재를 급열 급랭에서 보호하기 위하여 용접 전에 모재를 가열하여 예열(豫熱)을 주며, 용접 후에 급랭하지 않도록 모재와 용접부를 가열하여 서냉(徐冷)하기 위한 후열(後熱)을 하도록 하는 것이 좋다. 그리고 용접 후의 풀림 작업은 위에서 말한 바와 같은 이유와 잔류 응력을 제거하기 위한 것이다.

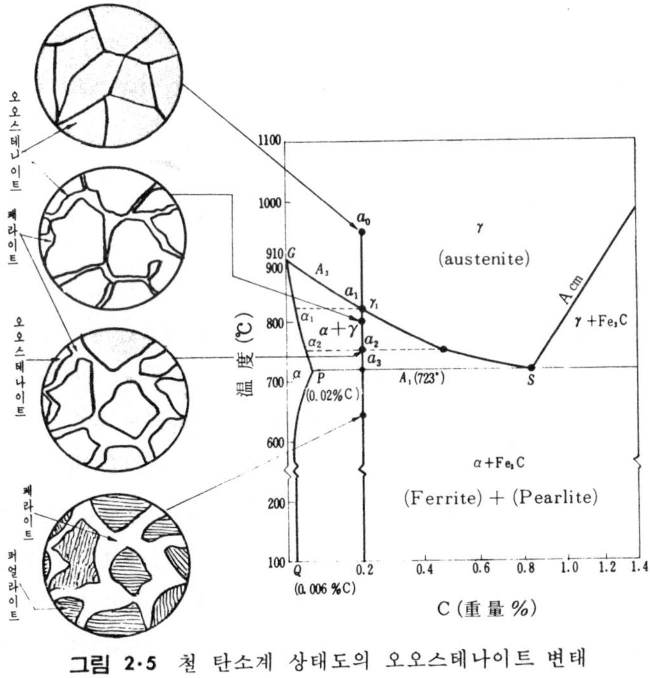

그림 2·5 철 탄소계 상태도의 오오스테나이트 변태

그림 2·6 은 강재를 용접한 단면이며 이것은 용접 금속(weld metal), 열 영향부(heat affected zone : HAZ)와 모재(base metal) 부분으로 되며, 용접 금속은 한 번 용융된 금속이 응고한 부분으로서 융접(溶接)에서는 용접 금속의 대부분이 용가재(溶加材, filler rod)가 용착된 것이므로 이것을 용착 금속(deposited metal)이라고 한다. 그리고, 용접 금속과 모재와의 경계부(境界部)를 본드(bond)라 하고, 이 부분은 융점 혹은 응고(凝固) 온도 범위까지 가열된 부분이다.

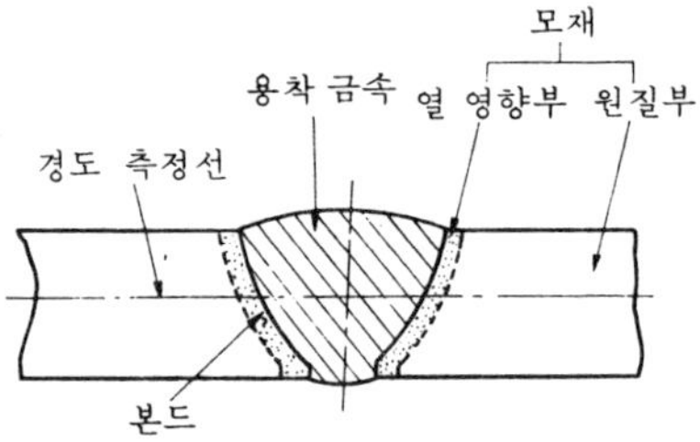

그림 2·6 용접부의 단면

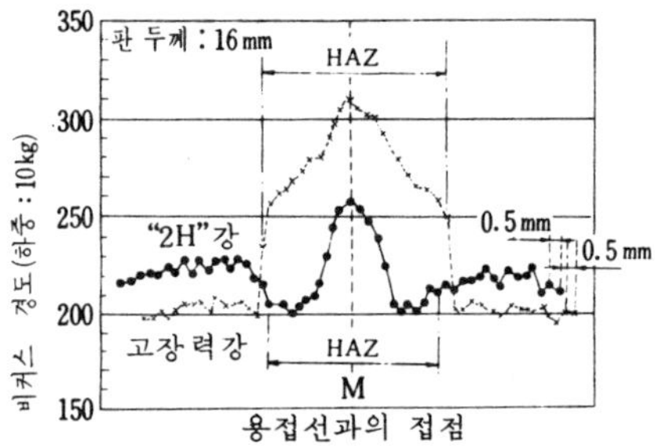

그림 2·7 열영향부의 경도 시험 결과의 비교

그림 2·7 은 조질강(調質鋼), 즉 60 kg/mm² 급의 강과 고장력강(高張力鋼)과의 용접 열영향부(HAZ)의 최고 경도 시험 결과의 비교를 한 것으로서, 모재의 강도가 동일하더라도 조질강(調質鋼)은 탄소량이 적으므로 경화의 정도가 적게 된 것을 알 수 있다.

2·3 아아크의 성질

2·3·1 아 아 크

용접봉과 모재와의 사이에 직류 전압을 걸어서 양쪽을 한 번 접촉하였다가 약간 떼면, 청백색(青白色)의 강렬한 빛의 아아크가 발생한다. 이 아아크를 통하여 큰 전류(약 50～400 A)가 흐르는데, 이 전류는 금속 증기(金屬蒸氣)와 그 주위에 각종 기체 분자가 해리(解離)하여 정전기(正電氣)를 가지는 양이온(positive ion)과 부전기(負電氣)를 가지는 전자(electron)로 분리되어, 이들이 정과 부의 전극으로 고속도로 이동하는 결과 아아크의 전류가 발생하는 것이다. 직류 아아크 중의 전압 분포는 그림 2·8 과 같이 3 단계로 되어 V_A = 양극 전압 강하(anode drop), V_K = 음극 전압 강하(cathode drop), V_P = 아아크 기둥 강하(arc column drop)로 분류되며, 전극의 전압 강하는 전극의 표면에서 아주 짧은 길이의 공간에서 생기는 것으로, 그 값은 전극 물질(電極物質)의 종류에 의하여 결정되고 아아크의 길이와 아아크의 전류에는 관계없이 일정하다.

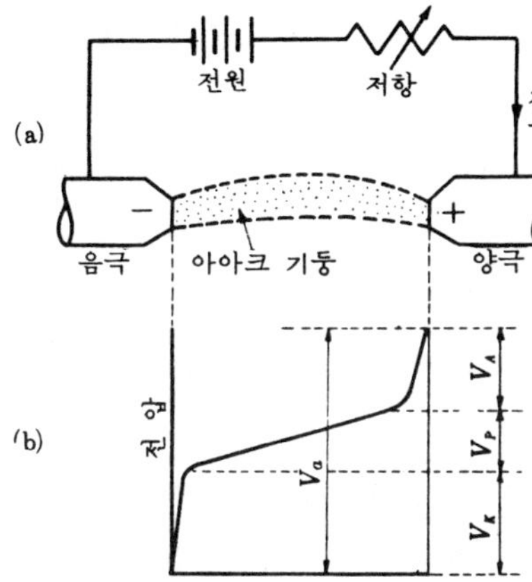

그림 2·8 아아크의 전압 분포

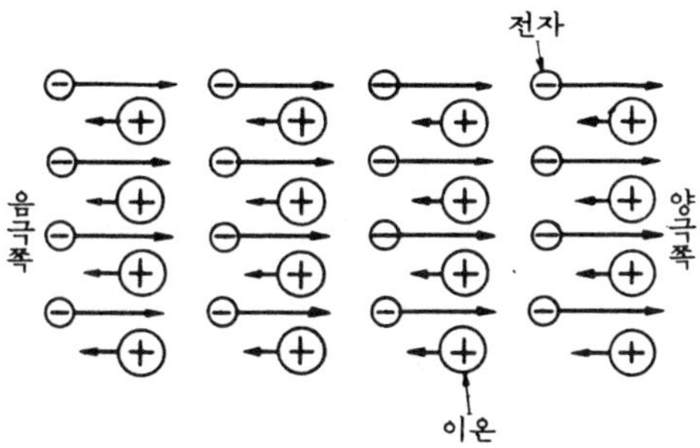

그림 2·9 아아크중에 이동하는 전자와 이온

그리고, 아아크 기둥(arc column)을 플라즈마(plasma)라고도 하며, 이것은 가스와 금속 원자(金屬原子)가 정부(正負)의 이온으로 해리되어 운동하고 있는 것이다.

이 아아크의 전압(arc voltage) V_a는 $V_a = V_A + V_K + V_P$로서 전극 사이의 거리에 비례하면서 변화하고, 그 비례 상수(比例常數)는 피복제의 종류와 아아크 전류, 아아크 길이에 비례하면서 커진다.

2·3·2 용접 입열(weld heat input)

용접부에 외부에서 주는 열량을 말하며, 피복 아아크 용접에서 단위 길이 1 cm 당 발생하는 전기적 에너지를 H로 표시하면

$$H = \frac{60\,EI}{v}\ \text{(Joule/cm)}$$

이며 아아크 전압 E(V), 아아크 전류 I(A), 용접 속도 v(cm/min)로서 위의 식이 성립된다. 실제는 이 전기적 에너지 외에 피복제(被覆劑)의 분해로 인한 화학적 에너지가 가산되어야 한다. 이 피복 아아크 용접에 사용되는 전류는 50～400 A, 아아크 전압은 20～40 V, 아아크의 길이는 1.5～4 mm, 용접 속도는 8～30 cm/min 이다.

만약 용접 전류(熔接電流)를 200 A, 아아크 전압을 25 V, 용접 속도를 15 cm/min 이라면 단위 길이당의 용접 입열은 20,000 Joule 이다. 이 때, 이 용접 입열의 몇 %가 모재에 흡수되었는가 하는 비율을 아아크의 열효율(熱效率)이라고 하며, 이 열효율은 많은 인자를 가지고 있다. 즉, 모재의 두께(thickness), 이음 형상(joint geometry), 용접 전의 예열 온도, 용접봉의 지름(size), 용접 속도, 아아크의 길이, 아아크의 전류, 피복제의 종류와 두께, 모재와 용접봉의 열전도율과 온도 확산율(擴散率) 등에 의하여 좌우된다.

2·3·3 용착 속도(deposition rate)

단위 시간에 용착하는 용착 금속(溶着金屬)의 양(量)을 말하며, 용융 속도와 더불어 용접 능률을 판정하는 기준이 되는 것으로 g/min, kg/h 등의 단위를 가지고 있다.

용융 속도(溶融速度)는 용접봉 혹은 용접 심선(熔接心線)이 1분간에 용융되는 길이(mm/min), 혹은 중량(g/min)으로서 용접봉의 지름(심선의 지름)이 동일할 때에는 전압과 전류가 높을수록 커지며, 전압과 전류가 일정하다면 용접봉의 지름이 작을수록 커진다. 용착 효율(溶着效率)은 용접봉 혹은 심선의 소모량(消耗量)에 대한 생성(生成) 용착 금속 중량의 비율을 말하며, 용접봉과 심선은 용융되었을 때 그 금속의 일부가 스패터(spatter) 등에 의해 감소된다. 그리고, 용접봉을 사용하고 나머지 부분(殘棒)은 제외하나 경제성을 생각할 때는 1개의 용접봉이 어느 정도의 중량을 가진 용착 금속으로 되는가를 생각하기도 한다. 용접 속도(welding speed)는 용접 비이드를 만들 때의 속도를 말하며, 1분간에 만들어진 비이드의 전 길이이다. 또한 비이드의 신연(伸延)은 1개의 용접봉으로 용접 가능한 용접 비이드의 최대 길이이며, 이 값이 크면 클수록 비이드의 신연이 좋다고 한다.

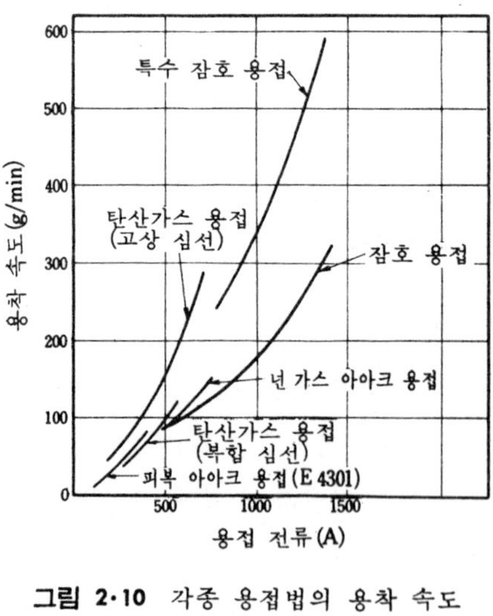

그림 2·10 각종 용접법의 용착 속도

그림 2·10은 각종 용접법에 의한 용착 속도로서 피복 아아크 용접을 보

면 50~400 A의 전류에서 용접봉의 용융 속도(溶融速度)는 아아크의 길이에 관계 없이 아아크 전류에 비례한다. 그리고, 가는 심선(心線)을 사용하는 대전류(大電流) 탄산가스 용접(CO_2 gas welding)과 잠호 용접(潛弧熔接, submarged arc welding)일 때에는 노즐(nozzle)에서 심선의 돌출장(wire extension)의 영향을 크게 받으며, 심선에 흐르는 전류의 주울(Joule) 열에 의하여 전류가 높아지면서 용융 속도가 급격히 증가하게 된다.

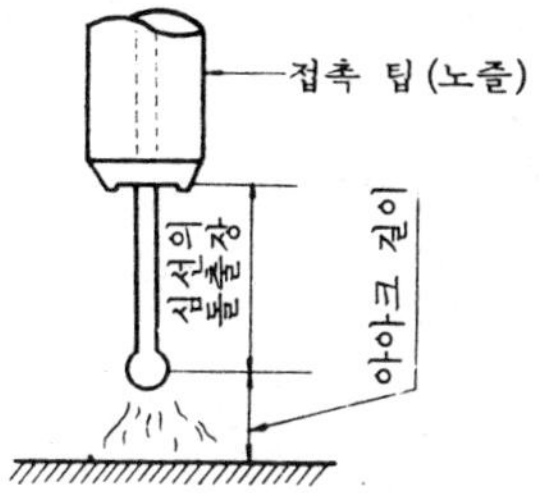

그림 2·11 심선의 돌출장

2·3·4 용융 금속의 이행(melting metal transfer)

용접봉에서 모재로 용융 금속이 이행(移行)하여 용착 작용에 주어지는 인자(因子)는 다음과 같은 현상이 있다.

(1) 전극 사이에서 일하는 정전기력(靜電氣力)

(2) 자기 불림(magnetic blow)

(3) 핀치 효과(pinch effect)

(4) 중력(重力)

(5) 용접 금속의 표면 장력(表面張力)

(6) 용접봉의 선단부에 일어나는 가스의 폭발력(爆發力)

(7) 피복 연소 가스 등의 가스류(流), 가스압(壓)

(8) 전자의 충격력 등을 들 수 있다.

위와 같은 인자는 용융지(溶融池)로 향하여 이행하는 용융 금속의 중요한 요소가 되며, 이들의 용착 현상을 고속도 사진기를 사용하여 관찰한 결과 다음과 같은 3가지 형식의 용적 이행(溶滴移行) 상태로 분류하고 있다.

① 입적 이행(粒滴移行, globuler transfer)

② 스프레이 이행(spray transfer)

③ 핀치 효과 이행(pinch effect transfer)

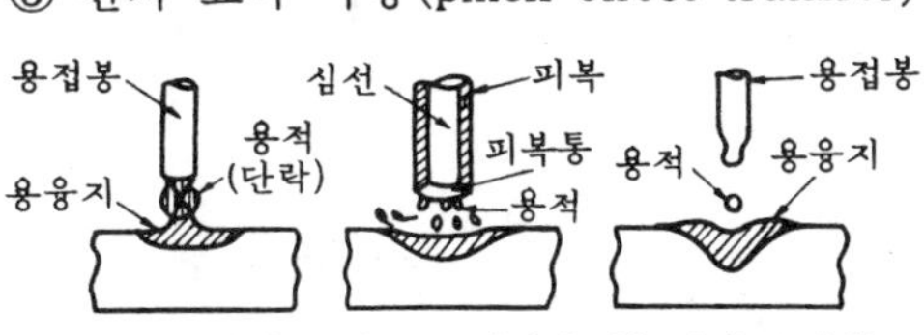

(a) 단락형 (b) 스프레이형 (c) 핀치 효과형

그림 2·12 용융 금속의 이행 형식

그림 2·12에서 (a)의 단락형(短絡型)을 입적 이행(粒滴移行)이라고도 하며, 용적(溶滴)이 모재와 접촉하여 빨려들어가는 형태로 용착(溶着)한

다. 이와 같은 현상은 저수소계(低水素系) 용접봉에 의한 용접과 불활성(不活性)가스 용접이나 탄산가스의 용접에서 직류 역극성(直流逆極性) 소모 전극 방식의 용접법을 사용할 때에 잘 나타나며, 최근 박판(薄板) 용접에서 많이 사용되는 것으로 단락 용접이라 하기도 한다. 이 용접은 용접봉의 선단(先端)이 모재 위의 용융지(溶融池)의 금속에 접촉하여 단락하면 맥동(脈動) 전류의 전압에 의해 단락부의 금속의 일부가 증발(蒸發)을 일으켜 용접봉과 용융지(溶融池)의 금속이 서로 떨어지게 되며, 이 때 용접봉에서 떨어진 용융 금속은 표면 장력에 의하여 용융지로 바로 수용된다.

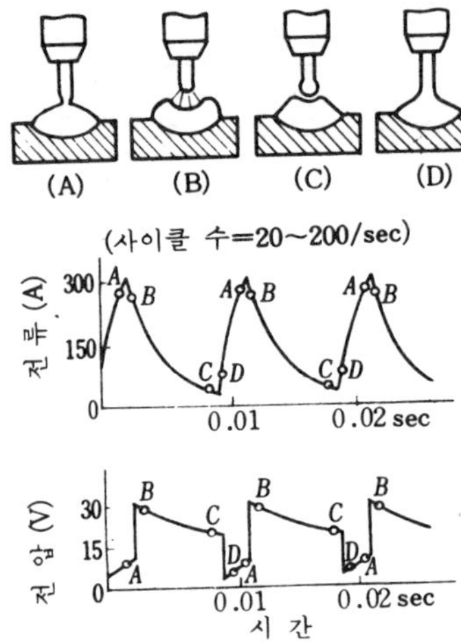

그림 2·13 단락 이행 과정

그림 2·13은 단락 이행 과정(短絡移行過程)을 도시한 것으로 A점은 용접봉이 용융지에 접촉되어 맥동 전류(脈動電流)는 단락부의 일부에서 증발한다. B점은 아아크가 발생하여 플라즈마(plasma)의 압력이 용융금속면을 밀어내리는 동시에 용접봉이 녹아내리면서 전류가 감소된다. C점은 용융지의 오목한 것이 회복되고 이를 향해 용접봉이 전진한다. D점은 단락이 다시 일어나 A의 상태로 돌아간다. 그림 2·12 (b)의 스프레이형은 용적(溶滴)이 입상(粒狀)으로 되어 이행하는 것으로서 모든 피복(被覆) 아아크 용접봉이 이에 속한다. (c)의 핀치 효과형은 서브머어지드 용접(submerged weld)과 같은 대전류를 사용하는 것에 많이 있으며, 그림 2·14와 같이 원형 단면의 도체(導體) 중에 전류가 흐르면 전류소선(電流素線)의 사이가 서로 흡인력(吸引力)이 생겨 이 힘은 중심으로 모이며, 이것이 압력으로 변하여 도체 용융부의 일부 단면을 작아지게 하면서 이 부분의 중심의 압력이 다른 단면의 큰 부분의 중심의 압력보다 크게 된다. 이것 때문에 죄어진

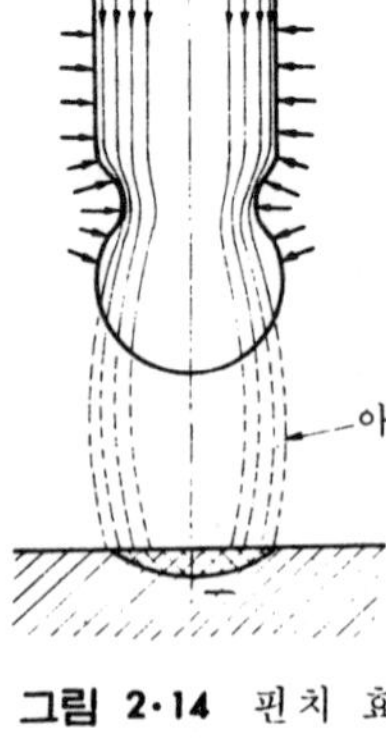

그림 2·14 핀치 효과

부분은 점점 더 죄어져서 용융부가 절단되게 된다. 이와 같이 절단되는 것을 핀치 효과 때문이라고 한다. 그리고, 단락형과 스프레이형의 중간에 폭발형 이행(爆發型移行, explosive transfer)이 있는데, 이것은 셀룰로우스(cellulose)계와 같은 가스 피포형(被包型)에서 잘 볼 수 있으며, 용융 용적의 내부에 가스가 다량 흡수되어 있어서 이것이 이행하는 사이에 빵꾸(puncture)되어 폭발적인 입자(粒子)의 이행을 하는 것을 말한다.

2·3·5 자기(磁氣) 불림(magnetic arc blow)

아아크가 자장(磁場)의 영향을 받아 뜻밖의 곳으로 불리는 현상을 자기 불림이라 하며, 즉 용접 중에 전류가 만드는 자장이 평형(平衡)을 잃어 버릴 때 자력이 아아크에 작용을 하도록 되며, 아아크가 정상의 상태에서 벗어나 용접점이 밖으로 벗어나가는 현상을 말한다. 자기(磁氣) 불림은 다음과 같은 2가지 기본 형식이 있다.

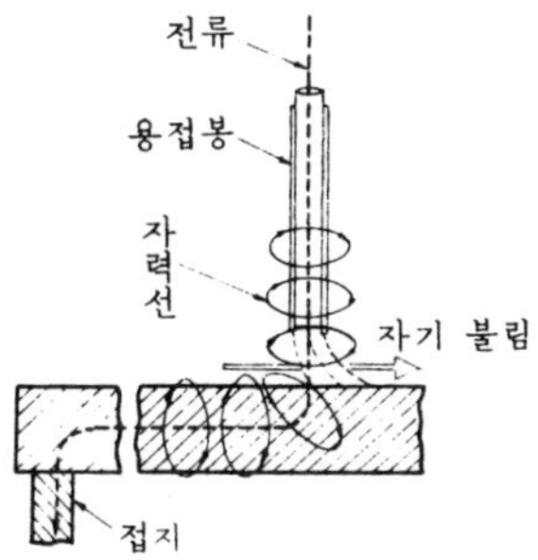

그림 2·15 전류 경로의 방향 변환에 의한 자기 불림 현상

(1) 전류가 용접봉으로부터 모재(母材)를 통하여 접지(接地, earth)로 나갈 때(혹은 전류가 반대로 들어가서 나갈 때) 전류 경로(電流經路)의 방향 변환(方向變換)에 의한 자기 불림 현상(그림 2·15)이 있으며,

(2) 자성 재료(磁性材料)의 용접에 있어서 용접봉의 위치가 모재에 대해 한쪽으로 치우쳐 있을 때(그림 2·16)에 일어나며,

실제에 있어서는 위의 2가지 기본 형식의 자기(磁氣) 불림이 중첩되어 일어나는 경우가 많다.

이와 같은 자기 불림의 현상을 방지하려면 자장(磁場)의 세기의 불평형(不平衡)을 없이하면 되므로 접지(接地)의 위치를 변경시키든가 용접봉의 경사 방향을 반대로 변화시키든가 하면 방지할 수 있다.

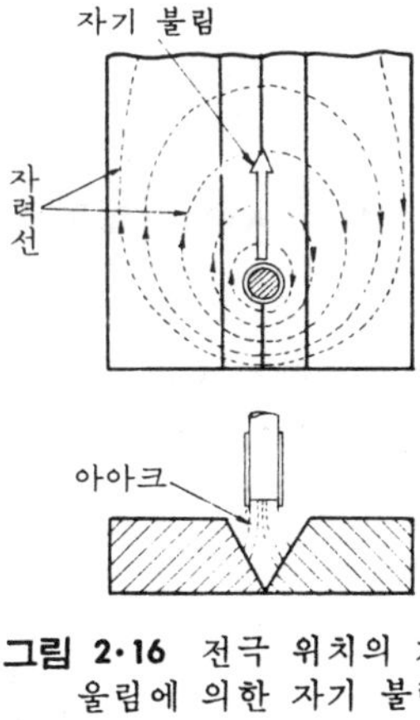

그림 2·16 전극 위치의 기울림에 의한 자기 불림

아아크의 자기 불림 현상은 극성에 의한 전류의 흐름 방향에 관계 없이 일어나며, 직류와 교류에 관계 없이 일어난다. 그런데 교류에서는 와전류(渦電流, eddy current)가 모재의 가운데서 일어나므로 자

기 불림이 완화된다.

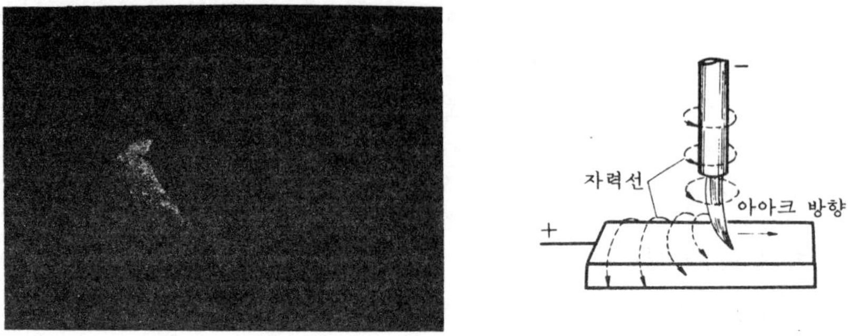

그림 2·17 전극을 모재의 한쪽에만 접속하고, 전극봉을 그 반대 방향으로 움직일 때의 자기(磁氣) 불림

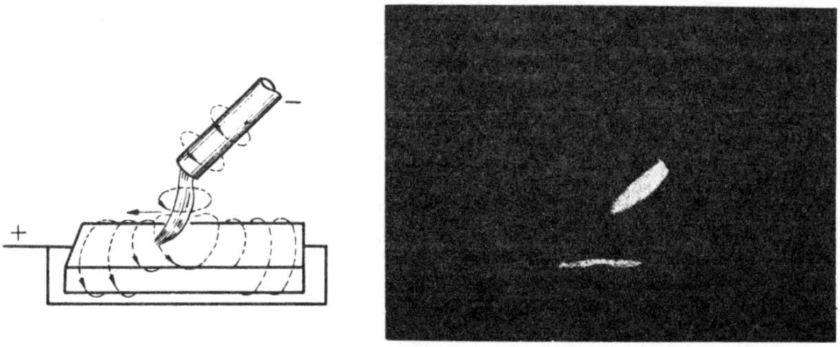

그림 2·18 전극을 모재의 양쪽에 접속하고, 전극봉을 기울여 그 방향과 반대 방향으로 움직일 때의 자기(磁氣) 불림

2·4 아아크 용접봉

2·4·1 용접봉(熔接棒)

아아크 용접봉(arc welding electrode)에는 피복 용접봉(被覆熔接棒)과 나 용접봉(裸熔接棒)의 2종류가 있으며, 피복 용접봉은 피복제(flux)와 심선(core wire) 부분으로 되어 있고, 용접봉의 분류는 다음과 같다.

표 2·2 용접봉의 분류

- 용접봉
  - 철강용 용접봉
    - 연강용 용접봉
    - 특수강용 용접봉
    - 주철용 용접봉
  - 비철 금속용 용접봉
    - 동과 동합금용 용접봉
    - 니켈 합금용 용접봉
    - 알루미늄 합금용 용접봉

2·4·2 심 선(心線)

심선(心線)은 용접하는 데 있어서 중요한 역할을 하는 것이므로 용접봉을 선택할 때에는 먼저 심선의 성분(成分)을 알아 보아야 한다. 심선은 대체로 모재(parent metal)와 동일한 재질(材質)의 것이 많이 쓰이고 있으며, 될 수 있는 대로 불순물이 적은 것을 필요로 한다.

연강(軟鋼) 용접에 쓰이는 연강 아아크 용접용 심선의 화학 성분은 표 2·3에 규정되어 있다.

심선재의 종류는 4종류로 되어 있으며, 제조 방법으로는 전기로(電氣爐), 평로(平爐) 또는 순산소 전로(純酸素轉爐)에 의한 강괴(鋼塊)로부터 열간 압연(熱間壓延)에 의하여 제조되며, 지정이 없는 한 열처리를 하지 않는다.

특히 심선은 용착 금속의 균열을 방지하기 위해서 저탄소로 황, 인, 구리 등의 불순물을 적게 하도록 되어 있다. 그리고, 연강용 아아크 용접봉의 심선은 KSD 3508에 규정되어 있다.

표 2·3 연강 아아크 용접봉의 심선 성분(KSD 3508)

종 류		기 호	화 학 성 분 (%)					
			C	Si	Mn	P	S	Cu
1종	A	SWRW 1A	<0.09	<0.03	0.35∼0.65	<0.020	<0.023	<0.20
	B	SWRW 1B	<0.09	<0.03	0.35∼0.65	<0.030	<0.030	<0.30
2종	A	SWRW 2A	0.10∼0.15	<0.03	0.35∼0.65	<0.020	<0.023	<0.20
	B	SWRW 2B	0.10∼0.15	<0.03	0.35∼0.65	<0.030	<0.030	<0.30
지 름 (mm)		1.0 1.4 2.0 2.6 3.2 4.0 4.5 5.0 5.5 6.0 6.4 7.0 8.0 9.0 10.0				허용 오차(許容誤差) ±0.05 mm (지름 8 mm 이하) ±0.10 mm (지름 9∼10 mm)		

2·4·3 피복제의 역할

심선의 주위에 피복되어 있는 피복제(被覆劑)는 다음과 같은 역할을 한다.

(1) 아아크를 발생할 때 피복제가 연소하여 이 연소 가스(보호 가스라고도 한다)가 용융 금속을 공기 중의 산소(酸素), 질소(窒素)의 침입을 방지한다.

(2) 용융 금속에 대하여 탈산 작용(용융 금속 중의 산소를 제거하는 작용)을 하며, 용착 금속의 기계적 성질을 좋게 한다.

(3) 용융 금속 중에 필요한 원소를 보급하여 기계적 성질을 좋게 한다.

(4) 아아크의 발생과 아아크의 안정을 좋게 한다.

(5) 슬랙(slag)을 만들어 용착 금속의 급랭을 방지한다.

2·4·4 피복제의 성분

용접봉의 피복제(被覆劑)는 용접시에 대부분이 용융 슬랙으로 되며 대부분은 산화물(酸化物)인 것이다. 이들의 슬랙 구성 산화물은 염기성(鹽基性; MgO, FeO, MnO, CaO, Na_2O, K_2O)·양성(兩性; TiO_2, Al_2O_3, Fe_2O_3, Cr_3O_3, Ti_2O_3)·산성(酸性; P_2O_5, SiO_2)의 3 종류가 있으며, 이들의 주요 성분들을 들어 보면 다음과 같다.

(1) 피포(被包) 가스 발생 성분(gas farming materials) 4~25 %

용융된 강(鋼)이 공기 중의 산소와 질소의 영향을 받아 산화철(酸化鐵)이나 질화철(窒化鐵)이 되지 않도록 보호 가스를 발생시켜 용융 금속을 공기와 차단한다.

① 유기물(셀룰로우스, 전분, 펄프 등)

② 무기물(석회석, 마그네사이트 등)

(2) 아아크 안정 성분(arc stabilizers) 4~25 %

아아크의 발생과 지속을 쉽게 하는 것에는 탄산바륨($BaCO_3$), 산화티탄(TiO_2), 철분 등이 있다.

(3) 슬랙 생성 성분(slag-formers) 5~50 %

용접부의 표면을 덮어 산화와 질화를 방지하고 탈산 등의 작용을 하며, 용착 금속의 냉각 속도를 느리게 한다.

장석, 규사, 석회석, 사철(砂鐵), 일루미나이트, 이산화망간(MnO_2), 형석 등

(4) 탈산 성분(脫酸成分) 6~25 %

용융 금속 중에 침입한 산소와 그 밖의 불순 가스를 제거하는 것으로서 페로망간(FeMn), 페로실리콘(FeSi) 등이 있다.

(5) 합금 성분(alloying elements) 6~25 %

용융된 강(鋼) 중에 필요한 원소를 보급하여 좋은 용착 금속을 만들며, 페로크롬(FeCr), 페로몰리브덴(FeMo), FeSi, FeMn 등이 있다.

(6) 고착 성분(binding agents) 16~25 %

피복제에 혼합시켜 심선의 주위를 교착시키는 규산나트륨(Na_2SiO_3 =N), 규

산칼륨($K_2SiO_3 = K$) 등이 있다.

(7) **윤활 성분**(slipping agents) 8～12 %

표 2·4는 피복제(被覆劑)의 성질을 표시한다.

표 2·4 피복 배합제의 성질

품질 \ 성질	아아크안정제	슬랙생성제	환원제	가스발생제	산화제	합금제	유동성증가제	고착제	슬랙이탈성증가제
탄산소오다(Na_2CO_3), 중탄산소오다($NaHCO_3$) 산성 백토	○	○							
탄산칼륨(K_2CO_3), 석탄(CaO), 석회석($CaCO_3$)	○	○							
황혈염[$K_4Fe(CN)_6$]	○	○					○		
형석(CaF_2 flourite)	○	○					○		○
붕사($Na_2B_4O_7$), 붕산(H_3BO_3), 산화마그네슘(MgO), 제강 슬랙		○							
탄산마그네슘($MgCO_3$), 알루미나(Al_2O_3)		○							
빙정석(Na_3AlF_6)		○					○		
규사(SiO_2), 이산화망간(MnO_2)	○	○			○		○		○
산화티탄(TiO_2), 석면(MgO·CaO·4 SiO_2)	○	○					○		○
자철광(Fe_3O_4), 적철광(Fe_2O_3)	○	○			○		○		
페로실리콘, 페로티탄, 페로바나듐			○			○			
산화 몰리브덴, 산화니켈					○	○			
망간, 페로망간, 크롬, 페로크롬			○			○			
알루미늄, 마그네슘			○						
니켈, 크롬철, 동(Cu)						○			
규산소오다(물유리), 규산칼륨	○	○						○	
소맥분(小麥分, starch)	○		○	○				○	
면사, 면포, 펄프, 목재 톱밥	○		○	○					
탄분(炭粉)			○	○		○			
해초풀, 아교, 가제인, 젤라틴, 아라비아 고무, 당밀				○				○	

2·4·5 피복 용접봉(被覆熔接棒)의 분류

피복 용접봉은 용착 금속(溶着金屬)을 보호하는 방식에 따라서 다음과 같이 분류한다.

(1) **슬랙 생성식**(slag shield type)

슬랙 생성식은 용적(溶滴)의 주위나 모재의 주위를 액체의 용제 또는 슬랙으로 둘러싸서 공기와의 직접 접촉을 하지 않도록 해서 보호하는 것이다. 이 형식에 속하는 용접봉의 피복제는 주로 광물질만으로 되어 있는 것으로 무기물

(無機物)형이라고도 한다.

슬랙 생성식은 유럽에서 발달한 것으로 용접 작업중에 산화물(酸化物)이 피복제와 결합되어 슬랙의 생성(生成)이 많으므로 이것에 익숙하지 않은 사람은 슬랙과 용융 금속(溶融金屬)과의 구별이 곤란하며, 작업중 슬랙이 용융 금속 속에 말려들어가 슬랙 섞임을 발생시키기 쉬운 결점이 있으므로 주의를 해야 한다. 그러나, 오랫동안 이 형식을 사용해 왔기 때문에 현재도 많이 사용하고 있다.

(2) 가스 발생식(gas shield type)

가스 발생식은 최근에 발달한 것으로 용제의 연소에 의해서 발생된 일산화탄소, 수소, 탄산가스 등의 환원(還元) 가스나 불활성(不活性) 가스에 의해 용접부를 덮어서 이것들의 피포(被包) 중에서 용접을 하게 되는 것이다.

이 형식은 주로 미국에서 발달한 것으로 이것을 생각해 내게 된 동기가 원자수소 용접법(原子水素熔接法)에 있는 것이다. 피복제는 목면(木綿) 같은 유기물을 포함하고 있어 이것들이 연소해서 가스를 발생하는 것이다.

이 형식을 채용한 용접봉은 종래에 사용해 오던 슬랙 생성식과 비교하면 아아크 전압(電壓)이 높아지는 경향이 있고, 용접봉으로부터 아아크가 세게 분출되므로 종래의 용접 작업 상태와 매우 달라진다. 이로써 용접 전류의 선정, 운봉법 등을 잘못하면 언더컷을 일으키기 쉽고, 비이드 표면의 파형이 더럽게 되기 쉬우므로 충분한 주의를 하지 않으면 안 된다.

이 형식의 특징을 들면 다음과 같다.

① 전자세(全姿勢)의 용접에 적당하다.

② 용착 금속(溶着金屬) 위에 덮인 슬랙은 쉽게 제거된다. 이 형식은 슬랙을 용이하게 제거할 수 있는 다공성(多孔性)의 것으로 품질이 우수한 것은 냉각됨에 따라 자연히 벗겨지게 제작되어 있다.

③ 아아크가 대단히 세게 분출되는 관계로 안정된 아아크를 얻을 수 있다.

④ 용접 속도는 슬랙 생성식에 비하여 대단히 빠르고 작업 능률이 좋다.

⑤ 스패터는 슬랙 생성식보다 많으나 주의하면 적게 할 수 있다.

(3) 반가스 발생식(semi gas shield type)

반가스 발생식은 슬랙 생성식과 가스 발생식의 특징을 합한 것으로서 슬랙 생성식에 환원성(還元性) 가스, 불활성(不活性) 가스를 발생하는 유기물을 소량 첨가하여 만든 것이다.

2·4·6 피복 용접봉의 용해

용접봉(熔接棒)은 일반적으로 습기에 대하여 민감하다. 습기는 기공(氣孔)이나 균열 등의 원인이 되므로 저수소계(低水素系)에 습기가 많으면 특히 기공(blow hole)을 일으키기 쉽고 또 내균열성이나 강도도 저하되며, 셀룰로우스계는 피복이 떨어지게 된다.

보관하는 장소는 지면보다 높은 건조한 장소를 택하고, 진동(振動)이나 하중(荷重)을 받지 않게 해야 한다. 현장에서 꺼내어 사용하는 용접봉은 특히 회수 보관(回收保管)을 엄중히 하지 않으면 안 된다. 사용 전에 보통 용접봉은 70~100°C로 30분~1시간, 저수소계 용접봉은 300~350°C로 30분~1

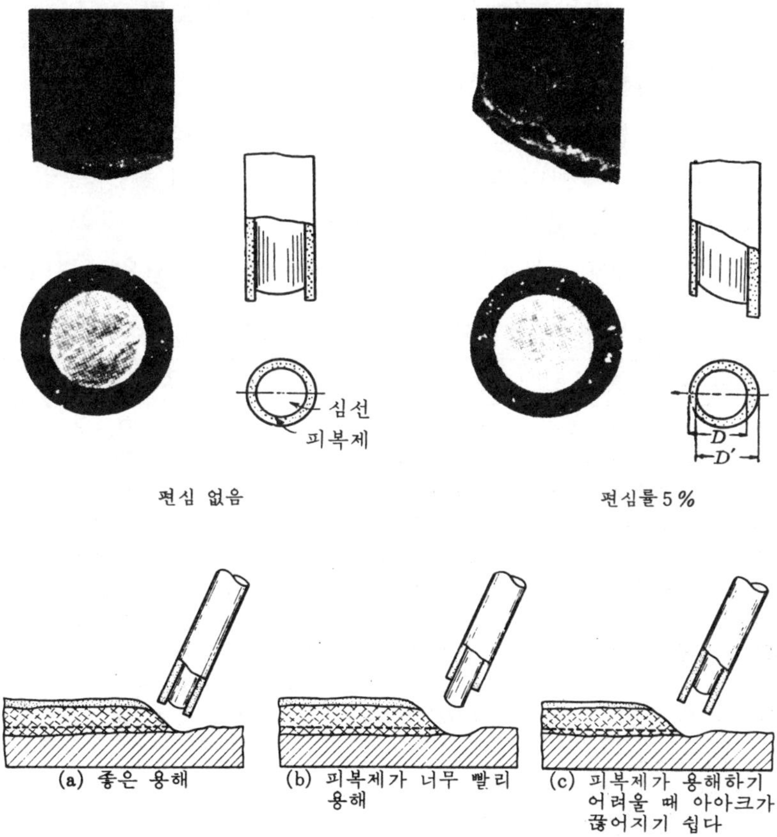

그림 2·19 피복제의 편심과 용해 상태

시간 정도 유지해야 충분한 건조가 된다. 그러므로, 용접 시설에는 용접봉 건조기(熔接棒乾燥器)가 필요하다.

이 밖에 용접봉으로 작업을 할 때에 주의할 사항은 피복제의 편심도(偏心度)이다.

편심률(偏心率)은 3% 이내이어야 하며, 3%가 넘으면 용접봉이 그림 2·19와 같이 편용(偏溶)하게 되어 아아크가 불안정하게 되고 용접부는 불량하게 된다.

$$\text{편심률}(\%) = \frac{D-D'}{D'} \times 100$$

그러므로, 피복제와 심선은 서로 양호한 용해를 해야 한다.

2·5 연강용(軟鋼用) 피복 아아크 용접봉

2·5·1 연강용 피복 아아크 용접봉의 분류

피복 아아크 용접봉은 수많은 종류가 있으나 그 중에서도 연강용 피복(軟鋼用被覆) 아아크 용접봉이 가장 많이 사용되고 있다. 특히 최근 용접 기술의 진보에 따라 그 사용 범위도 더욱더 넓어졌다.

이러한 때, 한 종류의 용접봉으로 모든 용도에 적용할 수 있는 만능 용접봉

표 2·5 연강용 피복 아아크 용접봉(KS D 7004)

용접봉의 종류	피복제의 계통	용접 자세	전류의 종류
E 4301	일루미나이트계	*F. V. OH. H*	AC 또는 DC(±)
E 4303	라임티탄계	*F. V. OH. H*	AC 또는 DC(±)
E 4311	고셀룰로우스계	*F. V. OH. H*	AC 또는 DC(+)
E 4313	고산화티탄계	*F. V. OH. H*	AC 또는 DC(−)
E 4316	저수소계	*F. V. OH. H*	AC 또는 DC(+)
E 4324	철분산화티탄계	*F. H-Fil*	AC 또는 DC(±)
E 4326	철분 저수소계	*F. H-Fil*	AC 또는 DC(+)
E 4327	철분 산화철계	*F. H-Fil*	*F*에서는 AC 또는 DC, *H-Fil*에서는 AC 또는 DC(−)
E 4340	특수계	*F.V.OH. H-Fil*	AC 또는 DC(±)

《**참고**》 ① 용접 자세에 쓰인 기호의 뜻

F: 아래보기, *V*: 수직, *OH*: 위보기, *H*: 수평, *H-Fil*: 수평 자세 필릿(표 중의 용접 자세는 봉 지름 5 mm 이하의 것에 적용한다)

② 사용 전류의 종류에 쓰인 기호의 뜻

AC: 교류, DC(±): 직류봉 + 또는 −, DC(−): 직류봉 −, DC(+): 직류봉 +

(萬能熔接棒)은 용접 공사의 다양성으로 생각하더라도 어려우며, 앞으로도 이 같은 용접봉은 기대할 수 없다. 따라서, 각종 용접 공사나 용접 자세(熔接姿勢) 등에 따라 피복제(被覆劑)가 다르며, 여러 가지 특성이나 성능을 가진 용접봉을 제조하여 적재적소에 사용할 수 있게 하고 있다.

연강용 피복 아아크 용접봉은 KS D 7004 규정에 약 10종류가 분류되어 있다. 최근에는 다시 사용 목적에 따라 전용 용접봉(專用熔接棒)까지 제조되고 있어 용접 작업을 한층 효과적으로 하고 있다.

표 2·5는 연강용 피복 아아크 용접봉을 피복제의 종류, 사용 전류, 용접 자세를 나타낸 것이다.

2·5·2 연강용 피복 아아크 용접봉의 심선(心線)

연강용 용접봉의 심선은 주로 저탄소(低炭素) 림드강(low carbon rimmed steel)이 사용되고 있는데 이 성분 중에 인(燐)이나 황(黃)의 양을 적게 하며, 이들이 많을 때에는 기계적 성질이 나빠져 취성을 가지게 된다. 또한 구리의 양도 적게 해야 하는데, 이와 같은 양이 적을 때에는 기계적 성질도 좋아지고 내식성도 향상되며 용착 금속에서 일으키기 쉬운 편석(segregation)도 적게 된다. 심선의 규격은 표 2·3과 같다.

2·5·3 피복제 계통별의 특성

(1) **일미나이트계**(ilminite type) (E 4301)

일미나이트 (TiO_2FeO)를 30% 이상 함유한 것으로 광석, 사철(hematite) 등을 주성분으로 한 슬랙 생성계이며, 보통 피복 용접봉은 모든 자세 용접에 사용된다.

우리 나라에서 생산되는 용접봉 중에서 가장 많으며, 슬랙은 비교적 유동성이 좋고 용입(溶入) 및 기계적 성질도 양호하며, 특히 내부 결함이 적어 선박, 교량, 기타 압력 용기 등의 중요 기기에도 널리 사용되고 있다.

이 계통에는 기계적 성질을 약간 떨어뜨리는 반면 작업성을 좋게 한 것과 작업성을 약간 떨어뜨리는 반면 기계적 성질이 우수한 것이 있다. 그러므로, 실제 시공을 할 때 그 용접부(熔接部)에 요구되는 성질을 충분히 검토하여 같은 일루미나이트계라도 그 선택에 잘못이 없도록 주의하지 않으면 안 된다.

또한, 피복제 중의 유기물의 양에 따라 작업성과 균열성이 매우 달라지므로 주의를 요한다.

(2) **라임 티탄계**(lime titanium type) (E 4303)

슬랙 생성계(生成系)인 산화티탄(TiO_2)을 주성분으로(30 % 이상) 하며, 일반적으로 두꺼운 피복을 한 것이다. 비이드는 평면적이며 슬랙은 유동성(流動性)이 풍부하고 무겁지 않은 다공성(多孔性)이기 때문에 벗겨짐이 양호하다.

비이드의 외관은 곱고 작업성이 대단히 양호하여 모든 용접 자세에 사용된다. 용입이 약간 적기 때문에 박판 용접(薄板熔接)에 적합하다.

(3) **고셀룰로우스계**(high cellulose type) (E 4311)

가스 시일드계의 대표적인 것으로 피복제 중에는 유기물(셀룰로우스)을 약 30 % 정도 포함하고 있어, 용접시에 이 유기물이 연소해서 발생하는 다량의 환원성 가스(CO, H_2)에 의해 용융 금속(溶融金屬)을 공기 중의 산소나 질소의 나쁜 영향으로부터 보호한다.

이 용접봉은 피복이 얇고 슬랙의 생성량(生成量)이 대단히 적으므로 특히 수직 자세나 위보기 용접의 작업성이 좋다. 또 대단히 좁은 홈 등의 용접에도 쓰인다.

아아크는 스프레이형의 아아크를 발생하므로 용입이 양호하나 스패터가 비교적 많고 비이드의 파형이 약간 거칠다. 더욱 피복제에 다량의 유기물을 포함하고 있으므로 보존 중 습기를 흡수하기 쉽기 때문에 사용 전에 건조시키지 않으면 기공(氣孔)이 생기게 된다. 또 높은 전류를 사용하면 유기물의 피복 성분이 열로 변질되어 용착 금속에 나쁜 영향을 준다. 그러므로 용접전류(熔接電流)는 다른 용접보다 다소 낮은 것을 사용한다. 현재는 건축이나 파이프 용접에 약간 사용되고 있는 정도이다.

(4) **고산화티탄계**(high titanium oxide type) (E 4313)

슬랙 생성계인 산화티탄을 주성분으로 한 피복제를 사용한 것으로 세계 각국에서 널리 사용되고 있는 용접봉이다. 아아크는 안정되고 스패터도 적으며, 슬랙의 제거도 양호하여 모든 용접 자세에 쓰인다. 이 용접봉은 용입이 얇으므로 박판 용접(薄板熔接)에 좋다. 용접중 슬랙의 제거도 좋으나 기계적 성질이 약간 떨어지며 고온에서 균열을 일으키기 쉬운 결점이 있으므로 주요 부분의 용접에는 사용하지 않는다.

(5) **저수소계**(low hydrogen type) (E 4316)

피복제 중에 수소원(水素源)이 되는 성분의 유기물을 포함하고 있지 않고 탄산칼슘($CaCO_3$), 불화칼슘(CaF)을 주성분으로 하는 피복제(被覆劑)이다. 용접할 때에 탄산칼슘은 분해되어 아아크에 탄산가스 분위기를 주어 용착 금속 중에 용해(溶解)하는 수소량을 적게 한다. 특징으로는 용착 금속 중의 수소 함유량이 다른 피복봉에 비하여 현저하게 낮고(약 1/10 정도), 또 강력한 탈산 작용(脫酸作用) 때문에 산소량도 적으므로 용착 금속은 강인성(強靭性)이 풍부하고 기계적 성질, 내균열성 등이 우수하다. 균열의 감수성도 극히 낮고 두꺼운 구조물의 제 1 층 용접 혹은 구속(拘束)이 큰 연강 구조물 고장력강 및 탄소나 황의 함유량이 많은 강(鋼)의 용접에 사용되고 있다.

이 용접봉의 결점으로는 아아크가 다소 불안정하여 작업성이 나쁘며, 비이드 파형도 거칠어 비이드의 모양이 심한 볼록(凸)형으로 되기 때문에 운봉(運棒)에 다소 숙련이 필요하다. 또, 비이드 시작점과 이음부에 기공(blow hole)이 발생되기 쉬우므로 용접 조작(熔接操作)에 주의하지 않으면 안 된다. 기공(氣孔)의 방지에는 시작점과 끝단부에 붙이는 보조 철편인 탭(tab) 사용법, 백 스텝(back step)법, 용접봉 끝에 산화 방지제(防止劑)를 도포하는 법이 효과적이다. 이 형식의 피복제는 습기의 영향이 다른 것보다 크므로 사용 전에 300~350°C 로 1 시간 정도 건조해서 사용하도록 한다.

(6) **철분 산화티탄계**(iron powder type) (E 4324)

고산화티탄계에 다시 철분(鐵分)을 가한 것으로 고산화티탄계의 우수한 작업성과 철분계의 고능률성을 겸비한 용접봉이다. 아아크는 조용해서 스패터가 적고 용입(溶入)이 얕다. 용착 금속의 기계적 성질이 E 4313 과 거의 같고, 아래보기, 수평 자세 필릿 용접에 한정된다.

(7) **철분 저수소계**(iron low hydrogen type) (E 4326)

E 4316 에 다시 철분을 가해 보다 고능률화(高能率化)를 도모한 것으로 용착 금속의 기계적 성질도 E 4316 과 거의 같다.

(8) **철분 산화철계**(iron oxide type) (E 4327)

산화철(酸化鐵)을 주성분으로 하여 이것에 철분을 첨가한 용접봉으로, 대체로 규산염(硅酸鹽)을 많이 포함하여 산성 슬랙을 생성한다. 철분의 양이 많기 때문에 용착 효율(溶着效率)이 크고, 용접 속도가 빨라 고능률을 목적으로 하는 아래보기 및 수평 자세 필릿 용접에 사용되지만 특히 수평 겹치기 용접에

표 2·6 연강용 피복 아아크 용접봉의 특성

용접봉의 종류		E 4301	E 4303	E 4311	E 4313	E 4316	E 4324	E 4326	E 4327
피복제의 계통		일루미나이트 계	라임티탄계	고셀룰로우스 계	고산화티탄계	저수소계	철분산화티탄계	철분저수소계	철분산화철계
용착금속의 물리적 기계적 성질	인장강도(kg/mm²)	44~51	44~53	44~50	50~59	49~58	50~59	49~58	43~50
	항복점(kg/mm²)	36~45	37~46	36~44	42~52	40~50	42~52	40~50	35~42
	신연율 (%)	22~30	22~32	22~28	17~24	28~35	17~24	28~35	25~32
	단면수축률 (%)	≧40	≧40	≧35	≧25	≧60	≧25	≧60	≧45
	충격치(kg/mm²)	10~25	12~17	14~19	9~14	20~35	9~14	10~25	10~15
	X 선 성 능	우 수	양 호	양 호	양 호	비이드의 시작 외에는 우수	양 호	우 수	양 호
용접 전류 (A)	봉지름 4 mm	120~180	120~190	110~160	110~160	120~180	180~220	160~220	160~230
	봉지름 5 mm	130~250	130~260	120~200	120~220	190~250	240~290	220~270	230~320
아아크 전압(V)	봉지름 4 mm	27~33	26~32	26~32	26~32	23~29	28~33	26~32	29~34
	봉지름 5 mm	28~34	27~33	27~33	27~33	24~30	29~34	28~33	30~35
작업성	아아크 상황	스프레이형	스프레이형	스프레이형	스프레이형	글로부라형	스프레이형	글로부라형	스프레이형
	용 입	깊 다	중 간	깊 다	얕 다	중 간	얕 다	중 간	깊 다
	슬랙 상황	다 량 카버완전	다 량 카버완전	소 량 카버불완전	다 량 카버완전	다 량 카버완전	다 량 카버완전	다 량 카버완전	다 량 카버완전
	스 패 터	보 통	보 통	많 다	보 통	적 다	적 다	적 다	보 통
	비이드 외관	아름답다	아름답다	거칠다	아름답다	아름답다	아름답다	저수소특유로아름답다	아름답다
	비이드 형상	평평하다	약간 오목	볼 록	약간 볼록	볼 록	약간 볼록	볼 록	평평하다
주된 특징과 용도		조선, 건축, 교량, 차량 등 모든 연강의 구조물에 사용	연강 용접봉으로서 특히 작업성이 좋은 일루미나이트계와 같이 모든 구조물에 사용	슬랙의 생성이 적어 배관 공사 등에 쓰임	용입이 얕고 비이드의 외관이 아름다우므로 철도 차량, 자동차 혹은 경구조물 등에 잘 쓰임	기계적 성질, 내균열성은 연강용접 중에서 큰 편이다. 후판, 중고탄소강, 고유황강의 용접에 쓰임	비이드의 외관이 양호하므로 능률적인 용접을 할 수 있음	기계적 성질, 내균열성이 대단히 우수하다. 후판, 중고탄소강 용접에 적합함	아래보기, 수평 필릿 용접에 적합하다. 조선, 건축 등의 용접에 쓰임

많이 쓴다.

아아크는 스프레이 모양으로 스패터가 적고 용입은 양호하여 E 4324 보다 깊다. 슬랙은 무거워서 비이드 표면을 완전히 덮는다. 또, 슬랙의 벗겨짐이 좋고 비이드 표면이 깨끗하다. 용착 금속의 기계적 성질도 양호하여 항복 강도(降伏強度) 37∼41 kg/mm², 인장 강도(引張強度) 43∼48 kg/mm², 신연율(伸延率) 25∼30 % 정도이다.

(9) 특수계(special type) (E 4340)

피복제는 앞에 쓴 어느 것의 계통에도 속하지 않는 것으로, 사용 특성 또는 용접 결과가 특수하게 제작된 것이며, 용접 자세는 메이커에서 장려하는 자세에만 사용해야 한다.

앞에 쓴 연강용 피복 용접봉 KS D 7004 규정의 기호는 E 43△□과 같이 나타내는데 다음과 같은 의미를 가지고 있다.

```
E   43   △   □
|   |    |   └──피복제의 종류(극성에 영향)
|   |    └──────용접 자세(0, 1 : 전 자세,  2 : 아래보기 및 수평 필릿 용접
|   |             3 : 아래보기,  4 : 전 자세 또는 특정 자세의 용접)
|   └───────────용착 금속의 최저 인장 강도 (kg/mm²)
└───────────────전극봉(electrode)의 첫 글자
```

한편 일본은 E 대신에 D(denki)를 사용하며, 최저 인장 강도의 단위는 우리나라와 같다. 미국은 우리 나라와 같이 첫 글자는 E 로 표시하나, 최저 인장

표 2·7 피복계에 관한 기호(ISO)

기호	피 복 계	내 용 설 명
A	산성계 (Acid type)	$FeO—MnO—SiO_2$ 계 다공질 슬랙 용융 속도가 크고 용착 금속 양호, X선 양호, 내고온 균열성 양호
B	염기성계 (Basic type)	석회용 저수소계(低水素系) 저·고온 내균열성 양호, 용착 금속 양호
C	셀룰로우스계 (Cellulose type)	가스 피포계 용착 금속 양호
O	산 화 성 계 (Oxidizing type)	FeO 계 슬랙 용착 금속 불량
R	루틸계 (Rutile type)	TiO_2 계 슬랙은 무겁고 좋다. 아아크 안정 용착 금속 양호, 비이드 凸형, 후피복(厚被覆)
T	티타니계 (Titania type)	TiO_2 계 슬랙의 유동성 양호. 아아크 안정, 비이드는 루틸계보다 평평하고 용착 금속이 루틸계보다 양호
V	그 밖의 계 (Other type)	특수한 것

강도 43 kg/mm² 대신에 lb/in² 단위의 60,000 psi의 첫 두 자리를 써서 E 6001, E 6016 등으로 부른다. 예를 들면 다음과 같다.

우리 나라	일본	미국
E 4301	D 4301	E 6001
E 4316	D 4316	E 6016

2·5·4 국제 표준화 기구의 피복계 규격 기호(被覆系規格記號)

1949년경부터 국제 용접 협회(IIW : International Institute of Welding)는 국제 표준화 기구(ISO : International Standard Organization)의 의뢰에 따라 각국의 용접 관계자가 편리하게 사용될 수 있도록 용접봉의 여러 가지 성질을 표시하는 공통된 국제 기호(ISO)를 제정하였다.

표 2·7은 피복계(被覆系)에 대한 기호를 나타낸 것이다.

2·5·5 용접봉의 선택 방법

용접봉은 용접 결과를 좌우하는 큰 인자(因子)가 되므로 사용 목적에 알맞게 선택하지 않으면 안 된다. 그러나 사용 목적에 알맞은 용접봉을 선택한다는 것은 쉬운 일이 아니다. 알맞은 용접봉을 선택하려면 용접봉의 내균열성, 아아크의 안정성, 스패터링(spattering), 슬랙의 성질 등을 잘 알아야 한다. 연강용 피복(軟鋼用被覆) 아아크 용접봉의 내균열성을 비교하면 그림 2·20과 같다.

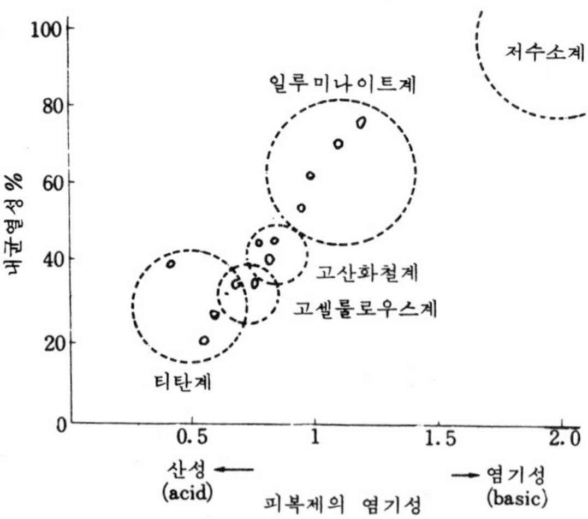

그림 2·20 용접봉의 내균열성 비교

내균열성이 가장 좋은 것은 저수소계(低水素系)이고, 다음이 일루미나이트계, 제일 뒤지는 것이 티탄계이다. 같은 일루미나이트계라도 내균열성이 좋은 것과 나쁜 것이 있다.

다음은 각 작업시에 알맞은 피복제의 계통을 나타낸 것이다.

(1) 내압 용기, 철골(鐵骨) 등의 비교적 큰 강도가 걸리는 두꺼운 판에는 아래층에 우수한 강도와 내균열성을 갖는 저수소계(E 4316)를, 위층에는 작업성이 좋은 일반 구조물(一般構造物)에 적합한 일루미나이트계(E 4301)를 사용한다.

(2) 박판 구조물(薄板構造物) 등과 같이 충분한 강도를 요하지 않는 것은 작업성이 좋고 비이드의 외관이 아름다운 고산화티탄계(E 4313)가 좋으며, 수직 자세(垂直姿勢) 하진(下進) 용접에도 좋은 결과를 얻는다.

(3) 기계의 받침판 등과 같은 두꺼운 판을 아래보기 필릿(fillet) 용접을 할 때에 제 1 층에서 완전한 용입(溶入)을 얻을 수 있는 일루미나이트계를 쓰며, 수직 용접부에는 일루미나이트계 또는 라임티탄계를 선택한다.

이상 설명한 용접봉의 선택 방법을 정리하여 보면 그림 2·21과 같다.

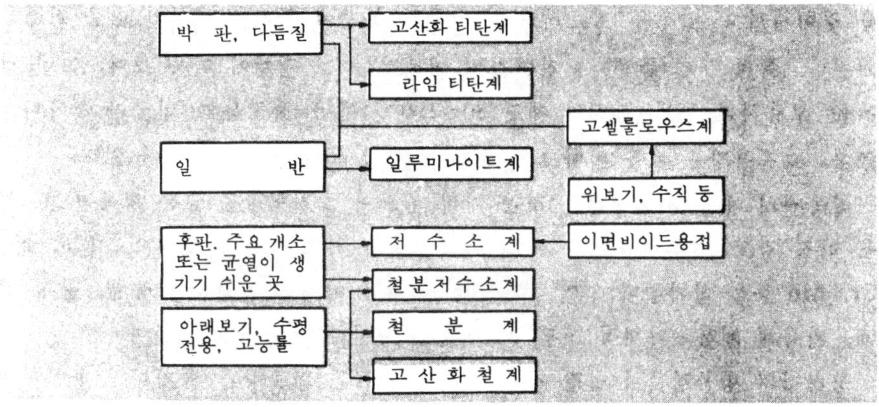

그림 2·21 용접봉의 선택

2·6 특수강용(特殊鋼用) 용접봉

2·6·1 고장력강용 피복 아아크 용접봉

공업의 발달에 따라 구조용 강재(鋼材)도 현저하게 개량 진보되었다. 특히 용접 구조용 고장력강(高張力鋼)은 조질(調質) 고장력강의 출현에 의해 놀랍게 진보되고, 용접성에 대해서도 연구 개선되어 교량, 수압 용기, 각종 저장 탱크 등의 넓은 분야에서 쓰이게 되었다.

고장력강은 지금까지의 일반 구조용 압연강재(SS 41)나 용접 구조용 압연강재(SM 41) 등보다 높은 항복점(降伏點) 및 인장 강도(引張強度)를 가지고 있다. 일반적으로 항복점은 약 32 kg/mm² 이상, 인장 강도는 50 kg/mm² 이상의 강(鋼)을 말한다. 고장력강은 연강에 비해서 다음과 같은 잇점이 있다.

(1) 판의 두께를 얇게 할 수 있다.

(2) 소요 강재(所要鋼材)의 중량을 대폭으로 경감시킨다.

(3) 구조물의 자중(自重)이 경감되므로 그 기초 공사가 간단하다.

(4) 재료의 취급이 간편하고, 또 판재(板材) 두께가 감소되므로 가공이 용이하다.

그러나 반면, 용접법이 충분히 연구되어 있지 않아 연강에 비해 곤란한 점도 많다. 고장력강(高張力鋼)은 인장 강도를 높이기 위해서 규소(Si), 망간(Mn)의 함유량이 연강보다 많고 이외에도 니켈(Ni), 크롬(Cr), 몰리브덴(Mo) 등의 원소가 첨가되어 있는 것도 있어 어느 것도 용접 열영향부(熔接熱影響部)를 경화시키고 연성을 감소시키므로 용접 부분에 균열이 생기기 쉬운 취성을 가진다. 특히 조질(調質) 고장력강에 대해서는 그 경향이 더욱 크다. 이런 결점을 보충하기 위해 모재의 예열(80~150°C)이나 용접봉의 연구가 계속되고 있다. 고장력강용 피복 아아크 용접봉은 KSD 7006으로 규정되어 있다.

피복제의 계통은 연강용의 것과 거의 같으나 고장력강은 높은 항복점 및 높은 인장 강도가 요구되므로 이것에 대응하기 위해 피복제 중에 Si, Mn, Ni, Cr, Mo 등을 첨가한다. 이 고장력강용 피복 아아크 용접봉의 종류, 용접 자세, 피복제 계통, 기계적 성질의 한 예를 표시하면 표 2·8과 같다.

용착강의 항복점이나 인장 강도를 높이는 데는 탄소량을 증가하면 용이하게 얻을 수 있으나 용접부에 인성이 현저하게 저하되고 열영향부도 취성을 가지게 된다. 따라서, 탄소량을 적게 하여 인성의 저하나 취성의 증가를 방지하면서 항복점이나 인장 강도를 높게 하지 않으면 안 된다. 이것이 고장력강 아아크 용접봉의 가장 큰 문제점이다.

2·6·2 스테인레스강 피복 아아크 용접봉

스테인레스강(stainless steel)은 탄소강에 비하여 현저히 좋은 내식성과 내

표 2·8 고장력강용 피복 아아크 용접봉(KSD 7006)

용접봉 종류	피복제의 계통	용접 자세	사용 전류	용착 금속의 기계적 성질				
				인장 강도 kg/mm²	항복점 kg/mm²	변형률 (%)	충격치 kg-m/cm²	충격 시험 온도 °C
E 5001 E 5003	일루미나이트 라임티탄계	*F, V, OH, H* *F, V, OH, H*	AC 또는 DC(±) AC 또는 DC(±)	≥50	≥40	≥20	≥4.8	0
E 5016 E 5316 E 5816	저수소계	*F, V, OH, H*	AC 또는 DC(+)	≥50 ≥53 ≥58	≥40 ≥42 ≥50	≥23 ≥20 ≥18	≥4.8	0
E 5026 E 5326 E 5826	철분저수소계	*F, H-Fil*	AC 또는 DC(+)	≥50 ≥53 ≥58	≥40 ≥42 ≥50	≥23 ≥20 ≥18	≥4.8	0
E 5000 E 5300	특수계	*F, V, OH,* *H-Fil* 또는 그 중 어느 자세	AC 또는 DC(±)	≥50 ≥53	≥40 ≥42	≥20 ≥18	≥4.8	0

《참고》 1. 용접 자세에 사용된 기호의 뜻은 다음과 같다.

F : 아래보기 자세(flat position)
V : 수직 자세(vertical position)
OH : 위보기 자세(over head position)
H : 수평 자세(holizontal position)
H-Fil : 수평 필릿 자세(holizontal fillet position)

표에 나타난 용접 자세는 봉 지름 4 mm 이하의 것에 적용되고, E 5001 또는 E 5003에 대하여는 봉 지름 5 mm 이하의 것으로 한다.

2. 사용 전류의 종류에 쓰인 기호의 뜻은 다음과 같다.

AC : 교류
DC(±) : 직류 정극성(正極性) 및 역극성(逆極性)

열성을 가지며, 또한 기계적 성질이나 가공성도 우수한 합금강(合金鋼)이다.

스테인레스강은 900~1100°C의 고온에서 담금질(急冷) 열처리에 대한 반응과 현미경 조직에 의하여 3종으로 대별한다.

즉, 담금 경화(硬化)되는 마르텐사이트계와 담금 경화되지 않는 페라이트계와 오오스테나이트계가 있다. 표 2·9는 스테인레스강의 분류이다.

스테인레스강 용접봉은 스테인레스강의 심선(心線)에 용제(flux)를 피복한 봉(棒)이 사용된다. 용착 금속(溶着金屬)의 화학 성분은 원칙으로 모재(母材)의 조성(組成)과 거의 같은 것이 좋다.

표 2·9 스테인레스강의 분류

분 류	성 분 (%)			담금성	내식성	가공성	용접성	자 성
	Cr	Ni	C					
마르텐사이트계	11~18		1.20 이하	자경성	가	가	불가	있음
페라이트계	16~27	——	0.35 이하	없음	양	조금 양	조금 양	있음
오오스테나이트계	16 이상	7 이상	0.25 이하	없음	우	우	우	없음

《참고》 우(優) 양(良) 가(可)

표 2·10은 스테인레스강의 기계적 혹은 물리적 성질과 이에 해당하는 적당한 용접봉의 조합(組合)을 의미하며 18 Cr-8 Ni계 모재는 AWS E 308형 피복 아아크 용접봉이 적당하다. 그리고, JIS 규격의 용접봉은 AWS의 E 대신에 D를 사용하고 있다.

2·7 아아크 용접 기기(熔接機器)

2·7·1 아아크 용접기(arc welding machine, arc welder)

용접기는 용접 아아크에 전력(電力)을 공급해 주는 장치이며, 용접 작업에 적당하도록 낮은 전압(電壓)에서 큰 전류(電流)가 흐를 수 있도록 제작되어

표 2·11 아아크 용접기의 분류

- 아아크 용접기
  - 교류 아아크 용접기 (AC arc welder)
    - 가동 철심형(可動鐵心型)
    - 가동 코일형(可動 coil 型)
    - 탭 전환형(tap 轉換型)
    - 가포화 리액터형(可飽和 reactor 型)
  - 직류 아아크 용접기 (DC arc welder)
    - 발전형(發電型)
    - 정류기형(整流器型)

표 2·10 스테인레스강의 기계적·물리적 성질과 용접봉

계	JIS 규격 SUS	각 종 조 성	AWS 규 격 E	기계적 성질: 내 력 0.2% (kg/mm²)	기계적 성질: 인장강도 (kg/mm²)	기계적 성질: 스트레인 (%)	물리적 성질: 팽창계수 0~650° C×10⁻⁶ (1/°C)	물리적 성질: 열전도율 (cal/cm°Csec)	물리적 성질: 용 점 (°C)	용접봉 AWS E
페라이트계	24	18 Cr	430	≧21	≧45	≧25	11.8	0.056	1427~1510	309
	38	13 Cr-Al	405	≧18	≧42	≧22	13.5	—	1482~1532	310
오오스테나이트계	27	18 Cr-8 Ni	304	≧21	≧52	≧50	18.7	0.036	1399~1454	308
	28	〃 극저 C	304L	≧18	≧49	≧50	〃	〃	〃	308L
	29	18 Cr-8 Ni-Ti	321	≧21	≧52	≧45	19.2	—	1399~1427	347
	32	18 Cr-12 Ni-Mo	316	≧21	≧52	≧45	18.5	—	1371~1399	316
	33	〃 극저 C	316L	≧18	≧49	≧45	〃	—	〃	316L
	35	18 Cr-12 Ni-Mo-Cu	—	≧21	≧52	≧45	〃	—	〃	316Cu
	36	〃 극저 C	—	≧18	≧49	≧45	〃	—	〃	316CuL
	39	17 Cr-7 Ni	301	≧21	≧60	≧50	18.7	—	1371~1421	308
	40	18 Cr-8 Ni-고C	302	≧21	≧55	≧50	〃	—	〃	308
	41	22 Cr-12 Ni	309S	≧21	≧52	≧45	18.0	—	1399~1454	309
	42	25 Cr-20 Ni	310S	≧21	≧52	≧45	17.4	—	—	310
	43	18 Cr-8 Ni-Nb	347	≧21	≧52	≧45	19.0	—	1399~1427	347
마르텐사이트계	50	13 Cr-저C-저Si	403	≧21	≧45	≧22	11.7	0.057	1482~1532	410
	51	13 Cr-저C	410	≧21	≧45	≧22	11.7	0.057	〃	309
연강		JIS SM41	—	≧24	41~52	≧23	14.3	0.108	1490~1520	—

있다. 용접기는 양극(兩極)을 단락(短絡)하여도 전류가 일정 한도 이상은 흐르지 않도록 제어되어 일반 전기 기기와는 다르게 소손(燒損)될 위험성이 거의 없다. 아아크 용접기는 전원(電源)에 의하여 표 2·11과 같이 분류한다.

2·7·2 교류 용접기(交流熔接機)

(1) 가동 철심형(movable core type) 교류 용접기

용접에 적당한 저전압(低電壓) 대전류(大電流)를 공급할 수 있는 변압기(變壓器)로서 1차 코일은 교류 전원(交流電源)에 접속하고 2차 코일은 70∼100 V의 저전압으로 하여, 2차 코일의 절환(切換) 탭으로 코일의 권선비(捲線比)에 따라 큰 전류의 조정을 할 수 있고, 가동 철심(可動鐵心)으로서 미세한 전류를 조정할 수 있다.

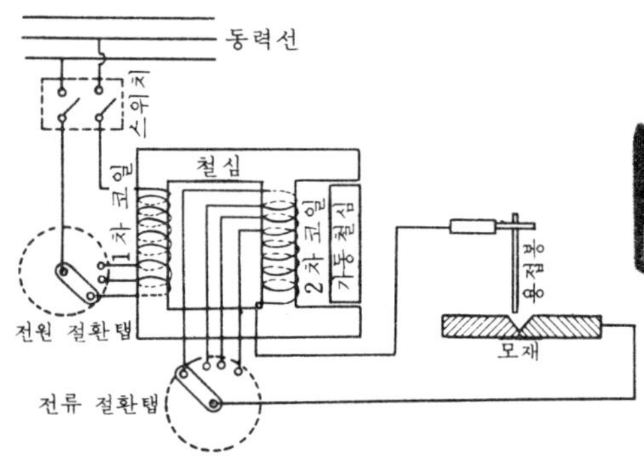

그림 2·22 가동 철심형 교류 용접기의 배선

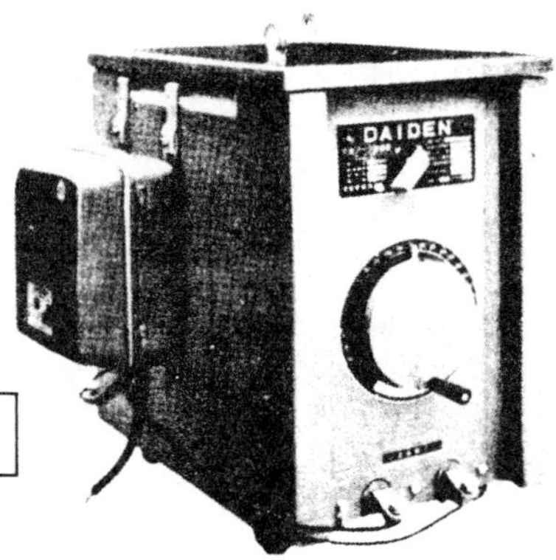

그림 2·23 정격 방지기와 가동 철심형 용접기

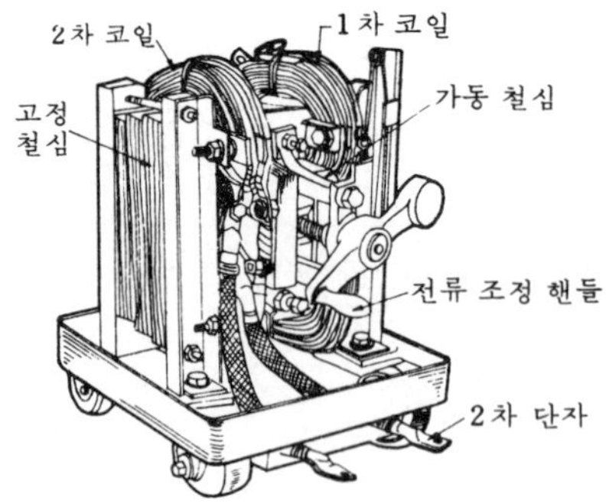

그림 2·24 가동 철심형의 내부 구조

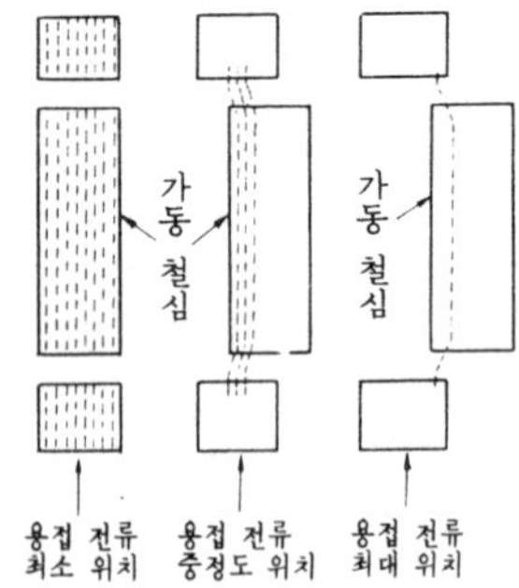

그림 2·25 가동 철심에 의한 누설 자속의 변화

(2) 가동 코일형(movable coil type) 교류 용접기

그림 2·26과 같이 가동 1차 코일을 교류 전원(交流電源)에 접속하고 가동 핸들로써 1차 코일을 상하로 움직이여 2차 코일의 간격을 변화시켜서 전류의 조정(調整)을 할 수 있게 한 것이다.

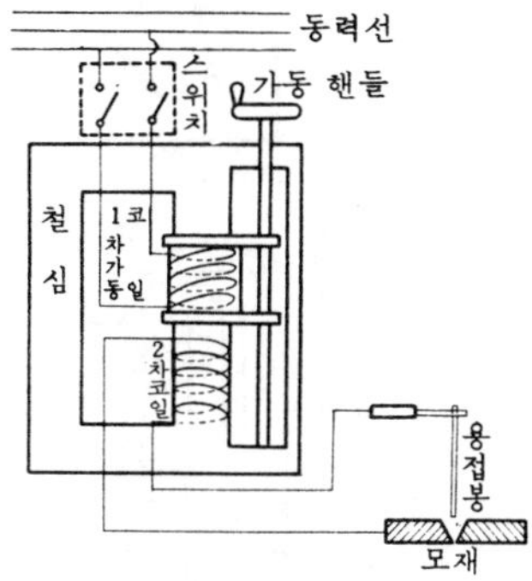

그림 2·26 가동 코일형 교류 용접기의 배선

(3) 탭 전환형(轉換型) 교류 용접기

그림 2·27과 같이 전류 전환탭 (A)와 (B)를 적당한 용접 전류에 이어 놓고 용접을 해야 되므로, 수시로 임의의 전류를 조정하기 어려운 결점이 있다.

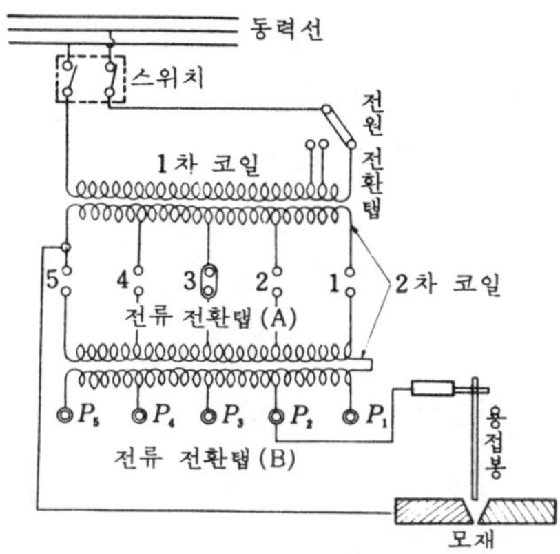

그림 2·27 탭 전환형 교류 용접기의 배선

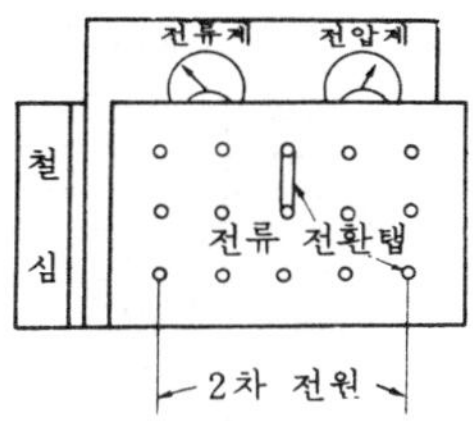

(4) 가포화(可飽和) 리액터형 교류 용접기

그림 2·28과 같이 변압기(transformer)와 가포화 리액터(saturable reactor)를 조합(組合)한 용접기이며, 직류 여자(直流勵磁)코일을 가포화(可飽和) 리액터에 감아 놓았다.

용접 전류의 조정은 직류 여자 전류(直流勵磁電流)를 조정하면 된다. 직류 여자 전류를 작게 하면 리액턴스(reactance)가 커져서 용접 전류는 작아진다. 반대로 직류 여자 전류가 커지면 리액터 철심(鐵心)은 포화되어 리액턴스는 작게 되고 용접 전류는 커진다. 그러므로, 전류 조정을 정기적으로 할 수 있으므로 원격 조정(遠隔調整, remote control)을 할 수 있다.

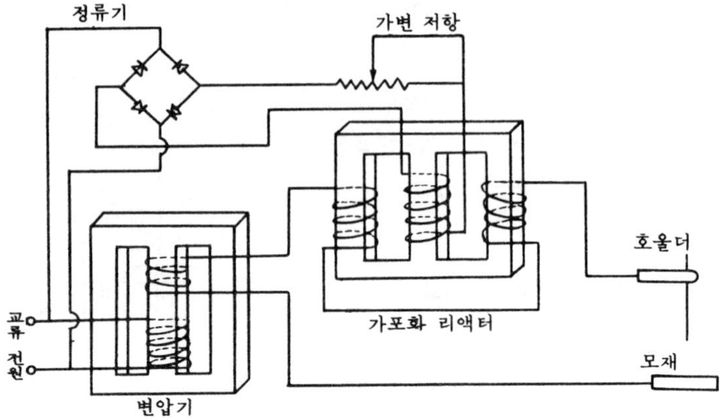

그림 2·28 가포화 리액터형 교류 용접기의 배선

2·7·3 직류 용접기(直流熔接機)

직류 용접기는 특히 안정된 용접 아아크가 필요한 용접에 사용되므로 최근 많이 사용되고 있다. 특수 용접에서 비철 합금(非鐵合金)의 알루미늄 합금, 스테인레스강, 박판 용접(薄板熔接) 등에 이용되고 있다.

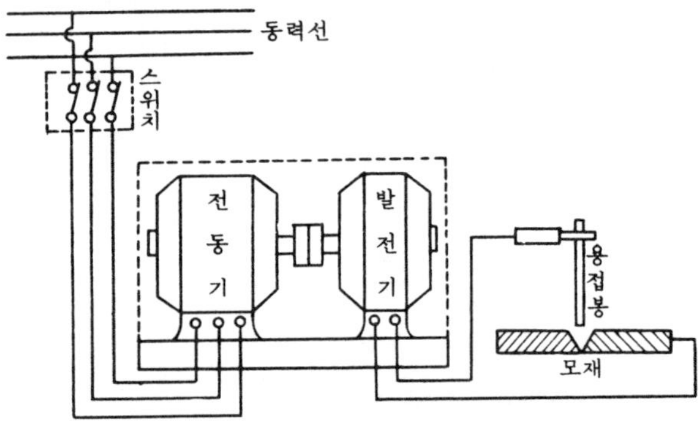

그림 2·29 발전형 직류 용접기의 배선

(1) 발전형 직류 용접기

그림 2·29와 같이 3상 교류의 유도 전동기(誘導電動機)를 사용하여 직류 발전기를 구동(驅動)하여 직류를 발전하는 것과, 가솔린 엔진이나 디이젤 엔진으로 발전기를 구동하여 발전하는 것이 있다.

(2) 정류기형 직류 용접기

그림 2·30과 같이 교류를 정류(整流)하여 직류를 얻는 것이다.

정류기(整流器)에는 셀렌 정류기(selenium rectifier), 실리콘 정류기(silicon

rectifier), 게르마늄 정류기(germanium rectifier) 등이 사용되고 있다.

2·7·4 용접기에 필요한 조건

(1) 아아크의 발생과 유지를 위하여 어느 정도 높은 무부하 전압(無負荷電壓), 즉 작업을 하지 않을 때의 전압인 개로 전압(開路電壓, open circuit voltage)이 필요하다. 교류 용접기는 70～80 V 이고 직류 용접기는 60 V 정도가 보통이다.

(2) 아아크의 안정을 위하여 용접기의 적당한 외부 특성 곡선(外部特性曲線, external characteristic curve), 즉 부하 전류(負荷電流)를 가로축으로 하고 부하 단자 전압(負荷端子電壓)을 세로축으로 한 곡선이 필요하다.

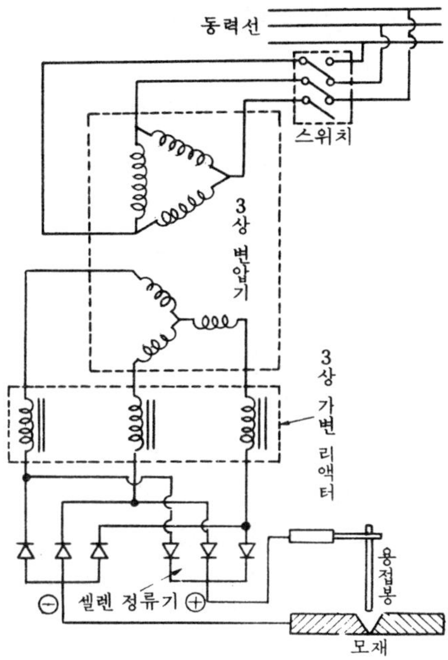

그림 2·30 셀렌 정류형 직류 용접기의 배선

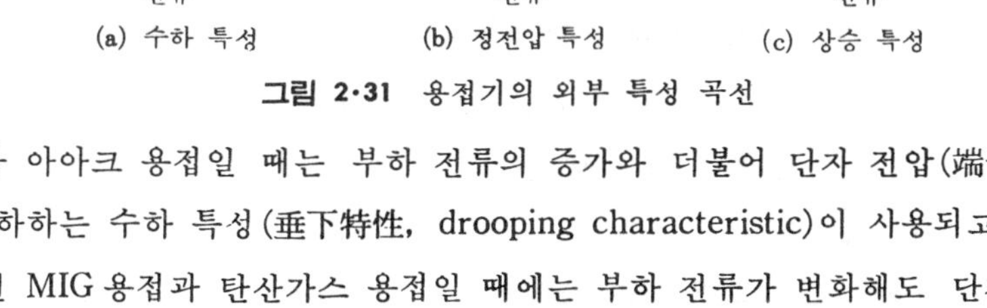

(a) 수하 특성 (b) 정전압 특성 (c) 상승 특성

그림 2·31 용접기의 외부 특성 곡선

피복 아아크 용접일 때는 부하 전류의 증가와 더불어 단자 전압(端子電壓)이 저하하는 수하 특성(垂下特性, drooping characteristic)이 사용되고, 특수 용접인 MIG 용접과 탄산가스 용접일 때에는 부하 전류가 변화해도 단자 전압이 거의 변화하지 않는 정전압 특성(定電壓特性, constant voltage characteristic)과 부하 전류가 증가하면 단자 전압이 증가하는 상승 특성(上昇特性, rising characteristic)이 사용되고 있으며, 이 때의 전원은 보통 직류이다.

직류 용접기와 교류 용접기를 비교하면 표 2·12와 같다.

2·7·5 전원 특성과 아아크 제어(制御)

(1) 피복 아아크 용접일 때

보통 용접 아아크는 아아크의 길이가 변화하는 데 따라서 아아크 전압이 변화한다. 즉, 아아크 길이의 증가와 더불어 아아크 전압이 증가하므로, 실제로 용접을 할 때에는 아아크의 길이를 일정하게 하고 용접 전류(熔接電流)도 일정하게 해야 한다. 그림 2·32는 전원 특성과 아아크의 특성 관계를 표시한 것이다.

표 2·12 직류 용접기와 교류 용접기의 비교

비교 사항	직류 용접기	교류 용접기
아아크의 안정	우수	약간 떨어짐
비피복 봉 사용	가능	불가능
극성 변화	가능	불가능
자기 쏠림 방지	불가능	가능
무부하 전압	약간 낮음	높다
전격의 위험	적다	많다
구조	복잡	간단
유지	약간 어려움	용이
고장	회전기에 많다	적다
역률	매우 양호	불량
소음	회전기에 현저하며, 정류기형은 조용함	조용함
가격	고가	저렴

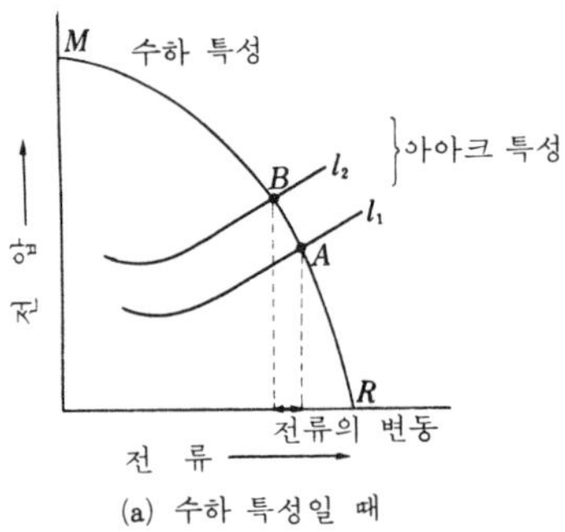

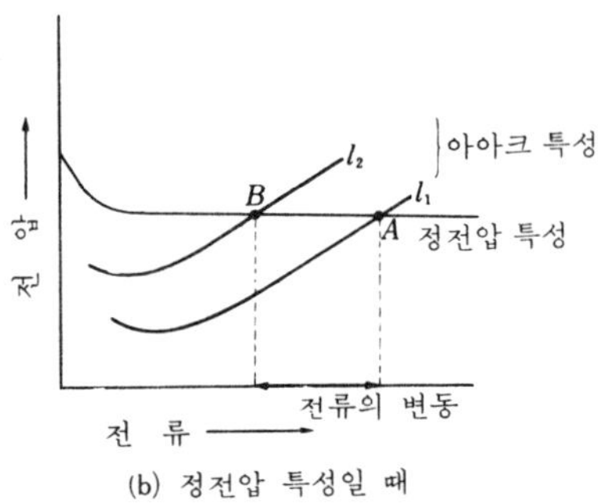

그림 2·32 전원 특성과 아아크 특성

점 A에서 아아크가 정상으로 발생하여 만족한 용접을 하고 있을 때의 아아크 길이를 l_1이라 한다. 이 때 어떤 원인으로 아아크의 길이가 변동하여 l_1에서 l_2까지 길게 되었다면 아아크의 발생점은 점 B로 이동된다. (a)의 수하 특성(垂下特性)에서 아아크 전압은 높아지나 용접 전류의 감소는 거의 없어서 일정한 전류로 용접할 수 있으며, 아아크의 길이가 정상 상태에서 짧아졌을 때에도 전류의 증가가 적게 되므로 일정한 전류로 용접할 수 있다. (b)의 정전압 특성(定電壓特性)에서는 아아크의 길이가 약간의 증감(增減)에도 용접 전류는 크게 변동되므로 피복 아아크 용접에는 부적당하다. 그러므로, 피복 아아크 용접은 수하 특성(垂下特性)의 전원(電源)을 사용한다. (a)에서 아아크는 *R*점의 단락 전류(短絡電流, short current)에서 발생하여 *A*와 *B*점에서 아아크 전압 20~40 V로 안정하게 된다.

*M*점은 개로 전압(open circuit voltage), *MBAR*은 전원 특성의 수하 특성 곡선이며, l_1과 l_2은 아아크 특성 곡선이다.

(2) 자동 아아크 용접일 때

자동 아아크 용접은 전극을 연속적으로 이송하는(모우터를 사용) 용접 방법이므로 용접 장치(熔接裝置)에 용접 아아크를 자동적으로 제어(control)할 수 있게 해야 한다. 그러므로, 자동 용접(自動熔接)은 심선(心線)의 공급 장치(供給裝置)와 용접 전원(熔接電源)이 별개로 되어 있으며, 심선의 이송 방식에는 2종류가 있다.

① 아아크 전압 제어 송급 방식(수하 특성의 전원을 사용함)

② 정속도 송급 방식(정전압 혹은, 상승 특성의 전원을 사용함)

①의 방식은 자동 용접 중에서 굵은 심선을 사용하는 비교적 전류 밀도(電流密度)가 낮은 잠호 용접(潛弧熔接)과 복합(複合) 심선을 사용하는 탄산가스 용접 등에 이용된다. 이 방식의 원리는 아아크 전압의 변동하는 것을 이용하여 심선의 송급(送給) 속도를 제어하여 아아크의 길이를 일정하게 하는 것으로 수하 특성(垂下特性)을 사용하며, 전원은 교류와 직류 어느 것이나 좋다. ②의 정속도 송급 방식(定速度送給方式)은 주로 MIG와 고상 심선(固相心線)을 사용하는 탄산가스 용접에 사용되는 것으로, 그 원리는 심선을 일정 속도로 송급하고 정전압 전원의 자기 제어(self control) 작용을 이용하여 아아크의 길이를 일정하게 하는 것이다. 그림 2·32의 (b)에서 정상인 아아크의 길이가 약간 증가하면 용접 전류(熔接電流)가 순간적으로 크게 감소하여 심선의 용융 속도(溶融速度)도 감소한다. 그러므로 아아크의 길이는 원상태로 돌아간다. 반대로 아아크의 길이가 정상보다 짧아지면 용접 전류는 급격히 증가하여 심선의 용융 속도가 크게 되므로 아아크의 길이는 원상태로 돌아간다. 단, 이와 같은 방식은 직류를 사용하는 경우가 많고 교류는 거의 없다. 그리고 상승 특성의 전원을 사용할 때에는 정전압 특성의 전원을 사용할 때보다도 아아크의 길이가 변화할 때 전류의 변화가 크므로, 아아크의 길이는 자기 제어 작용(自己制御作用)이 더 좋다. 그러므로 용접법에 따라서 이 특성을 가진 전원

을 사용하는 수도 있다.

2·7·6 교류 아아크 용접의 전류 전압 특성

교류 아아크 용접기는 전원 주파(50 Hz 혹은 60 Hz)의 반사이클(cycle)마다 극성이 변화한다. 그림 2·33은 아아크 전류와 전압의 관계를 도시(圖示)한 것이며, 아아크 전류가 증가할 때 아아크 전압 P는 정상 전압 Q보다는 높다. 그러나, 전원의 무부하 전압(無負荷電壓) P_0는 아아크 전압 P보다 높아야 아아크가 소실되지 않는다. 아아크 전류는 일단 0으로 되어 다음 순간 반대 방향으로 전류가 흐르며, 이에 따라 아아크가 소멸하였다가 다시 살아나는 반복 과정을 연속적으로 행하게 된다. 이 과정의 아아크 전류와 전압은 $OPQSO$와 같이 변화하며 전원 전압 P_0보다는 위상(位相)이 낮은 곳에서 발생한다. 아아크의 전압 Q는 20 V 전후이며, 아아크가 발생할 때 필요한 전압 P는 매우 높은 값이지만 전원 전압 P_0보다는 낮다. 이것이 아아크의 재점호의 필요한 조건이다. 이 높은 전압 P를 재점호 전압(再點弧電壓)이라 한다.

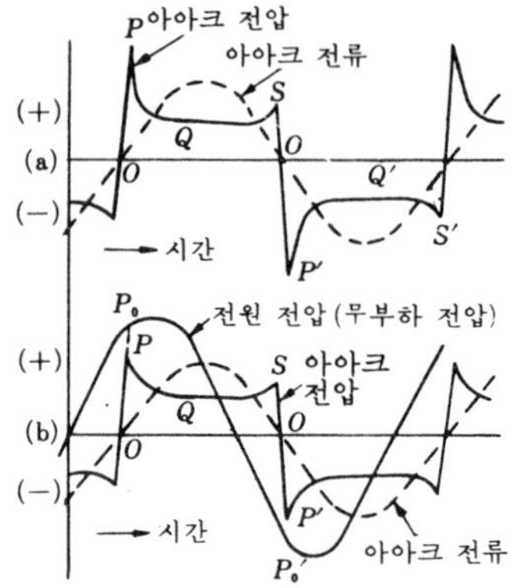

그림 2·33 교류 아아크의 전압과 전류파형

2·7·7 아아크 용접기의 규격

교류 아아크 용접기에 대한 규격은 표 2·13 KSC 9602와 같다.

표 2·13 교류 아아크 용접기 규격 (KSC 9602)

종류	정격2차 전류 (A)	정격 사용률 (%)	정격 부하 전압: 저항강하 (V)	정격 부하 전압: 리액턴스 강하(V) 50 Hz	정격 부하 전압: 리액턴스 강하(V) 60 Hz	최고2차 무부하 전압 (V)	2차 전류: 최대값 (A)	2차 전류: 최소값 (A)	사용할 용접봉 지름 (mm)
A W 200	200		30				200 이상 220 이하	<35	2~4
A W 300	300	40	35	0		<85	300 이상 330 이하	<60	2.6~5
A W 400	400		40				400 이상 440 이하	<80	3~6
A W 500	500	60	40	10	12	<95	500 이상 550 이하	<100	4~8

표 중의 AW 200은 교류 아아크 용접기(AC arc welder)의 정격 2차 전류(定格 2次電流) 200 A가 흐를 수 있는 전류 용량의 값으로 표시하고 있다.

또한, 용접 전류의 조정 범위는 정격 2차 전류의 20～110 % 정도이고, 예를 들면 200 A의 용접기로는 최소 40 A 정도에서 최대 220 A까지 조정될 수 있다.

표에서 사용률(duty cycle)은 용접기를 사용하여 아아크 용접을 할 때 용접기의 2차측에서 아아크를 발생하는 시간을 나타내는 것으로, 사용률이 40 %이면 아아크를 발생하는 시간은 대체로 전체의 40 %이고, 나머지 60 %는 아아크를 발생시키지 않고 쉬는 시간의 비율을 나타낸다. 이상 2가지 시간의 비율을 나타낸 것이 용접기의 네임 플레이트(name plate)에 표시되어 있다.

이 사용률(使用率)을 식으로 나타내면 다음과 같다.

$$\text{사용률} = \frac{\text{아아크 발생 시간}}{\text{아아크 발생 시간} + \text{정지 시간}} \times 100$$

이상의 사용률을 나타내는 것은 용접기를 무제한으로 계속하여 쓰면 온도가 상승되어 소손(燒損)이 생기기 때문이다.

그러면 실제로 작업을 할 때 어떤 용접기로서 어느 정도 계속해서 사용해도 용접기에 무리가 가지 않느냐 하는 점을 한 번 생각해 보기로 하자.

보통 사용률이라면 표 2·13에서 볼 수 있는 바와 같이 정격 사용률(定格使用率, standard service factor)을 말하는데, 정격 사용률은 정격 2차 전류로서 용접하는 경우의 사용률을 나타낸다. 따라서, 이 정격 2차 전류 이하의 전류로서 용접을 하는 경우에는 정격 사용률 이상으로 작업을 할 수 있다. 이 경우의 허용되는 사용률(許容使用率)은 다음 식으로 구할 수 있다.

$$\text{허용 사용률} = \frac{(\text{정격 2차 전류})^2}{(\text{실제의 용접 전류})^2} \times \text{정격 사용률}(\%)$$

[**예제 2·1**] 정격 2차 전류 200 A, 정격 사용률 40 %의 아아크 용접기로 150 A의 용접 전류를 사용하여 용접하는 경우의 허용 사용률(η %)은 얼마인가?

《풀이》

$$\eta = \left(\frac{200}{150}\right)^2 \times 40 = 70(\%)$$

그러므로, 아아크를 발생시킬 수 있는 시간의 비율은 70 %이다.

[**예제 2·2**] 정격 전류 300 A, 정격 사용률 50 %인 아아크 용접기로써 실제

로 200 A 의 전류로서 용접한다고 가정하면 허용 사용률(η %)은 얼마인가?

《풀이》 $$\eta = \left(\frac{300}{200}\right)^2 \times 50 = 112\ \%$$

따라서, 이 때에는 용접기를 연속 사용하여도 지장이 없다는 것을 알 수 있다.

2·7·8 교류 용접기의 역률과 효율

용접기로서 입력(入力), 즉 전원 입력(2 차 무부하 전압×아아크 전류)에 대하여 아아크 입력(아아크 전압×전류)과 2 차측 내부 손실의 합의 비율을 역률(力率, power factor)이라 하고, 또 아아크 입력과 내부 손실과의 합에 대하여 아아크 입력의 비율을 효율(效率, efficiency)이라 한다. 예를 들어 무부하 전압(無負荷電壓) 80 V, 아아크 전압 30 V, 아아크 전류 300 A 라 하면 역률과 효율은 다음과 같다.

$$\text{아아크 입력} = 30\ \text{V} \times 300\ \text{A} = 9.0\ \text{kW}$$

$$\text{전원 입력} = 80\ \text{V} \times 300\ \text{A} = 24.0\ \text{kVA}$$

$$\text{내부 손실(동손, 철손, 그 밖의 손)} = 4\ \text{kW}$$

$$\text{효율} = \frac{\text{출력 (kW)}}{\text{입력 (kW)}} = \frac{9.0}{9.0+4.0} \times 100 = 69\ \%$$

$$\text{역률} = \frac{\text{입력 (kW)}}{\text{입력 (kVA)}} = \frac{9.0+4.0}{24.0} \times 100 = 54\ \%$$

이다.

2·7·9 용접기 사용상의 주의

용접기를 사용할 경우에는 용접기의 안팎을 점검하여 고장의 유무, 전기적 접속의 잘못이 없는가를 알아야 한다. 이외에도 직류 용접기의 경우에는 회전 부분이 있으면 베어링에 윤활(潤滑)이 충분한가, 정류자(整流子)가 있는 것은 정류자 면에 먼지 등이 없이 개끗한가를 알아본다. 또, 탭 전환형 교류 용접기에서는 탭 전환부가 접촉이 잘 되도록 하여 접촉 저항(接觸抵抗)에 의해 과열이 생기지 않도록 해야 하며, 용접을 중지하는 경우는 반드시 전원 개폐기(電源開閉器)를 끊도록 하고, 만일 연결되어 있으면 전력이 비경제적일 뿐 아니라 위험하다. 이런 점에서 용접기를 사용할 때에는 반드시 다음의 사항을 지켜야 한다.

(1) 정격 사용률 이상으로 사용하면 과열이 되어 소손이 생긴다.

(2) 탭 전환은 반드시 아아크 발생을 중지시킨 후에 시행한다.

(3) 2차측 단자(端子)의 한쪽과 용접기 케이스는 반드시 접지(earth)를 확실히 해 둔다.

(4) 보안상으로 접점 개폐기(接點開閉器)의 접촉을 조사해야 하며 가동 부분, 냉각 팬(fan)을 점검하고 주유(注油)를 해야 한다.

(5) 1차측의 탭은 1차측의 전류, 전압의 변동을 조절하는 것이므로, 2차측의 무부하 전압(無負荷電壓)을 높이거나 용접 전류를 높이는 데 사용해서는 안 된다.

이상의 주의 사항 외에 다음 장소에 용접기를 설치해서는 안 된다.

① 옥외에서 비·바람이 치는 장소

② 주위 온도가 −10°C 이하인 장소

③ 유해한 부식성(腐蝕性) 가스가 있는 장소

④ 수증기, 또는 습도가 높은 장소

⑤ 기름이나 증기가 많은 장소

⑥ 휘발성 가스가 있는 장소

⑦ 진동이나 충격을 받는 장소

⑧ 먼지가 대단히 많은 장소

2·8 용접 장비와 공구

2·8·1 환기 장치(換氣裝置)

그림 2·34와 같이 아아크 발생 부근에 집진(集塵) 후드(hood)를 설치하여 아아크에 의해 발생된 가스들을 뽑아내야 한다. 특히 아연(Zn) 도금판이나 황동(brass), 청동(bronze), 납(Pb) 합금, 카드뮴(Cd) 합금을 용접할 때에는 반드시 환기 장치를 설치해야 하며 방독(防毒) 마스크를 착용해야 한다.

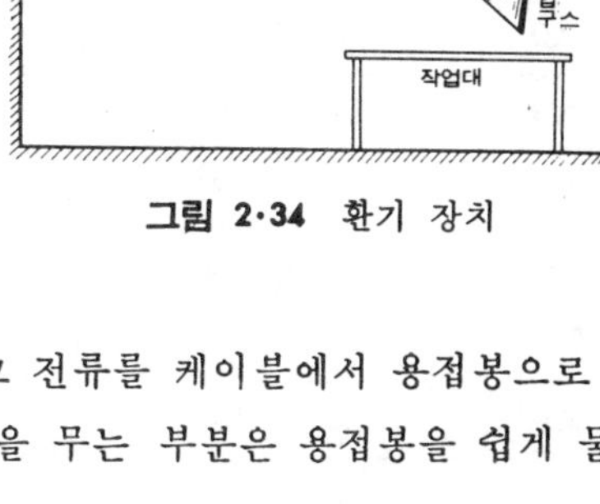

그림 2·34 환기 장치

2·8·2 용접봉 호울더(electrode holder)

호울더는 용접봉(熔接棒)의 끝을 꽉 물고 전류를 케이블에서 용접봉으로 전하는 기구로서 그림 2·35와 같다. 용접봉을 무는 부분은 용접봉을 쉽게 물거나 뺄 수 있어야 하며, 가볍고 튼튼하여야 한다. 또, 전기적으로는 용접봉을 무는 부분 이외 부분은 완전히 절연(絕緣)되어 있어야 한다. 대체로 용접중의 감전사(感電死)나 전격(電擊)을 받는 것은 호울더의 절연 불량 때문에 일어나는 일이 많다. 용접봉 호울더의 규격은 KSC 9607 에 규정하고 있다.

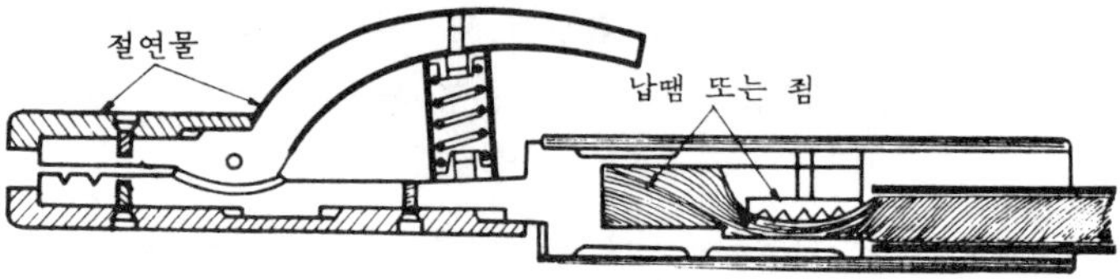

그림 2·35 용접봉 호울더

2·8·3 용접용 전선(welding cable)

용접기에 사용하는 전선에는 1 차측의 전원(보통 교류 200~220 V) 전선과

표 2·14 용접용 전선과 치수 (단면적 mm² 의 값)

거리(m) / 전류(A)	20	30	40	50	60	70	80	90	100
100	38	38	38	38	38	38	38	50	50
150	38	38	38	38	50	50	60	80	80
200	38	38	38	50	60	80	80	100	100
250	38	38	50	60	80	80	100	125	125
300	38	50	60	80	100	100	125	125	
350	38	50	80	80	100	125			
400	38	60	80	100	125				
450	50	80	100	125	125				
500	50	80	100	125					
550	50	80	100	125					
600	80	100	125						

용접기에서 피용접물까지의 2 차측 전선이 필요하다. 이 전선의 규격은 KSC 3321 에 규정되어 있으며, 소요 전류(所要電流)와 소요 길이에 따라 적당한 것을 선정한다. 이 케이블은 머리카락처럼 가는 구리선(지름 0.2~0.5 mm)을 수많이 단단히 꼰 것에 종이를 싸서 그 위를 고무로 다시 싼 것을 사용한다. 표 2·14 는 용접용 케이블의 단면 지름의 값을 정격 2 차 전류와 사용 최대 거리로써 구할 수 있는 표이다.

2·8·4 접지 클램프(ground clamp)

용접기와 모재(母材)를 접속하는 것으로 완전히 접속해서 접점이 저항열을 발생하지 않도록 하는 것으로 그림 2·36 과 같다.

그림 2·36 접지 클램프

헬멧

핸드 시일드

그림 2·37 헬멧과 핸드 시일드

2·8·5 헬멧(helmet)과 핸드 시일드

용접 아아크에서 나오는 유해 광선인 자외선(紫外線), 적외선(赤外線)과 용접 작업중에 용융된 철이 비산하는 스패터(spatter)로부터 눈, 얼굴, 머리 등의 피해를 막기 위해서 그림 2·37과 같은 화이버로 만든 핸드 시일드(hand shield)와 헬멧(helmet)을 사용한다.

2·8·6 용접 렌즈(welding lens)

용접 렌즈는 적외선과 자외선을 흡수하는 특수 차광(特殊遮光) 유리로서 그 크기는 50.8×10.8 mm의 직 4각형이 많이 쓰이고 차광 능력(遮光能力)에 따라 등급이 있으며, 이 등급은 용접봉의 지름과 용접 전류에 상관 관계(相關關係)가 있다. 차광 능력의 등급을 차광 번호(遮光番號, shade number)라고 하며, 용접 렌즈는 보통 유리와 조합하여 사용하고, 표 2·15는 차광 유리의 규격을 표시한다.

표 2·15 차광 유리의 규격

차광도 번호	사 용 처
6～ 7	가스 용접 및 절단, 30A 미만의 아아크 절단 및 금속 용해 작업 등에 쓰인다.
8～ 9	고도(高度)의 가스 용접, 절단 및 30A 이상 100A 미만의 아아크 용접, 절단에 쓰인다.
10～12	100A 이상 300A 미만의 아아크 용접 및 절단 등에 쓰인다.
13～14	300A 이상의 아아크 및 절단에 쓰인다.

2·8·7 보호의(保護衣)

용접 작업중 몸을 보호하기 위해서 착용하는 것으로서, 가죽이나 석면(石綿) 등으로 만든 앞치마(fire proofed apron), 팔뚝 카버(sleeve protectors), 장갑(leather gloves), 발 카버(shin cover), 벙어리 장갑(asbests mitts) 등이 있다.

2·8·8 용접용 공구(熔接用工具)

용접에 사용되는 공구들을 살펴보면 그림 2·38과 표 2·16과 같은 것이 있다.

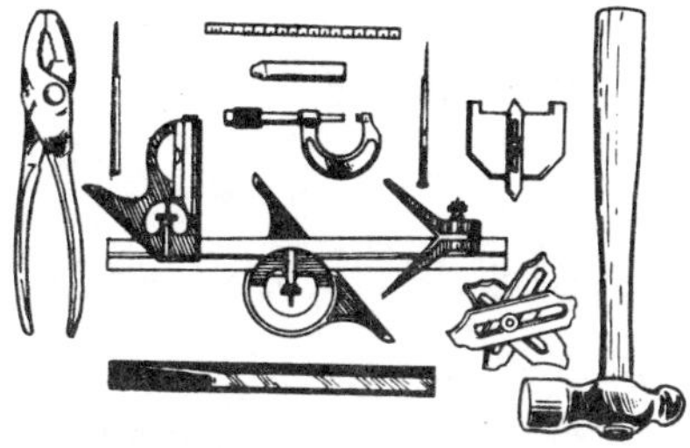

그림 2·38 용접용 공구

그림 2·39 전 류 계

그림 2·40 슬랙 해머

그림 2·41 와이어 브러시

표 2·16 각종 공구 일람표

순서	공구명		용도
	국문	영문	
1	표시 스탬프	identification stamp	용접물에 글자를 표시한다.
2	필릿 용접 게이지	fillet weld gauge	용접부를 측정한다.
3	맞대기 용접 게이지	butt weld gauge	용접부를 측정한다.
4	컴비네이션 스퀘어	combination square	치수 측정과 직각 측정을 한다.
5	베벨 각도기	bevel protractor	각도를 측정한다.
6	마이크로미터	micrometer	두께와 지름을 측정한다.
7	플렉시블 자	flexible scale	원둘레와 곡선의 길이를 측정한다
8	금긋기 바늘	scriber	금긋는 공구
9	정	chisel	스패터를 제거한다.
10	해 머	hammer	해머
11	치핑 해머	chipping hammer	슬랙을 떨어낸다.
12	용접봉 통	electrode box	용접봉을 담는다.
13	플라이어	plier	용접 금속을 잡는다.
14	쇠 솔	wire brush	슬랙을 닦아낸다.
15	전 류 계	ampere meter	용접 전류를 측정한다.
16	작 업 대	workbench	용접 작업을 할 수 있는 작업대

2·9 피복 전기 아아크 용접법

2·9·1 용접 전류의 조정

용접기가 바르게 접속되어 있고 결선(結線)이 잘 되었으며, 케이블의 손상이 없는가를 조사하고 작업중 사고가 일어나지 않도록 주의를 한다. 용접기의 점검(點檢)이 끝나면 전원 스위치를 넣고 전류 조정(電流調整)을 한다. 용접 전류는 용접봉의 지름, 종류, 모재의 두께, 이음 현상의 종류에 따라 다르나 초심자(初心者)는 표 2·17의 표준 용접 전류를 기준으로 하여 조정을 한다.

표 2·17 용접봉과 모재 두께에 대한 표준 용접 전류

모재 두께 (mm)	3.2		4.0		5.0		6.0		7.0		9.0		10.0		12.0 이상	
용접봉 지름 (mm)	2.0	2.6	2.6	3.0	3.0	4.0	3.0	4.0	4.0	5.0	4.0	5.0	4.0	5.0	5.0	6.0
용접 전류 (A)	40~60	50~70	60~80	80~100	90~110	110~130	100~120	120~140	130~150	160~180	140~190	160~170	150~170	180~200	200~220	240~280

용접 전류의 크기는 용접기의 눈금에서 읽을 수 있으나 전류계를 사용하여 정확한 값을 자세히 알고 작업을 하는 것이 좋다. 그리고 직류 전원(直流電源)의 직류 용접 전류의 크기는 교류 용접 전류보다 약간 낮은 편이 용접 결과가 좋다.

2·9·2 전기 아아크 용접의 기본 연습

전기 용접공이 되기 위해서는 최저 6개월 정도의 연습 기간이 필요한데, 처음 3개월은 연습판(練習板)에 기본 연습인 아래보기 용접을 충분히 익히고, 표 2·18에 따라 약 120시간에 용접봉 3.2 mm와 4 mm 짜리를 약 50~60 kg 사용하는 것이 필요하며, 이것이 끝나면 현장에서 숙련공의 조수로서 실제 연습을 하면 빠른 시간에 용접공이 될 수 있다.

수직 자세, 수평 자세, 위보기 자세 용접은 아래보기 용접이 숙련되었을 때 아주 쉽게 용접 기술이 습득된다.

2·9·3 운봉법의 기본 연습

운봉법(運棒法)의 기본 연습은 그림 2·42와 같이 호울더에 아아크 용접봉의

표 2·18 기본 연습 과정표

번호	[illegible]	[illegible]	[illegible]	[illegible]	[illegible]
1	운봉법의 기본 연습	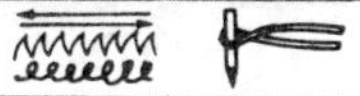	종이와 붓	붓으로 각종 운봉법	8
2	아아크 발생 연습	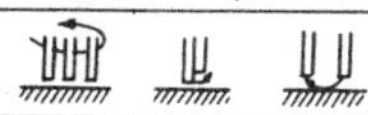	연강판 200×100×9~6	아아크 발생법	4
3	아래보기 직선 비이드 연습	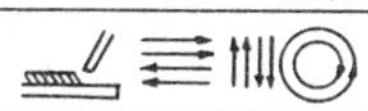	300×150×9~6	아아크 유지법과 직선 비이드법	12
4	아래보기 반달형 운봉법 연습	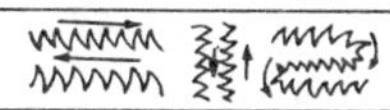	〃 〃	반달형 비이드와 그래이터 처리법	16
5	아래보기 덧살올림 용접	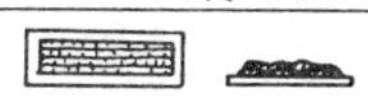	200×100×9	아래보기 덧살올림 용접법	4
6	아래보기 I형 맞대기 용접	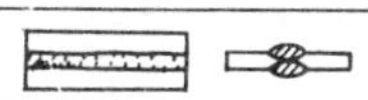	200×100×6 2장	I형 맞대기 용접법	12
7	아래보기 V형 맞대기 용접	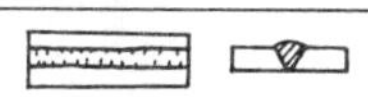	250×120×9 2장	V형 맞대기 용접의 운봉법과 덧살올림법	12
8	아래보기 모서리 용접	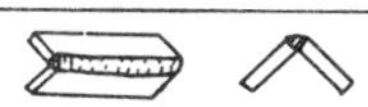	150×100×9 2장	아래보기 모서리 용접과 덧살올림법	12
9	아래보기 안쪽 모서리 용접		200×100×9 2장	아래보기 안쪽 모서리 용접과 덧살올림법	8
10	T형 필릿 용접		200×100×9~6 2장	T형 필릿운봉법	20
11	겹치기 용접	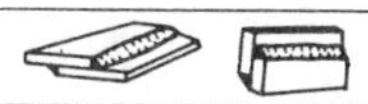	200×100×9~6 2장	겹치기 용접법	12
12	수직 비이드 운봉법	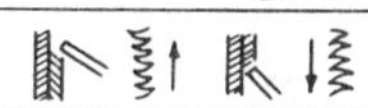	200×150×9~6	수직 운봉법	20
13	수직 V형 맞대기 용접	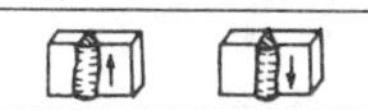	200×100×9 2장	수직 V형 맞대거 운봉법과 덧살올림	16
14	수직 모서리 용접	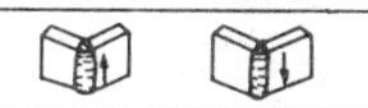	〃 〃	수직 모서리 용접법	16
15	수직 T형 필릿 용접	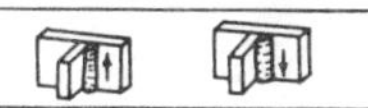	〃 〃	수직 T형 필릿 용접의 운봉법과 덧살올림	20
16	수직 겹치기 용접	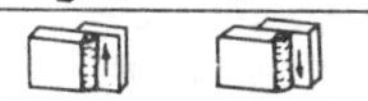	〃 〃	수직 겹치기 용접법	16
17	수평 직선 비이드 연습	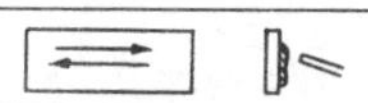	200×150×9~6	수평 직선 비이드법	12
18	수평 V형 맞대기 연습	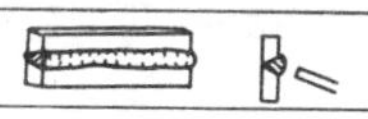	200×100×9 2장	수평 맞대기 운봉법과 덧살올림법	16
19	위보기 직선 비이드 연습		200×150×9~6	위보기 직선 비이드법	12
20	위보기 V형 맞대기 용접	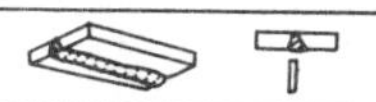	200×100×9 2장	V형 맞대기 운봉법과 덧살올림법	16
21	위보기 T형 필릿 용접		200×100×9 2장	T형 필릿 운봉법	20
22	위보기 겹치기 용접	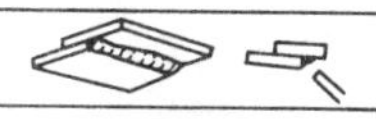	200×100×9 2장	위보기 겹치기 용접법	16
23	강관의 용접		ϕ50×4−50 2개	파이프 용접의 요령	12
24	압력 용기 제작	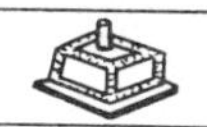	200×200×9 5개 250×250×9 1개	가접과 용접 순서	18
25	합 계				330

길이보다 약간 짧은 붓을 끼우고, 먹을 묻혀서 종이 위에 그림 2·43, 2·44와 같

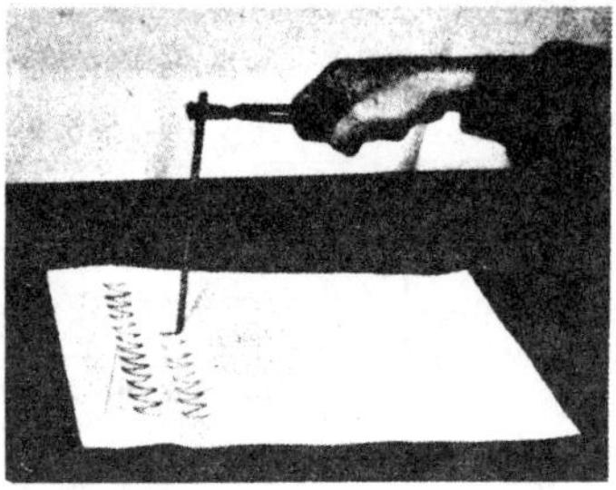

그림 2·42 붓에 의한 기본 연습 광경

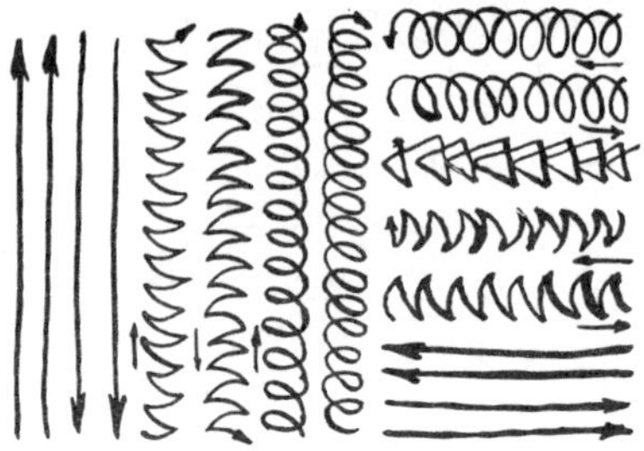

그림 2·43 붓에 의한 기본 연습

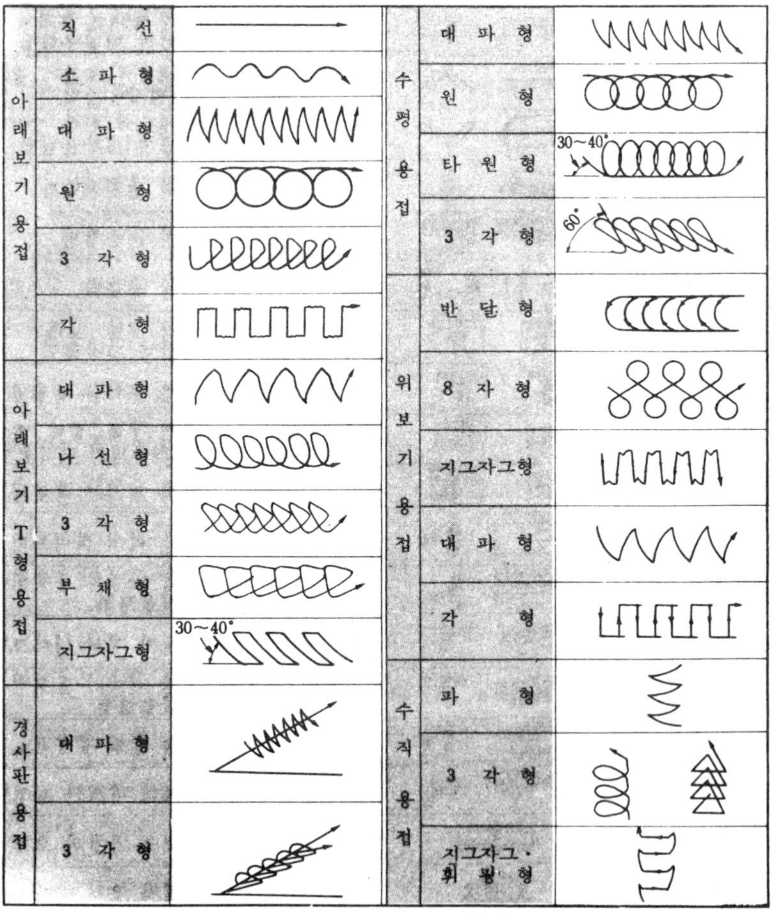

그림 2·44 위이빙의 여러 가지 방법

이 직선, 반달형, 3각형 등을 상하 좌우로 써 본다. 이 때, 선의 굵기가 일정하게 그어질 때까지 손에 익히는 것이 좋다. 기본 운봉법에는 용접봉을 좌우로 움직이지 않고 직선적으로 용접을 하는 직선 비이드(straight bead)법과, 용접봉 끝을 좌우로 반달형으로 움직이면서 전진 용접을 하는 위이빙 비이드(weaving bead)와 지그자그 처올리는 휘핑(whipping)법의 2가지가 있다.

2·9·4 아아크 발생의 운봉법 연습

아아크를 발생시킬 때에는 핸드 시일드(용접 방패)로 얼굴을 가리기 전에 용접봉의 끝을 모재(母材)에 가까이 해서 아아크를 일으킬 위치를 정한 뒤 핸드 시일드로 얼굴을 가리고, 재빨리 용접봉을 모재에 접촉시키어 순간적으로 3∼4 mm 끌어올리면 아아크가 발생된다. 처음 이 동작을 해 보면 아아크가 발생되는 것이 두려워 잘 안 되며 무의식 중에 아아크를 보는 일이 많은데, 이렇게 되면 눈병이 생기게 되므로 주의하지 않으면 안 된다. 아아크를 발생시키는 방법으로는 그림 2·45와 같이 용접봉의 끝을 공작물 표면에 순간적으로 가볍게 대었다가 재빨리 끌어올리면 아아크가 발생되는데, (a)나 (b)와 같이 용접봉을 공작물(工作物)에 긁는 방법(method of striking arc)이 있다. 긁는 방법은 초심자가 이용하면 쉽게 아아크를 일으킬 수 있고, 찍는 방법(method of tapping arc)은 숙련된 자만이 이용할 수 있다.

아아크 발생을 처음으로 해 보면 용접봉을 움직이는 속도가 느려 용접봉이 공작물에 붙는 일이 많다. 이 때에는 당황하지 말고 용접봉을 공작물에 누르는 것처럼 하면서 호울더를 좌우로 2∼3회 움직이면 용접봉이 쉽게 떨어진다.

그림 2·45는 아아크 발생법의 3가지 방법이며, 숫자는 용접봉의 이동 순서이고 행로(行路)의 가는 부분은 힘차고도 재빨리 움직이는 것을 의미한다.

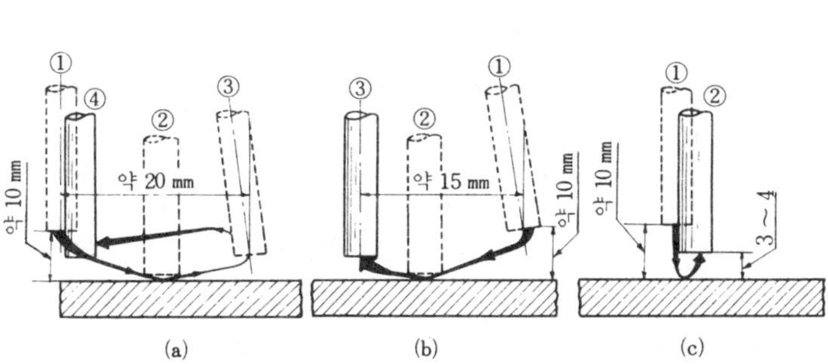

그림 2·45 아아크의 발생

2·9·5 아래보기 직선 비이드의 연습

직선 비이드는 용접봉의 끝을 좌우로 흔들지 않고 비이드를 만드는 연습으로서 용접의 첫걸음으로 되어 용접 실습의 기본이다. 직선 비이드는 실제로 용접을 할 때에는 가접 박판(薄板) 및 V 홈 이음 등의 제 1 층 용접에 많이 사용된다.

그림 2·46 아래보기 용접 자세

(1) 용접봉을 겨누는 방법

그림 2·47 과 같이 용접봉을 용접 진행 방향(熔接進行方向)으로 70~80°로 경사시키고 좌우에 대해서는 모재에 90°되게 하며, 아아크의 길이는 용접봉의 지름을 기준으로 한다.

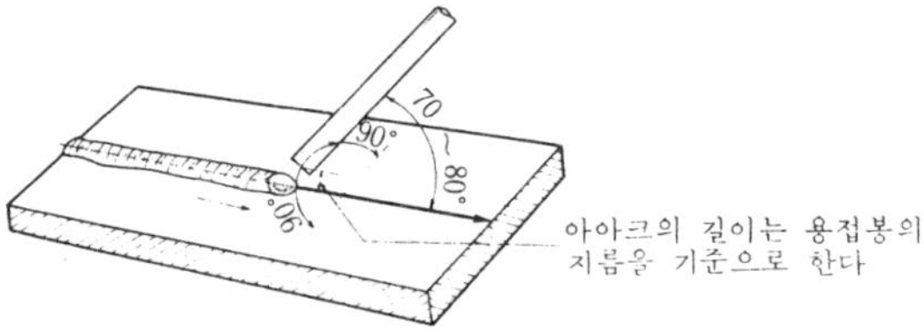

그림 2·47 용접봉의 위치

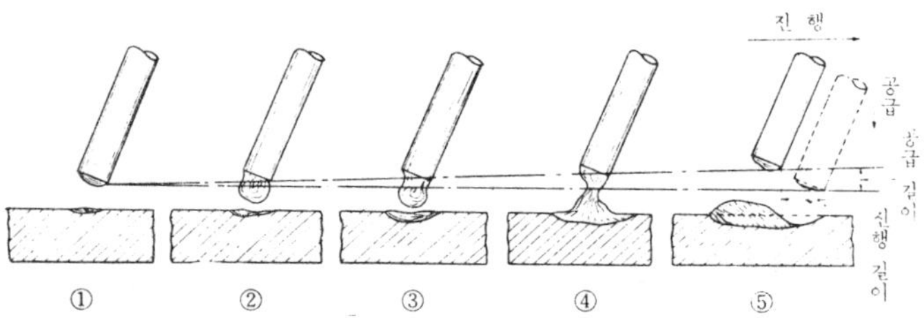

그림 2·48 직선 비이드의 운봉 요령

그러나, 실제로 용접봉은 피복제(被覆劑)가 두껍게 부착되어 있으므로 용접봉을 경사시킬 때에는 봉 끝을 모재에 가볍게 접촉시키는 기분으로 하는 것이 좋다.

그림 2·48 은 직선 비이드의 운봉 요령(運棒要領)이며, ①의 아아크가 발생하면 ②, ③과 같이 용접봉의 선단(先端)이 용융(溶融)되어 ④와 같이 모재로 이행하기 때문에 용접봉은 짧아져서 아아크가 길게 되어 아아크가 끊어질 위험성이 생기므로, 용접봉의 아아크가 끊어지지 않도록 일정한 속도로 공급하

여 아아크의 길이를 일정하게 하며, 직선을 긋는 기분으로 일정한 속도로 운봉을 한다. 이 때에 용접 비이드의 길이와 용접봉의 길이는 거의 같은 정도가 적당하다.

(2) 실습 조건과 순서

연습판(練習板)의 두께는 6~9 mm, 크기는 150×250 mm의 연강판(軟鋼板)을 준비하고, 용접봉은 4 mm를 쓰며, 용접 전류는 140~150 A로 조정한다.

① **우진(右進) 및 좌진(左進)의 직선 비이드**: 먼저 연습판에 백묵으로 여러 개의 직선을 평행하게 긋고, 그 위를 왼쪽에서 오른쪽으로, 또 반대로 오른쪽에서 왼쪽으로 비이드를 만든다. 처음에는 백선(白線) 위를 덮지 못하고 탈선(脫線)을 할 뿐만 아니라 비이드의 폭, 높이 및 파형(波形) 등이 고르지 못하지만 몇 번 반복하게 되면 비이드가 직선으로 되어 백선 위를 평행으로 덮게 되며 좋은 비이드가 되면 다음 연습을 한다.

② **전진 및 후진 직선 비이드**: 백선 위의 바로 앞에서 먼쪽으로, 또 먼쪽에서 앞쪽으로 비이드를 만들고, 비이드가 직선으로 평행하게 되면 비이드의 폭,

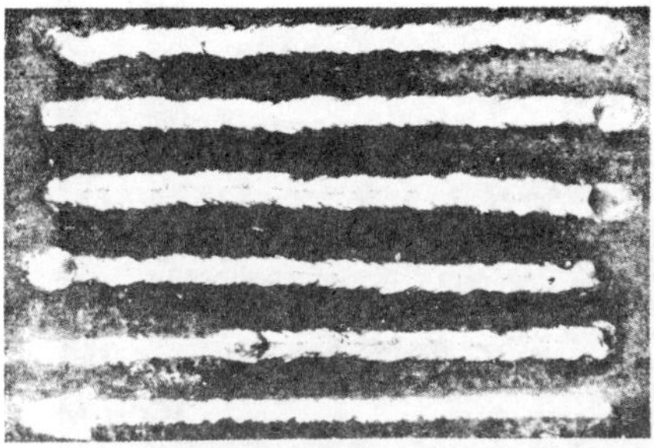

그림 2·49 우진과 좌진 직선 비이드

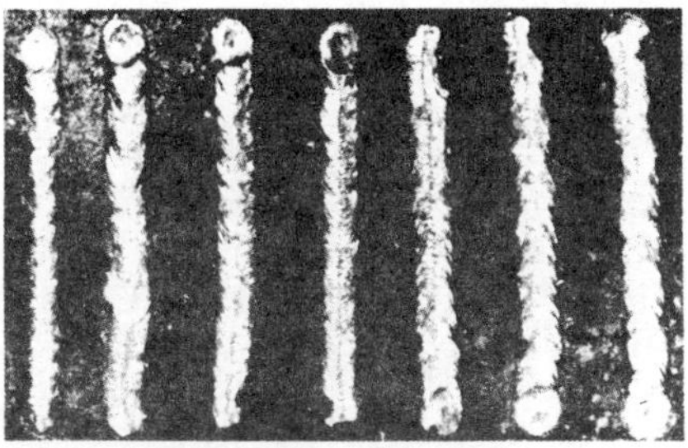

그림 2·50 전진과 후진 직선 비이드

그림 2·51 원형 3각형·4각형 비이드

높이, 파형 등이 일정하고 고르게 될 때까지 연습한다.

③ **3 각형, 4 각형 및 원형 등의 비이드 :** 좌우, 전후의 비이드 연습이 충분히 되면 이것을 통틀어 3 각형, 4 각형 및 원형 등의 자유로운 형으로 비이드를 만드는 연습을 한다.

(3) 실습할 때의 주의

실습을 할 때 가장 어려운 것은 아아크의 길이를 일정하게 유지하는 일이다. 일단 아아크가 발생되면 용접봉의 끝이 녹아서 용접봉의 길이가 짧아지게 되므로, 용접봉을 공급해 주지 않으면 아아크의 길이가 길어져 불안정하게 되어 아아크가 꺼지는 일이 많다. 그리고, 당황해서 용접봉을 너무 급히 공급하면 연습판에 달라붙어서 아아크가 꺼지므로 주의를 해야 한다.

아아크 용접은 이 조작(操作)이 확실하게 되면 반 이상 숙련이 된 것으로 생각해도 좋다. 따라서 이 연습은 모든 용접의 기초가 되는 것이므로 충분히 연습해서 자연히 손을 움직일 수 있을 때까지 숙련을 해야 한다. 또, 용접중에 슬랙의 유동(流動)이나 용융 금속(溶融金屬)의 상태를 잘 관찰하여 아아크 길

표 2·19 (그림 2·52의 설명)

용접 전류 AC(A)	용입 깊이 (mm)	비 이 드 외 관
80	1.2	전류가 너무 약함. 용입 불량. 오우버랩이 생기고, 비이드의 높이가 너무 크다.
100	1.4	〃
120	1.7	전류가 약간 약함. 용입이 불량하나 오우버랩이 없다.
140	2.0	전류가 적당하고 용입이 좋다. 오우버랩과 언더컷이 없다.
160	2.5	〃
180	3.0	전류가 너무 세다. 비이드의 파형이 거칠다.
200	3.2	전류가 너무 세다. 비이드의 높이가 낮으며 파형이 거칠다.
220	3.6	전류가 너무 세다. 언더컷이 생기고 비이드의 폭이 너무 넓다. 비이드의 높이가 낮다.

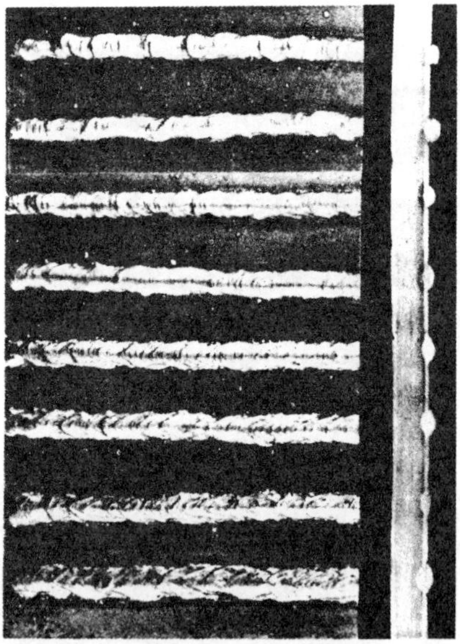

그림 2·52 직선 비이드의 외관과 용입 깊이 (모재 두께 10 mm, 용접봉 지름 4 mm)

이 및 용접 전류의 적부(適否) 등을 아아크의 소리나 용접봉이 녹는 형상으로 판단되기까지 연습을 하지 않으면 안 된다. 실제로 작업을 할 때는 다음 사항에 주의를 해야 한다.

용접 전류(熔接電流), 운봉 속도(運棒速度), 아아크 길이 등이 정상적인 경우는 아아크가 안정되어 마치 프라이팬에 기름을 떨어뜨린 것과 같이 '바작바작'하는 소리가 나게 되지만, 용접 전류가 약하면 '바작바작'하는 소리가 힘이 없고 용접봉이 녹는 속도가 늦어져 용적이 큰 것이 모재에 이동되어 용입 불량(溶入不良)이나 오우버랩이 일어난다.

반대로 용접 전류가 너무 세면 '퍼럭퍼럭'하는 폭발적인 소리를 내면서 스패터가 많이 생기며 용접봉이 적열(赤熱)되고, 녹는 속도가 빨라서 언더컷 현상이 생긴다.

한편, 아아크의 길이를 길게 하면 '붕붕' 소리를 내면서 아아크가 불안정하게 되고 큰 용적이 떨어져 용입 불량과 비이드에 요철(凹凸)이 생긴다. 반대로 아아크의 길이가 짧으면 '바작바작'하는 소리가 예리하지 않고, 용접봉이 마치 모재에 달라 붙는 것 같은 느낌이 들며 아아크가 꺼지기 쉽고 용입도 고르지 못하게 된다.

또한 운봉 속도(運棒速度)가 너무 빠르면 언더컷이 생기고 용입 불량이 되며, 너무 느리면 오우버랩이 생긴다.

(4) 직선 비이드의 양부(良否)

용접이 끝나면 자기가 만든 비이드를 자기가 검사한다. 먼저 비이드가 직선이고 또 서로 평행으로 되었는가, 비이드의 폭과 높이는 적당하고 균일하게 되어 있는가를 자로 재어서 조사해 본다. 다음에 언더컷, 오우버랩, 슬랙의 섞임 등을 조사하고 용접 전류, 운봉 속도의 적부(適否)를 판단한다.

① **양호한 비이드 :** 용접 전류(熔接電流)를 알맞게 조정하여 아아크의 길이를 일정하게 유지하고, 운봉 속도를 알맞게 하면 비이드의 폭과 높이가 일정하게 되며, 파형(波形)도 깨끗하여 고르게 된다. 또 언더컷, 오우버랩도 없고 스패터도 적어 양호한 비이드가 생긴다.

② **불량한 비이드 :** 용접 전류가 세거나 약하고 운봉 속도가 불규칙하든가, 또는 아아크의 길이가 변화하면 비이드의 폭, 높이와 파형 등이 고르지 못하며 언더컷, 오우버랩을 일으키고 용입도 불량하게 된다.

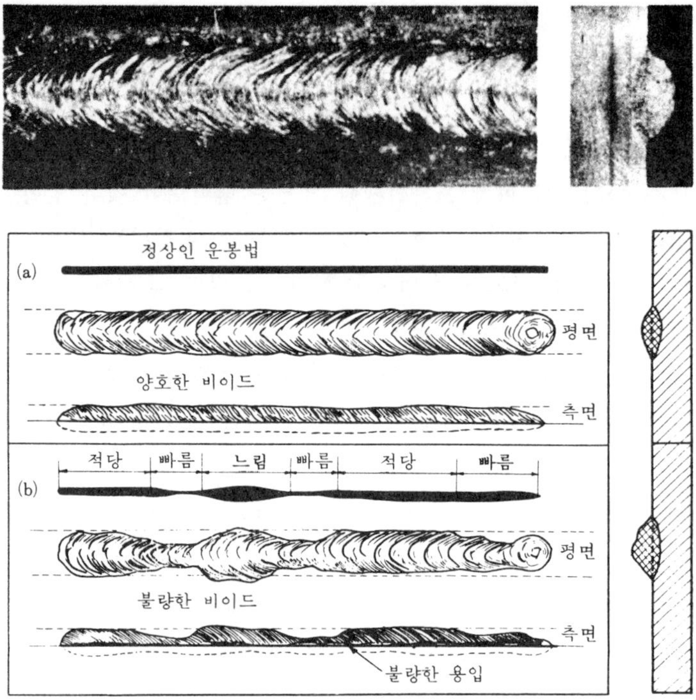

그림 2·53 직선 비이드 운봉법의 양부
(모재 두께 9 mm, 용접봉 지름 4 mm, 전류 140~150 A 양호한 비이드)

2·9·6 아래보기 위이빙 비이드의 연습

직선 비이드보다 폭이 넓은 비이드를 만드는 경우에는 용접봉의 끝을 반달 모양으로 운동시키면서 비이드를 만든다. 이것은 모든 운봉법의 기초가 되는 것이므로 정확히 습득해야 한다.

(1) 용접봉을 겨누는 방법

용접봉을 겨누는 방법은 직선 비이드와 똑같으며 그림 2·54와 같이 용접봉을 용접 방향에 70~80°로 경사시키고, 좌우에 대해서는 서로 90°가 되도록 잡는다. 아아크의 길이는 사용하는 용접봉의 심선(心線) 지름과 거의 동일하게 한다.

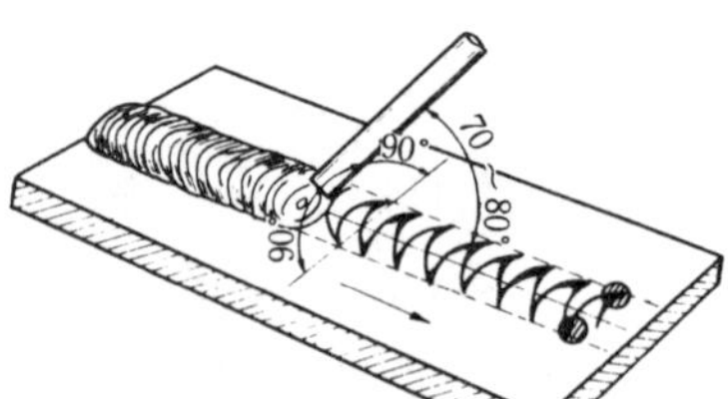

그림 2·54 용접봉의 위치

(2) 반달형 운봉 요령(運棒要領)

용접봉의 끝을 그림 2·55와 같이 반달형으로 운동시키며 그 폭은 용접봉 지름의 2∼3배가 적당하고, 만들고자 하는 비이드의 폭보다 약간 좁게 운봉을 한다. 이 폭이 너무 넓으면 비이드는 평평하게 되어 언더컷을 일으키기 쉽고, 파형도 고르지 못하게 된다. 또 반달의 피치는 5∼6 mm가 되게 한다. 용접봉 끝의 운봉 속도는 반달형의 중앙을 빠르게 양쪽 끝으로 감에 따라 느리게 하여 끝에서는 봉을 잠시 정지한다.

반달의 중앙을 빨리 운봉하는 것은 양 끝보다 중앙을 너무 고온도로 과열(過熱)되지 않게 하기 위해서이고, 끝에서 잠시 정지하는 것은 언더컷을 막아 비이드의 다리(脚, leg)를 맞추기 위해서이다. 초심자는 용접부 중앙을 지날 때는 입으로 "하나", 용접부 끝에서 정지할 때는 "하나, 둘" 하고 박자를 셀 정도의 시간으로 운봉하면 좋다.

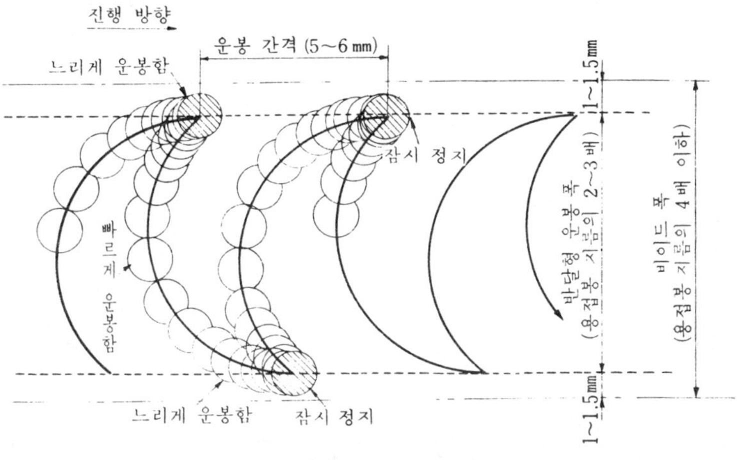

그림 2·55 위이빙 비이드의 운봉 방법

실제 작업에 있어서 아아크를 발생시키면 모재는 갑자기 녹아서 용융 푸울이 된다. 이것과 동시에 용접봉 끝도 녹아 용철(溶鐵)이 모재에 이동해서 용융 푸울 전체에 퍼진다. 용철이 용융 푸울을 충분히 채우면 용접봉을 반달 모양으로 그리면서 오른쪽으로 이동시켜 그 끝에서 봉을 잠시 정지한다. 끝에서 봉을 정지시키면 용융 푸울은 달걀 모양으로 되고 모재는 점선 부분까지 녹아서 용접봉에서 옮겨간 용철(溶鐵)은 이 녹은 부분 전체에 퍼지고 용철의 표면장력(表面張力)으로 둥글게 된다. 용철의 쌓임이 적당하면 용접봉을 왼쪽으로 이동시켜 앞에서와 같이 반달형의 끝에서 잠시 정지하고 용철의 쌓임을 기다

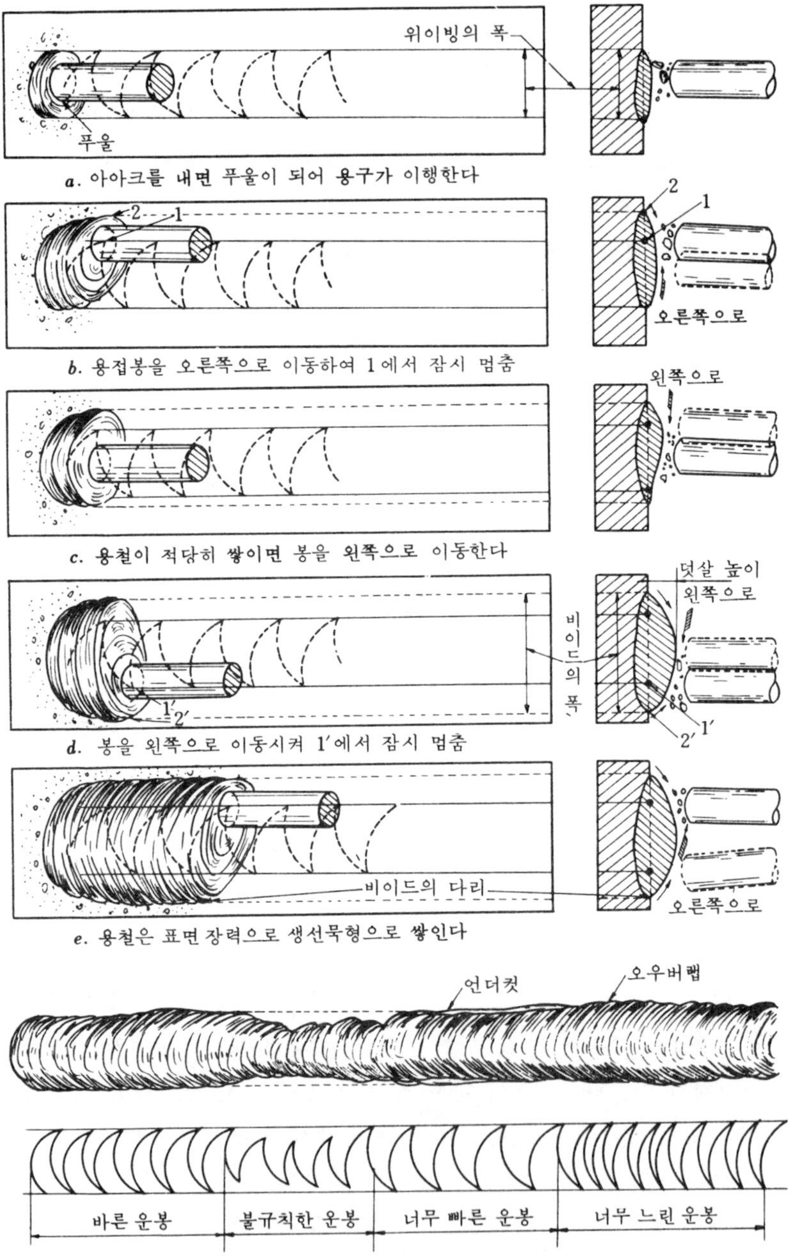

a. 아아크를 내면 푸울이 되어 용구가 이행한다

b. 용접봉을 오른쪽으로 이동하여 1 에서 잠시 멈춤

c. 용철이 적당히 쌓이면 봉을 왼쪽으로 이동한다

d. 봉을 왼쪽으로 이동시켜 1′에서 잠시 멈춤

e. 용철은 표면 장력으로 생선묵형으로 쌓인다

그림 2·56 위이빙 비이드의 운봉 요령

린다. 이상의 운봉을 반복하면 비이드는 볼록하게 쌓이고 언더컷, 오우버랩 등을 일으키지 않고 비이드의 폭, 높이도 균일하게 아름다와진다.

이 운봉법에서 특히 주의할 것은 운봉의 폭을 쌓으려고 하는 비이드의 폭보다 약간 좁게 하고, 반달형의 양 끝에서 봉을 잠시 정지시킨 다음 용철(溶鐵)이 쌓이는 것을 기다려야 한다. 이 봉을 정지하는 시간은 용철이 용융 푸울을 충분히 채우는 정도로 하면 좋고, 너무 길면 오우버랩이 생기고 너무 짧으면 언더컷이 생긴다.

(3) 위이빙 비이드의 양부

연습판의 두께 9 mm 에 용접봉(熔接棒) 4 mm 를 써서 용접 전류를 150~160 A 로 조정하여 위이빙 비이드를 만들어 보기로 한다.

이 때, 아아크의 길이 및 반달형의 폭, 피치 등이 일정하고 운봉 속도가 적당하면 비이드 폭, 높이 및 용입(溶入)도 일정하게 되어 언더컷, 오우버랩 등이 생기지 않으나, 운봉이 불규칙하고 반달형의 피치 폭이 고르지 못하면 비이드의 폭, 파형 등이 고르지 못하게 되며, 또한 언더컷, 오우버랩을 일으키고 용입도 불량하게 된다. 그림 2·57 은 위이빙 비이드의 양부를 나타낸 것이다.

이 그림의 상태를 다시 하나하나 설명하면 다음 (a)～(f)와 같다.

(a)

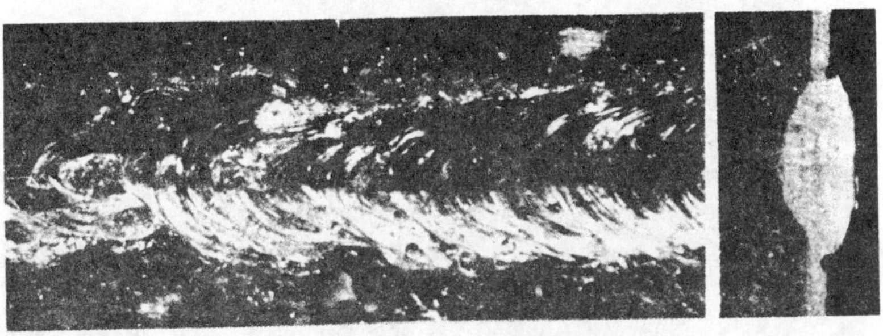

(b)

(c)

(d)

(e)

(f)

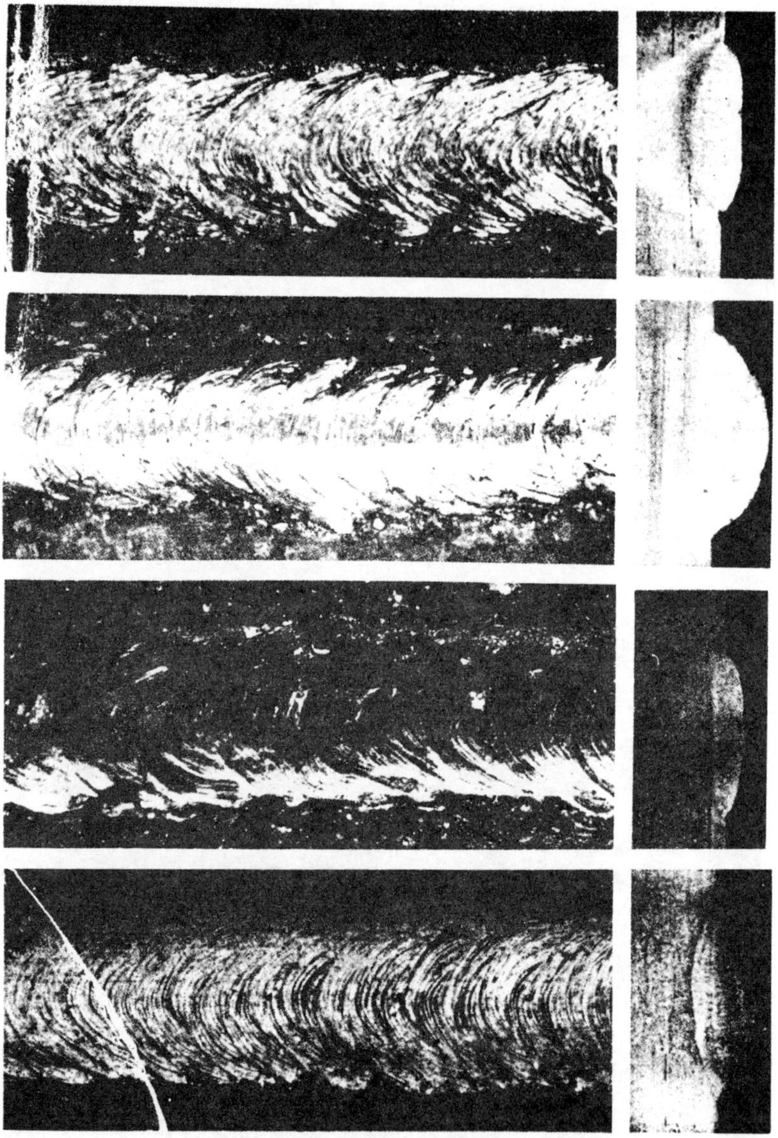

그림 2·57 위이빙 비이드의 양부(모재 두께 9 mm, 용접봉 지름 4 mm)

(a) 운봉이 불규칙한 경우 : 아아크가 너무 길거나 짧아 운봉 속도가 심하게 변화하는 경우는 비이드의 폭 비이드의 쌓임이 고르지 못하고 언더컷, 오우버랩을 일으켜 파형이 거칠고 스패터가 많으며 용입이 불균일하나.

(b) 전류 120~130 A : 전류가 약간 약하므로 푸울이 충분히 생기지 않는다. 용입이 불충분하고 오우버랩을 일으킨다.

(c) 전류 190~200 A : 전류가 너무 세므로 용입이 깊고, 비이드의 쌓임이 적으며, 평평하여 언더컷을 일으킨다. 스패터도 많다.

(d) 운봉 속도가 느리다 : 비이드의 폭이 넓고 비이드의 쌓임이 높아 오우버랩이 생긴다.

(e) 운봉 속도가 빠르다 : 용입이 불충분하고 비이드가 평평하며, 파형이 거칠고 언더컷과 스패터가 많다.

(f) 양호한 비이드 : 전류 150~160 A

표 2·20 (그림 2·58의 설명)

용접 전류 AC(A)	용입 깊이 (mm)	비이드의 외관
80	0.8	전류가 너무 약함. 용입 불량. 오우버랩, 슬래그 잠입함
100	1.6	전류가 너무 약함. 용입 불량, 오우버랩이 있음.
120	1.8	전류가 약간 약함. 용입 부족. 오우버랩은 없음.
140	1.9	전류 적당. 용입이 양호함. 언더컷 오우버랩 없음.
160	2.0	〃
180	2.2	〃
200	2.4	전류가 너무 세다. 용입은 양호하나 언더컷이 약간 있다.
220	3.0	전류가 너무 세다. 파형이 거칠고 언더컷이 있다.

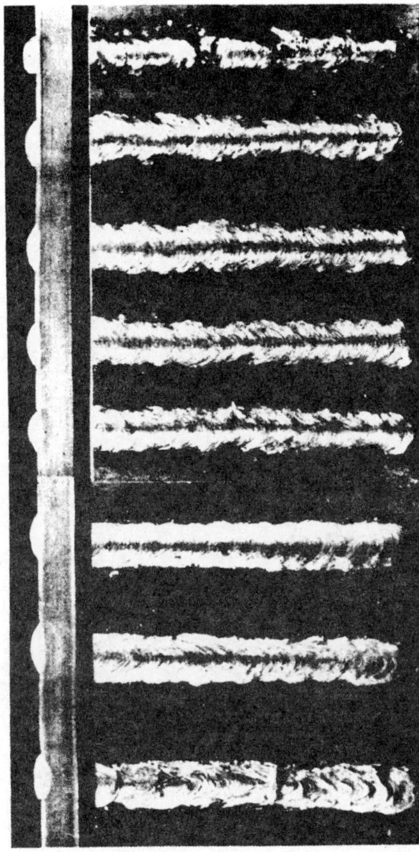

그림 2·58 위이빙 비이드의 외관과 파임 깊이
(모재 두께 10 mm, 용접봉 지름 4 mm)

2·9·7 비이드의 시작점, 크레이터와 연속 이음

(1) 비이드의 시작점

모재(母材)는 일반적으로 상온(常溫)이므로 아아크를 일으켜서 비이드를 만들기 시작하면 모재가 녹기 전에 용접봉이 녹아 용융된 것이 떨어져 모재와 융합되지 않고 중첩(重疊)을 이루므로 용입 불량의 원인이 된다.

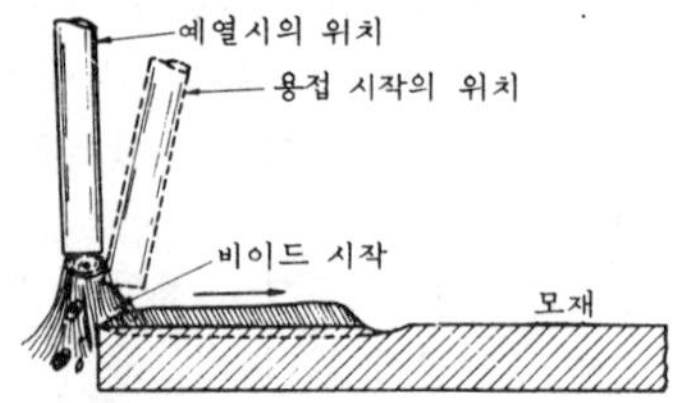

그림 2·59 비이드 시점의 운봉 요령

따라서, 비이드의 시작점을 충분히 예열(豫熱)하지 않으면 안 된다. 그러기 위해서는 용접봉을 수직(垂直)으로 하고 아아크를 길게 하여 잠시 봉을 정지시켜 그대로 있으면 용철(溶鐵)이 떨어지므로 용접봉의 끝에서 용적(溶滴)이 떨어지는 순간, 봉 끝을 가볍게 왼쪽이나 오른쪽으로 흔들어 이 용적을 날리고, 다시 용접봉을 원 위치에 가져와 아아크를 발생시킨다. 이것을 2~3회 반복하면 모재는 예열(豫熱)이 되어 용철과 모재가 잘 융합되고 용입도 양호하게 된다.

(2) 크레이터의 처리법

아아크를 끊으면 비이드의 끝에 크레이터(crater)가 남는다(그림 2·60). 이 크레이터는 최후의 용융 푸울이 응고 수축(凝固收縮)될 때 생기는 것으로 슬랙의 섞임이 되기 쉽고, 수축될 때 균열이 생기기가 쉽다. 따라서 이것을 그대로 두면 파손이나 부식, 기타 결함의 원인이 되므로 반드시 완전히 덮지 않으면 안 된다.

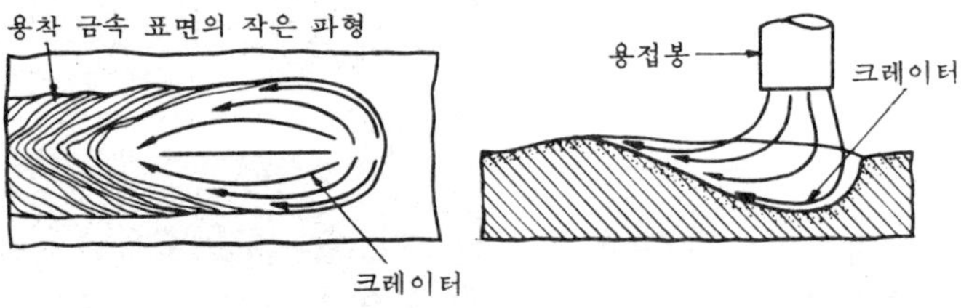

그림 2·60 크레이터

크레이터의 처리법은 용접이 끝나는 부분에 가서 아아크를 짧게 하여 천천히 운봉을 하며, 다시 용접봉을 뒤로 보내서 재빨리 아아크를 끄도록 한다. 아아크를 끈 후 움푹 파여져 그대로 있으면 다시 되풀이하여 충분히 쌓아올려야 한다.

그림 2·61 은 크레이터의 처리법이다.

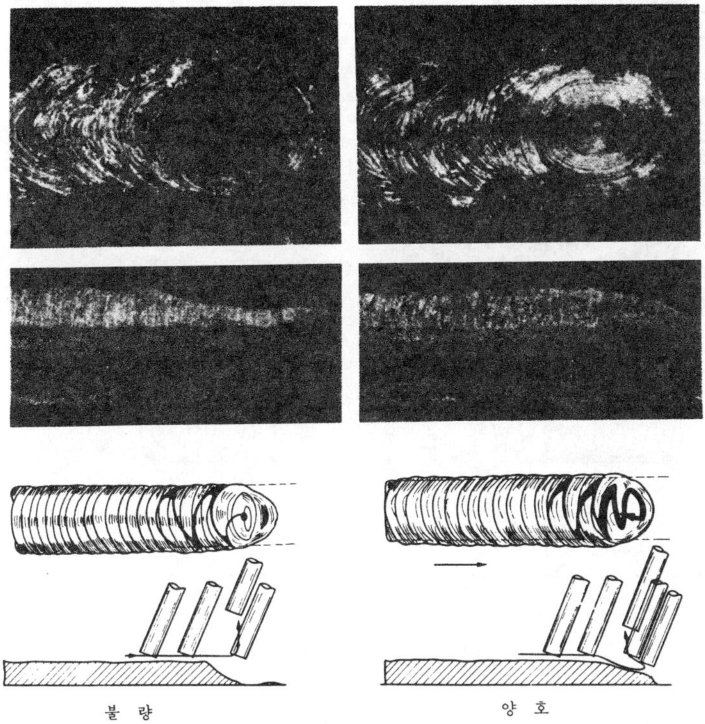

그림 2·61 크레이터의 처리법

(3) 비이드의 연속 이음

작업중 용접봉이 녹아 짧아져서 쓸 수 없게 되면 아아크를 일단 끈 다음, 크레이터의 슬랙을 제거하고 새 용접봉을 호울더에 끼워서 용접을 계속한다. 이것을 봉 이음 또는 비이드 이음이라 한다. 이 경우 일단 아아크를 끄면 비이드는 즉시 냉각한다. 냉각된 곳에서 용접을 계속하면 먼저 만들어진 비이드가 녹기 전에 용접봉이 녹아 떨어져 겹치게 되므로 완전한 용접이 되지 않고 균열(龜裂)이나 부식(腐蝕)의 원인이 된다. 따라서, 그림 2·62에 표시한 것과 같이 크레이터의 약간 전방에서 아아크를 발생시켜 크레이터를 충분히 예열(豫熱)하면서 용접봉을 크레이터 위로 이동시키며, 용입에도 주의하면서 용적을 이행하도록 해야 한다. 또한 봉(棒) 이음의 경우는 한 곳에 오래 봉을 정지시켜 두면 그 부분에 비이드가 너무 많이 쌓이게 된다. 또 운봉 속도(運棒速度)가 너무 빠르면 크레이터를 충분히 묻지 못하고 오목한 부분이 남게 된다.

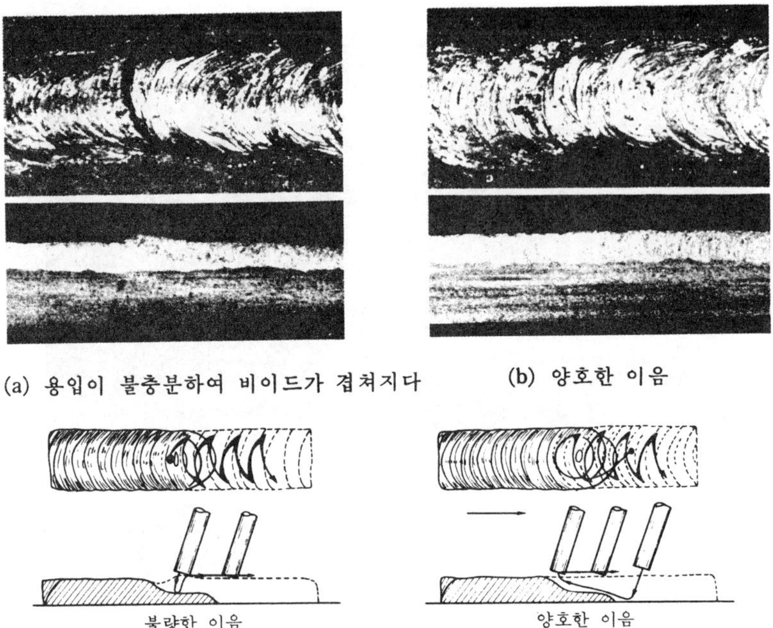

(c)

그림 2·62 비이드의 연속 이음

2·9·8 아래보기 덧살올림 용접의 연습

덧살올림 용접(built up welding)은 몇 개의 비이드를 겹쳐서 쌓아올리는 방법으로서 기계 부품(機械部品)의 마멸된 부분을 보수하는 데 쓰이는 방법이다.

비이드를 쌓아올리는 방법은 그림 2·63의 (a)와 같이 용접봉을 앞쪽으로 약간 기울여서 먼저 만든 비이드에 약 1/3정도 겹쳐서 다음 비이드를 만든다. 이 때, 먼저 만든 비이드에서 슬랙을 완전히 제거하는 것이 대단히 중요하다. 비이드의 폭을 너무 넓게 하면 평평하게 되므로 비이드 폭은 10~15 mm 정도로 쌓는 것이 좋다. 또, 비이드의 사이를 두고 만들면 그림 2·63의 (b)에서와 같이 비이드와 비이드 사이의 골에 낀 슬랙이나 산화물(酸化物)을 완전히 제거할 수 없고, 다음 비이드를 만들면 골에 있는 슬랙은 덮여서 슬랙이 남게 되는 경우가 많다. 또 비이드를 몇 층이고 포개어 쌓아올리는 경우는 앞의 층에 직각이 되게 하는 것이 좋다. 그림 2·64는 층을 쌓아올리는 방법이다.

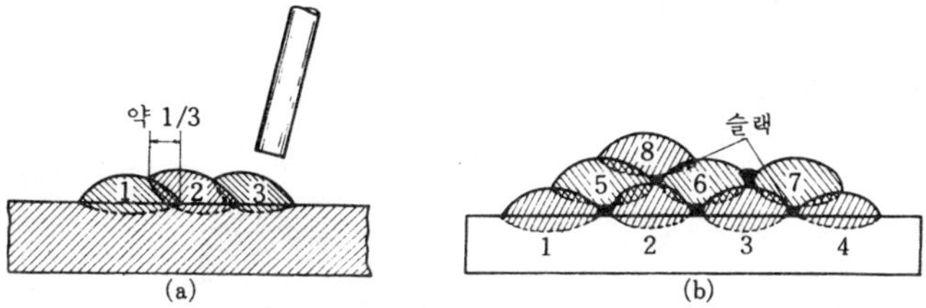

그림 2·63 덧살올림 용접

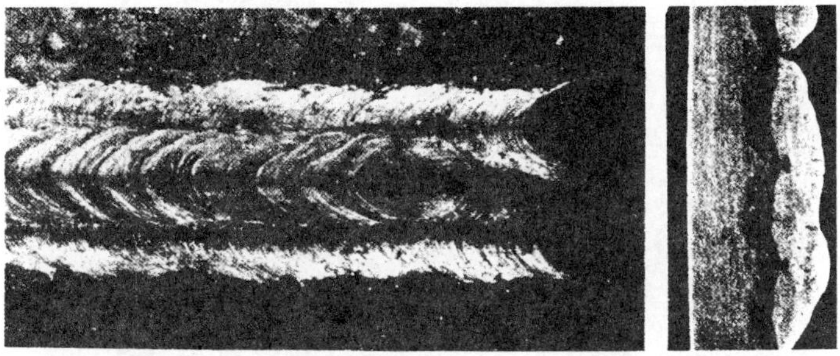

불 량

양 호

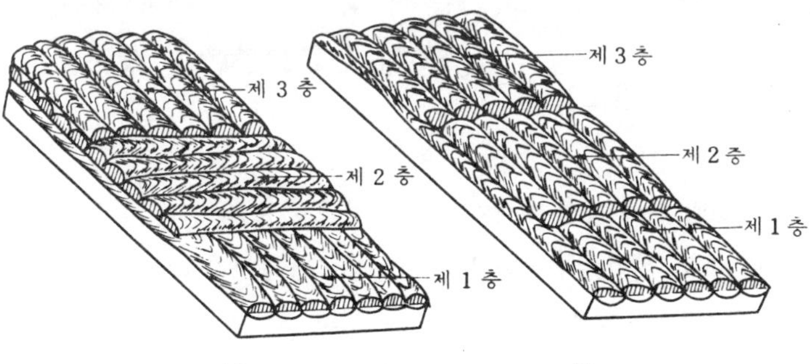

그림 2·64 층을 쌓아올리는 방법

2·9·9 아래보기 I형 맞대기 용접

(1) 용접봉의 운봉 요령

용접봉을 겨누는 방법은 그림 2·65와 같이 하며, 운봉 요령(運棒要領)은 반달형(半月形) 운봉 비이드와 똑같으나 맞대기 용접은 비이드의 연습과는 달리 연습판(練習板)의 이음을 잘 보면서 그림 2·66과 같이 양쪽 판에 비이드가 똑같게 만들어지도록 하고, 또 충분히 용융되도록 용입에 주의를 해야 한다.

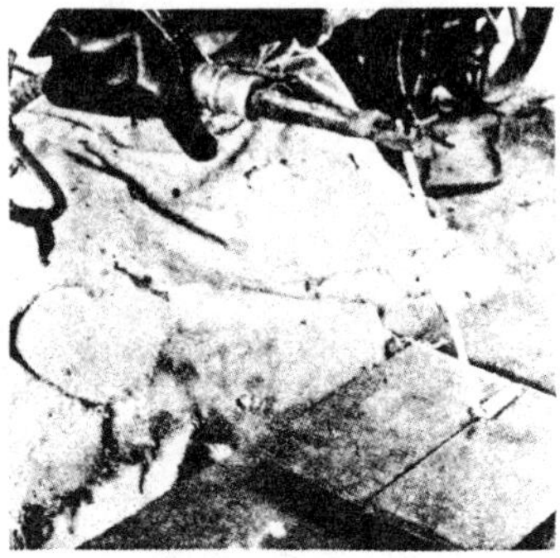

그림 2·65 용접봉 겨누는 방법

초심자는 비이드를 만드는 것에만 신경을 쓰기 때문에 이음이 잘 되지 않으므로, 비이드가 한쪽으로 치우치기 쉽고 용입도 불균일하게 되므로 이 점에 주의를 하면서 연습을 해야 한다.

(2) 실습 조건(實習條件)

연습판은 두께가 6 mm의 것을 2장, 용접봉 지름 4 mm 짜리를 준비하고 용접 전류(熔接電流)를 140~150 A로 조정한다.

① 가접(假接)할 연습판은 그림 2·66에서와 같이 루우트(root) 간격을 1.5~2 mm 정도 되게 평행으로 놓고 양 끝을 가접한다. 이 때 연습판이 서로 맞붙거나 너무 벌어짐이 없도록 주의해야 한다.

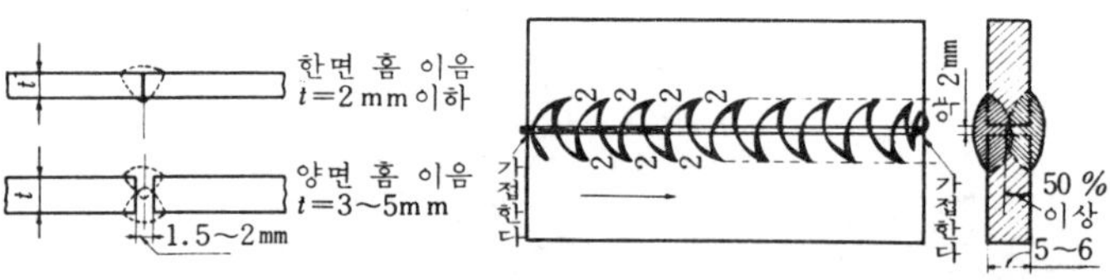

그림 2·66 I형 맞대기 양쪽 용접의 운봉 요령

② 가접이 끝나면 연습판을 작업대에 몸과 평행이 되도록 이음부를 놓고 왼쪽에서 오른쪽으로 용접을 한다.

운봉 요령(運棒要領)은 위이빙 비이드 때와 같이 하여 처음 용접한 면의 비이드 양부를 조사한 다음에 뒤쪽을 용접한다.

불 량

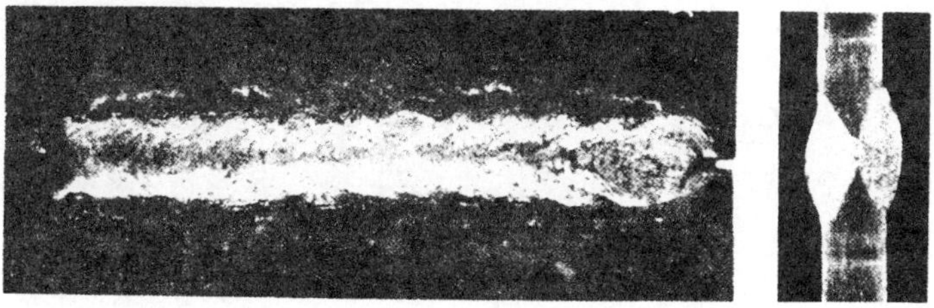

양 호

그림 2·67 I형 맞대기 양쪽 용접의 양부
(모재 6 mm, 봉지름 4 mm, 140~150 A)

(3) I 형 맞대기 용접의 양부

먼저 비이드의 외관을 조사하고, 연습판 양쪽이 똑같게 비이드가 만들어졌는가를 조사한다. 비이드의 폭, 높이가 균일하고 언더컷, 오우버랩, 슬랙(slag)의 섞임 등이 없는 것이 양호하다.

용입의 깊이를 조사할 경우는 그림 2·68과 같이 한쪽만을 용접해서 파면(破面)시켜 조사한다. 용입 깊이는 한쪽이 판 두께의 50% 이상 깊어야 하며, 또한 고르게 되어 있어야 하고 양면을 용접했을 때는 중심부(中心部)가 충분히 깊어야 한다. 즉 맞대기 이음부보다 커야 한다.

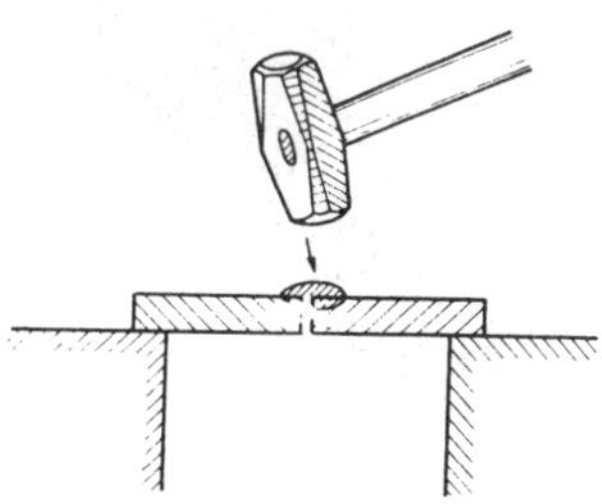

그림 2·68 파면 검사

2·9·10 아래보기 V형 맞대기 용접

(1) V형 홈 가공

V형 홈 가공법(加工法)에는 여러 가지 방법이 있으나, 연습판 등과 같이

공작물이 작을 경우에는 그라인더, 세이퍼, 밀링 등을 사용하나 공작물이 크고 두꺼운 판이면 플레이너(planer)라는 홈 가공 전용 기계를 사용한다. 그러나 최근에는 가스 절단(切斷)이 대단히 발달하여 V형 홈 가공은 거의 가스 절단법에 의한다.

이 방법은 그림 2·69에 표시한 것과 같이 가스 절단 팁을 2개 혹은 3개를 구비하여 한쪽만을 가공할 때나 양쪽을 모두 가공할 때 자동 절단기(自動切斷機)로써 한번에 가공하며, 이 홈의 가공면은 형상이나 치수도 상당히 정밀하게 완성되는 방법이다. 이 밖에 U형 홈은 가스 불꽃과 산소로써 홈을 가공하는 가스 가우징(gas gouging)방법을 이용하기도 한다.

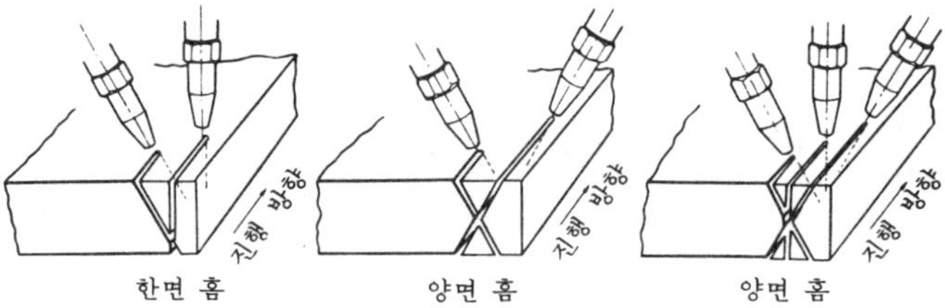

그림 2·69 가스 절단에 의한 V형 홈 가공

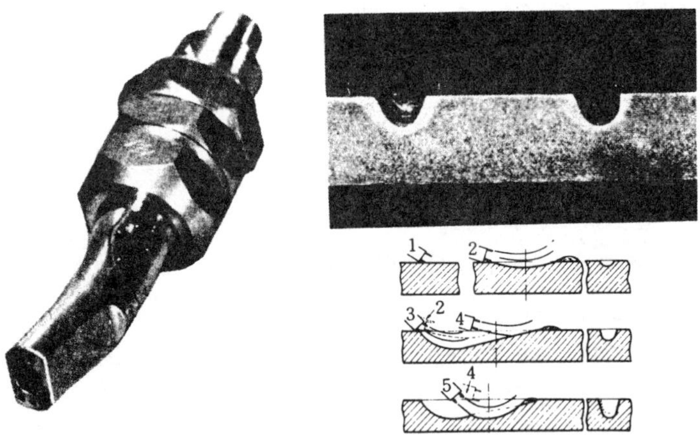

그림 2·70 가스 가우징

(2) 용접봉을 겨누는 방법과 운봉 요령

용접봉을 그림 2·71과 같이 진행 방향(進行方向)으로 50～60° 경사시켜 제1층은 직선 비이드를 만들고 제2층, 3층은 반달형 비이드법을 사용한다. 제

1층에 직선 비이드를 만드는 것은 V 홈의 폭이 좁고 깊이가 깊어서 슬랙의 섞임이 되기 쉽고, 용입 불량이 되기 쉬우므로 이것을 방지하기 위해서이다. 제 2층은 좁게 반달형 위이빙을 한다. 제 3층은 좀 넓게 반달형 위이빙을 하는데, 위이빙의 폭을 V 홈의 폭보다 약간 좁게 하고, V 홈의 끝 선보다 약 1 mm 안에서 봉을 일단 정지시켜 언더컷을 방지하고 비이드의 폭을 고르게 한다. 또 V 홈의 양끝 선에서는 용접봉을 약간 안쪽으로 기울여 슬랙의 섞임을 방지한다. 운봉이 너무 넓어지면 언더컷이나 슬랙의 섞임이 생긴다.

(3) 실습 조건

연습판의 두께 9~10 mm를 사용하고, V 홈의 각도는 60~70°가 되도록 홈을 가공하며 용접봉은 3.2 mm나 4 mm, 루우트 간격(root opening)은 약 1.5~2 mm로 하여 양쪽 끝을 가접(假接)한다. 그리고 다음과 같이 연습한다.

① **제 1층 비이드 :** 제 1층은 앞에서 말한 바와 같이 V 홈의 폭이 좁고 깊이가 깊어서 슬랙의 섞임, 용입 불량(溶入不良) 등이 되기 쉬우므로 용접 전류를 85~90 A(3.2 mm 용접봉일 때) 정도로 한다.

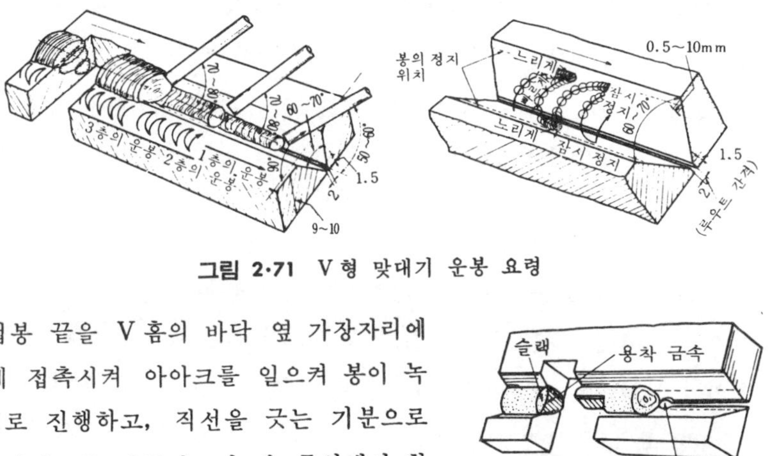

그림 2·71 V형 맞대기 운봉 요령

용접봉 끝을 V 홈의 바닥 옆 가장자리에 가볍게 접촉시켜 아아크를 일으켜 봉이 녹는 대로 진행하고, 직선을 긋는 기분으로 직선 비이드를 만든다. 이 때 주의해야 할 것은 V 홈의 밑면을 잘 녹이고 그림 2·72와 같이 뒷면에 파형(波形), 즉 이면(裏面) 비이드가 생기도록 연습해야 한다.

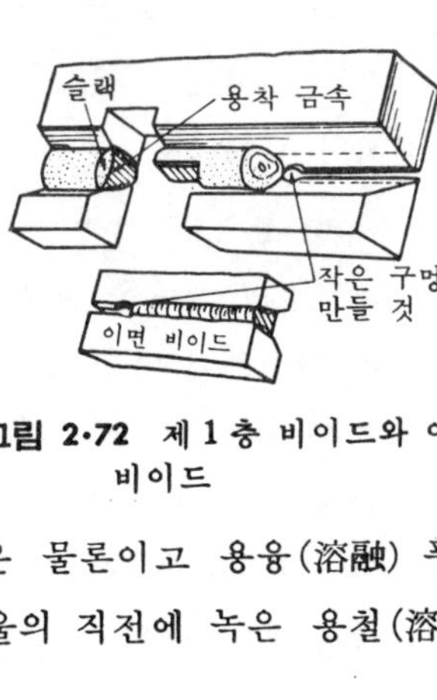

그림 2·72 제 1층 비이드와 이면 비이드

이렇게 하기 위해서 전류를 잘 조정하는 것은 물론이고 용융(溶融) 푸울을 잘 보고 V 홈의 밑을 적당히 녹여서 용융 푸울의 직전에 녹은 용철(溶鐵)이 떨어지지 않을 정도로 약 3mm의 작은 구멍(키이 호울)을 만들며, 이것이 용융 푸울의 진행과 같이 연속적으로 옮겨 가도록 해야 한다. 이 키이 호울이 너무 커지면 밑으로 용락이 되어 큰 구멍이 생기며 용철이 흘러내리고 용접이 되지 않는다. 또, 키이 호울이 생길 정도가 아니면 밑부분이 녹지 않아 용입 불량(溶入不良)이 된다. 즉 그림 2·73에서와 같이 용입 불량이 된다.

그림 2·73 불량한 제 1 층 비이드와 이면 비이드

이 용접은 제 1 층 용접이 가장 중요하고 어렵다. 용접 중에 키이 호울은 용접봉의 경사 각도(傾斜角度)를 바꿈으로써 어느 정도 조절할 수가 있다. 키이 호울이 커졌을 때는 용접봉을 진행 방향으로 눕히고 키이 호울이 생기지 않으면 봉을 일으켜 세워 준다. 이 조작으로 용융 푸울의 녹는 상태를 조절하여 작은 구멍을 일정한 크기로 유지하면서 진행한다.

② **제 2 층 비이드 :** 제 1 층 비이드가 끝나면 슬랙을 슬랙 해머로 제거한 후 다시 와이어 브러시로 청소하고 제 2 층 비이드를 만든다. 용접 전류(熔接電流)는 4 mm 봉일 때 150~160 A로 조정하여 작은 반달형 위이빙을 하면서 제 1 층 비이드의 표면을 충분히 녹이며 슬랙의 섞임에 주의한다. 이 때, 아아크 길이가 길어지면 용입 불량이나 슬랙의 섞임이 생긴다.

③ **제 3 층 비이드 :** 제 3 층 비이드는 끝내기 비이드이므로 비이드의 폭 및 높이를 고르게 하고 언더컷, 오우버랩 등을 일으키지 않도록 해야 한다. 용접 전류는 제 2 층과 같은 정도(140~150 A)면 좋다. 운봉(運棒)은 위이빙 운봉을 하는데 V 홈의 폭보다 약간 좁게 V 홈의 끝 선보다 약 1 mm 안에

서 봉을 잠시 정지시키고 용철이 끝 선까지 차 오르는 것을 기다렸다가 다음으로 옮긴다. 운봉 폭을 V홈 폭의 끝까지 하든가, 운봉이 너무 빠를 때에는 언더컷이 생긴다. 끝내기 비이드의 덧살(餘盛)의 높이는 2 mm 정도가 좋으며, 반달 모양으로 하는 것이 좋다.

운봉이 늦을 때에는 덧살이 너무 높아져서 오우버랩이 생긴다. 그림 2·74는 양호한 V형 맞대기 용접의 제 1 층에서 제 3 층까지를 표시한 것이다.

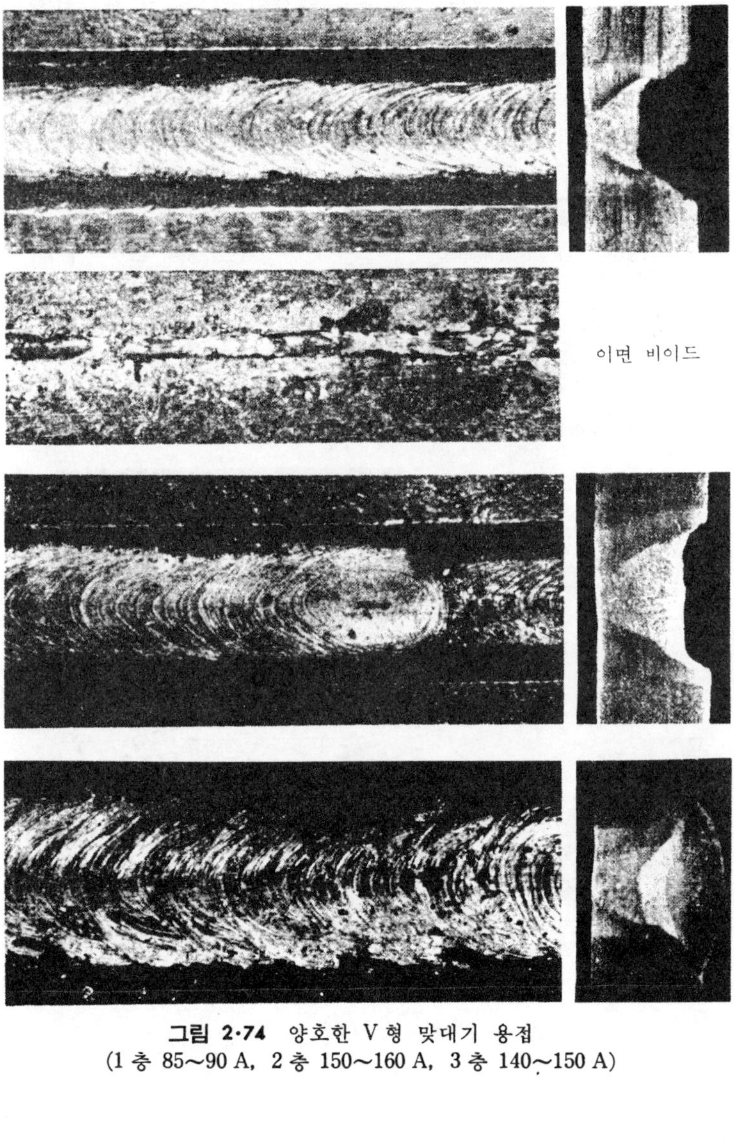

그림 2·74 양호한 V형 맞대기 용접
(1 층 85~90 A, 2 층 150~160 A, 3 층 140~150 A)

(4) 후판 V형 맞대기 아래보기 용접

후판의 용접은 그림 2·75와 같이 몇 층이고 쌓아올리는데, 그 쌓아올리는 방법에는 한 층을 1패스(pass)로 쌓는 방법과 한 층을 2패스, 또는 3패스로 쌓는 방법이 있다. 전자는 V홈의 폭이 점차 넓게 되면 운봉 조작이 곤란하게 되고 슬랙의 섞임이 생기기 쉬우며 용입도 불량해지기 쉽다. 후자는 한 층을 2~3패스로 쌓는 것이므로 용접 조작이 용이하여 슬랙의 섞임, 용입 불량도 적게 되나 전자에 비해서 비틀림이 많아질 경향이 있다. U형, H형 이음도 같은 방법으로 하나 중요한 구조물의 이음은 제 1층 비이드를 뒷면에서 홈을 다시 만들어(가스 가우징으로 홈을 판다) 그 부분을 다시 용접한다. 이것은 제 1층 비이드가 냉각되어 여러 가지의 결함을 일으키기 때문이다.

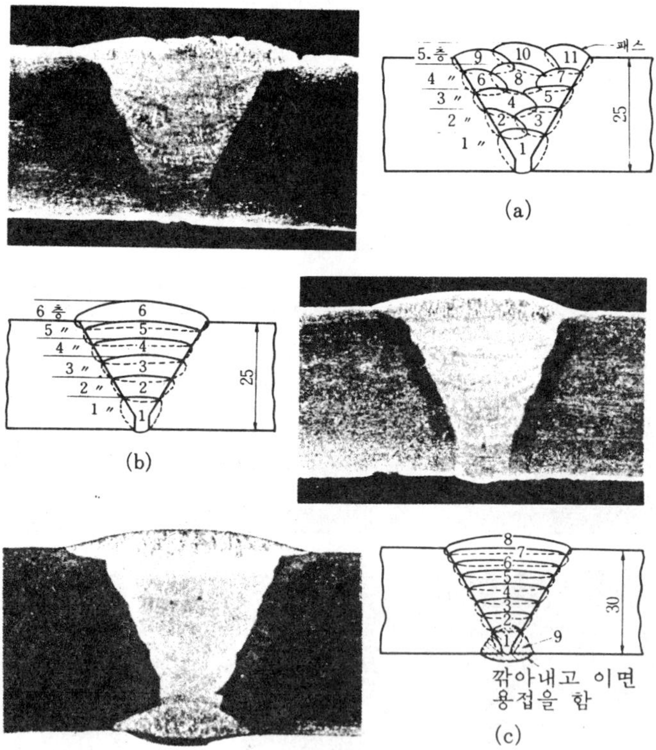

그림 2·75 후판 V형 맞대기 용접
(모재 25 mm, 봉지름 4 mm, 5 mm)

《용접 조건》

(a) 모재 25 mm, 봉지름 4 mm, 5 mm, 1～3 패스 160～170 A (4 mm)
4～11 패스 220～230 A (5 mm)

(b) 모재 25 mm, 봉지름 4 mm, 5 mm, 1～2 패스 160～170 A (4 mm)
3～6 패스 220～230 A (5 mm)

(c) 모재 30 mm, 봉지름 4 mm, 5 mm, 1～3 패스 160～170 A (4 mm)
4～9 패스 220～230 A (5 mm)

2·9·11 아래보기 모서리 용접

아래보기 모서리 용접은 그림 2·76에 표시한 것과 같이 강판의 끝과 끝을 어떤 각도로 맞대어 그 모서리를 용접한다. 실제로는 상자와 같은 구조물의 용접에 이용된다.

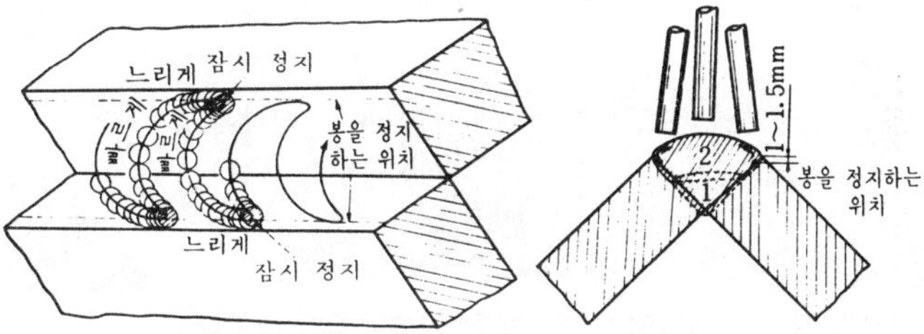

그림 2·76 모서리 용접의 운봉법

(1) 용접봉을 겨누는 방법과 운봉 요령

용접봉을 겨누는 방법과 운봉 요령은 V형 맞대기 용접과 똑같이 1층 비이드는 직선 비이드로 하고, 2층 이상은 위이빙 비이드 운봉법을 이용한다.

제 1층 비이드는 특히 용입에 주의하여야 하며, 이파(裏波)가 생기도록 연습을 해야 한다. 또 최후의 끝내기 비이드는 모서리가 녹아내리지 않도록 운봉 폭을 양 끝에서 약간 들어온 위치에서 용접봉을 잠시 정지시켜 용철(溶鐵)이 쌓이는 것을 기다렸다가 다음으로 이동하는 것이 중요하다.

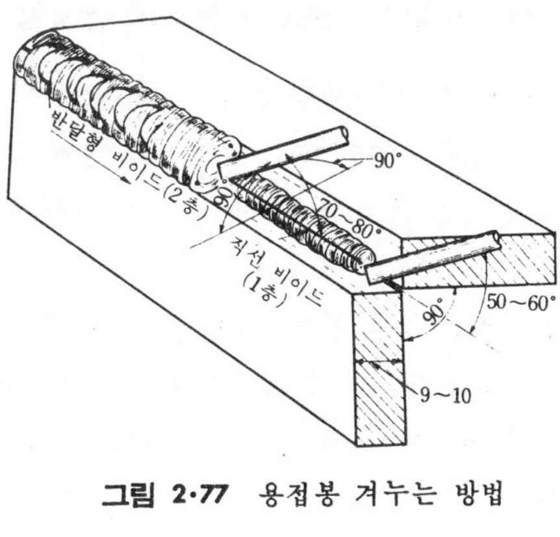

그림 2·77 용접봉 겨누는 방법

(2) 실습 조건

연습판의 두께 9～10 mm, 용접봉은 제 1층 3.2 mm, 제 2층 이상은 4 mm로 한다. 전류는 제 1층에서는 80～85 A로 하여 직선 비이드를 만들고 이파

(裏波) 비이드(back bead)의 조절은 V형 용접과 같이 용접을 하는 도중에 봉(棒)의 각도를 변화하여 조절하는데 V형보다도 밑이 용락되기 쉬우므로 충분한 주의를 하여야 한다. 제 2 층, 제 3 층은 4 mm 봉을 사용하고 140~150 A로 한다. 또 제 1 층의 슬랙을 잘 제거하여 슬랙의 섞임, 용입 불량 등을 만들지 않도록 해야 한다.

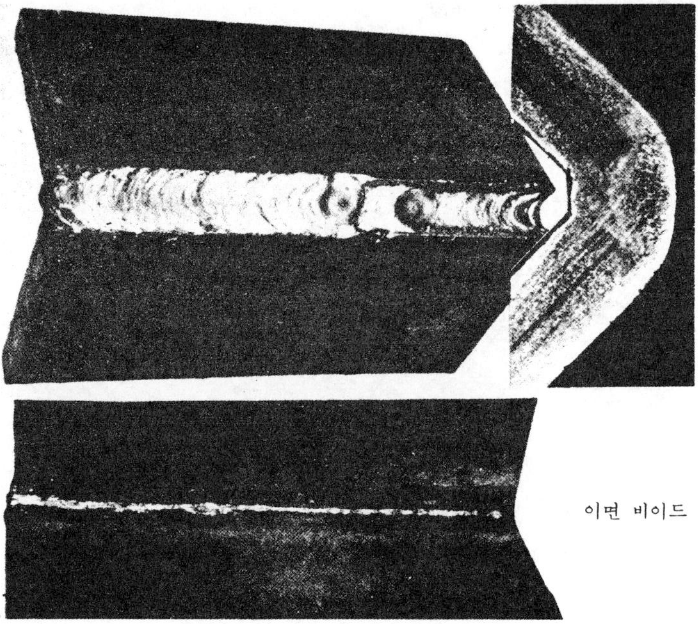

그림 2·78 모서리 용접 상태

(3) 아래보기 모서리 용접의 검사법

외관 검사(外觀檢査)는 그림 2·79 와 같이 양쪽 끝 모서리의 용락의 유무, 이파의 양부, 비이드의 쌓아올린 상태 및 파형(波形) 등을 조사한다. 외관 검사가 끝나면 용입의 양부를 보기 위해서 그림 2·80 에 표시한 것같이 지그(jig)를 써서 용접부를 파괴시켜 파면 검사(破面檢査)를 한다. 파면에 슬랙의 섞임, 용입 부족 등이 없고 두께 전체에 똑같이 용입되어 있어야 한다.

용접 전류(熔接電流)가 너무 약한 경우, 또는 운봉이 너무 빠른 경우에는 슬랙의 섞임이나 밑 부분에 용입 부족이 생기며 비이드는 표면에만 걸쳐지게 된다.

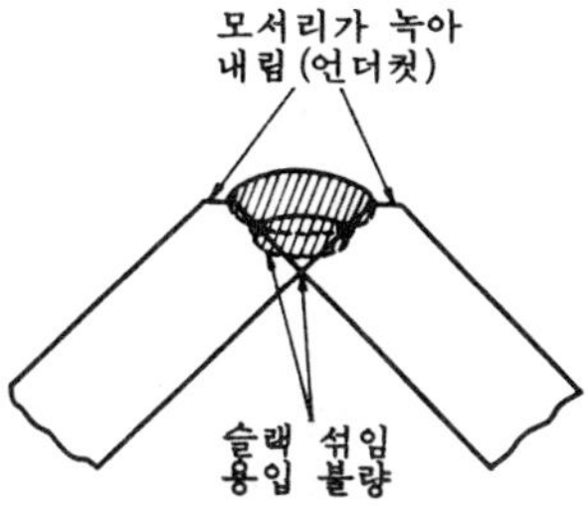

그림 2·79 모서리 용접에 생기는 결함

그림 2·80 모서리 용접의 파괴 지그

2·9·12 수평 필릿 용접

수평 필릿 용접(*H*-Fil: horizontal fillet welding)은 그림 2·81과 같이 강판(鋼板)의 평평한 면에 다른 강판 끝을 세워서 T 자형으로 만들어 그 구석 부분을 용접하는 방법으로, V형 맞대기 용접과 함께 현장 작업 중 가장 많은 작업이며, 이 작업은 매우 중요한 용접의 하나이다.

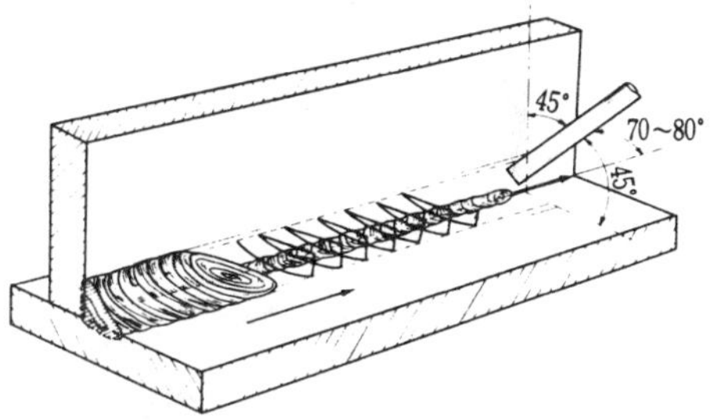

그림 2·81 수평 필릿 용접

(1) 용접봉을 겨누는 방법과 운봉 요령

용접봉은 진행 방향(進行方向)에 70～80° 기울이고 양 판에 대해서는 θ각일 때 $\theta/2$로, 90°일 때 45°로 유지하며 구석의 중심을 향하도록 겨눈다. 제 1

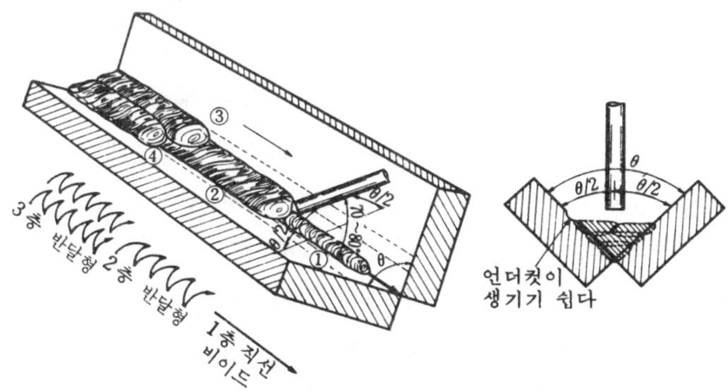

그림 2·82 용접봉 겨누는 방법

층 비이드는 보통 직선 운봉법(直線運棒法)으로 용접하고, 제 2 층 비이드부터는 사 3 각(斜三角) 이나 반달형 운봉법을 사용한다.

사 3 각 운봉법은 그림 2·83 (a)에 표시한 것과 같이 1, 2, 3, 4의 순서로 운봉을 하며 각각의 위치에 따라 운봉 속도가 다르다. 1, 2 사이는 보통 속도로 운봉하고 2, 3 부근에서는 좀 느리게 해서 비이드의 각장(脚長)을 맞춘다. 3, 4 사이는 빠르게, 4 에서는 구석을 충분히 녹이기 위하여 봉을 잠시 정지한다. 또 4, 5 사이는 빨리 5 에서는 언더컷을 방지하기 위해서 다시 봉을 잠시 정지시키도록 한다. 비이드 폭(각장)은 1, 3 에서 결정되므로 이 사이는 특히 아아크를 짧게 운봉한다. 또 필릿 용접 치수는 일반적으로 그림 2·83 (b)와 같이 각장(leg length) L 은 모재 두께와 거의 같게 하거나 최소한도 70~80 % 로 하고 목의 두께(actual throat)는 각장의 약 70 % 정도로 한다.

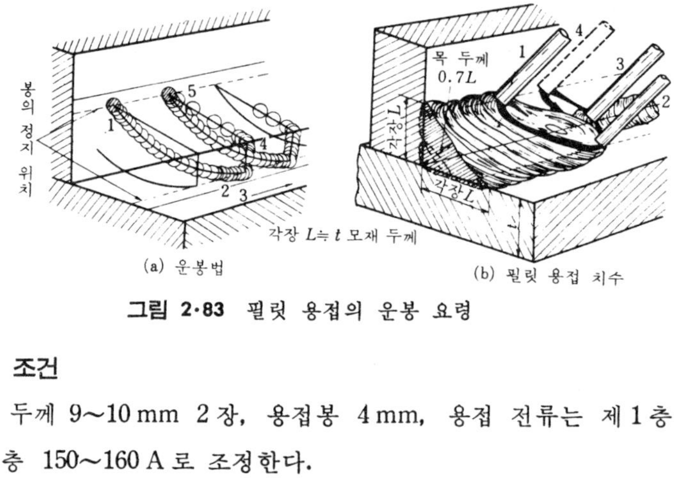

그림 2·83 필릿 용접의 운봉 요령

(2) 실습 조건

연습판의 두께 9~10 mm 2 장, 용접봉 4 mm, 용접 전류는 제 1 층 160~170 A, 제 2 층 150~160 A 로 조정한다.

① **제 1 층 비이드 :** 제 1 층은 용접봉 끝을 구석의 밑에 가볍게 접촉시켜 밑 부분을 따라서 천천히 직선을 긋는 요령으로 운봉한다. 이 때, 용접봉의 녹는 상태에 잘 주의하고, 슬랙의 섞임이 되지 않게 해야 한다. 슬랙이 봉보다 앞으로 흘러내릴 때에는 용접봉을 진행 방향으로 크게 기울여 비이드의 위쪽을 흐르도록 해 준다. 또 용접봉의 수직판(垂直板) 쪽을 세우면 수직판은 언더컷이 생기며, 수평판(水平板)에는 오우버랩을 일으킨다. 봉을 반대로 수평면 쪽으로 기울이면 수평면의 용입이 나빠진다. 그러므로, 필릿 용접에서는 봉의 각도(角度)에 주의하지 않으면 안 된다.

② **제 2 층 비이드** : 제 2 층은 앞에서 설명한 바와 같이 사 3 각법(斜三角法)으로 비이드를 만드는데, 지금까지의 아래보기 용접과는 달리 한쪽은 수직판이므로 용철이 흘러내리기가 쉽다. 따라서 운봉을 확실하게 하고 운봉 속도도 정확해야 한다.

(3) 필릿 용접의 검사법

필릿 용접은 언더컷 및 오우버랩을 일으키기 쉬우므로 먼저 이런 것을 잘 조사함과 동시에 슬랙의 섞임, 비이드의 폭 등을 잘 조사한 다음에 필릿부의 각장(脚長)이 수평, 수직면에 같은 길이로 되었는가를 조사한다.

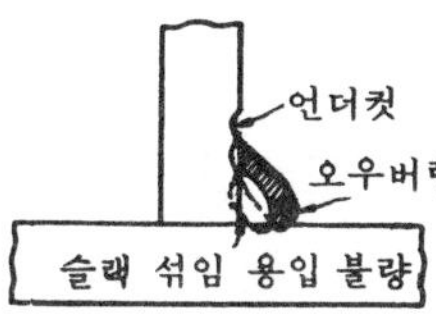

그림 2·84 필릿 용접에서 일어나기 쉬운 결함

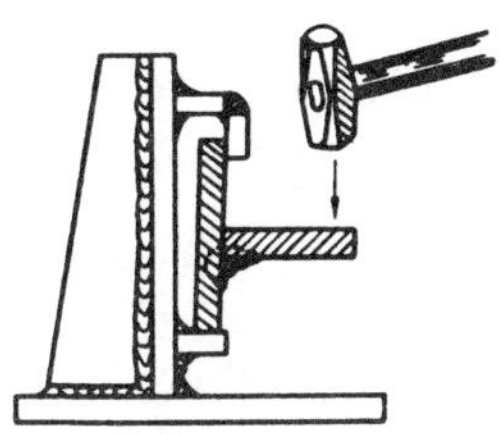

그림 2·85 필릿 용접 검사법

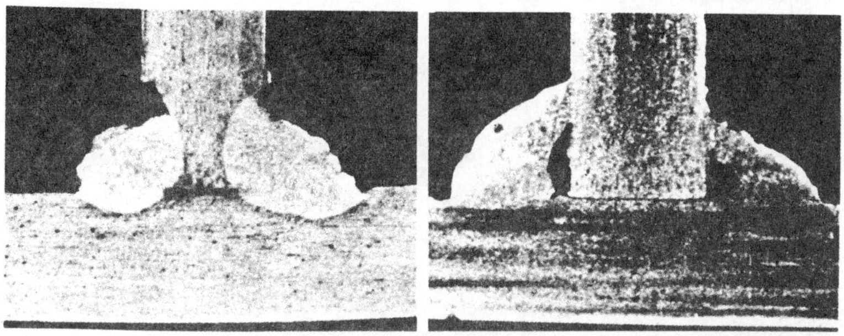

(a) 언더컷 (b) 다 리

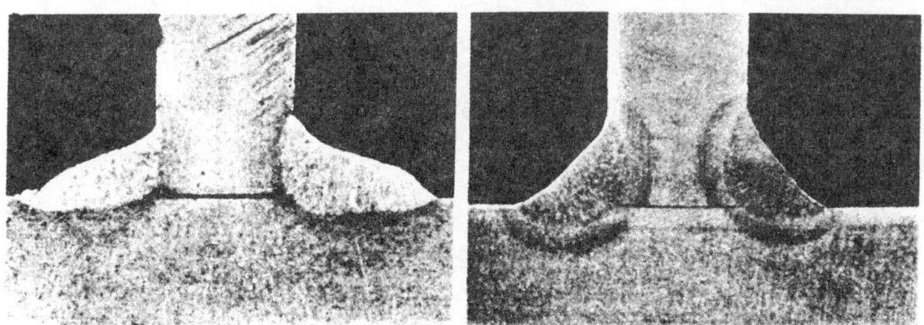

(c) 각장 부족 (d) 양 호

그림 2·86 필릿 용접의 양부

그림 2·84는 필릿 용접에서 일어나기 쉬운 결함을 표시한 것이며, 외관 검사(外觀檢査) 후는 그림 2·85에 표시하는 것과 같이 지그(jig)를 사용하여 용접부를 파괴하여 파면 검사(破面檢査)를 하는 것으로 모서리 용접과 같은 요령으로 검사한다. 그림 2·86은 필릿 용접 단면의 양부를 나타낸 것이다.

2·9·13 겹치기 수평 필릿 용접

겹치기(lap) 용접은 2장의 강판(鋼板)을 포개어 놓고 그 가장자리를 용접하는 방법이다. 운봉법과 그 밖의 것은 필릿 용접과 똑같기 때문에 필릿 용접에 숙련되어 있으면 쉽게 할 수 있다. 그러나, 이들은 그림 2·87과 그림 2·88에 표시한 것과 같이 수평 겹치기 용접에서는 포개진 윗판의 위 모서리, 수직 겹치기 용접에서는 아랫판의 모서리가 각각 녹아내리기 쉬우므로 운봉에 충분한 주의를 하여 녹아내리지 않도록 해야 한다.

외관 검사 후 연습판을 파괴하여 파면(破面) 검사를 한다. 검사 요령은 필릿 용접과 같다.

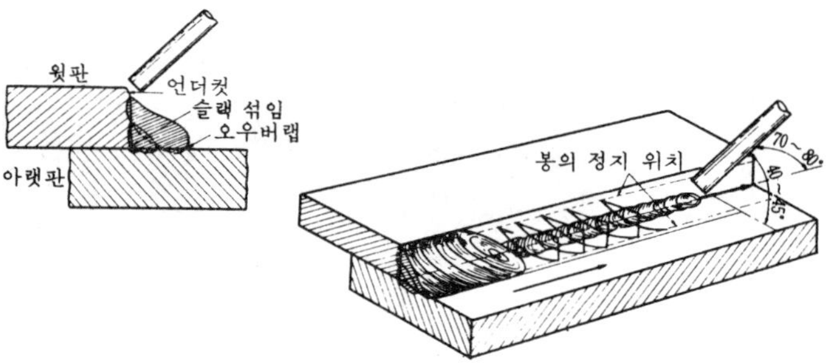

그림 2·87 수평 겹치기 용접

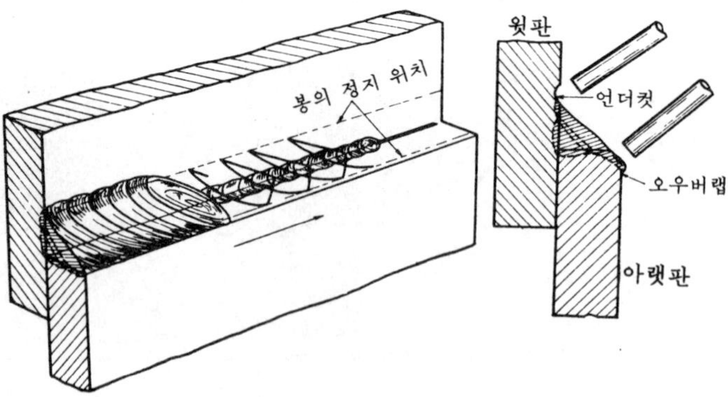

그림 2·88 수직 겹치기 용접

2·9·14 수직 용접

수직 용접(vertical welding)은 수직면을 용접하는 것을 말하나 수직뿐만 아니라, 그림 2·90과 같이 45~135°까지를 수직 용접(垂直熔接)이라 한다.

연습은 처음부터 수직 용접이 곤란하므로 처음에는 45°로 경사시켜서 하고, 순차적으로 60°, 90°, 135°로 경사도를 변경시켜 연습을 하도록 한다.

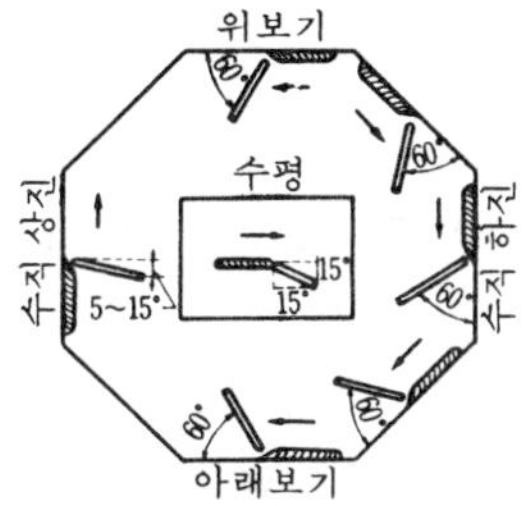

그림 2·89 맞대기 용접에 쓰이는 용접봉의 각도

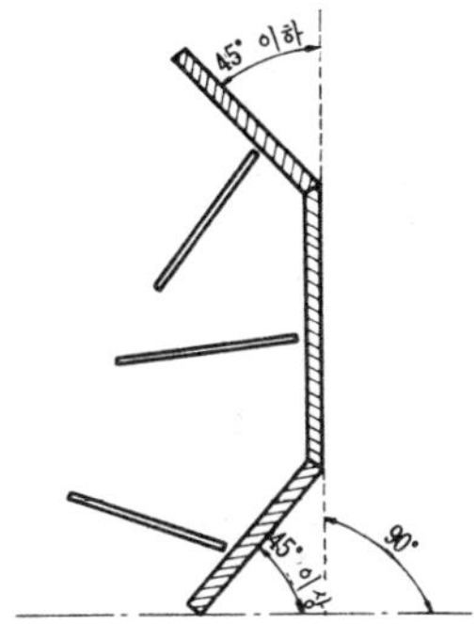

그림 2·90 수직 위치의 범위

(1) 수직 용접 자세

수직 용접 자세는 앉아서 하는 것과 연습판을 가슴 높이 정도로 올려서 서서(standing) 하는 것이 있으나, 어느 것이나 몸을 안정된 자세로 해야 한다.

특히 서서 할 때에는 두 발을 벌리고 몸의 무게를 양 발에 똑같이 나누어 약간 앞쪽으로 기울여서 한다.

호울더를 겨누는 방법은 그림 2·91에서와 같이 용접봉을 130~150°로 끼워서 가볍게 잡고 어떤 방향으로도 자유로이 움직일 수 있도록 해야 한다.

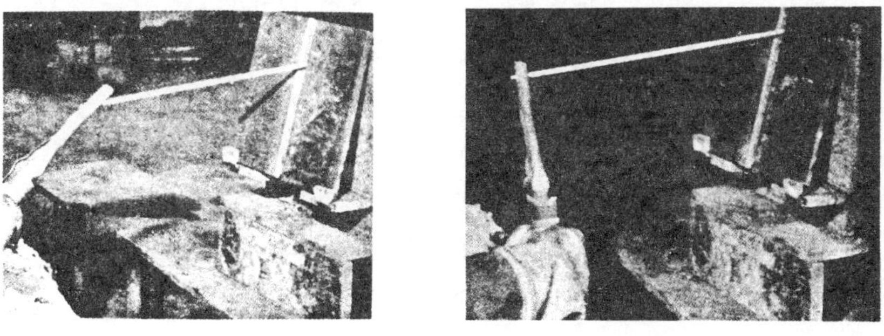

(a) 양 호 (b) 불 량

그림 2·91 수직 자세 때 용접봉을 겨누는 방법

(2) 수직 용접의 직선 비이드

수직 용접에서 직선 비이드는 상진(上進) 비이드와 하진(下進) 비이드가 있으며 용접봉의 끝을 움직이지 않고 직선 비이드를 만드는 방법이다. 현장에서는 V형, X형 이음의 제 1층 비이드에 잘 쓰인다.

① **용접봉을 겨누는 방법과 운봉 요령** : 용접봉을 겨누는 방법에는 상진과 하진이 있는데 그림 2·92와 같이 다소 다르다.

운봉 요령은 아래보기 용접에 비하여 대단히 어렵고 비이드가 처져서 용철(溶鐵)이 흘러내린다. 이것을 막는 데는 아아크를 짧게 하고 용접봉 끝을 연습판에 밀어붙이는 기분으로 비이드를 만든다.

② **실습 조건** : 연습판의 두께 9 mm, 용접봉 지름 4 mm 전류(電流) 130 ~140 A, 전압(電壓) 23~24 V로 조정하여 연습을 한다.

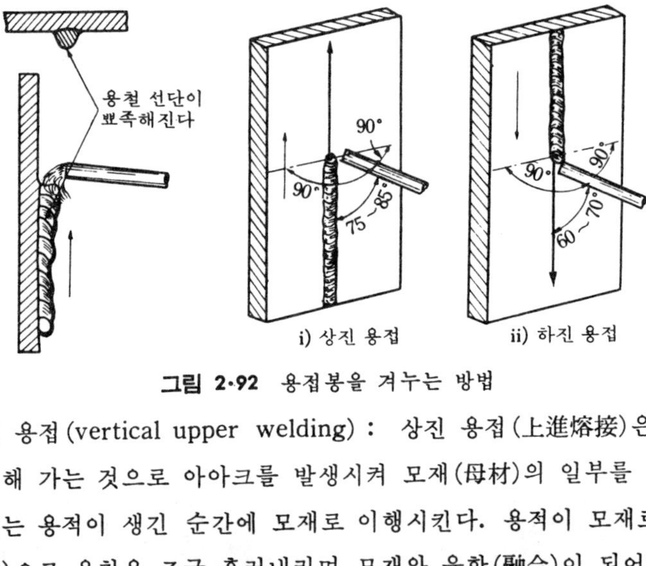

그림 2·92 용접봉을 겨누는 방법

i) 상진 용접(vertical upper welding) : 상진 용접(上進熔接)은 아래에서 위로 진행해 가는 것으로 아아크를 발생시켜 모재(母材)의 일부를 녹이고, 용접봉 끝에는 용적이 생긴 순간에 모재로 이행시킨다. 용적이 모재로 이행하면 중력(重力)으로 용철은 조금 흘러내리며 모재와 융합(融合)이 되어 용융 푸울이 생긴다. 그 후 순차로 이 푸울을 메우는 기분으로 비이드를 계속한다. 상진 용접은 비이드 끝이 뾰족하게 흘러내리고 언더컷이 생기기 쉽다. 전류가 강한 경우나 운봉이 늦는 경우에는 용접 결함이 심하게 일어난다.

ii) 하진 용접(vertical down welding) : 하진 용접(下進熔接)은 상진의 반대로 위에서 아래로 용접을 하는 것으로 용접봉(熔接棒) 끝을 모재에 알맞은 거리로 해서 용철(溶鐵)이 모재로 이행되도록 한다. 하진 용접은 슬랙이 아래로 흘러내려 항상 푸울 끝에 오게 되므로 푸울을 보기가 어려워 용접하기가 곤란하나 이 어려움에 구애받지 말고 같은 상태로 운봉을 하면 된다. 이 용접법은 운봉 속도가 자연히 빠르게 되므로 용입 불량이 되기 쉽고, 비이드가 평평하게 된다.

iii) 수직 직선(垂直直線) 비이드의 양부 : 비이드가 직선으로 되어 있는가, 비이드 폭과 높이가 고른가 또는 언더컷, 오우버랩, 슬랙의 섞임 등의 유무를 잘 조사한다. 수직 직선 비이드는 그림 2·93 에 표시한 것과 같은 결함이 생기기 쉬우므로 충분한 주의를 해야 한다.

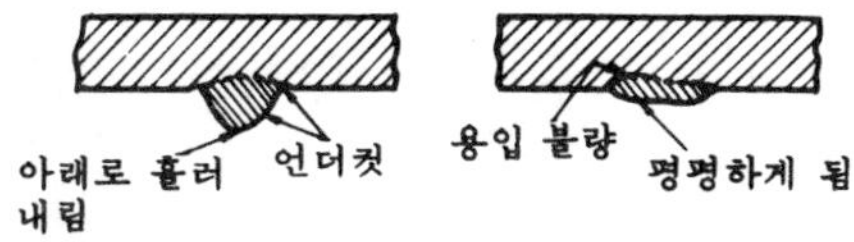

그림 2·93 수직 직선 비이드의 결함

그림 2·94 는 수직 직선 비이드를 용접하는 과정이다.

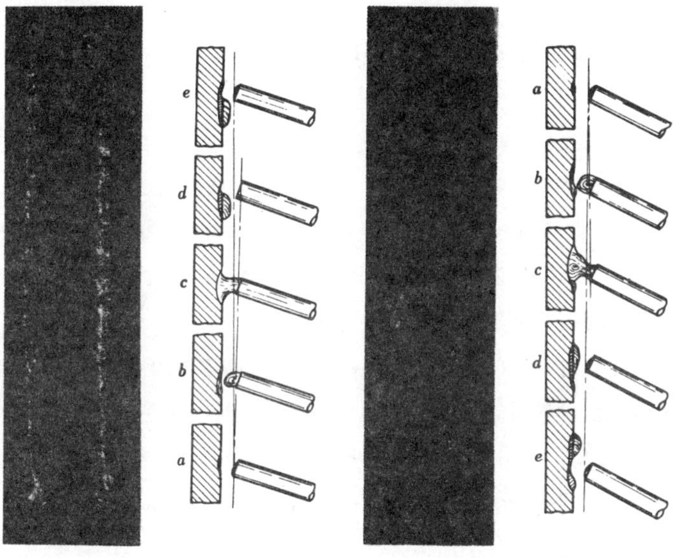

그림 2·94 상진·하진의 직선 비이드와 용적 이행 순서

a : 아아크 발생 *b* : 용융 *c* : 용적 이행(移行) *d* : 용적 분리 *e* : 용적이 먹혀 들어감. 모재 9 mm, 용접봉 지름 4 mm, 전류 130~140 A, 전압 23~24 V 이다.

(3) 수직 상진 위이빙 비이드

수직 상진(垂直上進) 위이빙 비이드를 만들 때 용접봉을 겨누는 방법은 그림 2·95 와 같으며, 그 운봉 방법에는 조개형(貝形)과 반달형(半月形)이 있다.

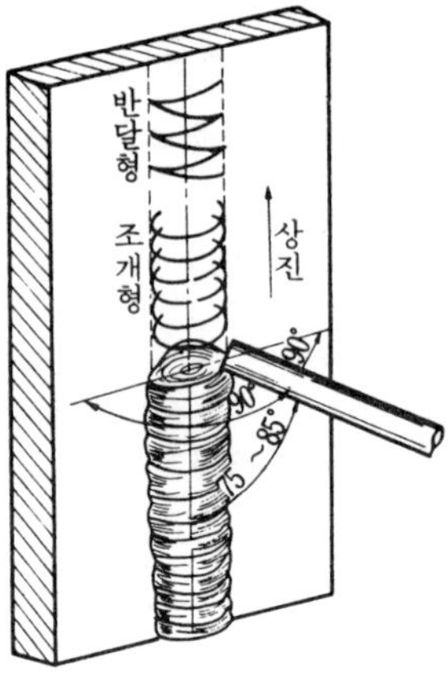

그림 2·95 수직 상진 위이빙 비이드

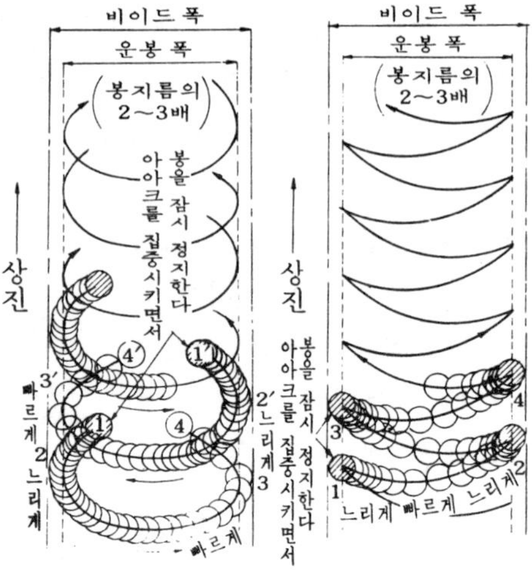

(상진 조개형) (반달형)

그림 2·96 상진 조개형과 반달형 운봉법

① 상진 조개형(上進貝形) 운봉 요령

그림 2·96에서와 같이 1에서는 봉을 잠간 멈추어 모재를 잘 녹이고, 2의 부근에서는 아아크를 짧게 하여 천천히 운봉을 하여 언더컷을 방지하며 중앙을 향해서는 운봉을 약간 빠르게 하여 용철이 흘러내리는 것을 막는다. 그리고 3의 부근에서 가장 운봉을 빨리, 4부근에서 안쪽으로 가볍게 돌리는 것같이 해서 1′로 옮기고, 다시 2′, 3′, 4′와 같이 되도록 운봉 요령을 반복한다.

② 상진 반달형(上進半月形) 운봉 요령

이것은 아래보기 자세의 반달형 운봉 요령(運棒要領)과 똑같은 것으로 아아크를 짧게 하고 천천히 운봉을 하여 언더컷을 방지하는 것이 중요하다. 또한 운봉 폭은 조개형, 반달형 운봉을 다 같이 너무 넓게 하지 말고, 용접봉 지름의 2~3배 되게 푸울에 용철을 쌓은 것 같은 요령으로 한다.

(4) 수직 하진 위이빙 비이드

아아크를 짧게 하여 용철이 흘러내리는 것을 막고, 오우버랩을 일으키지 않도록 주의해야 한다.

하진 용접(下進熔接)은 상진 용접(上進熔接)과 달리 슬랙이 푸울의 앞으로 흘러내리므로 이것을 방지하기 위해서 운봉 속도가 자연히 빠르게 되어서 용입이 불충분하게 되고 비이드가 평평하게 된다.

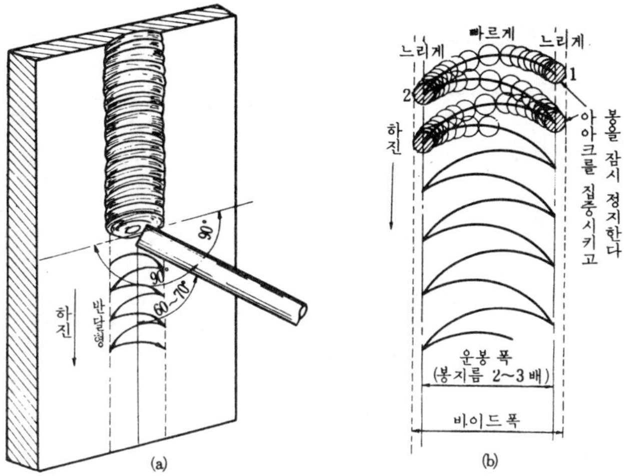

그림 2·97 수직 하진 위이빙 비이드

2·9·15 수직 자세 V형 맞대기 용접

(1) 상진 용접의 용접봉 겨누는 방법과 운봉 요령

용접봉을 겨누는 방법은 그림 2·98과 같으며, 운봉 요령은 제1층은 직선 비이드로 하고 제2층 이상은 밤(栗)형이나 3각형 운봉을 한다. 제1층의 직선 비이드는 이제까지의 직선 비이드와 달리 다소 작은 반달형의 운봉을 하고, 아아크를 짧게 하여 용접봉 끝을 V홈 밑에 밀어넣는 것 같은 기분으로 한다. 이것은 제1층 비이드가 흘러내리는 것과 언더컷을 막기 위한 것이다. 제2층 이상의 밤형, 또는 3각형 운봉법은 제1층 비이드를 충분히 용융되게 하고 V홈 밑까지 봉을 넣는 일이 중요하다.

(2) 밤형 상진(栗形上進) 운봉법

그림 2·99 (a)에 표시한 것같이 1에서 2, 3, 4의 순서로 밤형 운봉을 하고 반대로 1′, 2′, 3′, 4′로 반복하는 방법이다. 이 운봉법은 1에서 잠간 봉을 정지시켜 V홈 밑을 잘 녹이고, 2까지는 아아크를 짧게 하며 운봉을 느리게 하여 언더컷을 막는다. 2에서 3까지는 약간 빠르게 운봉하고 4에서는 안쪽으로 가볍게 돌리는 것같이 하여 1′로 옮겨 같은 요령으로 2′, 3′, 4′의 순서로 반복한다. 운봉 폭은 V홈의 전체 폭에 대해서 하지 않고 약간 안쪽의 점선에서 봉을 멈추어 용철(溶鐵)이 V홈의 끝에 쌓여오르는 것을 기다린 다음에 용접봉을 옮긴다.

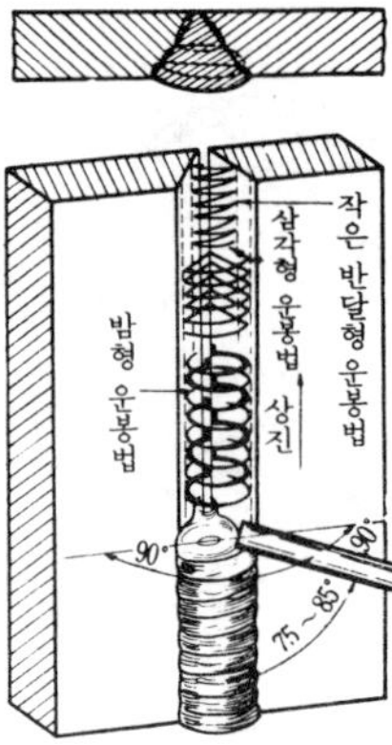

그림 2·98 수직 V형 상진 용접

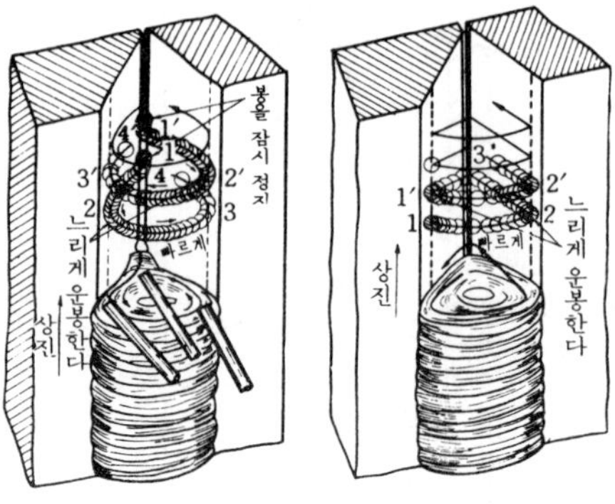

(a) 밤형 운봉법 (b) 3각형 운봉법

그림 2·99 수직 자세 상진 운봉법

(3) 3각형 운봉법

3각형 운봉법은 그림 2·99 (b)의 3각형(1, 2, 3)으로 운봉을 하는 것으로 상진 용접 방법에서 많이 사용되고 있다. 이것은 1 및 2 부근에서 아아크를 짧게 하여 운봉을 느리게 하고 중앙은 약간 빠르게 하여 용철이 흘러내리는 것을 방지한다. 또 3에서는 V형 홈의 밑 부분을 잘 녹이도록 주의해야 한다. 운봉 폭은 밤형과 같이 V홈 전폭을 하지 않고 약간 안쪽에서 봉을 멈춘다. 상진 용접은 언더컷, 오우버랩이 되기 쉬우므로 아아크를 충분히 짧게 하고 정확한 운봉을 하지 않으면 안 된다.

(4) 실습 조건

연습판(練習板)의 두께를 9 mm, 용접봉의 지름을 4 mm, 용접 전류를 125~135 A로 조정하여 연습한다. 이 때 루우트 간격은 1.5~2.0 mm로 한다.

① **제 1층 비이드 :** 제 1층 비이드는 이파(裏波) 용접봉을 써서 V홈의 밑 부분을 잘 녹여 뒷면에 파형이 생기도록 하여야 한다.

전류가 너무 세면 그림 2·100에 표시한 것과 같이 양 끝에 깊은 언더컷이 생겨 제 2층 비이드를 만들 때에 슬랙의 섞임이 되기 쉬우므로 주의해야 한다. 또, 운봉이 너무 느리면 용철이 흘러내려 끝부분이 뾰족해지고 비이드 표면에는 심한 요철(凹凸)이 생기게 된다.

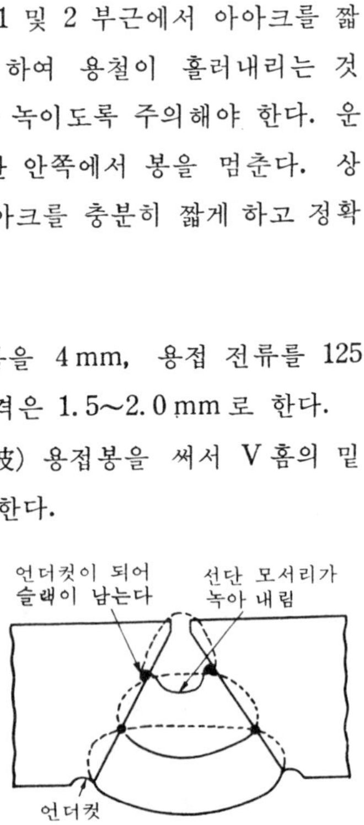

그림 2·100 상진 비이드의 결함

② **제 2층 비이드 :** 제 1층 비이드의 슬랙을

잘 제거하고 밤형 운봉이나 3각형 운봉으로 쌓아올리면서 제1층 비이드의 구석까지 잘 녹이는 일이 중요하다. 제3층도 같은 요령으로 하며, 언더컷이 생기지 않고 용철이 흘러내리지 않도록 아아크를 짧게 하여 푸울에 용철을 쌓아올리는 것 같은 요령으로 한다. 그림 2·101은 밤형 및 3각형 운봉에 의한 용접 결과를 나타낸 것이다.

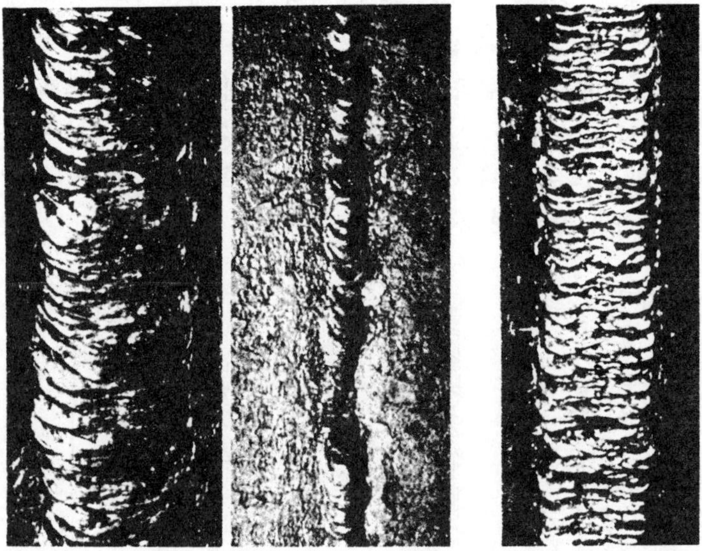

(a) 밤형 운봉　　(b) 3각형 운봉

그림 2·101 양호한 상진 비이드

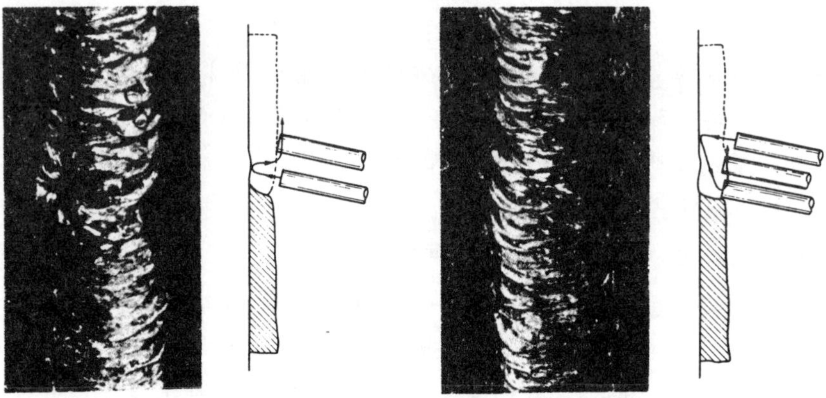

(a) 불 량　　(b) 양 호

그림 2·102 수직 자세 V형 상진 용접

(5) 수직 자세 V형 상진 용접의 연속 이음

그림 2·102 (b)와 같이 크레이터의 위쪽에서 아아크를 발생하여 예열(豫熱)을 하면서 용접봉을 크레이터의 위로 이동하며 용융 상태(溶融狀態)를 자세히 살피면서 용적(溶滴)이 이행하도록 한다.

(6) 수직 자세 V형 하진 용접

그림 2·103은 수직 자세 V형 하진 용접법이며 이 용접은 V형 홈의 제1층을 용접할 때 많이 이용된다. 용접봉은 3.2 mm로 용접 전류는 100 A 정도로 하여 아아크를 짧게 한다. 푸울의 끝에서 용철이 흘러내리기 쉬우므로 운봉은 자연히 빠르게 되어 용입이 얕게 된다. 따라서, 뒷면 파형을 잘 내기 위해서는 충분한 연습을 반복 해야 한다. 하진법(下進法)은 홈의 제1층 용접이나 판두께 2~3 mm 이하의 얇은 판 용접에 이용된다.

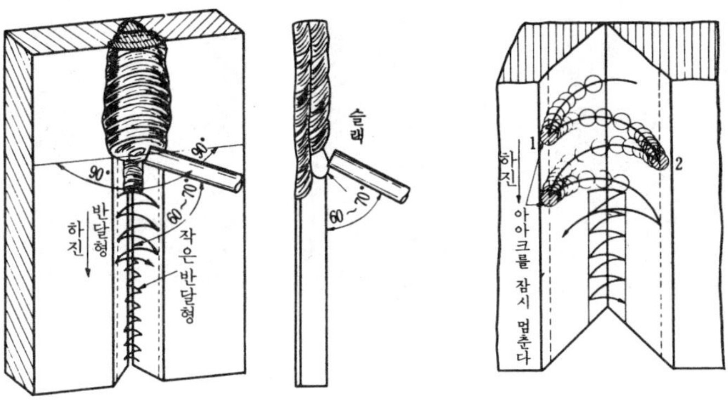

그림 2·103 하진 용접의 운봉법

하진 용접의 운봉 요령은 반달형 운봉법으로 양쪽 끝에서 잠시 멈추었다가 중앙에서는 빠르게, 그리고 양쪽 끝에서는 느리게 운봉한다.

하진 용접은 슬랙이 크레이터의 선단(先端)에서 흘러내리어 운봉이 매우 어려우므로 세심한 주의를 하여야 한다.

2·9·16 모서리 이음의 수직 자세 용접

연습판의 두께는 9~10 mm, 제1층의 용접봉은 3.2 mm, 제2층 이상은 4 mm, 용접 전류는 130~140 A로 용접한다.

용접봉을 겨누는 방법과 운봉 요령은 그림 2·104에 표시한 것과 같이 V형 상진 용접과 같고 제1층은 작은 반달형 운봉으로 직선 비이드를 만들며 제2

층 이상은 밤형이나 3각형 운봉법으로 비이드를 만든다. 이 때, 주의할 것은 제1층 비이드로서 뒷면 파형이 잘 만들어지도록 하고, 끝내기 비이드는 양 모서리가 녹아내리기 쉬우므로 운봉 폭에 주의하여야 한다.

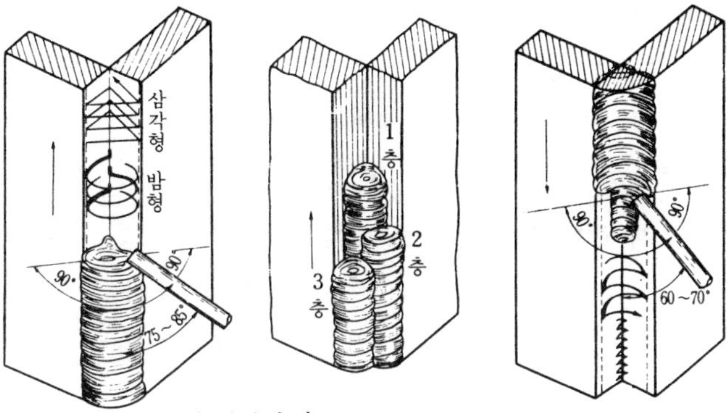

(a) 상진 용접　(b) 하진 용접

그림 2·104 모서리 수직 자세 용접

검사법은 아래보기 모서리 용접과 같이 외관 검사(外觀檢査)를 하고 그 후 파괴해서 파면 검사(破面檢査)를 하여 용입의 양부를 조사한다. 그림 2·105는 모서리 용접 상태를 표시한 것이다.

(a) 불 량　(b) 양 호

그림 2·105 모서리 용접의 양부

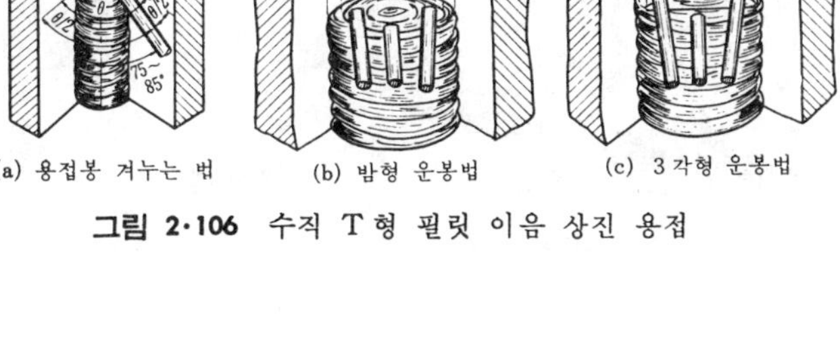

(a) 용접봉 겨누는 법　(b) 밤형 운봉법　(c) 3각형 운봉법

그림 2·106 수직 T형 필릿 이음 상진 용접

2·9·17 수직 T형 필릿 이음 상진 용접

그림 2·106과 같으며 모재(母材)의 두께 9 mm, 용접봉 지름 4 mm, 용접 전류 140~150 A로 조정하여 용접한다. 이 때, 용접봉을 겨누는 방법과 운봉 요령은 수직 V형 이음 상진 용접법과 같다.

다만 V형이나 모서리 용접과 다른 것은 구석 부분이 녹기 어렵기 때문에 용입 불량(溶入不良)이 되기 쉽고, 또 끝내기 비이드의 양쪽에 깊은 언더컷이 생기기 쉬우므로 이 점에 특히 주의를 해야 한다.

2·9·18 수직 자세 겹치기 이음 상진 용접

그림 2·107은 수직 자세(垂直姿勢) 상진 용접법이며, 이 용접의 운봉 요령(運棒要領)은 수직 V형 맞대기 이음 상진 용접과 같으므로 위 판의 가장자리가 둥글게 녹아내리기 쉽다.

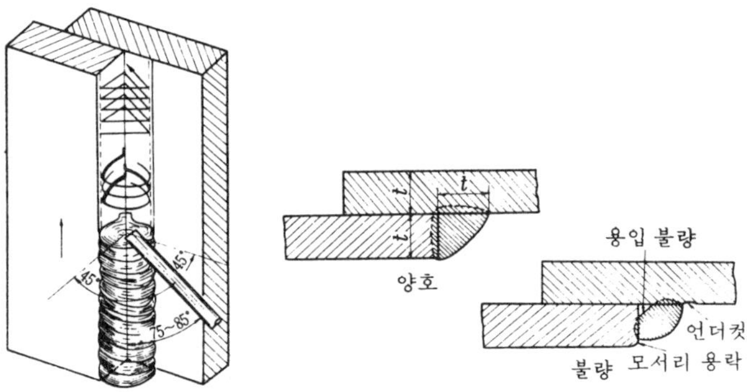

(a) 운봉법 (b) 상진 용접의 양부

그림 2·107 수직 자세 겹치기 이음 상진 용접

그림 2·108 수평 자세 용접

2·9·19 수평 자세 용접

수평 용접(horizontal welding)은 비이드가 흘러내리기 때문에 비이드의 위쪽은 언더컷, 아래쪽은 오우버랩이 생기기 쉽다. 운봉 요령은 그림 2·108 과 같이 호울더를 잡고, 아아크를 짧게 하여 기울여 반원 운봉(半圓運棒)을 작게 하고 천천히 움직인다.

비이드를 그림 2·109 와 같이 여러 개 만드는 경우는 앞의 비이드에 약 1/3 겹쳐서 비이드를 만든다. 수평 자세 맞대기 용접은 그림 2·110 과 같이 2 개의 판을 V형으로 맞대어 수평으로 놓고, 용접할 때의 운봉 요령은 용접봉을 수직면에 80~85°, 진행 방향에 75~85° 경사시켜서 운봉한다.

제 1 층은 작은 반원 운봉법으로 직선 비이드를 만들고 제 2 층 이상은 사 3 각형(斜三角形) 운봉법을 쓴다.

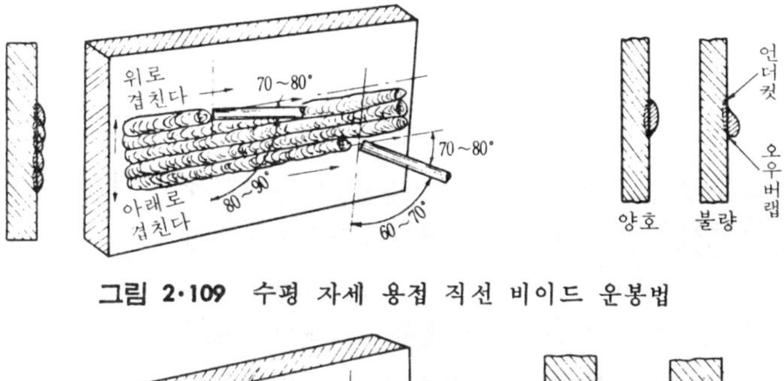

그림 2·109 수평 자세 용접 직선 비이드 운봉법

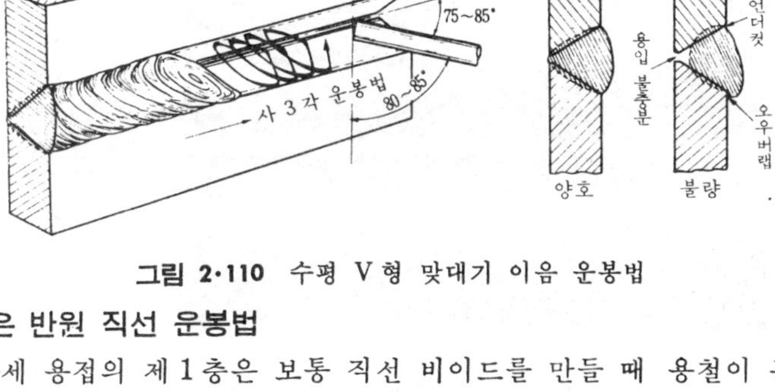

그림 2·110 수평 V 형 맞대기 이음 운봉법

(1) 작은 반원 직선 운봉법

수평 자세 용접의 제 1 층은 보통 직선 비이드를 만들 때 용철이 흘러내리므로 작은 반원 운동을 하면서 아아크를 짧게 하고 용철을 밑부분에 바르는 것과 같은 요령으로 직선 비이드를 만든다.

(2) 사 3 각(斜三角) 운봉법

이 요령은 그림 2·111 과 같이 1 에서 2, 3, 4 의 순으로 용접봉을 움직여 1

부근은 천천히 운봉하여 언더컷을 막고, 중앙부는 약간 빠르게 해서 오우버랩을 막는다. 2 부근에서는 다시 운봉을 천천히 하여 비이드의 주름을 고르게 한다. 또 3의 밑 부분에서는 봉(棒)을 잠간 정지시켜 밑을 잘 녹인 후 4로 옮긴다. 이상의 과정을 반복해서 그림 2·112와 같이 비이드를 쌓아올린다. 그러나, 수평 자세 V형 맞대기 용접일 때에는 되도록이면 층수를 적게 하는 것이 좋다.

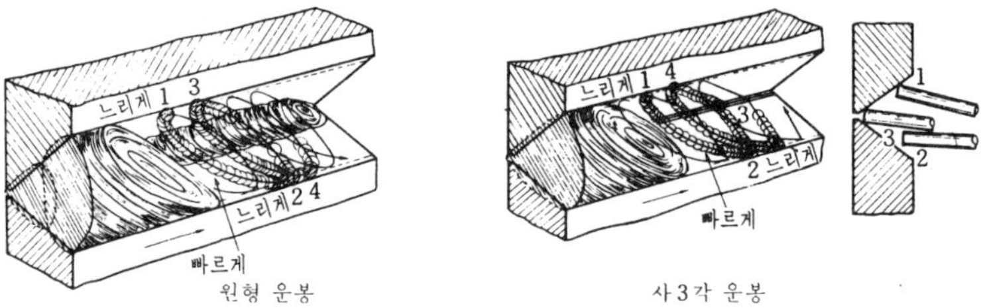

그림 2·111 사 3각형 운봉법

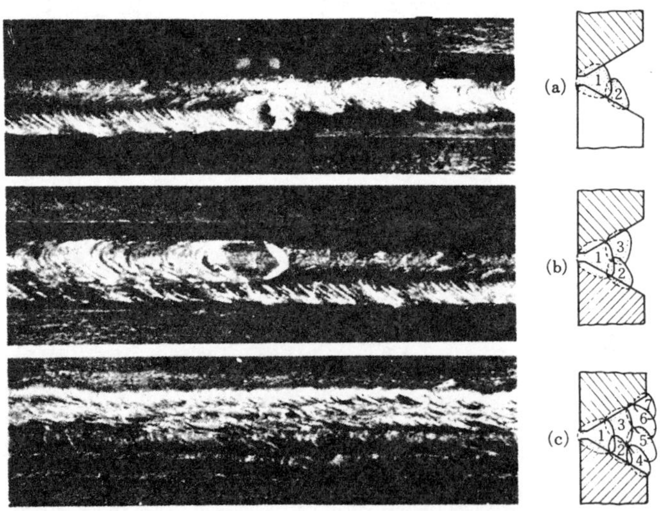

그림 2·112 수평 자세 다층 비이드 용접 요령

2·9·20 위보기 자세 용접

위보기 용접 (overhead welding)은 그림 2·113과 같이 공작물의 아래에서 머리 위를 향해 용접을 하는 방법이다.

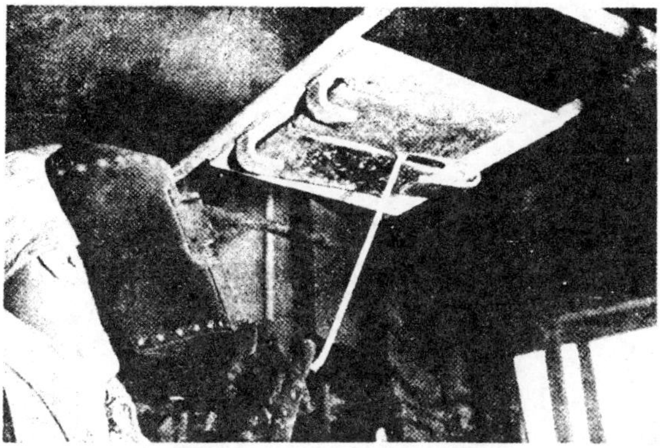

그림 2·113 위보기 자세 용접

(1) 위보기 용접 자세

위보기 용접은 가장 불안정한 자세가 되기 쉬우므로 양쪽 발에 힘을 주고 몸무게를 양쪽 발에 똑같이 나누며, 상반신은 되도록 자유로운 자세로 한다. 작업대(作業臺)는 높이를 임의로 조절할 수 있는 것을 쓰면 좋다.

위보기 용접은 스패터가 날리고, 용철이 많이 떨어지므로 작업복, 장갑, 발카버 등에 주의하며 머리에는 헬멧을 쓰는 것이 좋다. 헬멧을 사용하면 한 손으로 몸을 안전한 자세로 할 수 있는 잇점이 있다.

(2) 위보기 직선 비이드

위보기 용접은 용접 자세 중 가장 어려운 방법이고 용철(溶鐵)이 중력(重力)으로 낙하하므로 초심자는 거의 용접할 수 없다. 그러나, 올바른 연습 과정으로 연습을 거듭하면 그렇게 어려운 것은 아니다. 위보기 용접에서 용철이 중력 방향(重力方向)의 반대로 움직여 용착(溶着)되는 이유는 여러 가지가 있으나, 용접봉의 피복제(被覆劑)에 함유되어 있는 소량의 가스가 가스열로 급속히 가열되어 부분적으로 팽창 폭발하여 그 힘으로 용착한다. 그리고, 전기적인 힘, 흡착력(吸着力)과 표면 장력(表面張力)에 의한 것으로도 알려지고 있다. 위보기 용접의 연습도 직선 비이드부터 시작하여 V형, T형 필릿 용접의 순으로 진행해 나간다. 위보기 직선 비이드는 그림 2·114와 같이 용접봉을 겨누고 아아크를 충분히 짧게 하여, 용적을 모재에 눌러붙이는 기분으로 용접한다.

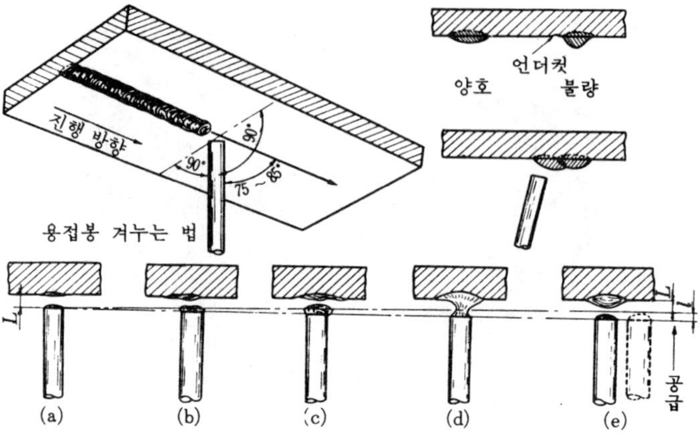

그림 2·114 위보기 자세 직선 비이드 운봉법

아아크가 길면 용철이 흘러내리며, 또 비이드도 늘어져서 언더컷을 일으킨다. 위보기 비이드를 겹칠 때에는 먼저 비이드에 1/3 정도 포개지도록 하고 용접봉을 약간 경사시켜 다음 비이드를 만든다.

위보기 용접은 다른 용접과 달리 비이드의 시작점에서 약 30~40 mm 사이는 슬랙의 벗겨짐이 대단히 나쁘며, 용접봉 끝에 엉겨 붙어서 용착 상태(溶着狀態)를 알기가 어려우므로 이것에 관계하지 말고 그대로 계속해서 운봉을 한다. 초심자는 흔히 여기에서 일단 아아크를 꺼버리므로 용접부에 슬랙의 섞임이 생기게 된다. 비이드 진행이 30~40 mm 가 되면 슬랙의 벗겨짐이 잘 되고 용융 푸울도 보이게 되므로 용접이 용이하게 된다. 이것은 모재(母材)가 냉각되어 있기 때문에 비이드 시작점은 충분한 예열(豫熱)을 해서 용착이 잘 되도록 한 후에 시작해야 한다.

2·9·21 위보기 V형 맞대기 용접

용접봉은 그림 2·115와 같이 겨눈다. 제 1층은 이면(裏面)을 잘 녹이기 위해서 봉 끝으로 V홈의 밑부분을 쓰다듬는 기분으로 약간 빠르게 운봉을 하며, 또한 전류를 약간 강하게 한다. 제 1층이 끝나면 슬랙을 제거하고 깨끗이 청소한 후 제 2층은 위이빙 비이드로 용접한다. 이 때, 용철을 연습판에 누르는 기분으로 운봉하며 아아크가 너무 길거나 운봉이 너무 늦거나 하는 일이 없도록 해야 한다.

그리고, 모재의 두께 9~10 mm, 용접봉 지름 4 mm, 용접 전류 130~135 A,

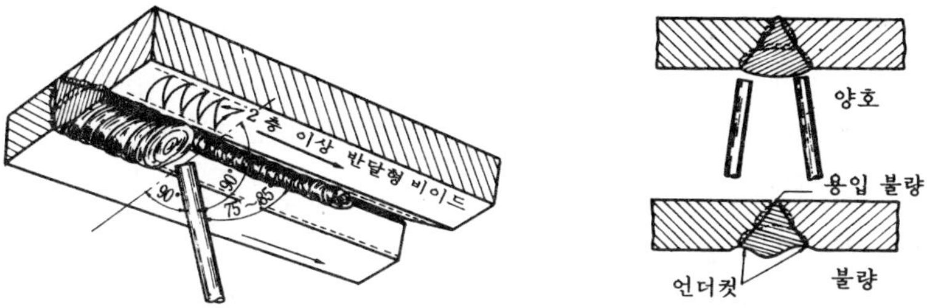

그림 2·115 위보기 V형 맞대기 용접 운봉법

전압 25~26 V, 층수 3~4층으로 위보기 V형 맞대기 용접을 한다. 그림 2·116과 같은 4가지 경우를 들어 위보기 V형 용접의 양부를 생각해 보면,

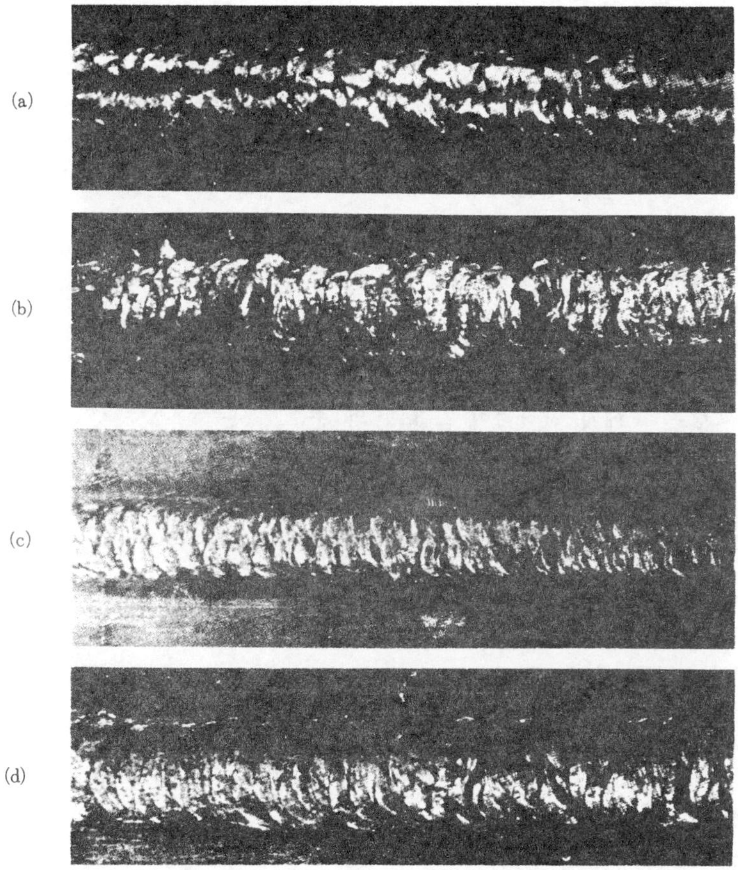

그림 2·116 위보기 V형 용접의 양부

(a) 운봉 속도가 너무 빠르므로 언더컷이 생기고 파형도 거칠다.
(b) 운봉이 너무 느리므로 비이드가 흘러내리며 비이드가 고르지 못하다.
(c) 비이드 폭, 비이드 형상은 약간 양호하나 파형이 거칠다.
(d) 양호한 비이드이다.

2·9·22 위보기 T형 필릿 용접

위보기 용접은 한 번에 다량의 용착은 곤란하다. 따라서 위보기 필릿 용접도 판 두께가 9~10 mm 에서는 3층 정도가 적당하다. 만일 한 번에 많은 양을 용착하면 언더컷을 일으키며 비이드가 늘어지게 된다.

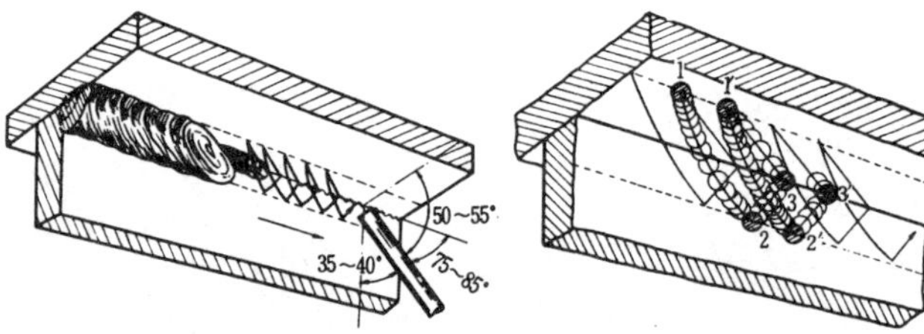

그림 2·117 위보기 T형 필릿 용접의 운봉법

운봉 요령은 그림 2·117 과 같이 제 1층은 용접봉이 4 mm 일 때 전류를 약간 강하게 130~140 A 로 하여 직선 비이드에 가깝게 작은 사 3각 운봉(斜三角運棒)을 하여 용입을 양호하게 한다. 제 2층은 제 1층의 비이드가 충분히 녹도록 하며 사 3각 운봉법(oblique triangle motion)으로 용접한다.

운봉 요령은 1에서 시작하여 2, 3, 1′의 순으로 운봉한다. 1부근에서는 언더컷을 방지하기 위해서 아아크를 짧게 하여 봉을 잠간 멈추어 보통 속도로 2에 도달한다. 2는 각장의 길이를 맞추기 위하여 여기에서 봉을 잠간 멈추어 3으로 옮긴다. 3에서는 구석부분을 잘 녹이고 1′로 옮긴다. 이상의 운봉을 되풀이 하여 용접을 한다. 이 용접은 수평판(水平板)보다 수직판(垂直板)쪽이 일반적으로 용입 불량(溶入不良)의 경향이 있다. 또 수평판에는 언더컷, 수직판에는 오우버랩을 일으키기 쉽다(그림 2·118).

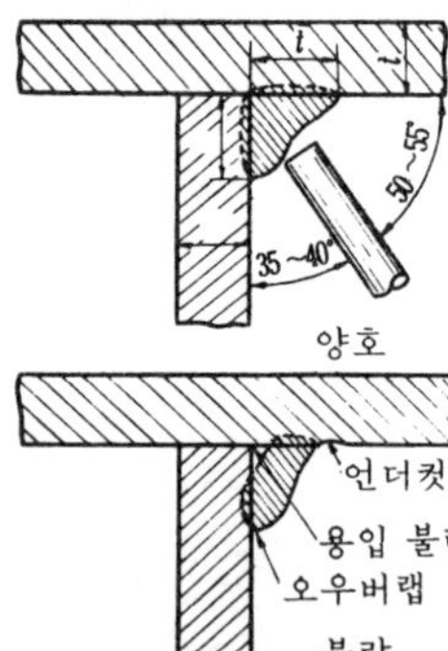

그림 2·118 용접의 양부

2·9·23 위보기 자세 겹치기 용접

그림 2·119는 위보기 자세 겹치기 용접이며, 운봉 요령은 위보기 자세 T형

필릿 용접과 같은 요령으로 한다.

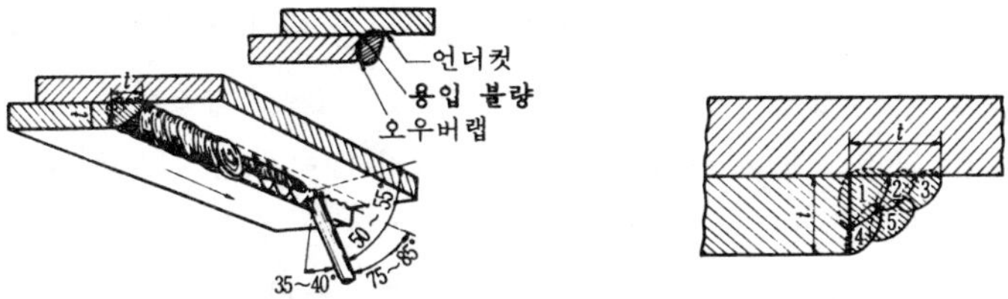

그림 2·119 위보기 겹치기 용접

용접 결함으로는 위쪽은 언더컷이 생기기 쉽고 아래쪽은 용락이 되어 오우버랩이 생기므로 이 점을 주의하는 것이 좋다. 그리고, 겹치기 용접과 필릿 용접에서 모재(母材)의 두께가 서로 다를 때에는 얇은 두께의 크기와 같은 각장(脚長)으로 하면 된다.

2·9·24 강관(鋼管)의 용접

강관의 용접은 송유관(送油管), 급수관 또는 보일러의 배관 공사(配管工事)에 사용되는 중요한 용접이다. 강관은 목적에 따라 지름이 큰 것에서부터 작은 것까지 있고, 또 두께도 여러 가지가 있다. 용접도 맞대기 이음, T이음, 그 밖에 여러 가지의 이음이 있으나 연습은 맞대기 이음에서부터 시작하여 순차적으로 다음 이음 용접으로 옮기는 것이 좋다.

(1) 작은 지름, 박판 강관 용접(薄板鋼管熔接)

지름 100 mm, 두께 4~5 mm 정도의 강관을 V형 홈을 60° 되게 만들어 맞대기 용접을 한다. 용접봉은 3.2 mm, 용접 전류는 90~110 A가 적당하다. 용접봉은 그림 2·120과 같이 겨눈다. 용접의 위치는 관의 제일 위쪽 부분이 아니고 수직선 방향보다 약 15~20° 기울어진 곳에서 한다. 강관은 로울러 위에 얹어서 회전할 수 있도록 하여 용접 진행(熔接進行)에 따라 관을 회전시켜 항상 용접을 일정한 위치에서 하도록 한다.

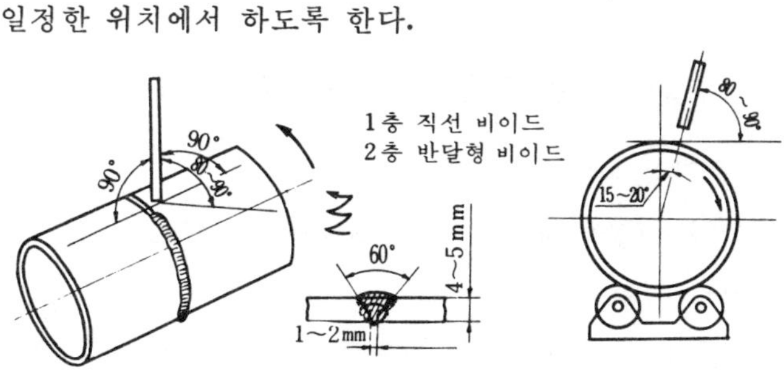

그림 2·120 강관의 용접

두께가 얇은 파이프 용접에서 가장 주의해야 할 것은 비이드의 연속 이음이다. 이것이 완전하지 않으면 수압 시험(水壓試驗)을 할 때 물이 누설(leakage)된다.

운봉 요령은 제 1 층은 직선 비이드로 하여 용입을 양호하게 하며, 제 2 층 이상은 반달형 운봉으로 비이드를 만든다. 초심자는 용접 진행과 파이프의 회전이 일치하지 않고 용접의 위치가 변하기 때문에 용철이 늘어지며, 비이드의 폭과 높이가 불균일하게 되므로 주의를 해야 한다.

(2) 보통 강관(普通鋼管)의 용접

지름 180～200 mm, 두께 9～10 mm 강관에 60°인 V 홈을 만들고, 용접봉의 지름은 제 1 층 3.2 mm, 제 2 층 이상 4 mm 를 사용한다. 용접 전류는 제 1 층 85～90 A, 제 2 층 이상 140～150 A 로 한다.

용접 요령(熔接要領)은 앞에서 설명한 것과 똑같이 하고 층수가 많게 되므로 슬랙의 제거를 깨끗이 하여 용입을 양호하게 하며, 슬랙의 섞임이 없게 해야 한다.

용접 강관(熔接鋼管)의 검사는 먼저 외관 검사(外觀檢査)를 하여 비이드의 폭, 높이, 언더컷 및 오우버랩의 유무를 조사하고 그 후 수압 시험(水壓試驗)을 하여 물이 새는 곳을 조사해서 그 양부를 결정한다. 또 용접부를 절단하여 용입의 양부와 파이프를 가로 방향으로 폭 40 mm 정도 절단해서 굽힘 시험 방법에 따라서 시험하고, 또한 관(管)의 용접에는 평판 용접(平板熔接)과 같이 수평 혹은 수직으로 고정하고 용접 시공을 하는 수가 많으므로 충분한 연습이 필요하다. 이 때의 용접 요령은 평강판(平鋼板)의 용접 요령과 똑같이 하면 좋다.

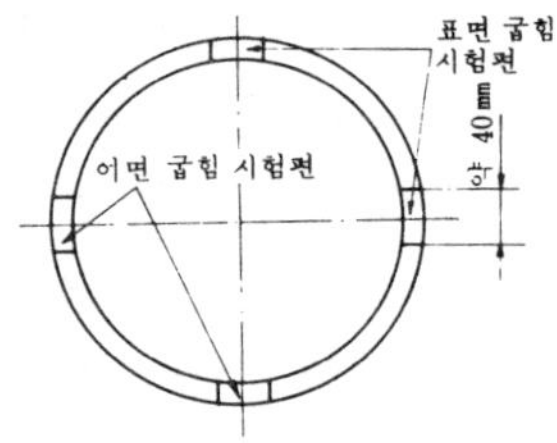

그림 2·121 강관의 굽힘 시험편을 자르는 위치

2·10 압력 용기(壓力容器) 제작

2·10·1 압력 용기의 정의

압력 용기의 정의는 용기 내의 압력이 대기압(大氣壓)을 넘는 것으로 이들의 종류를 살펴보면 다음과 같다.

(1) 외부에서 증기, 그 밖의 열매(熱媒)를 받아서 증기를 발생시켜 고체, 혹은 액체를 가열시켜 증기를 발생시키는 용기이다.

(2) 용기 내에서 화학 반응(化學反應), 원자핵 반응(原子核反應), 그 밖의 반응에 의하여 증기가 발생하는 용기이다.

(3) 용기 내의 액체의 성분을 분리하기 위하여 그 액체를 가열해서 증기를 발생시키는 용기이다.

(4) 대기압에서 비등점(沸騰點)을 넘는 온도의 액체를 내부에 보유하는 용기이다.

연습 문제

다음에 제시되는 용기를 제작하여 수압 시험(水壓試驗)을 하여라.

[예제 2·3] 도면 번호(圖面番號) 2001의 압력 용기(壓力容器)를 도면에 제시된 용접 자세에 의하여 제한 시간 16시간 이내에 제작 완료하여라. 이 용기의 최고 수압(最高水壓)은 160 kg/cm²(기압)이다.

[예제 2·4] 도면 번호 2002의 압력 용기를 도면에 제시된 용접 자세에 의하여 제한 시간 12시간 이내에 제작 완료하여라. 이 용기는 제23회 기능 올림픽 대회 과제로 최고 수압은 190 kg/cm² 이다.

[예제 2·5] 도면 번호 2003의 압력 용기를 도면에 제시된 용접 자세에 의하여 제한 시간 12시간 이내에 제작 완료하여라. 이 용기의 최고 수압은 250 kg/cm² 이다. 이 도면은 제22회 국제 기능(國際技能) 올림픽 대회에서 우리나라 선수가 최고의 수압을 기록한 압력 용기이다.

재료는 저탄소강(低炭素鋼) DIN St. 37. 2의 독일 규격품(規格品)이며, 용접 기호(熔接記號)의 지시 사항이 별도 명세서에 의하여 규정하고 있으므로 국제 대회에 참가하려는 용접 기능공(熔接技能工)은 이 도면의 해석과 같은 연습을 하는 것이 좋다.

[예제 2·6] 도면 번호 2006의 압력 용기를 도면에 제시된 용접 자세에 의하여 제한 시간 12시간 이내에 제작하여라. 최고 수압은 150 kg/cm² 이다.

2·10·2 도면 2003의 명세서 (Instructions)

(1) 조립하기 전에 2장의 시험편(test piece)을 아래보기 자세로 D 부분을 용접하여 깨끗이 식혀서 심사 위원에게 보여 점수와 시간 기록을 받는다.

(2) 도면의 AA' 수직축(垂直軸)을 기준으로 하여 용기를 가용접(假熔接)으로 조립을 하고, B와 그 밖의 부분의 용접은 용기의 AA' 수직축(垂直軸)을 고정으로 한 용접 자세로 한다. 그리고, 4각형의 왼쪽 시험편은 조립에서 제외

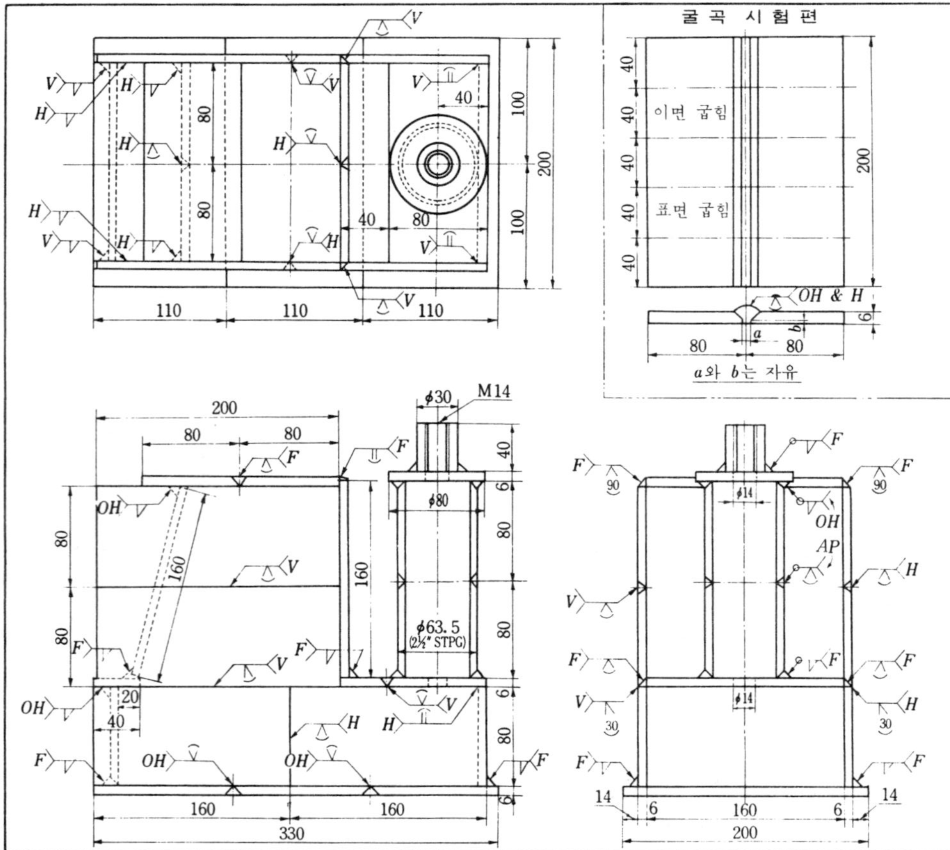

번호	품 명	규 격	재질	수량	비 고
1	밑 판	200×110×6	SS41	3 매	2매 한쪽 30°홈 1매 양쪽 30°홈
2	상자판	160×80×6	〃	13 매	7매 한쪽 30°홈 4매 짧은면 30°홈
3	옆 판	200×80×6	〃	4 매	2매 한쪽 30°홈 2매 양쪽 30°홈
4	앞뒤덮개	160×40×6	〃	2 매	1 매 한쪽 30°홈
5	원 통	ϕ63.5×80	STPG	2 개	2 개 양쪽 30°홈
6	원통덮개	ϕ80×6	SS41	1 매	중앙부에 ϕ14구멍
7	플러그	ϕ30×40	〃	1 개	중앙부에 M 14 보통나사
8	시험편	200×80×6	〃	4 매	4 매 한쪽 30°홈
9	용접봉	E4301 ϕ3.2 ϕ4.0	SS43	2 kg	건조기 사용
10	용접봉	E4316 ϕ3.2 ϕ4.0	〃	3 kg	〃

F : 아래보기 자세
V : 수직 자세
H : 수평 자세
OH : 위보기 자세
AP : 수평 고정 *F, V, OH* 혼용 자세

가) 용접선의 줄가공 및 그라인더 가공을 금한다.
나) 시험편 제작은 위보기 자세 용접과 수평 자세 용접의 2 개이다.
다) 각장은 최대 6 mm 이하로 한다.

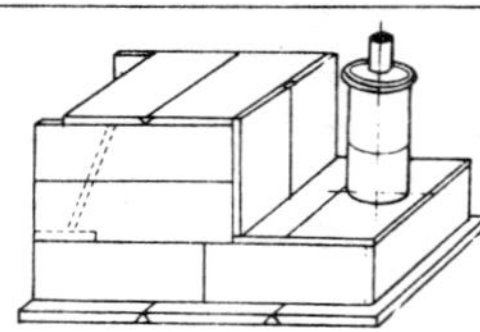

도 면 번 호	2001			
제 10 회 전국 기능 경기 대회 **전기 용접** 과제				
축 척	제한 시간	구조물 명칭	출 제 위 원	확인
1 : 2	16hr	**시험편 및 내압 용기**	성명 엄 기 원 일자 1975. 8. 23	

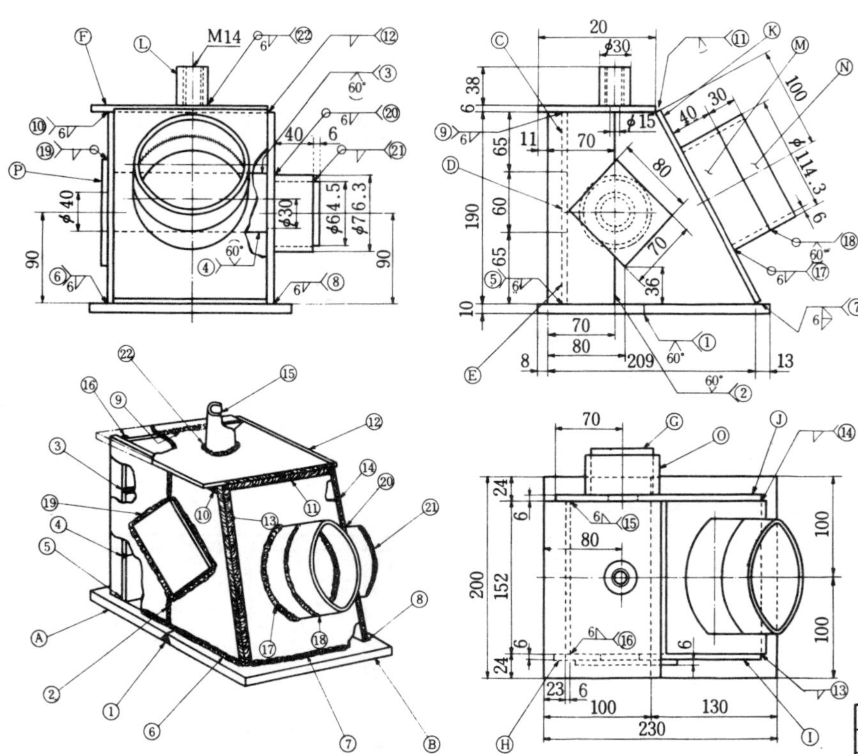

〈주의 사항〉

과제 1. 수압 용기

1) 모든 용접 자세는 ①을 아래보기 자세로 용접을 하여 비이드가 표면으로 나오도록 조립을 한 후의 자세이다.

2) 용접 자세는 아래와 같다.

아래보기 자세	①
수직보기 자세	②, ⑬, ⑭, ⑮, ⑯
수평 자세	③, ④
위보기 자세	⑨, ⑩ •
전자세	⑰, ⑱, ⑲, ⑳, ㉑
수평 필릿	⑤, ⑥, ⑦, ⑧, ⑪, ⑫, ㉒

3) ①, ②, ③, ④의 용접은 가조립 전에 완료한다.

4) 지급 재료는 DIN *St* 37 연강판이다.

과제 2. 시험편 (F. V. H. OH) (t=10)

과제 3. 알루미늄 구조물 (TIG 용접) (t=3)

과제 4. 스테인레스 구조물 (TIG 용접) (t=3)

도면 번호	2002			
제23회 국제 기능 올림픽 대회 전기 용접 과제				
축척	제한시간	명 칭	출 제	확인
1 : 3	12hr	압력 용기	일본 / 1977. 6	1 각법

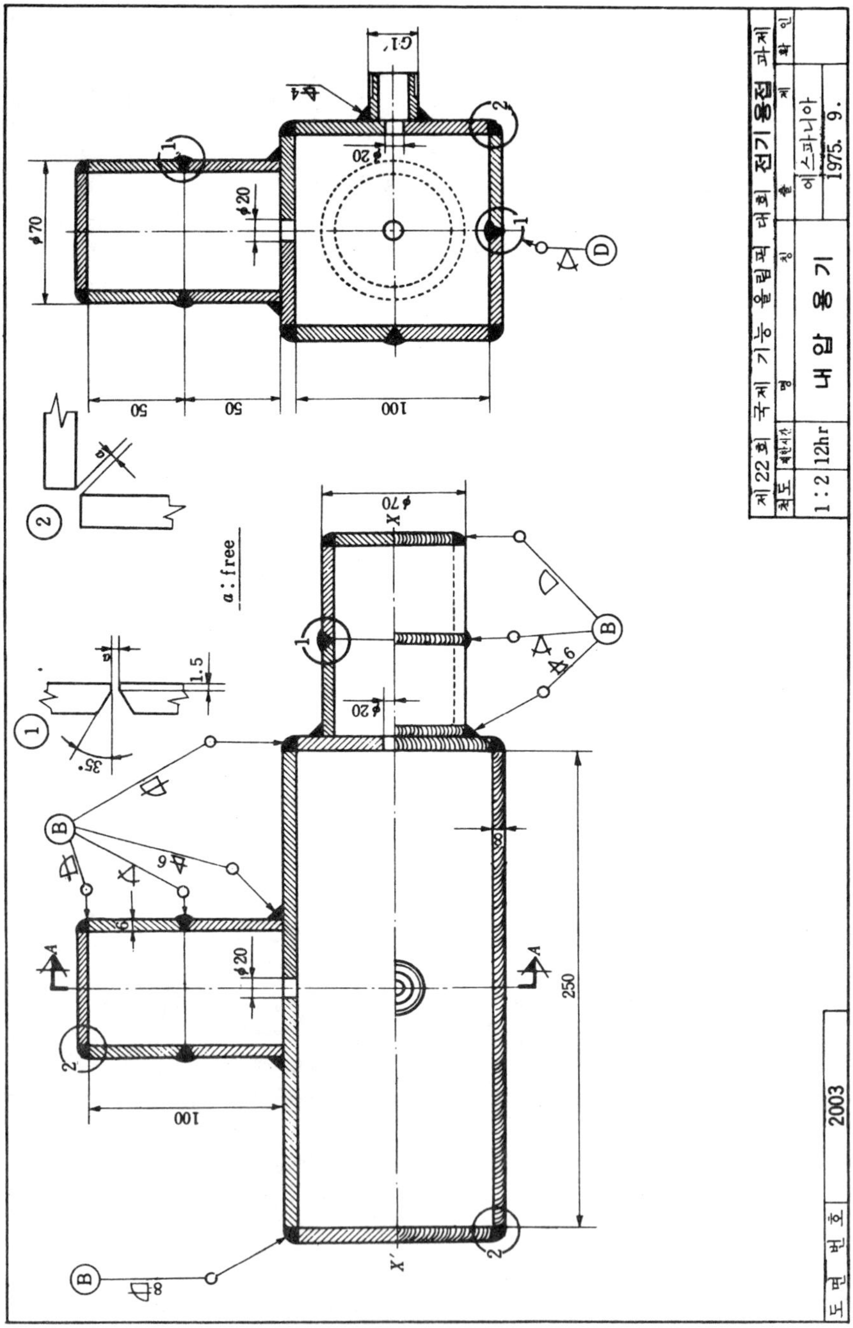

제 22 회 국제 기능 올림픽 대회 전기 용접 과제
척도
1 : 2
제한시간
12hr
명칭
내압 용기
출제
에스파니아
1975. 9.
확인
도면 번호
2003
a : free

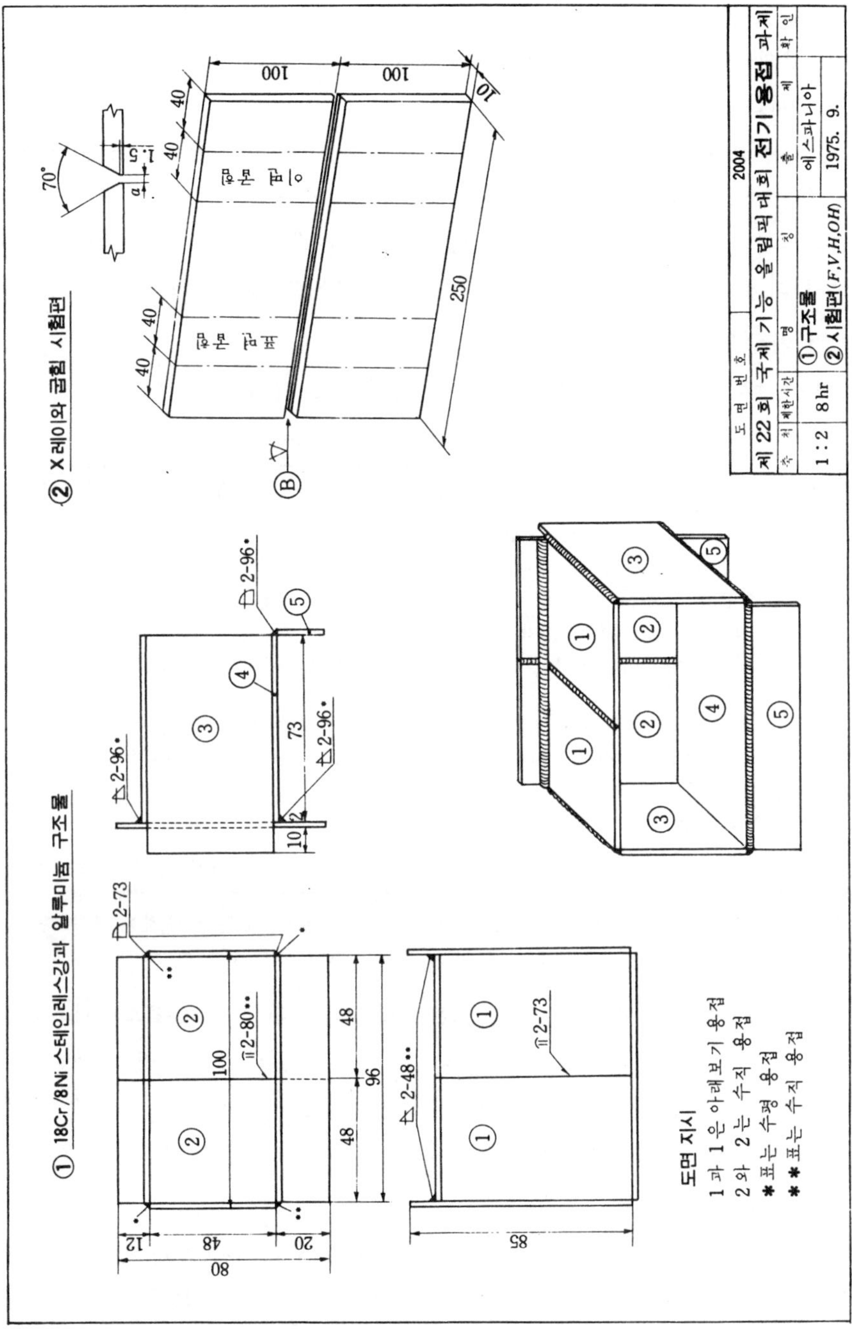
① 18Cr/8Ni 스테인레스강과 알루미늄 구조물
② X 레이와 굽힘 시험편
70°
1.5
a
40
100
10
250
B
2-73
2-96•
73
10
2-80••
48
96
12
20
80
85
2-48••
도면 지시
1 과 1은 아래보기 용접
2와 2는 수직 용접
✱표는 수평 용접
✱✱표는 수직 용접
도면 번호 2004
제 22 회 국제 기능 올림픽 대회 전기 용접 과제
축 척 | 제한시간 | 명 칭 | 출 제 | 확 인
1 : 2 | 8 hr | ①구조물 ②시험편(F,V,H,OH) | 에스파냐 | 1975. 9.

하고 용기의 용접을 한 후 깨끗이 식히어 심사 위원에게 보여 외관 채점(外觀採點)과 시간 기록을 받는다.

(3) 홈의 형상과 간격은 그림에 표시된 바와 같이 (1), (2)와 같고 a의 크기는 자유이다.

(4) 용접봉은 적당한 굵기의 것을 자유로이 선택하지만 염기성 (basic type) 용접봉을 사용하여야 한다(염기성은 저수소계를 말함).

(5) 용접이 완료되었으면 자기 번호를 제품의 지시된 곳에 기입하고 완성제품의 외관 검사와 채점을 받은 후 수압 시험(水壓試驗)을 한다.

채점 기준은 표 2·21 과 같다.

2·10·3 전기 용접 제 22 회 국제 기능 올림픽 대회 채점 기준

표 2·21 채점 기준(Marking criteria)

항 목	내 용	점 수	제한 시간
(1)	외관 검사(visual examination)		
1	압력 용기 (pressure vessel)	16 점	12
2	시험편 (test pieces) $F.V.H.OH.$	5 점	4
3	TIG 알루미늄(TIG aluminium) 구조	7 점	2
4	TIG 스테인레스강(TIG stainless steel) 구조	7 점	2
(2)	시험 (test)		
5	X 레이 시험 (radio graphic test) 10+10($F+H$)	20 점	
6	굽힘 시험 (bending test) 10+10 ($V+OH$)	20 점	
7	수압 시험 (hydraulic test)	20 점	
8	시간 (time)	5 점	
	합 계 (total)	100 점	20 시간

《**참고**》 시간 채점은 최고가 5점으로서 제한 시간으로부터 30분 단축하는 데 따라 1점씩 가산하고, 1시간 지연하는 데 따라 2점씩 감점을 한다.

2·10·4 전기 용접 제 22 회 국제 기능 올림픽 대회 재료 목록과 각법

유럽 여러 나라에서는 도면 표시를 제 1 각법을 사용하고 있으므로 제 3 각법 도면과 제 1 각법 도면의 차이점을 잘 익혀두어야 한다. 그리고, 도면 안에 재료 목록이 들어있지 않고 별지 재료 목록표 2·22, 23과 같이 기재하고 있다.

2·10·5 압력 용기 제작의 요령

(1) 입체도(立體圖)가 없을 때에는 도면에 나타난 각법에 따라 정확한 입체도를 도시하고 가용접의 순서를 정한다. 그리고, 용접 자세(熔接姿勢)에 따라

표 2·22 압력 용기의 재료 목록표 (도면 2003)

번호	품　　명	규격과 치수	재 질	수 량	비　　고
1	상　자　판	250×50×8	DIN 37.2	4 장	길이 방향으로 한쪽 35° 홈
2	상　자　판	250×100×8	〃	2 장	2 매 중앙부에 φ20 구멍
3	상 자 옆 판	100×100×8	〃	2 장	1 매 중앙부에 φ20 구멍
4	강　　판	φ70×50	〃	4 개	4 개 한쪽 35° 홈
5	강판 덮개판	φ70×8	〃	2 장	
6	플　러　그	φ30×40	〃	1 개	중앙부에 M 14 보통 나사
7	저수소계 용접봉	E 4316	〃	4 kg	φ3.2　φ4.0

표 2·23 도면 2004의 재료 목록표

번호	품　　명	규격과 치수	재　질	수 량	비　　고
1	상　면　판	73×48×2	AIPI	2 장	TIG 용접 시공
2	뒤　　판	80×48×2	〃	2 장	〃
3	양　옆　판	85×48×2	〃	2 장	〃
4	밑　　판	96×73×2	〃	1 장	〃
5	받　침　판	96×18×2	〃	1 장	〃
1	상　면　판	73×48×2	18 Cr/8 Ni	2 장	TIG 용접 시공
2	뒤　　판	80×48×2	〃	2 장	〃
3	양　옆　판	85×48×2	〃	2 장	〃
4	밑　　판	96×73×2	〃	1 장	〃
5	받　침　판	96×18×2	〃	1 장	〃
6	알루미늄 용접봉	2	2 S	0.1 kg	구조물 제작용
7	스테인레스 용접봉	2	SUS 27	0.1 kg	〃
8	시험편 *F, V, H, OH*	250×100×10	DIN St 37.2	8 장	8 장 한쪽 35° 홈
9	E 4316	φ2, 3.2, φ4.0	SS 43	1 kg	시험편 제작용

용접의 난이도(難易度)를 견적(見積)하고 부분용접부를 구별하여 부품 용접 후에 완성 조립을 하도록 한다. 제 9 장 1 절의 용접 시공법을 참고하면 좋다.

(2) 가접에 대하여 설명하면 다음과 같다.

가용접(假熔接, tack weld)은 실제 용접을 하기 전에 제품의 형태를 정확한

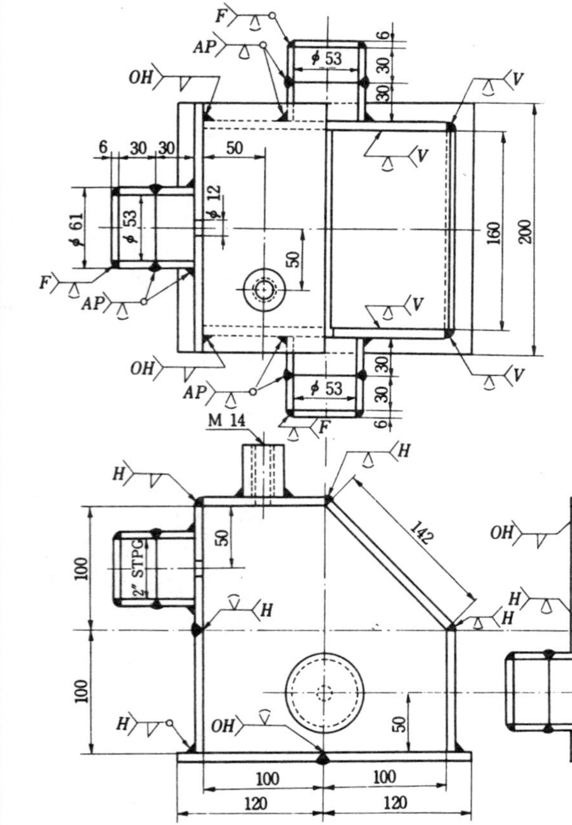

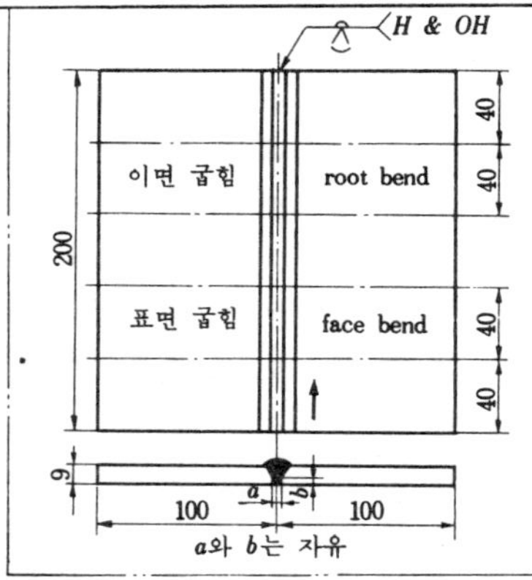

번호	품 명	규 격	재질	수량	비 고
1	밑 판	200×120×6	SS 41	2	길이 방향 한쪽 30° 홈
2	앞 판	200×100×6	〃	2	길이 방향 한쪽 30° 홈 φ12 구멍
3	직사각옆판	200×100×6	〃	2	길이 방향 한쪽 30° 홈 중앙부에 φ12 구멍
4	경사옆판	200×100×6	〃	2	길이 방향 한쪽 30° 홈과 45° 경사 절단
5	뒤판(아래)	160×100×6	〃	1	
6	뒤판(위)	160×142×6	〃	1	
7	덮개판	100×100×6	〃	2	한쪽 30° 홈 중앙부에 φ12 구멍
8	원 통	φ 2″×30	STPG	6	한쪽 원주 방향 30° 홈
9	원통덮개판	φ53×6	SS 41	3	원통 내경과 같은 지름
10	플러그	φ30×40	〃	1	중앙부 M 14
11	시험편	200×100×9	〃	4	길이 방향 한쪽 30° 홈
12	용접봉	E 4316	φ3.2	2.5kg	
13	용접봉	E 4316	φ4.0	1.5kg	

〈주의 사항〉

F : 아래보기 자세
V : 수직 자세
H : 수평 자세
OH : 위보기 자세
AP : 전(全) 자세

1. 시험편 제작은 수평과 위보기 자세 용접으로 시공한다.
2. 용접선의 줄가공과 변형잡기를 금한다.
3. 각장의 최대 치수는 6 mm 이하로 한다.

제 11회 전국 기능 경기 대회 **전기 용접** 과제					
축 척	제한시간	구 조 물 명 칭	출 제 의 원		확인
1:2	16hr	**압력 용기와 시험편**	성명	엄 기 원	
			일자	1976. 9	

도 면 번 호	2005

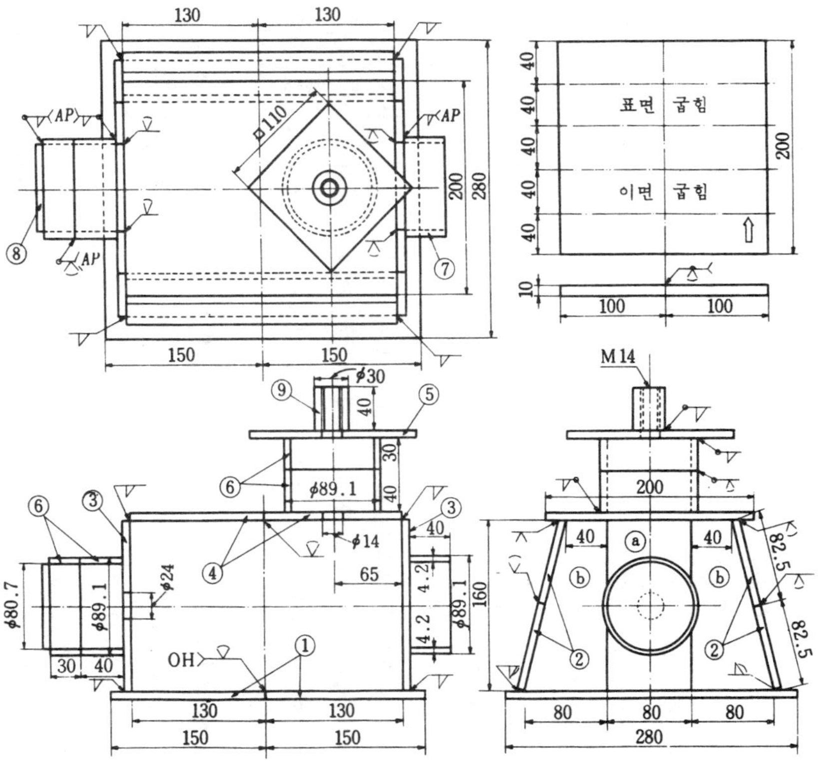

〈주의 사항〉

1. 모든 용접 자세는 밑판을 위보기 자세로 용접을 한 후 수평면상에 고정하였을 때 용접선에 따른 용접 자세로 시공한다.
2. 용접 자세는 다음과 같다.
   F : 아래보기 자세 용접
   V : 수직 자세 용접(아래서 위로)
   H : 수평 자세 용접
   OH : 위보기 자세 용접
   AP : 전(全) 자세 용접
3. 시험편 제작(*F, V, H, OH*)
   굴곡 시험편과 X-레이 시험편
   굽힘 시험편 : *V* : *OH*
   X-레이 시험편 : *F* : *H*

도 면 번 호		2006			
제12회 전국 기능 경기 대회 **전기 용접** 과제					
축척	제한 시간	구 조 물 명 칭	출 제 위 원		확인
1 : 2	18hr	**압력 용기 와 시험편**	성명	엄 기 원	
			일자	1977. 8. 3	

치수로 만들기 위하여 용접 선상(熔接線上)에 비교적 짧은 용접을 하는 것이다. 가접은 입열량이 적어서 급랭되며 아아크 시작점과 크레이터 부분이 많아지기 때문에 균열, 기공, 슬랙의 섞임 등의 결함이 되기 쉽다. 그리고 가접의 위치는 제품의 모퉁이 부분이나 중요 강도 부분의 응력 집중을 받는 곳은 피하여야 하며, 지그나 고정용 공구를 사용하여 제품의 위치를 확실히 정할 수 있는 작은 부품은 가접을 하지 않는 것이 좋다. 가접에 사용되는 용접봉은 실제 용접에 사용하는 용접봉보다 지름이 작은 것이 좋으며, 가용접의 간격은 보통 모재 두께의 15~30배 정도인 피치(pitch)로 하고 정확한 가조립과 변형 방지의 목적이 달성되면 가접의 수를 될수록 적게 하는 것이 좋다. 가접의 비이드 길이는 박판(薄板)은 점용접으로 하고 중후판은 35 mm 정도로 한다.

(3) 용접 설계상 제일 위험한 곳을 주의 깊게 관찰하면서 제 1층 용접을 모두 끝낸 후 제 2층 용접을 하며, 열변형에 따른 변형을 고려하여 변형에 의한 제품의 뒤틀림이 없게 한다.

(4) 끝내기 용접은 외관의 아름다움이 있어야 하므로 언더컷, 오우버랩, 시작점과 크레이터, 비이드의 폭, 리플, 그리고 용접 치수가 도면의 치수와 일치되도록 하여야 한다.

2·10·6 스테인레스강과 알루미늄 구조물의 제작(도면 번호 2004 ①)

특수 용접이므로 TIG 용접법에서 설명하기로 한다. 이 용접은 용접봉의 운봉이 가스 용접 방법과 거의 동일하며, 아아크의 발생은 TIG 용접기에 고주파 발생 장치가 내장되어 있어서 텅스텐 팁을 모재에 어느 정도 접근시키면 고주파 파동(高周波波動)에 따라 아아크가 자동으로 발생하고, 일단 아아크가 발생하면 고주파의 단자(端子)가 되돌아가 용접 전류만이 흐르게 되므로, TIG 용접부의 시종(始終)이 깨끗해진다.

TIG 용접의 시공은 가스 용접법을 잘 익힌 후에 하도록 하는 것이 좋다. 용접 결과는 양호한 용입, 비이드의 크기, 이면 비이드, 결함의 유무 등을 검사하며, 전기 용접과 가스 용접의 평가 방법과 같다.

2·10·7 전기 용접 제 11 회 전국 기능 경기 대회 과제

도면 번호 2005의 압력 용기를 도면에 제시된 용접 자세에 의하여 제한 시간 16시간 이내에 제작 완료하여라. 이 용기의 최고 수압은 250 kg/cm^{2}이다.

제 3 장

가스 용접(Gas 熔接)

3·1 가스 용접의 개요

3·1·1 가스 용접의 기원

연료 가스와 공기, 또는 산소의 연소에 의한 열을 이용하여 금속을 용융 접합(溶融接合)하는 방법으로 가스 용접, 혹은 플래임(flame) 용접이라 한다. 이들의 가스는 용접 토오치 가운데에서 혼합되어 소요의 불꽃으로 되기 위한 조정을 받으며, 가스 용접에 사용되는 가스는 아세틸렌과 산소가 가장 많으므로 가스 용접을 산소 아세틸렌 가스 용접이라고도 한다.

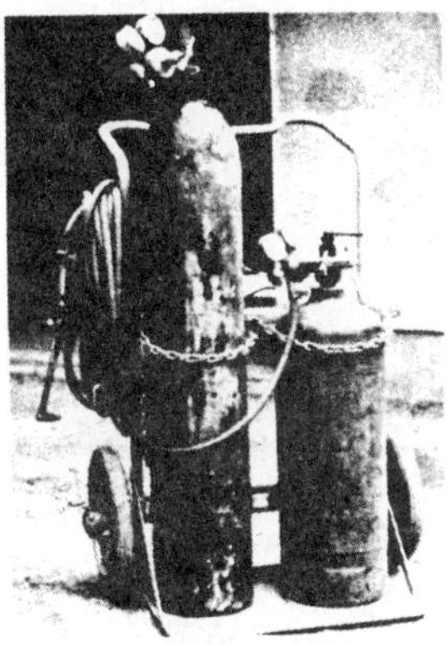

(a) 산소 아세틸렌 용접 장치의 외관

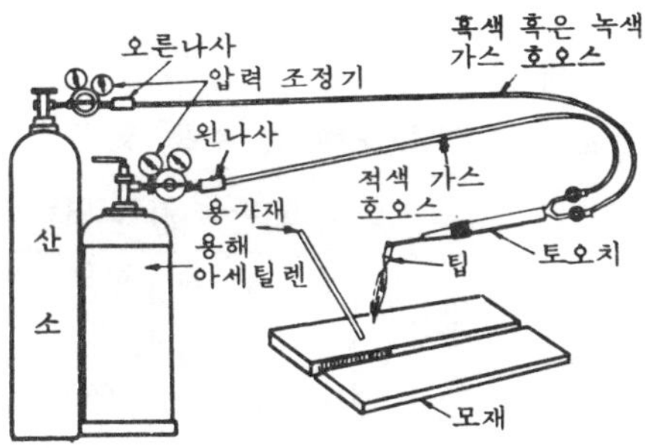

(b) 산소 아세틸렌 용접 장치

그림 3·1 산소 아세틸렌

그림 3·1은 산소 아세틸렌 용접의 용접 장치를 도시한 것이며, 산소 용기와 아세틸렌 용기의 압력 조정기(壓力調整器)에서 각각 적당한 압력으로 조정을 받은 산소와 아세틸렌 가스가 오른나사로 연결된 흑색이나 녹색의 가스 호

오스를 통하는 산소와, 왼나사로 연결된 적색 호오스를 통하는 아세틸렌 가스가 용접 토오치에서 용접에 필요한 이론적인 혼합비(混合比) 1 : 1인 표준 불꽃을 만들어 용가재(溶加材)를 용융시켜 용접을 하는 것이다.

1836년 영국의 화학자 데비(Edmund Davy)가 아세틸렌(C_2H_2) 가스를 발견하고, 그 후 1892년 캐나다의 윌슨(Thomas L. Wilson)이 전기로(爐)에서 칼슘카아바이드(CaC_2)를 대량으로 만드는 방법을 발견한 이후 1895년 산소와 아세틸렌염에 대한 성질에 대하여 프랑스의 화학자 레 차테리(Henry Louis Le Chatelier)가 발표하고, 1901년 역시 프랑스의 푸세(E. Fouche)와 피카아드(C. Picard)가 인젝터(Injector)식 저압(低壓)가스 토오치를 발명함으로써 용접에 적당한 불꽃(火焰, flame)을 자유로이 얻을 수 있게 되어 가스 용접법이 시작되었다.

가스 용접은 가열 조절(加熱調節)이 자유롭고 조작 방법이 간단하며, 운반이 편리하고 시설비가 싸며 얇은 판, 파이프, 비철 합금 등의 용접에 적당하고 자외선(紫外線)의 유해 광선이 발생되지 않는 장점이 있다.

3·1·2 연료 가스

용접용 가스는 아세틸렌(C_2H_2) 가스가 가장 많이 사용되고, 수소(H_2), 도시가스(석탄 가스), LPG(액화 석유 가스 : liquefied petroleum gas), 천연 가스, 메탄 가스 등이 있으며, 이들이 가스 용접이나 절단에 사용되려면 다음과 같은 성질이 있어야 한다.

① 불꽃의 온도가 높을 것

② 연소 속도(燃燒速度)가 빠를 것

표 3·1 각종 연료 가스의 성질

가스의 종류	분자식	비중 공기=1,000 온도(15.5°C)	비용적 (m³/kg) 압력(760 mmHg) 온도(15.5°C)	밀도 (kg/m³) 압력(760 mmHg) 온도(15.5°C)	발열량(kcal/m³) 압력(760 mmHg) 온도(15.5°C) 총발열량	실제 발열량	공기와의 이론 불꽃 온도 (°C)	정압 생성열 (kcal/m³)
아세틸렌	C_2H_2	0.9056	0.901	1.109	13204	12759	2632	2025
메탄	CH_4	0.5545	1.475	0.677	9010	8120	2066	918
에탄	C_2H_6	1.0494	0.778	1.283	15688	14353	2104	1210
프로판	C_3H_8	1.5223	0.537	1.862	22340	20559	2116	1488
부탄	C_4H_{10}	2.0100	0.406	2.460	29035	26801	2132	1800
수소	H_2	0.0696	11.776	0.084	2899	2448	2210	—

③ 발열량(發熱量)이 클 것

④ 용융 금속(溶融金屬)과 화학 반응을 일으키지 않을 것

표 3·1 은 각종 연료 가스의 성질을 표시한다.

(1) 수 소(H_2)

수소(水素)는 공업용으로 물의 전기 분해(電氣分解)에 의해서 제조하고 고압 용기(高壓容器)에 충전(35°C 150 기압)시켜 공급되며, 수소가 연소할 때에는 탄화수소(C_2H_2)의 연소와 달리 탄소가 나오지 않기 때문에 탄소의 존재를 피하는 납(鉛, Pb)의 용접에 사용하나 산소 아세틸렌염과 같이 백심(白心)부가 확실히 나타나지 않고 청색의 외염(外炎)에 싸이는 무광휘염(無光輝炎)이므로 육안에 의한 불꽃의 조절이 곤란하여 작업하기가 매우 어려워 근래 잘 사용하지 않는다. 수소의 연소는 다음과 같다.

$$2H_2 + O_2 = 2H_2O + 115.6\,\text{kcal}$$

그림 3·2 는 물의 전기 분해로 수소를 얻는 그림이다.

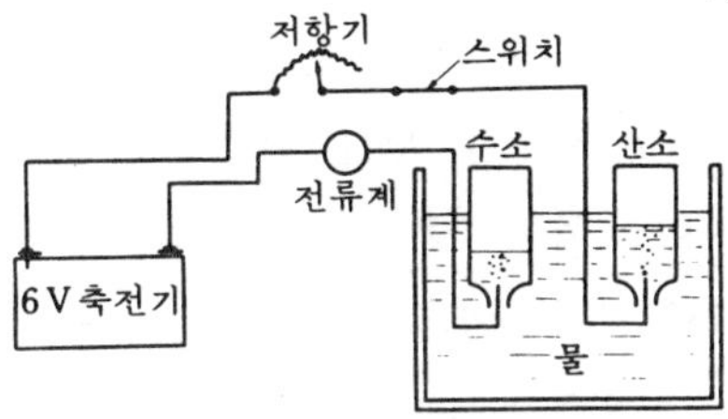

그림 3·2 물의 전기 분해

(2) LPG(프로판, 부탄 등)

프로판으로 대표되는 LPG 는 석유 천연 가스를 적당한 방법으로 정제 분류(精製分溜)하여 제조한 것이며, 공업용 프로판은 프로판 이외에 에탄, 부탄 등의 혼합 가스인 것이다.

상온(常溫)에서 완전한 기체로 열량이 높으나 폭발의 위험은 적다. 이것을 상온에서 가압(加壓)하면 용이하게 액화(液化)되고 가스 상태의 1/250 정도로 압축되므로 간단하게 운반 저장할 수 있다. 즉 액체 프로판이 기체 프로판으로 되면 체적이 250 배로 팽창한다.

프로판의 연소는 다음과 같다.

$$C_3H_8 + 5O_2 = 3CO_2 + 4H_2O + 488\,\text{kcal}$$

연소의 제 1 단계에 있어 C_3H_8 의 분해 반응(分解反應)에 흡열(吸熱) 반응이 있으므로 불꽃 온도가 아세틸렌에 비하여 낮고(공기와의 혼합 연소 온도는 약 1,300°C 이고, 산소와는 약 2,800°C 에 달한다), 또 집중성이 없는 결함을 가지고 있다. 또한 연소에 의해 대량의 수증기가 발생되어 연소 가스의 성질이 산화성(酸化性)을 띠므로 용접에는 적합하지 않는 결함을 가지고 있다.

(3) 도시 가스(석탄 가스)

도시 가스의 주성분은 수소, 메탄, 일산화탄소, 질소 등을 포함하고 있으며, 납땜의 열원(熱源)으로 잘 사용한다.

(4) 천연 가스(메탄 가스)

천연 가스는 유전(油田), 습지대(濕地帶)에서 분출되어 메탄을 주성분으로 하고 있는 것으로, 그 조성(組成)은 산지와 분출 시기에 따라 일정하지 않은 결점이 있다.

3·2 카아바이드와 아세틸렌

3·2·1 카아바이드

카아바이드(carbide)는 석회석($CaCO_3$: 탄산칼슘)을 석회로(石灰爐)에서 태워서 생석회〔CaO : 산화칼슘(lime)〕로 하여 이것을 무연탄(anthracite), 혹은 코우크스(cokes) 등의 탄소(C) 재료와 같이 전기로에 넣어 3,000°C 이상의 고온으로 가열하면 용해 화합(溶解和合)하여 괴상(塊狀)의 물질이 생기는데 이것이 카아바이드(CaC_2 : 탄화석회)인 것이다. 여기에 물(H_2O)을 적당히 가하면 아세틸렌(acetylene) 가스가 발생한다.

$$CaO + 3C \longrightarrow CaC_2 + CO$$
(생석회) (탄소) (카아바이드) (일산화탄소)

$$CaC_2 + H_2O \longrightarrow CaO + C_2H_2$$
(64 g) (18 g) (56 g) (26 g)

64 g 의 카아바이드에 18 g 의 물을 넣으면 생석회 56 g 과 아세틸렌 가스 26 g 이 발생한다. 그러나, 실제로는 발생기 내에는 물이 많이 있으므로 생석회는 물을 흡수하여 소석회〔消石灰 : $Ca(OH)_2$〕가 된다.

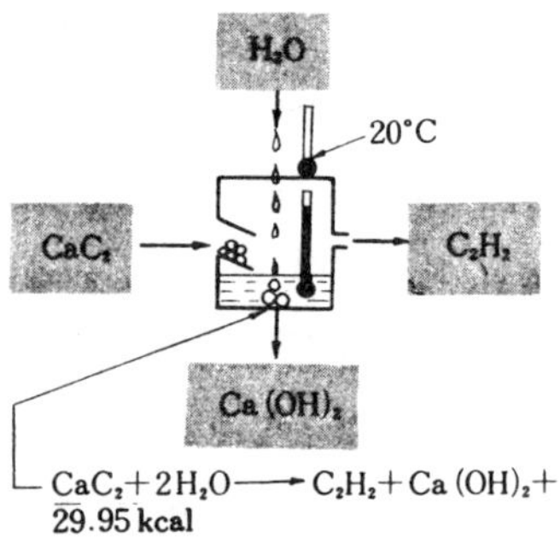

그림 3·3 아세틸렌의 발생

$$CaC_2 + 2H_2O \longrightarrow C_2H_2 + Ca(OH)_2 + 29.95\,\text{kcal}$$
(64 g) (36 g) (26 g) (74 g)

이와 같이 하여 순수한 카아바이드 1 kg 은 이론적으로 348 l 의 아세틸렌 가스를 발생하게 되지만, 순수한 카아바이드가 존재하지 않으므로 보통 사용하고 있는 카아바이드 1 kg 은 아세틸렌 가스가 230~300 l 발생하는 것으로 계산한다.

3·2·2 아세틸렌

아세틸렌(C_2H_2)은 탄소 24, 수소 2의 중량비(重量比)를 가진 무색(無色), 무미(無味), 무취(無臭)의 화합물인 것이다. 보통 아세틸렌 가스는 카아바이드에 물을 작용시켜 얻으므로 불순물인 암모니아(NH_3), 유화수소(H_2S), 인화수소(H_2P) 등을 함유하기 때문에 악취(惡臭)가 있게 된다. 아세틸렌 가스의 비중(比重)은 0.91(공기는 1)로서 공기보다 가벼우며, 1 *l*의 무게는 15°C 1기압(氣壓)에서 1.176 g이며, 1 kg의 아세틸렌은 0.84 m^3의 체적을 가지고 1 m^3의 아세틸렌을 연소시킬 때의 발열량(發熱量)은 13,400 칼로리(calorie)이다. 아세틸렌은 여러 가지 액체에 잘 용해하며, 물(H_2O)은 동일 체적의 C_2H_2를 용해하고 석유(石油)는 2배, 벤젠(benzen)은 4배, 알코올(alcohol)은 6배, 아세톤(acetone : CH_3COCH_3)은 25배의 C_2H_2를 용해시킨다.

그리고, 대기압(大氣壓) 아래에서 영하 82°C이면 액화(液化)하고, 영하 85°C이면 고체로 된다.

10기압하에서 아세톤 1 *l*는 C_2H_2를 240 *l* 용해하고 아세톤은 압력에 비례하면서 다량의 C_2H_2를 용해한다.

3·2·3 용해 아세틸렌

용해 아세틸렌은 강제인발(seamless drawn steel) 실린더 내에 규조토(硅藻土), 목탄(木炭)과 석면(石綿) 등과 같은 다공질(多孔質)의 물질을 넣어서 이것에 아세톤을 흡수시키어 아세틸렌을 충전하면 아세톤에 용해되어 저장하게 된다. 보통 15°C에서 15기압이 되도록 C_2H_2를 충전하고 실린더의 밸브(valve)를 조절하여 압력을 늦추어 주면 C_2H_2는 자유로이 소요의 압력을 가지고 나오게 된다. 실린더 병은 내용적(內容積)이 15 *l*, 30 *l*, 50 *l*가 있으며, 철판(鐵板)의 두께는 4.5 mm, 지름은 310 mm로 병의 내압 시험(耐壓試驗)은 90기압으로 시험한다.

용해된 아세틸렌의 양은 50 *l*의 용기에서는 아세톤이 21 *l*가 포화 흡수(飽和吸收)되어 있어 15°C, 15기압에서는 아세톤 1 *l*에 아세틸렌 324 *l*가 용해되므로 아세톤 21 *l*가 들어 있는 50 *l* 용기에는 아세틸렌을 약 6,800 *l* 용해시킬 수 있다.

$$21\,l \times 324 = 6,804 \fallingdotseq 6,800\,l$$

이 때, 용기 속에 들어간 아세틸렌의 무게는 910 *l*가 1 kg이 되므로

6800÷910 = 7.5 kg 이 된다.

보통 용접용으로는 30 l 의 용기를 사용하고 아세틸렌을 5 kg 충전(充塡)하므로 가스의 용적은 5×910 = 4550 l 로서 약 4,500 l 로 된다.

용기 내의 아세틸렌 가스 압력은 온도에 따라 크게 변화하므로 아세틸렌의 충전량은 압력만으로는 판단할 수 없다. 따라서, 용기의 총중량으로 충전량을 판단할 수 있다. 이 때, 아세틸렌의 충전 중량을 계산하는 방법은 다음과 같다.

아세틸렌의 충전 중량 = 용기의 총중량(W_1) − 충전 전의 용기 중량(W_2)

여기서, 충전 전의 용기 중량(容器重量)은 용기의 위 부분에 각인(刻印)이 되어 있다.

또한, 아세틸렌의 사용량이나 남아 있는 양은 압력 조정기(壓力調整器)로서 알 수 있고, 중량으로도 알 수 있다.

$$Q = (W_1 - W_2)910l$$

Q 는 남아 있는 아세틸렌의 양이다.

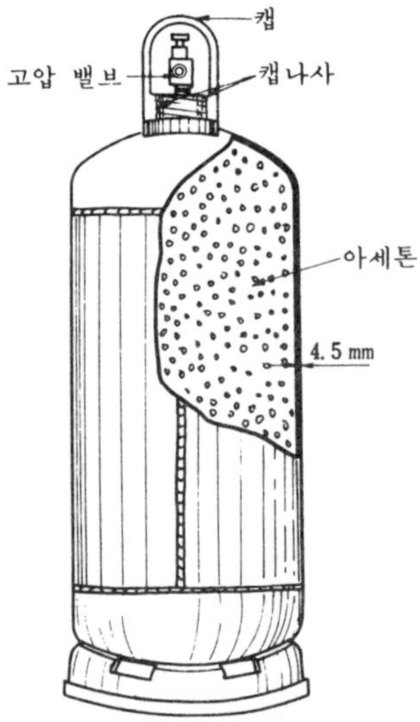

그림 3·4 아세틸렌 용기

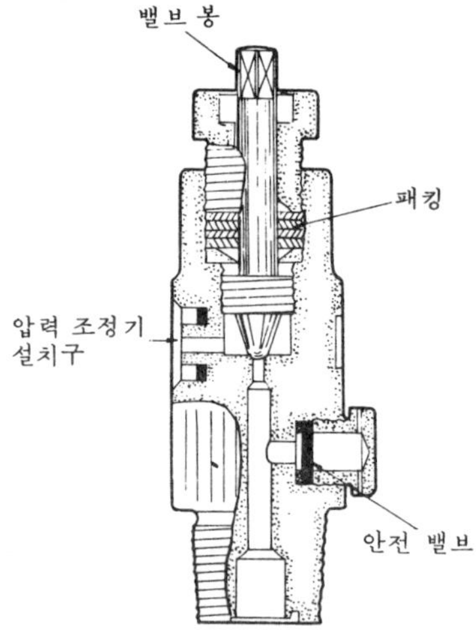

그림 3·5 아세틸렌 고압 밸브

3·2·4 아세틸렌의 위험성

아세틸렌은 탄화수소 중에서 가장 불완전한 가스이므로, 특히 위험성을 내포하고 있어 충분한 주의를 하여야 한다.

(1) 온도의 영향

아세틸렌은 공기 중에서 가열하여 406~408°C 부근에 도달하면 자연 발화(自然發火)를 하고 505~515°C가 되면 폭발이 일어난다.

(2) 압력의 영향

1기압 이하에서는 폭발의 위험은 없으나 2기압 이상으로 압축하면 분해 폭발(分解爆發)을 일으키는 수가 있다. 불순물을 포함하고 있는 경우에는 위험성이 현저하여 1.5기압으로 압축하면 충격, 가열 등의 자극을 받아서 다음 식과 같이 분해 폭발한다.

$$C_2H_2 = 2C + H_2 + 64\,\text{kcal}$$

따라서, 아세틸렌 발생기(發生器)에서는 1.3기압 이상의 가스를 발생시켜서는 안 된다.

(3) 외력의 영향

아세틸렌은 충격, 마찰, 진동 등에 의하여 폭발하는 일이 있다. 특히 압력이 높을수록 위험성은 크다.

(4) 혼합 가스의 위험성

아세틸렌이 공기, 또는 산소와 혼합된 경우에 불꽃 또는 불티 등으로 착화(着火)되어 폭발한다. 아세틸렌의 폭발 사고는 거의가 이 혼합 가스에 의한 것이므로 혼합 가스가 되지 않도록 하거나, 사용할 경우에는 혼합 가스를 배제한 후에 사용해야 한다.

특히 아세틸렌 10~15%와 산소 80~90%가 혼합되면 가장 위험성이 크다고 알려져 있다.

(5) 화합물의 영향

아세틸렌이 구리(Cu), 은(Ag), 수은(Hg)과 접촉되어 화합물, 즉 아세틸렌 구리, 아세틸렌 은, 아세틸렌 수은 등은 건조 상태(乾燥狀態)의 120°C 부근에서 맹렬한 폭발성을 가지게 되므로 아세틸렌 용기 및 배관(排管)을 만드는 경우 구리 및 구리 합금(구리 함유량 62% 이상의 합금)을 사용하면 안 된다.

이 폭발의 관계식은 다음과 같다.

$$2Cu + C_2H_2 = Cu_2C_2 + H_2$$

특히 이들의 폭발성 화합물(爆發性化合物)은 습기, 녹, 암모니아가 있는 곳에서 생성되기가 아주 쉽다.

(6) 아세틸렌 실린더 밸브(cylinder valve)

용기(容器) 밸브는 용기 위에 붙어 있는 것으로 아세틸렌을 용기 밖으로 유출시키는 부분이다. 재료는 아세틸렌과 화합되어 아세틸렌 구리가 되는 것을 막기 위해서 동합금(銅合金)으로 만들지 않고 강철제로 만들어졌으며, 용기 밸브의 구조는 산소용(酸素用)과 대체로 동일하며 그림 3·5와 같다.

3·2·5 용해 아세틸렌의 취급 주의

용해(溶解) 아세틸렌의 취급에는 특히 다음과 같은 사항에 주의하여야 한다.

(1) 아세틸렌 용기는 반드시 똑바로 세워서 사용한다. 만약, 옆으로 놓이게 되면 아세톤이 아세틸렌 가스와 같이 분출하게 된다.

(2) 용기에 충격이나 타격을 주지 않도록 한다. 용기의 두께는 4.5 mm로서 얇은 재료로 되어 있다.

(3) 화기(火氣)에 가깝거나 온도가 높은 장소에는 두지 말 것

(4) 아세틸렌 가스가 새는 것은 폭발의 위험이 있으므로 충분히 주의를 하고 누출 검사(漏出檢査)는 비눗물을 사용한다.

(5) 용기 밸브를 열 때는 전용 핸들로 1/4~1/2 회전만 시키고 핸들을 밸브에 끼워 놓은 상태로 두어야 한다.

(6) 사용 가스량 및 사용 압력은 각각 1000 l/h 이내이거나 1 kg/cm² 이내로 하는 것이 작업 능률이나 가스를 경제적으로 사용하는 데 적합하다. 6000 l 이상의 가스가 들어 있는 용기를 사용할 때는 6시간 이내로 사용하여서는 안 된다. 1병을 6시간 이내로 사용하여야 할 때에는 2병 이상을 연결하여 1병의 아세틸렌이 소비되는 시간을 6시간 이상이 되도록 한다.

(7) 용기의 가용(可溶) 안전 밸브는 70°C에서 녹게 되므로 끓는 물을 붓거나 증기를 씌우거나 난로 가까이에 두지 말아야 한다.

(8) 용해 아세틸렌을 사용한 후는 반드시 약간의 잔압 0.1 kg/cm² 정도를 남겨서 밸브를 안전하게 닫고 밸브 보호캡을 덮어야 한다.

(9) 용해 아세틸렌을 사용하는 경우에는 반드시 소화기를 설치하여야 한다.

3·3 산 소

3·3·1 산 소(O)

산소 가스(O_2)는 공기 중에 약 21 %가 존재하므로 린데(Linde)법으로 액

체 공기(液體空氣)의 분류에 의해 제조하든가 물의 전기 분해(電氣分解)로 제조한다. 산소는 무색, 무취, 무미의 기체로 1*l*의 중량은 0°C 1기압에서 1.429 g이고 공기보다 약간 무거우며 비중이 1.105의 기체이다. 산소는 그 자신은 연소하지 않으나 아세틸렌 가스와 화합(和合)하여 아세틸렌의 연소를 도

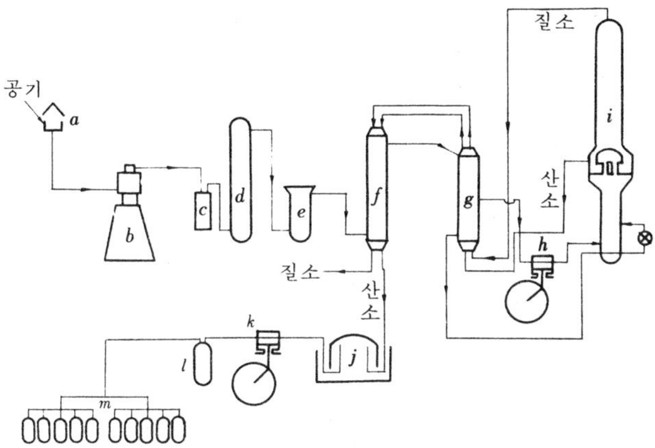

a. 공기 취입구 *b*. 공기 압축기 *c*. 공기 냉각기 *d*. 소오다 탑
e. 건조기 *f*. 열교환기 *g*. 액화기 *h*. 팽창기
i. 정류탑 *j*. 가스 저장 탱크 *k*. 산소 압축기 *l*. 도랜 병
m. 가스 충전대

그림 3·6 린데식 산소 제조 과정

와 주는 것이다. 그림 **3·6**은 린데식 산소 제조 과정으로 린데(Linde)와 클라우데(Claude)에 의해 발명된 제조법이다. 산소의 융해점(融解點)은 −219 ℃, 비등점(沸騰點)은 −183℃이고, −119℃에서 50기압 이상으로 압축하면 담황색의 액체로 된다. 이 액체 산소는 작은 용기에 대량의 산소를 저장할 수가 있다. 1*l*의 액체 산소를 35℃ 대기압에서 기화(氣化)시키면 0.9 m³ (900 *l*)의 기체 산소로 환원한다. 보기로 5000 *l*의 액체 산소는 가스로 환산하면 4500 m³ (5000 *l* ×0.9)로 되며 6 m³(6000 *l*) 병으로 750병에 해당된다.

표 3·2 액화 산소와 기체 산소의 환산

중 량	액화 O_2 l	O_2 가스 m³		
kg	−183℃	35℃	15℃	0 ℃
1.14	1	0.9	0.824	0.798
1	0.877	0.79	0.738	0.7
1.266	1.111	1	0.935	0.886
1.354	1.188	1.067	1	0.948
1.429	1.254	1.128	1.055	1

3·3·2 산소 용기(oxygen cylinder)

산소는 보통 산소병 혹은 산소 실린더라고 하는 고압 용기(高壓容器)에 35°C에서 150기압의 고압으로 압축되어 가득차 있으며, 산소 용기의 크기는 내용적(内容積) 33.7 l, 40.7 l, 46.7 l가 가장 많이 사용되고 있다. 이것은 보통 충전된 산소를 대기 중에서 환산한 호칭 용적으로 5000 l, 6000 l, 7000 l 등으로 부르고 있다. 33.7×150＝5055 l, 용기의 재질(容器材質)은 강재(鋼材)를 사용하는데 충전 압력이 높기 때문에 재료 선택에 신중을 기해야 하며, 그 밖의 용기 재료는 항장력 57 kg/mm², 연신율 18% 이상의 경합금을 사용하는 것도 있다.

3·3·3 산소 용기의 구조

산소 용기는 본체, 밸브, 캡의 3부분으로 되어 있고 이음매가 없는 강철재로 만드는데 반드시 3년마다 검사를 받아야 한다. 용기 밑부분의 형상은 볼록형, 스커어트형(skirt type), 오목형이 있는데 일반적으로 오목형이 많이 사용되고 있다.

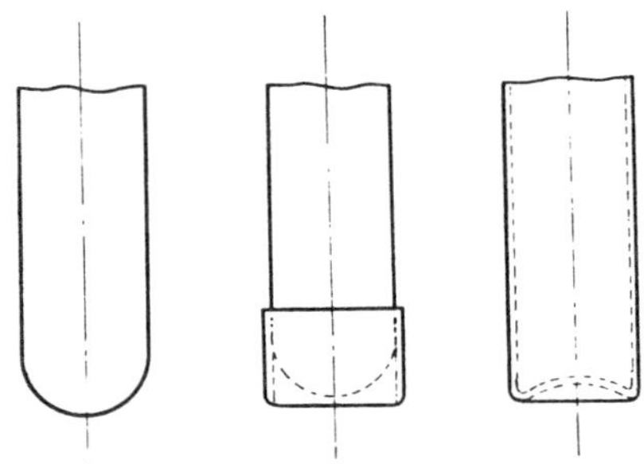

그림 3·7 용기 밑부분의 형상

또, 용기의 위쪽에는 밸브가 설치될 수 있는 구조로 되어 있다.

한편, 용기의 윗 부분에는 다음과 같은 각인이 찍혀 있다.

(1) 용기 제조자의 명칭, 또는 그 상호

(2) 충전 가스의 명칭

(3) 용기 제작자의 용기 기호 및 제조 번호

(4) 내용적(l)

(5) 제조 연월일

(6) 내압 시험 압력(숫자만)

(7) 최고 충전 압력(充塡壓力)

(8) 용기 중량(밸브 및 캡을 포함하지 않음)

또한 용기에는 충전된 가스의 종류에 따라 용기 외면 전부 혹은 일부에 색칠을 하는데 보통 산소 용기에는 녹색을 칠한다.

표 3·3 충전 가스 용기의 색별

가스의 명칭	도 색	가스 충전 구멍에 있는 나사의 좌우
산소	녹색	우
수소	주황색	좌
탄산가스	청색	우
염소	갈색	우
암모니아	백색	우
아세틸렌	황색	좌
프로판	회색	좌
아르곤	회색	우

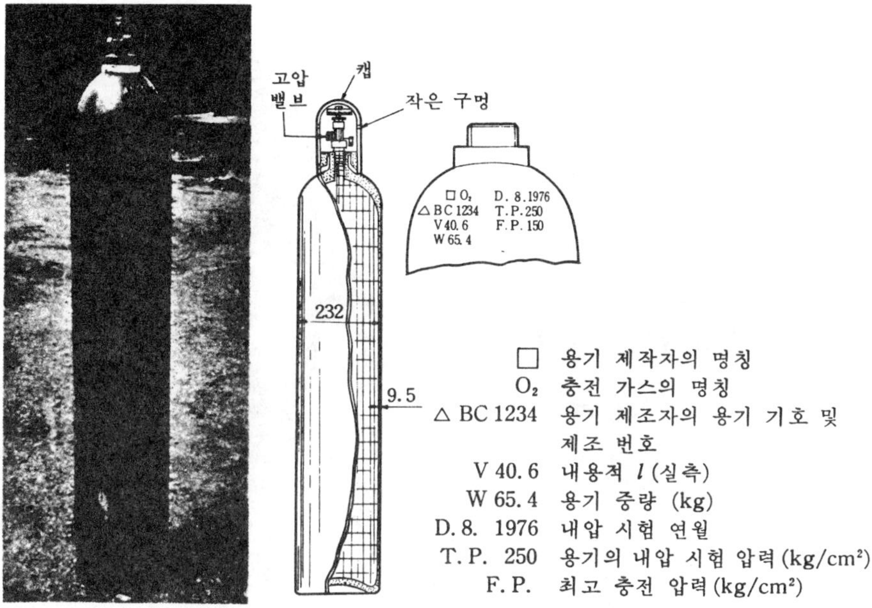

(a)　　(b) 산소 용기의 단면 및 각인 기호

그림 3·8 산소 용기

3·3·4 산소 용기용 밸브

산소 용기의 밸브는 황동 단조품(鍛造品)이 쓰이고 있으며, 가스 방출부에 조정기(調整器)를 설치하는 나사의 구조에 따라 그림 3·9와 같이 프랑스식, 독일식의 2가지로 나눈다. 그 밖에 2~3종류가 있다.

3·3·5 산소 용기의 취급 주의

산소 용기 속의 산소 가스는 고압으로 되어 있으므로 취급에 있어 다음과 같은 주의를 하는 것이 좋다.

(1) 운반, 기타 취급에 있어서 타격, 충격을 주거나 넘어뜨리면 용기가 파열되어 폭발을 일으키면서 막대한 재해를 가져올 우려가 있으므로 조심성 있게 다루어야 한다.

(2) 산소는 지연성(支燃性) 가스이므로 다른 가스와 어떤 비율로 혼합된 것에 점화하면 급격한 연소를 일으킬 위험이 있다. 그러므로, 다른 가연성 가스와 함께 저장을 해서는 안 되며, 또 사용 중 산소의 누설에 특히 주의하지 않으면 안 된다.

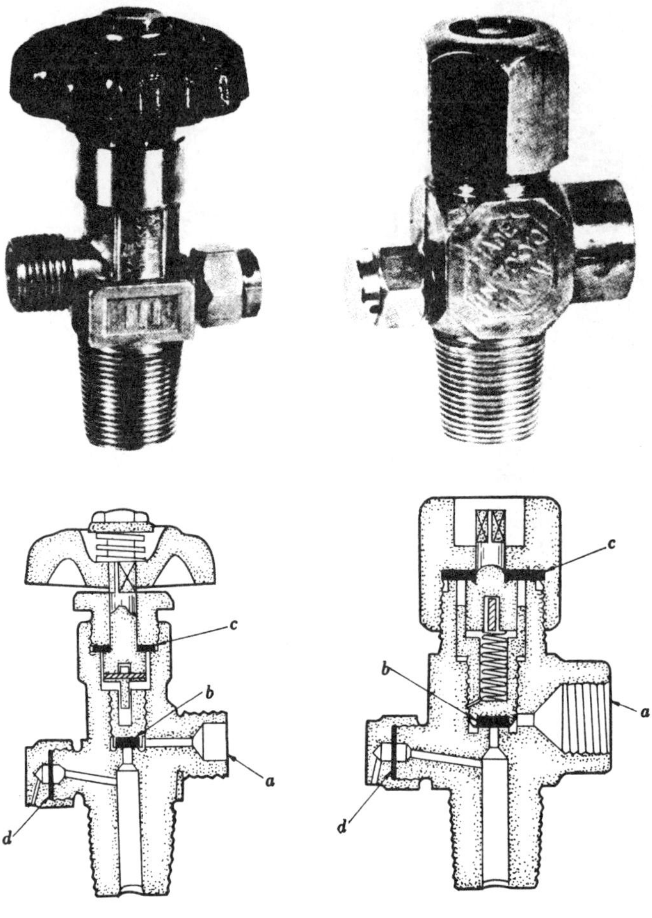

(a) 프랑스식 산소 고압 밸브 (b) 독일식 산소 고압 밸브

a. 고압 산소 출구(압력 조정기 설치구, 또는 가스 충전구)
b. 고압 밸브 시이트(플라스틱)
c. 누설 방지 패킹
d. 안전 밸브(가스 용기의 내압 시험의 80 %의 압력으로 파손한다)

그림 3·9 산소 고압 밸브의 구조

(3) 기름 등이 용기 밸브나 조정기 등에 부착되지 않도록 할 것

(4) 용기를 이동할 때에는 반드시 밸브를 잠글 것

(5) 산소를 사용한 후 용기가 비었을 때는 반드시 밸브를 잠가 둘 것

(6) 용기는 항상 40°C 이하를 유지하여야 하므로 직사 광선, 또는 화기가

있는 고온 장소에 두고 작업하거나 방치하지 않도록 할 것. 용기 내의 산소 압력은 표 3·4와 같이 온도의 변화에 따라 변하기 때문이다.

표 3·4 압력과 온도와의 관계

온도 °C	−5	0	5	10	20	30	35	40
지시압력 (kg/cm^2)	130	133	133.5	137.5	142.7	147.5	150	152.4

(7) 용기 내의 압력(壓力)이 너무 상승되지 않도록 (170 kg/cm^2 이상) 할 것. 만일 압력이 너무 상승되면 밸브의 안전판이 파괴되어 안전 밸브로 산소가 분출되어 나가게 되므로, 이런 경우에는 다음과 같은 조치를 해야 한다.

① 분출구를 안전한 방향으로 돌릴 것

② 분출이 끝나면 안전 밸브의 불량(不良)을 기재하여 충전소로 산소 용기를 보낸다.

(8) 산소 분출중에는 손을 분출구에 대어서는 안 된다.

(9) 추운 겨울에 산소 밸브가 얼어서 산소의 분출이 나쁘거나 나오지 않는 경우에 화기(火氣)를 사용해서는 안 되며, 더운 물, 증기 등으로 가열하여 녹일 것

(10) 밸브의 개폐(開閉)를 조용히 할 것

(11) 산소의 누설을 조사할 때에는 비눗물을 사용하여야 하며, 절대로 화기(火氣)를 사용해서는 안 된다.

3·4 아세틸렌 가스 발생기

3·4·1 발생기의 분류

아세틸렌 가스 발생기는 가스를 사용할 때에만 발생하도록 카아바이드와 물을 작용시키는 방법에 따라 주수식(注水式), 침수식(浸水式), 투입식(投入式)과 발생한 가스의 압력에 의하여, 저압식(低壓式) 발생기(0.07 kg/cm^2 까지), 중압식(中壓式) 발생기(0.07∼1.3 kg/cm^2)로 분류한다.

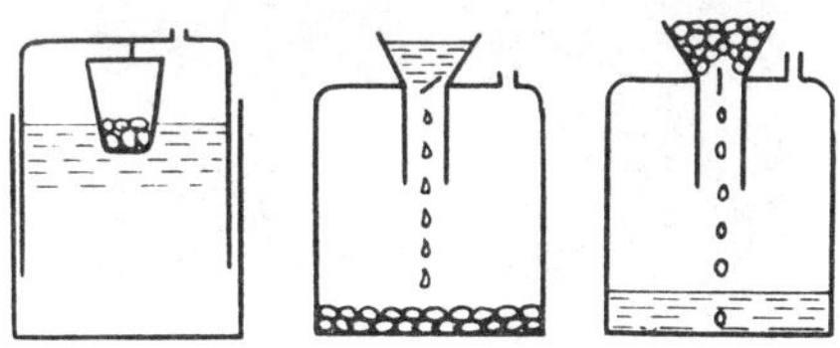

(a) 침수식 (b) 주수식 (c) 투입식

그림 3·10 아세틸렌 발생기(정치식 발생기)

3·4·2 주수식 발생기(water to carbide acetylene generator)

자동 주수식 발생기(自動注水式發生器)는 그림 3·12와 같이 물 탱크에 물을

가득 채우고 카아바이드를 카아바이드 충전통(充塡筒)에 넣는다.

주수 밸브로부터 물이 물받이를 통해 카아바이드에 주수되면, 카아바이드와 물이 접촉하여 아세틸렌이 발생되며, 이 때 발생된 가스는 가스 발생관을 통하여 기종(氣鐘) 내에 들어가게 된다. 기종 내에 들어온 가스의 압력으로 기종이 위로 올라가게 되면, 급수용 추(錘)가 주수 밸브에서 떨어져 물의 주수(注水)가 끝난다. 외부에서 가스를 사용하게 되면, 가스가 방출되어 기종 내의 압력이 떨어져 기종이 아래로 하강(下降)하게 되는데, 이 때 급수용 추가 주수기에 있는 주수 밸브를 내려누르게 되어 밸브가 열려 주수를 하므로 가스가 발생되어 기종이 다시 위로 올라가게 된다. 이상의 공정은 카아바이드가 없어질 때까지 반복이 된다. 또, 카아바이드에 물이 지나치게 들어가면 아세틸렌의 발생이 많아 기종이 필요 이상으로 상승하게 되어 위험성을 가지게 되므로 기종이 일정한 높이에 달하면 안전 배기관(安全排氣管)은 수면에서 떨어져 가스가 방출되는 관계로 이 이상 기종은 올라가지 않는다.

그림 3·11 주수식 아세틸렌 발생기 외부

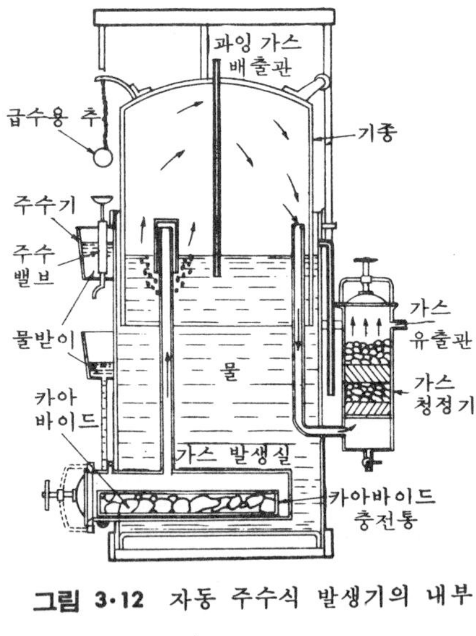

그림 3·12 자동 주수식 발생기의 내부

3·4·3 침수식 발생기(dipping acetylene generator)

이 형식에는 유기종형(有氣鐘形)과 무기종형(無氣鐘形)이 있다.

(1) 유기종형(bell-type)

그림 3·14에 나타낸 바와 같이 물 탱크에 물을 가득 채우고 카아바이드를 카아바이드 통에 넣어 뚜껑을 닫아 물과 카아바이드를 접촉시켜 아세틸렌을

발생시키면, 기종이 상승하게 되어 카아바이드 통은 수면에서 떨어져 가스의 발생이 없어지므로 상승이 정지된다. 외부에서 가스를 사용하면 기종이 내려와 물과 통 속에 있는 카아바이드가 다시 접촉이 되어 가스를 발생하게 된다.

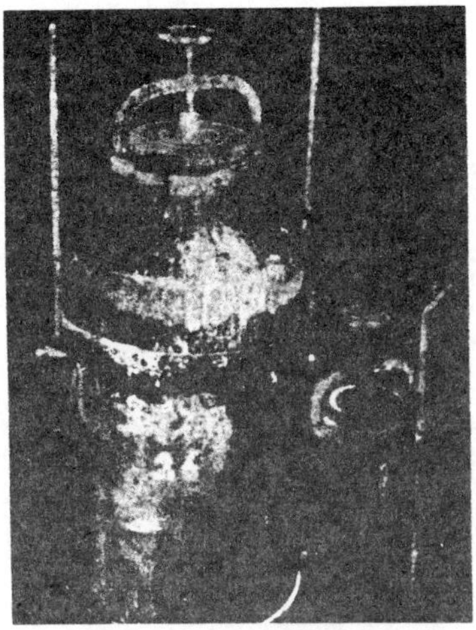

그림 3·13 유기종 침수식 발생기의 외관

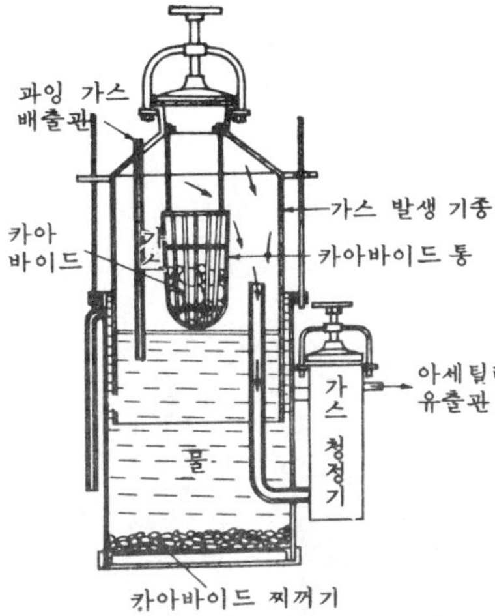

그림 3·14 유기종 침수식 발생기의 내부

(2) **무기종형** (non bell-type)

그림 3·15와 같이 가스 발생실 내의 수면이 상승하면, 카아바이드 통은 물 속에 잠기게 되어 물에 잠긴 카아바이드에서 아세틸렌이 발생되어 가스의 압력으로 수면을 밀게 된다. 눌린 물은 물 통로를 따라 가스 발생실의 위쪽으로 올라가게 되어 카아바이드는 수면(水面)과 떨어져 가스의 발생이 정지된다. 가스를 사용하면 가스 발생실 내의 압력이 낮아져 눌려 있던 위쪽의 물이 아래로 내려와 카아바이드를 잠기게 하여 다시 가스를 발생한다.

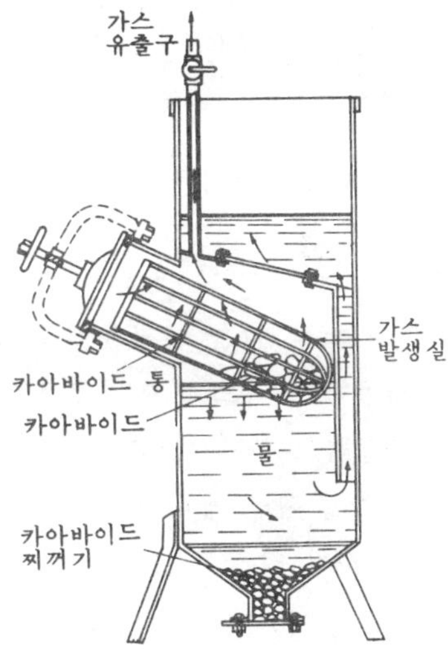

그림 3·15 무기종 침지식 발생기의 내부

3·4·4 투입식 발생기 (carbide to water acetylene generator)

자동 투입식 발생기(自動投入式發生器)는 그림 3·17과 같이 발생실과 기종(氣鐘)이 분리되어 있는 것이 많다. 기종이 내려가면 카아바이드 낙하 밸브레버에 의해 밸브가 열려 카아바이드가 물 속에 떨어져 가스를 발생하게 되고, 발생된 가스는 파이프를 통하여 가스 수세기(水洗器)로 해서 기종에 들어가게 되어 기종이 상승된다.

기종이 상승되면 레버에 의해 밸브가 닫히게 되므로 카아바이드의 낙하가 끝나 가스 발생이 정지된다. 가스를 사용하면 가스 통이 내려가 다시 밸브가 열리므로 가스의 발생이 시작된다.

장점은 가스 발생 온도가 낮으므로 불순물의 발생이 적고, 가스의 대량 생산에 적합하다. 또한 용기 내의 청소도 하기 쉽고 취급이 용이하다.

그림 3·16 투입식 가스 발생기의 외형

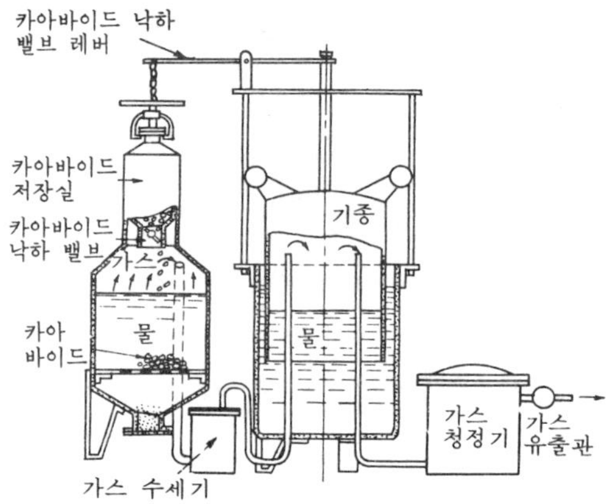

그림 3·17 투입식 가스 발생기

3·4·5 안전기(safety device)

안전기(安全器)는 아세틸렌과 산소의 역류, 역화(back fire)를 방지하기 위하여 사용하는 것으로 수봉식(水封式) 안전기는 보통 그림 3·18 (a)와 같이 청정기(淸淨器)로부터 아세틸렌 가스가 입구 1의 도관을 통하여 수중(水中)을 통과하여 출구의 토오치로 나가게 된다. 만약, 가스의 역류가 생기면 그림 (b)와 같이 안전기 내의 압력이 높아져서 안전기 내의 수면(水面)을 밀어내리어 도관 4에 있는 물을 대기(大氣) 중으로 배출시키면서

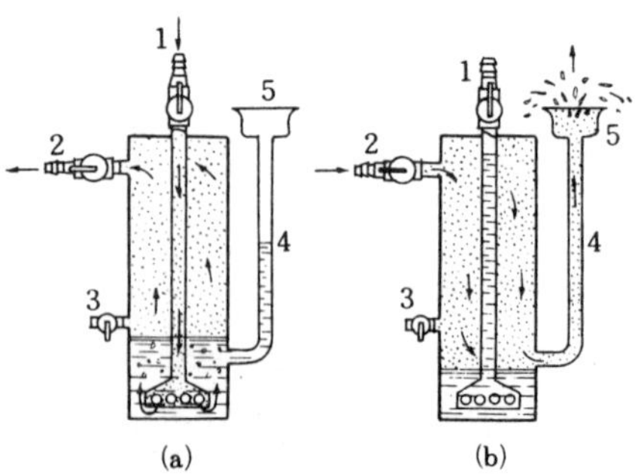

그림 3·18 수봉식 안전기

가스가 배출된다. 그러므로, 가스가 가스 입구 1의 역류를 방지하게 된다. 3은 안전기 내의 수위(水位)를 정상적으로 보존시키기 위한 검수(檢水) 밸브이다.

그림 3·19 수봉식 안전기의 외관

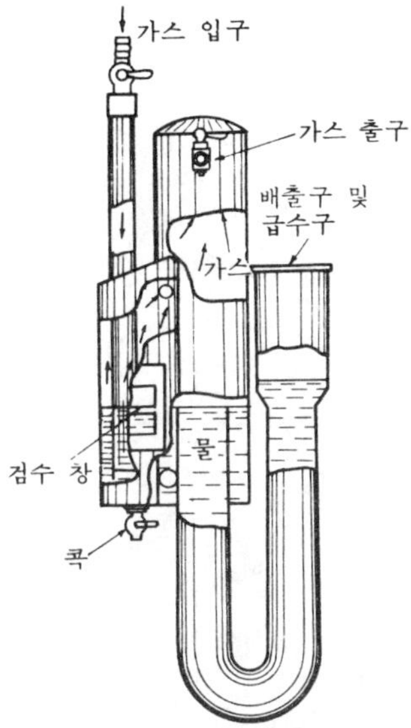

그림 3·20 안전기의 내부 구조

3·4·6 청정기(淸淨器)

카아바이드에 의하여 발생한 아세틸렌은 석회 미분말(石灰微粉末), 인화수소(H_2P), 유화수소(H_2S), 질소(N_2), 수소(H_2), 물(H_2O) 그 밖의 불순물을 포함하고 있으므로, 이것을 그대로 사용하면 용접부에 악역향을 주게 되어 청정기를 통과시켜 이들의 불순물을 제거하고 사용하여야 한다. 그림 3·21은 청정기의 내부 구조이며, 용기 내에 다음과 같은 청정제(淸淨劑)를 사용한다.

(1) **헤라톨**(heratol)

중크롬산을 유황에 녹여 규조토에 흡수시킨 황색의 분말이며 이것이 유해 가스를 흡수하면 녹색으로 변한다 재생을 할 수 없는 청정제로 독일의 특허품 이름이다.

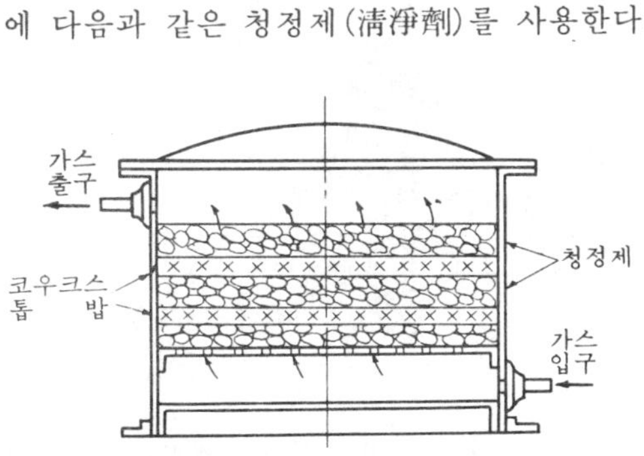

그림 3·21 청정기의 내부

(2) **카탈리졸**(catalysol)

규조토에 염화철 용액을 흡수시켜 이것에 망간산칼륨 등을 소량 가한 황색의 분말이며 영국의 특허품 이름이다.

이것은 보통 1 kg 으로 10,000~30,000 *l* 의 아세틸렌을 청정시킬 수 있는 능력이 있으며, 효력이 없어지면 회색으로 변색된다. 그러면 이것을 공기 중에서 광선을 쬐어 건조시키면 다시 사용할 수 있는 유리한 점이 있다.

$$PH_3 + 8\,FeCl_3 + 4\,H_2O = H_3PO_4 + 8\,FeCl_2 + 8\,HCl$$

이들의 약품을 여과층(목탄, 코우크스 등)과 층층이 겹쳐서 사용한다. 그리고, 가스 수세기(水洗器)는 가스 중의 석회 미분말을 물로써 세척하는 것이다.

3·5 압력 조정기

3·5·1 압력 조정기의 원리

산소 용기와 아세틸렌 용기 내의 압력은 고압이므로 실제로 작업을 할 때

그림 3·22 (a) 산소 압력 조정기의 외관

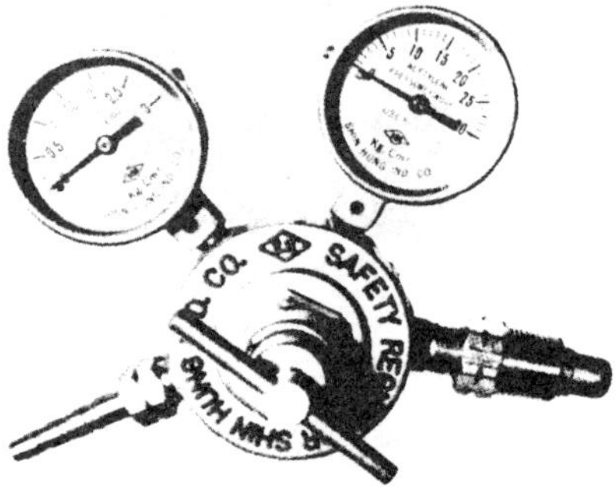

그림 3·23 (a) 아세틸렌 압력 조정기의 외관

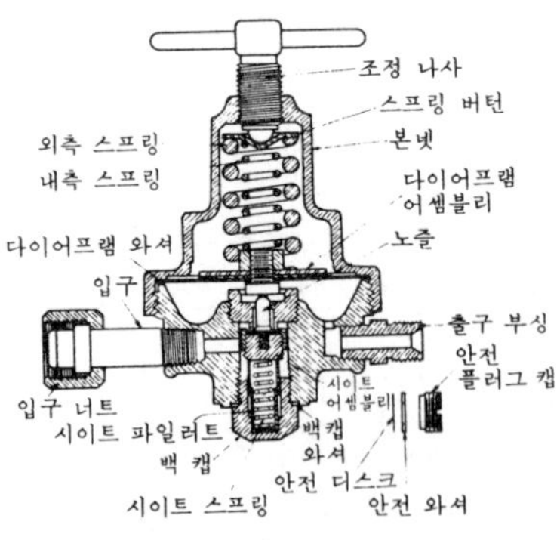

그림 3·22 (b) 산소 압력 조정기의 내부 구조

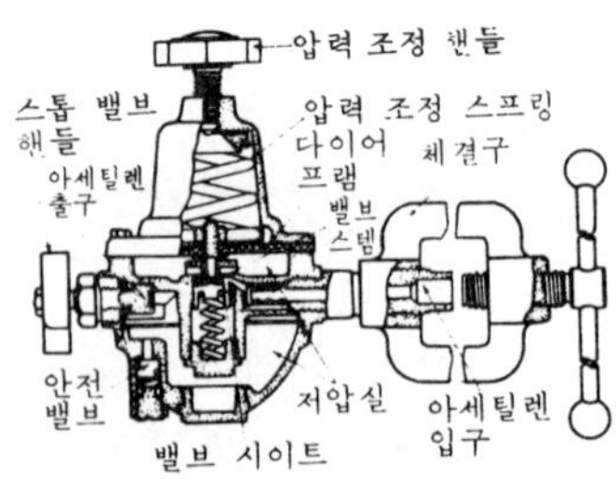

그림 3·23 (b) 아세틸렌 압력 조정기의 내부 구조

는 이에 필요한 압력으로 감압(減壓)하여야 한다. 보통 작업을 할 때에는 산소 3~4 kg/cm² 이하 아세틸렌 0.1~0.2 kg/cm² 정도로 한다. 이와 같이 용기 내의 높은 압력 가스를 임의의 압력으로 감압하면 용기 내의 압력은 변화할지라도 조정된 압력은 일정하게 필요한 양을 공급할 수 있게 하는 역할을 하는 것이 감압 조정기(reducing valve) 혹은 압력 조정기(pressure regulator)이다.

그림 3·22는 산소 압력 조정기(壓力調整器)이고, 그림 3·23은 아세틸렌 압력 조정기이다.

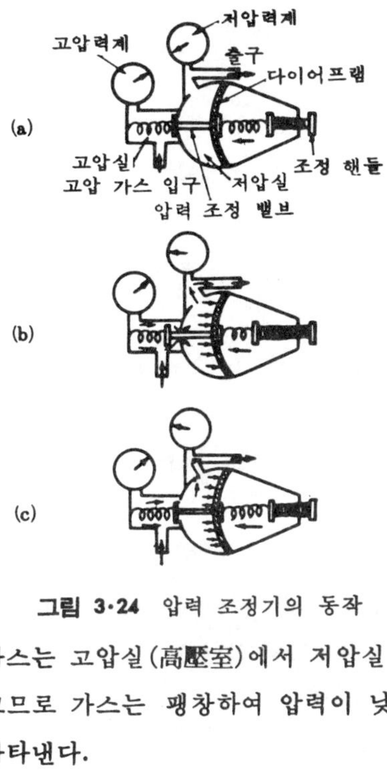

그림 3·24 압력 조정기의 동작

압력 조정기의 구조와 동작을 살펴보면 그림 3·24의 (a), (b), (c)와 같다.

(a) 실린더의 용기 밸브를 열면 실린더 속에 있는 가스는 고압 가스 입구를 따라 고압실(1차측 기밀실)로 들어가면 가스 압력이 고압계에 작용하여 실린더(용기) 내의 압력을 나타낸다. 이 때 가스 압력과 밸브 스프링의 힘에 의해 가스는 저압실(2차측 기밀실)로 유입되지 못한다.

(b) 조정 핸들을 오른쪽으로 돌리면 눌리는 힘은 조정 스프링을 통하여 다이어프램을 거쳐 압력 조정(壓力調整) 밸브를 누르므로 밸브가 열린다. 이 때 가스는 고압실(高壓室)에서 저압실(低壓室)로 들어온다. 저압실은 고압실보다 크므로 가스는 팽창하여 압력이 낮아진 것이 저압계에 작용하여 사용 압력을 나타낸다.

(c) 저압실에 들어온 가스는 다이어프램 면을 누르므로 조정 스프링은 압축되고 조정 밸브는 닫히게 되어 원상태로 되며, 가스의 유입은 정지되어 저압실의 압력은 조정 스프링의 세기(장력)에 해당하는 압력으로 설정된다.

용접 토오치의 출구 밸브를 열어 가스를 사용하면 저압실의 압력은 저하되어 다시 조정 스프링의 힘에 의해 조정 밸브를 밀어 열리게 되므로 고압실에서 저압실로 가스가 들어온다. 이상의 동작으로 저압실의 압력은 조정 스프링의 장력(張力)에 해당하는 압력(조정 압력)으로 평형(平衡)을 유지하면서 흘러들어오게 된다.

3·5·2 압력 조정기의 취급법

압력 조정기(壓力調整器)는 다음과 같은 것을 요구한다.

(1) 동작이 예민할 것

(2) 조정 압력(調整壓力)은 용기 내의 가스량이 변화하여도 항상 일정할 것

(3) 조정 압력과 방출 압력(放出壓力)의 차이가 작을 것

(4) 빙결(氷結)되지 않을 것

(5) 가스의 방출량이 많아도 유량이 안정되어 있는 것이 필요하다.

3·5·3 압력 조정기의 취급상 주의

조정기는 전부 고압 용기 배관에 설치되어 있으므로 세심한 주의를 하지 않으면 고장을 일으켜 취급할 때에 인체에 위험을 일으키는 경우가 있다. 그러므로 가스의 성질, 조정기의 구조 등을 잘 익혀 취급하지 않으면 안 된다.

(1) 산소 용기에 조정기를 설치할 때에는 반드시 밸브를 가볍게 2, 3회 열어서 압력 조정기 설치구에 있는 먼지를 떨어내고 설치할 것

(2) 압력 조정기 설치구 나사부나 조정기의 각부분에 그리이스(grease)나 기름 등을 사용하지 말 것

(3) 조정기를 견고하게 설치한 다음, 조정 핸들을 풀고 밸브를 조용히 열 것

(4) 산소의 누설이 있을 때에는 즉시 밸브를 닫고 다시 죌 것이며, 그래도 산소가 누설될 때에는 밸브를 닫고 패킹을 교환할 것

(5) 소량의 산소가 누설되어도 고압이므로 사용하지 않아도 산소가 상당히 많이 없어지게 되므로 반드시 비눗물로 점검할 것

(6) 취급시에 기름이 묻은 장갑 등을 사용해서는 안 된다.

3·5·4 가스 호오스(gas hose)

가스 호오스는 경화하지 않는 직물(織物)이 들어 있는 좋은 고무관을 사용하고 고무관의 안지름은 9.5 mm, 7.9 mm, 6.3 mm의 3종류가 있으며, 보통 토오치에는 7.9 mm, 소형 토오치에는 6.3 mm, 길이는 5 m 정도의 것을 사용한다. 도관 내부(導管內部)에 기름, 먼지 등이 있으면 폭발할 위험성이 있으므로 잘 청소한 다음에 사용하여야 하며, 도관 내의 청소는 압축 공기(壓縮空氣)

를 사용하고 고압 산소(高壓酸素)를 사용하는 것은 매우 위험하므로 절대로 금물이다. 그리고, 아세틸렌용 호오스의 연결은 동, 황동 등의 부속을 사용하면 아세틸렌 동화합물을 발생하여 폭발의 위험이 있으므로 사용해서는 안 되며, 산소에 아세틸렌용 호오스를 사용하는 것도 위험하므로 산소용은 흑색 혹은 녹색, 아세틸렌용은 적색으로 하여 구별하고 있다. 그림 3·25는 가스 호오스와 죔새 밴드를 나타내고, 왼쪽은 산소용 고무관으로 20 kg/cm² 이하이고, 오른쪽은 아세틸렌용 고무관으로 2 kg/cm² 이하이다.

그림 3·25 가스 호오스와 죔새 밴드

3·6 용접 토오치와 팁

3·6·1 용접 토오치(welding torch)

용접 토오치는 산소와 아세틸렌을 혼합실(混合室)에서 혼합하여 팁(tip)에서 분출(噴出) 연소하여 용접을 하게 하는 것이다.

용접 토오치에는 아세틸렌 압력에 의하여 저압식(低壓式)과 중압식(中壓式)이 있으며, 구조에 따라서 KS 규격에 A형은 니이들 밸브(needle valve)를 가지고 있지 않은 것(독일식 토오치)과 B형은 니이들 밸브를 가지고 있는 것(프랑스식 토오치)으로 분류하고, 이것에는 대·중·소형과 피스톨형(pistol type)이 있다.

3·6·2 저압식 토오치(low pressure welding torch)

(1) 니이들 밸브를 가지고 있는 토오치(B형)

B형 토오치는 아세틸렌 발생기의 압력 0.07 kg/cm² 이하와 용해 아세틸렌의 압력 0.2 kg/cm² 이하일 때에 많이 사용되는 것으로 토오치의 구조는 그림 3·26, 27과 같이 인젝터 노즐(injector nozzle)과 니이들 밸브를 가지고 있으며, 인젝터의 중심에서 산소를 분출시켜 노즐의 주위에서 아세틸렌을 흡수하여 혼합실에서 2가지 가스를 혼합하도록 되어 있다. 산소 조정 니이들 밸브는 팁의 크기에 따라서 산소 유량을 조절할 수 있으므로 가변압식(可變壓式) 토오치라고도 한다.

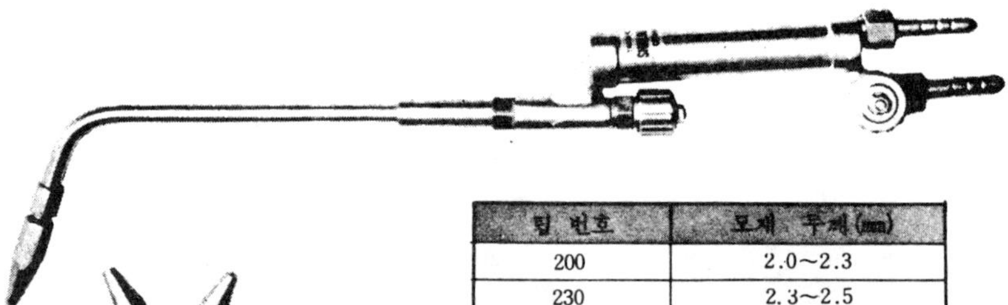

팁 번호	모재 두께(mm)
200	2.0~2.3
230	2.3~2.5
250	2.5~3.2
320	3.2~4.0
400	4.0~4.5
450	4.5~5.0
500	5.0~6.0

그림 3·26 B형 중형 토오치의 외관

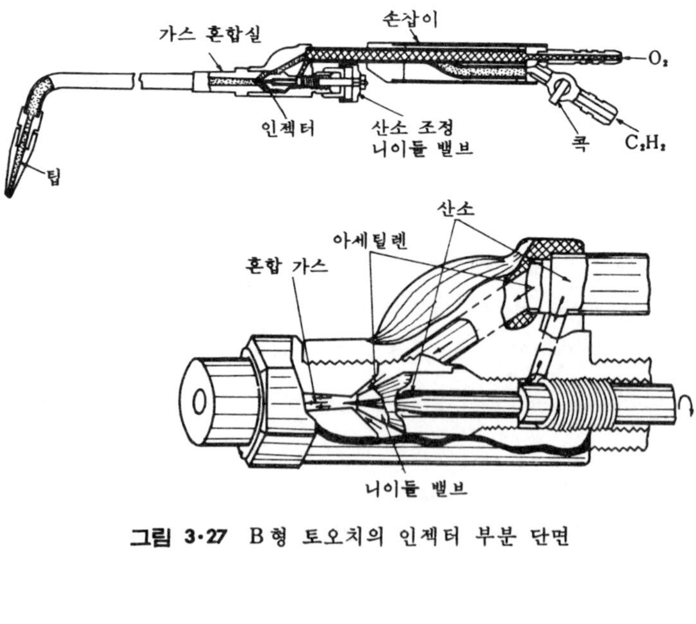

그림 3·27 B형 토오치의 인젝터 부분 단면

(2) 니이들 밸브를 가지고 있지 않은 토오치(A 형)

아세틸렌 발생기 혹은 용해 아세틸렌의 압력 0.2 kg/cm² 이하인 C_2H_2를 산소의 압력 1~5 kg/cm²로 분출되는 인젝터 속에서 흡인(吸引)시켜, 2가지 가스가 혼합할 수 있는 구조를 가지고 있는 것으로 그림 3·28, 3·29와 같다. 이 토오치의 가스 혼합 비율(混合比率)을 변화하려면 산소 조정기(regulator)를 가감하여 산소압을 변화하여 분출(injection) 속도를 변화하도록 하는 것이다.

이 토오치는 인젝터의 분출 구멍이 일정하고 인젝터의 혼합실과 팁이 하나로 되어 있으며, 이것을 거위목(goose neck)형 팁이라 한다. 따라서, 가스의 혼합량을 변화하려면 인젝터의 크기를 변화하여야 하므로 많은 수의 거위목형 팁이 필요하게 된다. 그러므로, 자유로운 불꽃의 조정을 할 수 없어서 불변압식(不變壓式) 토오치라고도 한다.

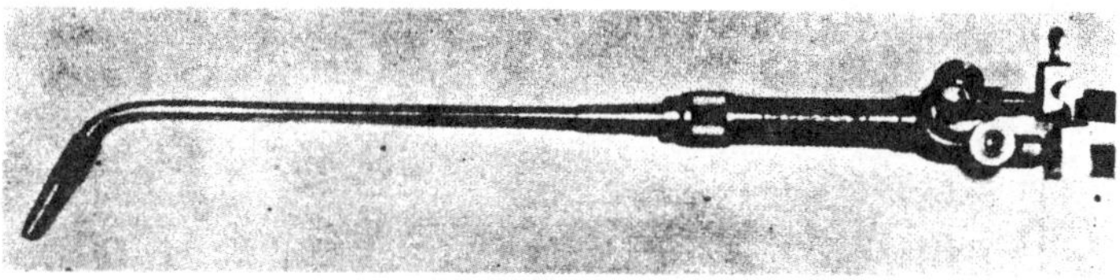

그림 3·28 저압 불변압식 토오치 외관

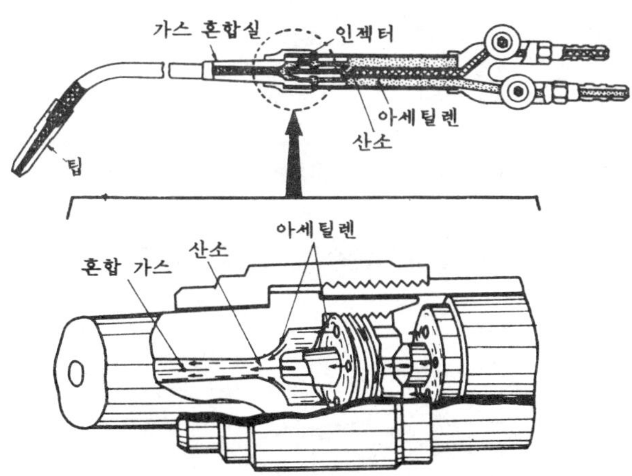

그림 3·29 저압 불변압식 토오치의 인젝터 단면

3·6·3 중압식 토오치(medium pressure welding torch)

아세틸렌의 사용 압력이 0.07~1.3 kg/cm² 정도의 것을 사용하는 토오치로서, 산소에 의해 아세틸렌의 흡인력이 전혀 없는 것과 약간 있는 것이 있다. 앞의 것을 등압식 토오치(equal pressure welding torch)라 하고, 뒤의 것을 세미인젝터(semi-injector)식 토오치라고 한다. 어느 것이나 근래에 발달한 것인데, 이 식은 아세틸렌의 압력이 높은(중압 발생기, 용해 아세틸렌에 사용) 경우에 쓰이는 것이므로 역류, 역화의 위험이 적고, 불꽃의 안정성이 좋기 때문에 두꺼운 강판(鋼板)의 용접이 가능하다. 작업을 할 때 저압식(低壓式) 토오치를 사용하던 작업자가 중압식(中壓式) 토오치를 사용하는 경우, 산소의 압력을 필요 이상으로 높이면 산소가 아세틸렌쪽으로 역류될 염려가 있으므로 중압식 토오치를 사용할 때는 주의를 하지 않으면 안 된다. 또, 저압식 토오치는 중압 아세틸렌에 사용하면 각 접속부(接續部)에 가스의 누설이 생기지 않는 한 별 문제가 되지 않으나, 중압 토오치를 저압 아세틸렌에 사용

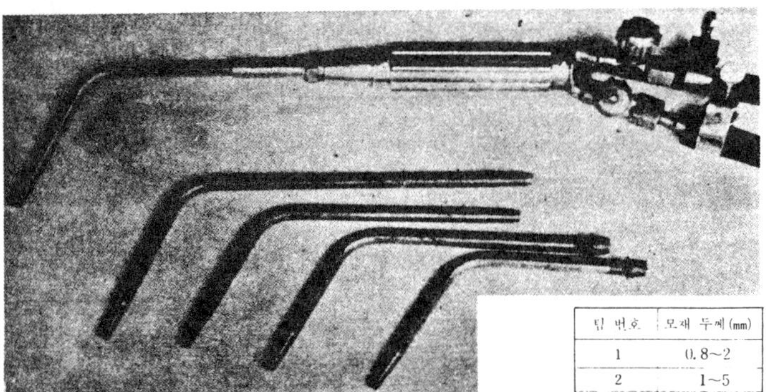

팁 번호	모재 두께(mm)
1	0.8~2
2	1~5
3	4~6
5	5~10
7	9~15

그림 3·30 등압식 토오치의 외관

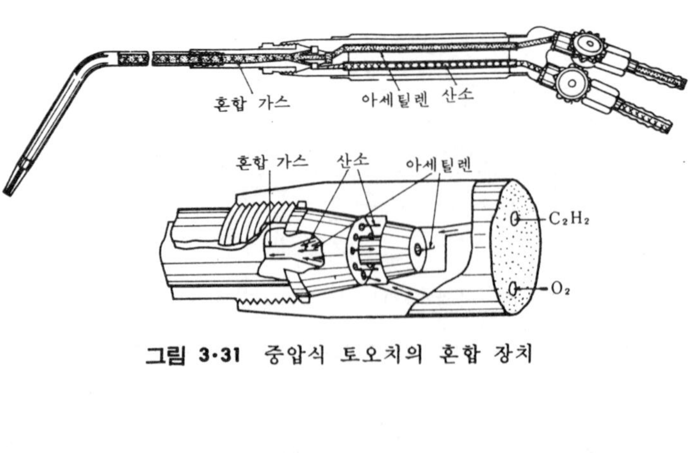

그림 3·31 중압식 토오치의 혼합 장치

하면 산소가 아세틸렌쪽으로 역류되어 사고를 일으킬 위험이 있다. 그림 3·30은 등압식(等壓式) 토오치이고, 그림 3·31은 중압식 토오치의 혼합 장치 내부이다.

3·6·4 팁(tip)

토오치의 선단(先端)에 팁이 있다. 이것은 일반적으로 번호로 표시하고 있다.

독일식 토오치의 팁의 번호는 연강판(軟鋼板)의 용접 가능한 두께를 표시하는데, 가령 10번은 10 mm의 연강판이 용접 가능한 것을 표시하고 있다.

프랑스식 토오치는 산소 분출구(噴出口)에 니이들 밸브(needle valve)를 가지고 있으며, 산소 분출구의 크기를 팁에 맞추어서 어느 정도 조절할 수 있게 되어 있다. 더구나 산소 분출구가 토오치에 설치되어 있으므로, 팁이 소형 경량으로 작업하기가 쉽다.

프랑스식 팁의 번호는 팁에서 불꽃으로 되어 유출되는 아세틸렌의 유량(*l*/h)을 표시하고 있으며, 가령 연강판의 용접 가능한 판 두께는 팁 번호의 $\frac{1}{100}$에

표 3·5 A형 토오치의 사용 압력

형식	팁번호	산소압력 (kg/cm²)	아세틸렌 압력 (kg/cm²)	판 두 께 (mm)
A 1 호	1	1.0	0.1	1~1.5
	2	〃	〃	1.5~2
	3	〃	〃	2~4
	5	1.5	〃	4~6
	7	〃	0.15	6~8
A 2 호	10	2.0	0.15	8~12
	13	〃	〃	12~15
	16	2.5	0.2	15~18
	20	〃	〃	18~22
	25	〃	〃	22~25
A 3 호	30	3.0	0.2	25이상
	40	〃	〃	〃
	50	〃	〃	〃

《참고》 A형 팁의 번호는 모재(母材)의 두께를 표시한다.
B형 팁의 번호는 1시간에 소비하는 아세틸렌의 양을 *l*로 표시한다.

표 3·6 B형 토오치의 사용 압력

<table>
<tr><th>형식</th><th>팁번호</th><th>산소압력 (kg/cm²)</th><th>아세틸렌 압력 (kg/cm²)</th><th>판 두 께 (mm)</th></tr>
<tr><td rowspan="5">B 0 호</td><td>50</td><td>1.0</td><td>0.1</td><td>0.5~1</td></tr>
<tr><td>70</td><td>〃</td><td>〃</td><td rowspan="2">1 ~1.5</td></tr>
<tr><td>100</td><td>〃</td><td>〃</td></tr>
<tr><td>140</td><td>〃</td><td>〃</td><td rowspan="2">1.5~2</td></tr>
<tr><td>200</td><td>〃</td><td>〃</td></tr>
<tr><td rowspan="7">B 1 호</td><td>250</td><td>1.0</td><td>0.1</td><td rowspan="2">3~5</td></tr>
<tr><td>315</td><td>1.5</td><td>〃</td></tr>
<tr><td>400</td><td>〃</td><td>〃</td><td rowspan="2">5~7</td></tr>
<tr><td>500</td><td>〃</td><td>0.15</td></tr>
<tr><td>630</td><td>〃</td><td>〃</td><td rowspan="2">7~10</td></tr>
<tr><td>800</td><td>2.0</td><td>〃</td></tr>
<tr><td>1000</td><td>〃</td><td>〃</td><td rowspan="2">9~13</td></tr>
<tr><td rowspan="7">B 2 호</td><td>1200</td><td>2.0</td><td>0.15</td></tr>
<tr><td>1500</td><td>2.5</td><td>〃</td><td rowspan="2">12~20</td></tr>
<tr><td>2000</td><td>〃</td><td>0.2</td></tr>
<tr><td>2500</td><td>〃</td><td>〃</td><td rowspan="2">20~30</td></tr>
<tr><td>3000</td><td>3.0</td><td>〃</td></tr>
<tr><td>3500</td><td>〃</td><td>〃</td><td rowspan="2">25이상</td></tr>
<tr><td>4000</td><td>〃</td><td>〃</td></tr>
</table>

해당하므로, 1000 번은 10 mm 의 연강판을 용접할 수 있다.

저압식 용접 초오치의 팁은 KS 규격으로 규정되어 있으며 표 3·5, 3·6과 같다.

3·6·5 토오치 취급상의 주의

(1) 소중히 다루어야 한다.

(2) 팁을 모래나 먼지 위에 놓지 말 것

(3) 불이 붙어 있는 토오치를 함부로 방치하지 말 것이며, 또한 산소 용기나 아세틸렌 용기 등에 가까이 하지 말 것

(4) 토오치를 사용 전에 완전한가를 조사하고 역화(逆火), 기타의 원인을 일으키지 않게 청소할 것

(5) 작업중 불꽃이 붙어 있는 상태에서 토오치로 절단한 모재(母材)를 두들겨 떨어뜨리든가 모재를 밀거나 끌어당기지 않도록 할 것

(6) 토오치의 각 밸브는 정밀하고, 또 가스의 누설이 없도록 되어 있으므로 거칠게 취급하면 밸브에서 가스가 새어 예상하지 않은 부상을 당하므로 비눗물을 발라 가스의 누설이 없는가를 확인한 후 사용할 것

(7) 토오치를 함부로 분해하지 말 것

(8) 토오치 사용중 '바직바직' 하는 소리가 날 때는 팁이 과열되어 팁 내의 혼합 가스가 폭발하고 있으므로, 산소만 다소 분출시키면서 토오치를 물 속에 넣어 냉각시킨 후 물을 제거하여 다시 사용할 것

(9) 작업중 팁에 용융된 금속이 달라붙어 구멍이 가늘게 되든가, 오물이 부착해서 불꽃이 구부러져서 작업의 계속이 곤란할 때가 있다. 이 때는 불을 끄고 산소만을 다소 분출시키면서 유연한 구리나 황동(黃銅)으로 만든 바늘로 팁 구멍의 오물을 없앨 것.

(10) 팁을 바꿀 때에는 반드시 양쪽 밸브를 잘 닫고 할 것

(11) 팁을 끼울 때에는 가스가 새지 않도록 단단히 죄어 끼울 것

(12) 토오치에 기름, 그리이스 등을 바르지 말 것

(13) 토오치를 점화하기 전에 반드시 흡인(산소 밸브를 조금 열고, 아세틸렌 밸브는 전부 열어 놓고 아세틸렌 고무 호오스의 설치구에 입술을 댄다)을 조사한다. 흡인이 되지 않고 산소가 역류(逆流)를 하는 때는 팁, 또는 흡인 장치에 오물이 끼어 있는 것이므로 이것을 청소할 것

(14) 토오치에 점화(點火)를 할 때(저압 발생기에서 저압 토오치를 사용할 때)는 아세틸렌 밸브는 전부 열고 산소를 약간 분출하면서 점화하며, 점화한 후는 서서히 산소를 내보내어 표준 불꽃으로 만든다. 용해 아세틸렌에서 저압 토오치로 작업할 때에는 아세틸렌과 산소 밸브를 약간 열고 점화할 것

(15) 토오치의 불꽃을 끌 때는 한꺼번에 밸브를 닫지 말고, 아세틸렌과 산소의 밸브를 서서히 닫아서 불꽃이 작아지면 아세틸렌 밸브를 먼저 닫은 다음에 산소 밸브를 닫을 것

(16) 작업중에 역류, 역화, 인화 등을 일으킬 위험이 있으므로 충분한 주의를 할 것

3·6·6 역류, 역화, 인화

(1) 역류(contra flow)

용접 토오치는 토오치의 인젝터의 작용으로 산소 기류의 압력에 의하여 흡인되는 구조로 되어 있으나, 혹시 팁의 끝이 막히게 되면 산소가 아세틸렌 도관(導管) 내에 흘러들어가 수봉식 안전기로 들어간다. 만일, 안전기(安全器)가 불안전하면 산소가 아세틸렌 발생기에 들어가 폭발을 일으키게 된다. 이것을 역류(逆流)라 한다. 그러나, 용해 아세틸렌에서는 안전기를 사용하지 않아도 폭발 사고는 일어나지 않는다.

(2) 역화(back fire)

역화는 토오치의 취급이 잘못될 때 순간적으로 불꽃이 토오치의 팁 끝에서 빵빵, 또는 탁탁 소리를 내며 불길이 기어들어갔다가 곧 정상이 되든가, 또는 완전히 불길이 꺼지는 현상을 말한다. 역화(逆火)가 일어나는 것은 작업물에 팁의 끝이 닿았을 때, 팁의 끝이 과열되었을 때, 가스 압력이 적당하지 않을 때, 팁의 죔이 완전하지 않았을 때 일어난다.

(3) 인화(flash back)

인화(引火)는 불꽃이 혼합실까지 밀려들어오는 것으로 이것이 다시 불안전한 안전기(安全器)를 지나 발생기에까지 인화되어 폭발을 일으켜 부상자를 낼 정도의 큰 사고를 일으키는 일까지 있다.

인화가 일어나면 곧 토오치의 산소 밸브를 닫은 다음에 아세틸렌 밸브를 닫아 혼합실 내의 불을 끄는 것이 중요하다. 이어 조정기(調整器)의 밸브를 닫고 인화의 원인을 검토한 다음에 다시 점화하여야 한다. 인화의 원인으로 생

각되는 것은 팁의 과열, 팁 끝의 막힘, 팁 죔의 불충분, 각 기구의 연결 불량, 먼지의 부착, 가스 압력의 부적당, 호오스의 비틀림 등이 있다.

인화나 역화가 일어나는 것은 산소, 아세틸렌의 내뿜는 속도가 불꽃의 연소 속도(燃燒速度)보다 느릴 때 일어난다. 따라서 가스의 압력이 부족할 때에는 특히 인화나 역화가 일어나기 쉽다.

3·7 가스 용접에 필요한 각종 공구와 기구

3·7·1 용접용 각종 공구

용접용 공구에는 다음과 같이 여러 가지가 있는데.

① 작업대(work bench) ② 용접 지그(welding jig) ③ 바이스(vise) ④ 클램프(clamp) ⑤ 용접봉 통(electrode box) ⑥ 슬랙 해머(slag hammer) ⑦ 쇠솔(wire blush) ⑧ 스패너(spanner) ⑨ 라이터(lighter) ⑩ 차광 안경(eye shield goggles) ⑪ 팁구멍 바늘(tip hole pin) ⑫ 앞치마(apron) ⑬ 발커버(shin cover) ⑭ 장갑(leather gloves) ⑮ 작업모(work cap) 등이 미리 준비되어야 한다.

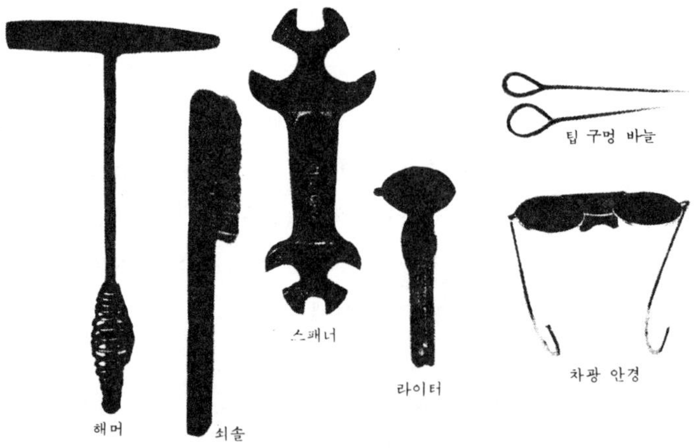

그림 3·32 용접용 각종 공구

3·7·2 차광 안경(shade goggles)의 규격

가스 용접중 불꽃의 유해한 적외선(赤外線)과 자외선(紫外線)의 피해를 방지하기 위하여 차광 안경(遮光眼鏡)을 사용하는데, 차광 능력은 차광 번호에 의하여 등급이 결정되고 있다.

표 3·7은 보호 안경의 차광 번호와 사용처의 예이다. 보통, 안경 형태의 것을 쓰고 작업을 할 때 측면 사광선을 받게 되면 측면 시일드(side shield)가 붙어 있는 아이컵 (eye cup)형의 것을 사용하여야 하고, 차광도 번호가 큰 필터(filter)인 차광도 번호 10이상을 사용할 때 차광도 번호보다 작은 번호의 것을 2장 겹쳐서 차광도 번호에 해당하도록 만들어 사용하는 것이 더 좋다. 한 장의 필터를 2장으로 할 때의 환산식은 다음과 같다.

표 3·7 보호 안경의 차광 번호와 사용처

차광번호	전기 용접 및 절단 작업		가스 용접 및 절단 작업
2.5 3	산란(散亂) 또는 측사광(側射光)을 받는 작업	—	—
4			약휘도(弱輝度)의 작업
5	—	저항 용접의 작업	
6 8 9	일반적으로 200 A 미만의 아아크 작업	—	강휘도(強輝度)의 작업
10	—	일반적으로 200~400 A 미만의 아아크 작업	—
11 12	일반적으로 400 A 이상의 아아크 작업		
13 14		—	

N을 한 장의 차광도라 하고 각각 n_1, n_2를 2장의 차광도라 하면 $N=(n_1+n_2)-1$로 된다. 가령, 10의 차광도를 2장으로 할 때에는 $n_1=6$과 $n_2=5$, 혹은 $n_1=7$과 $n_2=4$를 사용한다.

$10=(6+5)-1$,

혹은

$10=(7+4)-1$

그림 3·33 아이컵형 차광 안경

3·8 가스 용접의 불꽃·용접봉 및 용제

3·8·1 산소 아세틸렌 염(flame)

산소(O_2)와 아세틸렌(C_2H_2)을 1 : 1로 혼합하여 연소시키면 그림 3·34에 나타낸 것과 같이 3가지 부분으로 나누어지는 불꽃이 발생한다.

①의 부분은 토오치 팁에서 나온 혼합 가스가 연소 화합(燃燒和合)되어

$$C_2H_2+O_2=2CO+H_2$$

2개 용적(容積)의 일산화탄소와 1개 용적의 수소를 만들고, 이것은 환원

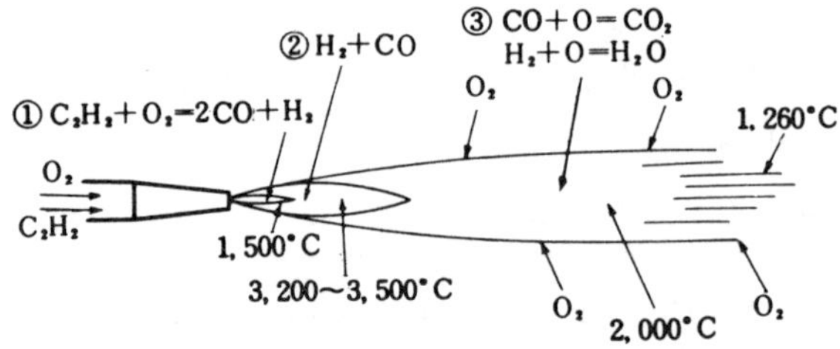

그림 3·34 산소 아세틸렌 불꽃의 구성

성(還元性)의 불꽃인 흰색 부분이 된다. 일산화탄소와 수소는 공기 중에서 산소를 끌어 결합하여 연소되어 고열(3200~3500°C)을 발하는 ② 부분이 되며, 무색에 가깝고 백색 불꽃을 둘러싼다.

이 ②의 부분도 완전 연소하려면 또 산소가 부족하므로 약간의 환원성을 띤다. 그러므로, 이 부분의 불꽃으로 용접을 하면 용접부의 산화를 방지하게 된다.

③의 부분은 이 가스가 다시 그 주위에 퍼져 있는 공기 속의 산소와 화합하여 거의 완전 연소에 가까운 불꽃이 되어 2,000°C 정도 열을 내며, 온도는 선단(先端)으로 갈수록 낮아진다. ①의 부분을 불꽃 흰색 부분 또는 백심(cone), ②의 부분을 속불꽃(inner flame), ③의 부분을 겉불꽃(outer flame)이라고 한다.

이상과 같이 1개 용적의 아세틸렌이 완전 연소하는 화학 반응(化學反應)은 다음 식과 같다.

$$C_2H_2 + 2.5\,O_2 = 2\,CO_2 + H_2O$$

즉, 2.5개 용적의 산소를 필요로 한다. 이 중에 1개 용적은 산소 용기에서 1.5개 용적은 공기 중에서 공급을 받는 것으로 된다. 이와 같은 불꽃을 중성염(中性炎, neutral flame) 혹은 표준염(標準炎)이라 하여 그림 3·35의 (c)와 같으며, 이 표준염은 용접부에 산화나 탄화의 해를 주지 않는다.

그리고, 산소 용기(酸素容器)에서 산소를 아세틸렌보다 많이 공급하면 백심이 짧게 되어 속불꽃이 없어지고 바깥 불꽃만 되므로, 이것을 산소가 과잉으로 된 불꽃인 산화염(excess oxygen flame or oxidizing flame)이라 하며 그림 3·35의 (a)와 같다. 이 산화염은 금속을 산화하는 성질이 있으므로 황동, 청동, 납땜 등의 용접에 이용된다. 이와 반대로 산소를 아세틸렌보다 적게 공급하면 백심과 속불꽃이 함께 길게 되어 아세틸렌이 과잉으로 된 불꽃을 아세틸렌 과잉염, 혹은 탄화염(excess accetylene flame or carburizing flame)이라고 하며, 그림 3·35 (b)와 같다. 이 탄화염은 아세틸렌이 분해되어 생긴 활성탄소(活性炭素)를 가지고 있으므로 금속 표면에 침탄(浸炭)하는 작용을 일으키기 쉽다. 즉, 산화 작용이 일어나지 않으므로 산화를 극도로 방지할 필요가 있는 스테인레스강, 알루미늄, 모넬메탈 등의 용접에 이용한다. 즉, 산소 아세틸렌 불꽃의 중성염은 보통 용접에, 산화염은 고온이 필요한 금속에, 탄화염은 산화하기 쉬운 금속에 사용된다. 이것을 표 3·8에서 살펴보면 다음과 같다.

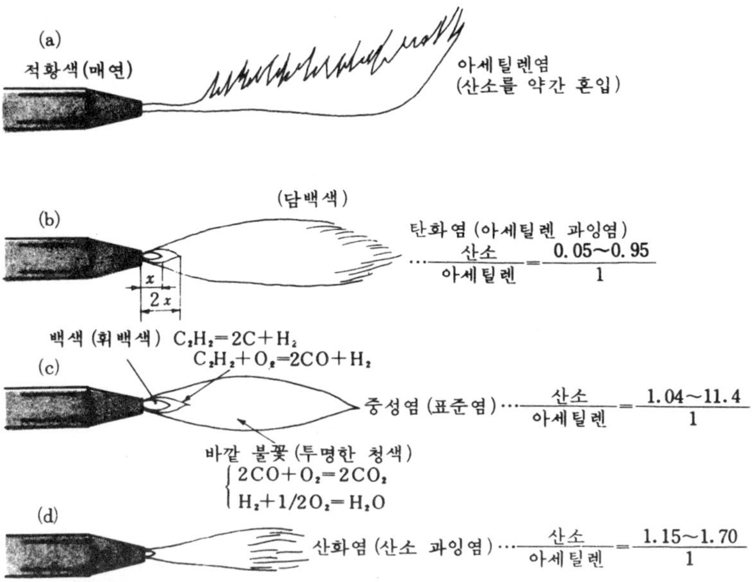

그림 3·35 산소 아세틸렌 불꽃의 형태

산소 아세틸렌 불꽃의 조절은 시공하고자 하는 작업(作業)에 적당한 팁(tip) 모재의 두께 1 mm 당 팁번호 100(l/hr)의 표준을 설치하고 산소 압력(oxygen pressure)을 2 kg/cm² 로 하며 토오치의 아세틸렌 콕(cock)을 약 $\frac{1}{4}$ 회전(回轉)시켜서 점화(點火)하여 콕을 전부 연 후에 산소 밸브(valve)를 조금 열면 아세틸렌은 매연(煤煙)을 동반한 적황색(赤黃色) 화염으로 연소한다. 그 다음에 토오치의 산소 밸브를 서서히 열면 화염은 점차 청색(靑色)으로 변화하여 탄화염(炭火炎)이 되며, 중성염을 만들려면 탄화염에서 산소 밸브를 다시 열어 주면 아세틸렌염은 차차 감소되어 백색추(白色錐)와 바깥 불꽃(투명한 청색)으로 되는 중성염으로 된다. 중성염과 탄화염의 차이는 중성염과 산화염의 차이보다도 명백하게 식별(識別)된다.

중성염이 만들어지면 다시 산소 밸브를 열어 주든가 아세틸렌을 감소시키면 산화염이 된다. 혼합(混合)가스 중에 산소량이 많을수록 백색추가 짧으며 화염은 소리를 내면서 연소한다. 용접 작업중에 작업하는 사람은 절대로 화염이 변화하지 않도록 주의를 하는 것이 필요한데 용접 중에 화염의 변화는 자연(自然)히 일어나게 되므로 피하기가 곤란하다. 즉 조정기에 의한 가스 조정의 변동과 팁의 과열로 스패터 등이 부착되어 변화한다. 작업중에 화염의 수정은 잠깐 사이에 화염을 피용접물에서 조금 올리어 보기 쉬운 위치에서 보호 안경을 통하여 하는 것이 좋다.

그림 3·36은 연강판의 표면을 용융시킬 때 용융지(molten pool)의 차이를 비교한 것이며 표 3·8은 산소 아세틸렌 불꽃과 피용접물의 적용 범위를 나타낸 것이다.

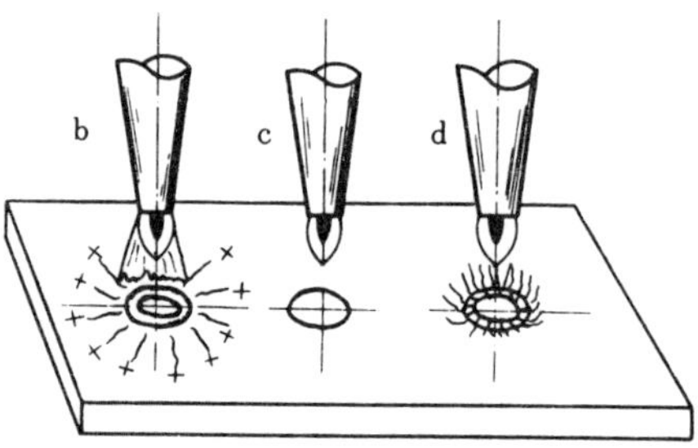

b. 탄화염(불꽃이 바깥으로 비산한다.)　c. 중성염(표면이 조용히 용융한다.)
d. 산화염(용융지가 비등하고 구멍이 나지 않는다.)

그림 3·36 용융지의 비교

표 3·8 산소 아세틸렌 불꽃과 피용접 금속

금속 및 합금	용접불꽃	금속 및 합금	용접불꽃	금속 및 합금	용접불꽃	금속 및 합금	용접불꽃
알루미늄	*C*	크롬강	*N*	납	*N*	주강	*N*
황동	*O*	청동	*O*	납파이프	*N*	강관	*N*
주철(회선)	*N*	구리	*N*	가단철	*SO*	연강판	*N*
가단주철	*SO*	동판	*N*	망간강	*SC*	연강박판	*N*
주철관	*N*	아연도금철판	*N*	모넬메달	*SC*	아연	*N*
니켈크롬강	*N*	고탄소강	*N*	니켈	*SC*		

(*N*: 중성 불꽃, *C*: 탄화 불꽃, *O*: 산화 불꽃, *SC*: 약한 탄화 불꽃, *SO*: 약한 산화 불꽃)

3·8·2 가스 용접봉

산소 아세틸렌 가스 용접은 산화염이 되기 쉬운데다 공기 속에 있는 산소를 흡수하여 용융 금속(溶融金屬)이 산화되는 경우가 많다. 이 때문에 용착 금속(溶着金屬)은 산화물을 포함하여 취성의 성질로 되는 결점을 가진다.

이것을 방지하기 위하여 중성염(中性炎), 혹은 탄화염(炭化炎)을 사용하며 용제를 필요로 하고 있으나 연강(軟鋼)의 가스 용접에는 용제가 필요 없다.

그리고, 가스 용접의 용접봉은 원칙적으로 모재와 같은 용착 금속을 얻기 위하여 모재와 조성(組成)이 동일하거나 비슷한 것이 사용되지만, 용접부는 용접중에 야금적 현상(冶金的 現狀) 때문에 성분과 성질이 변화하므로 용접봉에 성분과 성질의 변화를 보충할 성분을 포함하고 있는 재료를 사용한다.

표 3·9는 가스 용접봉의 성분이다.

표 3·9 가스 용접봉의 성분

피용접 재료	용접봉의 성분 (%)					
	C	Si	Mn	P	S	Ni
연강, 주강	0.05~0.25	<0.06	0.3~0.6	<0.03	<0.03	
고탄소강 (0.6~1.0%C)	0.15~0.30	0.1~0.2	0.5~0.8	<0.04	<0.04	3.35~3.75
주철	3.0~3.5	0.35	0.5~0.7	<0.8	<0.06	
황동	피용접 재료와 같은 재료					
알루미늄	Al에 소량의 P를 첨가					

가스 용접봉의 지름은 1~8 mm, 길이는 1 m로 되어 있으며, 모재(母材)의 두께와 토오치의 용량에 따라 알맞은 지름의 용접봉(熔接棒)을 선택한다.

(1) 연강 용접봉

연강용 가스 용접봉의 규격은 표 3·10과 같이 KS D 7005에 규정되어 있으며, 이 중에 GA와 GB는 가스 용접봉의 재질(材質)에 대한 종별이며, 46과 43은 용착 금속의 최저 인장 강도 46 kg/mm², 43 kg/mm² 이상을 표시하고, NSR는 용접을 한 그대로 응력을 제거하지 않은 것이고, SR는 625±25°C에서 1시간 응력을 제거한 것이다. 그리고, 연강판(軟鋼板)의 두께 T(mm)와 용접봉의 지름 D(mm)는 표 3·11과 같이 선택하는 것이 좋으며 일반적으로 $D=(T/2)+1$의 방법을 사용하여 결정하는 경우도 있다.

표 3·10　연강용 용접봉의 기계적 성질과 봉 끝의 색(KSD 7005)

용접봉의 종류	시험편의 처리	인장 강도 (kg/mm²)	연 신 율(%)	봉 끝의 색
GA 46	SR NSR	46 51	20 17	적
GA 43	SR NSR	43 44	25 20	청
GA 35	SR NSR	35 37	28 23	황
GB 46	SR NSR	46 51	18 15	백
GB 43	SR NSR	43 44	20 15	흑
GB 35	SR NSR	35 37	20 15	자
GB 32	NSR	32	15	녹

표 3·11　연강판의 두께와 용접봉의 지름 (mm)

모재의 두께	2.5 이하	2.5~6.0	5~8	7~10	9~15
용접봉의 지름	1.0~1.6	1.6~3.2	3.2~4.0	4~ 5	4~ 6

(2) 비철금속용 가스 용접봉

산화물이 들어 있지 않은 비교적 결정(結晶)이 미세한 용착 금속(溶着金屬)을 얻을 수 있는 합금봉을 사용한다. 예를 들면 4.6 황동에 망간과 규소를 함유한 가스 용접봉은 동(銅)의 용접이나 강(鋼)의 브레이징(Brazing) 용접에 널리 사용되며, 알루미늄의 합금은 일반적으로 규소 5% 정도가 함유되고 있는 알루미늄 합금의 용접봉을 사용한다.

3·8·3　용제(溶劑, flux)

용제는 용접중에 생기는 금속의 산화물, 또는 비금속 개재물을 용해하며, 용제와 결합시켜 용융 온도(溶融溫度)가 낮은 슬래을 만들어 용융 금속의 표면에 떠올라오게 하여 용착 금속(溶着金屬)의 성질을 양호하게 하는 것이다. 이 용제는 건조한 분말(粉末) 페이스트(paste), 또는 미리 용접봉 표면에 피복(被覆)한 것도 있다. 보통 분말은 물 또는 알코올로 반죽을 만들어 용접 전에 브러시(brush)로 용접할 홈과 용접봉에 발라서 사용한다.

(1) 강(鋼)의 용접에서는 산화철(酸化鐵) 자신이 어느 정도 용제의 작용을

하기 때문에 보통 용제를 쓰지 않는다. 그러나, 충분한 용제 작용을 돕기 위하여 붕사($Na_2B_4O_7$), 규산나트륨($NaSiO_3$) 등이 사용된다.

(2) 고탄소강, 주철 등의 용접에는 탄산수소나트륨($NaHCO_3$), 붕산(H_3BO_3), 붕사(硼砂), 유리 분말(粉末) 등이 사용된다.

(3) 구리와 구리 합금 등의 용접에는 붕사, 붕산(硼酸), 플루오르화나트륨(NaF), 규산나트륨 등이 사용된다.

(4) 경합금(輕合金)의 용접에는 염화리튬(LiCl), 염화칼륨(KCl), 식염(NaCl), 플루오르화나트륨(sodium fluoride) 등의 혼합물로 된 용제가 사용된다.

특히, 알루미늄의 용제로서 LiCl = 15 %, KCl = 45 %, NaCl = 30 %, KF = 10 %의 성분을 혼합한 것을 사용하기도 한다.

용제(溶劑)는 단독으로 사용되기도 하나 혼합제로 사용하는 것이 결과가 좋을 때가 많다. 용제는 용접 직전의 모재(母材) 및 용접봉에 엷게 바른 다음 불꽃으로 태워서 쓰고, 지나치게 많은 양을 쓰는 것은 도리어 용접을 곤란하게 한다. 금속보다 그 산화물의 용융점(溶融點)이 높으면 그대로는 완전한 용접이 곤란하다.

강(鋼) 이외의 많은 금속은 그 산화물보다 용융점이 낮기 때문에 산화물을 제거하기 위하여 용제가 중요한 역할을 한다.

3·9 가스 용접법

3·9·1 가스 압력과 용접 준비

(1) 가스 압력과 불꽃 조절

① 산소와 아세틸렌 용기의 고압 밸브를 열어 보고 조정기 설치부를 깨끗이 한다.

② 압력 조정기(壓力調整器)를 각기 자기 용기에 가스의 누출이 없도록 단단히 설치한다.

③ 압력 조정기에 가스 호오스를 접속하고 붉은색은 아세틸렌에, 검은색은 산소 조정기에 가스의 누출이 없도록 벤드(bend)를 사용하여 잘 접속시킨다.

④ 호오스 내의 먼지 등을 깨끗이 불어낸다.

⑤ 용접 토오치를 호오스에 고정시킨다. 검은색 호오스를 용접 토오치의

OX(oxigen)라고 각인(刻印)된 곳에, 붉은색 호오스를 AC(accetylene)라고 각인된 곳에 접속할 때, 저압식 용접 토오치를 사용한다면 먼저 산소 호오스를 접속하고 산소를 방출시키면서 아세틸렌 입구의 흡인(吸引) 상태를 그림 3·37과 같이 확인한 다음 아세틸렌 호오스를 접속하도록 한다.

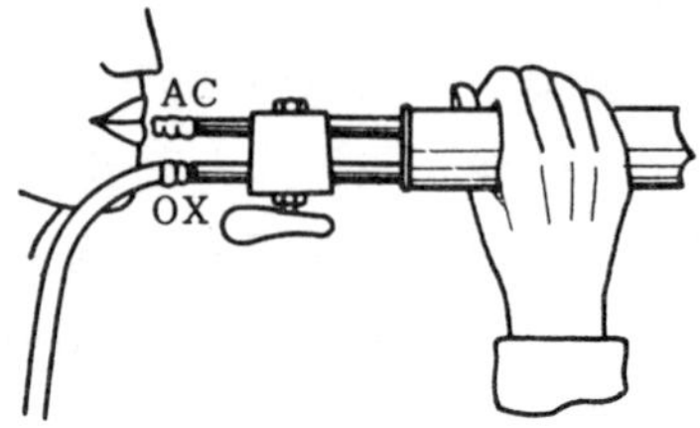

그림 3·37 저압식 용접 토오치의 흡인력 검사

⑥ 각부의 접속이 완료되면 비눗물을 사용하여 가스의 누출을 검사한다.

⑦ 먼저 산소 및 아세틸렌 조정기가 닫혀져 있는가를 확인하고(조정 나사는 왼쪽으로 돌리면 풀린다), 실린더의 고압 밸브를 조용히 연다. 이 때, 아세틸렌 실린더의 고압 밸브는 1회 이상 지나치게 돌려서는 안 되며, 고압 밸브 개폐(開閉) 핸들은 그냥 고압 밸브에 붙여 두는 것이 좋다. 이어서 압력 조정은 토오치의 아세틸렌 밸브를 열고 압력 조정기(壓力調整器)의 조정 나사를 조용히 오른쪽으로 돌려 저압계(低壓計)를 보면서 사용 압력(0.1∼0.2 kg/cm²)으로 조정한다. 아세틸렌의 조정은 될 수 있는 대로 재빨리 하도록 한다. 다음에 산소 압력을 조정하는 것은 아세틸렌의 경우와 같게 한다. 이 때 토오치의 아세틸렌 밸브는 반드시 닫고서 한다.

⑧ 점화(點火)를 한다. 먼저 토오치의 아세틸렌 밸브를 열고 다음에 산소 밸브를 열어 소량의 산소를 혼합하여 점화 라이터나 불로 점화한다. 이 경우 성냥이나 담뱃불로 점화하면 화상을 입을 염려가 있다.

⑨ 불꽃의 조정을 한다. 토오치에 점화를 한 후 산소 밸브를 조금씩 열어 불꽃을 조정한다. 산소를 증가시키면 불꽃은 날개 모양의 긴 흰색 불꽃이 차차 짧아진다. 이 때의 불꽃이 탄화 불꽃이다. 더욱 산소를 증가시키면 날개 모양의 백색 불꽃이 없어지고 깨끗한 불꽃의 흰색 부분에 청백색의 바깥 불꽃이 둘러싸일 때가 중성 불꽃이다. 다시 산소를 증가하면 불꽃 흰색 부분이 점차 짧게 되고 바깥 불꽃이 어둡게 되는데 이 때가 산화 불꽃이다. 용접 작업에서는 대부분 중성 불꽃을 사용한다.

산소 아세틸렌 불꽃을 조절하는 데는 불꽃의 색과 불꽃 흰색 부분인 백심(白心, cone)의 길이를 보면서 조절한다.

표 3·12는 불꽃의 변화와 그 원인 및 대책을 말한 것이다.

표 3·12 작업시에 일어나는 현상과 원인 및 대책

현 상	원 인	대 책
불꽃이 자주 커졌다 작아졌다 한다.	① 아세틸렌 도관 속에 물이 들어갔다. ② 안전기의 기능 불량	① 가스 중의 수분이 모여서 호오스 속에 괴므로 때때로 청소를 한다. ② 안전기의 수위를 알맞게 맞춘다.
점화시에 폭음이 난다.	① 혼합 가스의 배출이 불완전하다. ② 산소와 아세틸렌 압력이 부족 ③ 가스 분출 속도의 부족	① 토오치 속의 혼합비를 조절한다. ② 발생기의 기능을 검사한다. ③ 호오스 속의 물을 제거한다. ④ 불구멍의 변형을 수정하고 노즐을 청소한다.
불꽃이 거칠다.	① 산소의 고압력 ② 노즐의 불결	① 산소의 압력을 조절한다. ② 노즐을 청소한다.
작업중에 탁탁 소리가 난다.	① 노즐의 과열 및 불결 ② 가스 압력의 조정 불량 ③ 팁이 용접 재료에 접촉	① 토오치의 불을 끄고 산소를 약간 분출시키면서 물 속에 넣어 식히고 팁을 깨끗이 한다. ② 아세틸렌 및 산소의 압력 부족을 조사한다. ③ 노즐을 모재에서 조금 뗀다.
산소가 반대로 흐른다.	① 팁의 막힘 ② 팁과 모재의 접촉 ③ 산소 압력의 과대 ④ 토오치의 기능 불량	① 팁을 깨끗이 한다. ② 팁을 모재에서 뗀다. ③ 산소 압력을 용접 조건에 맞춘다. ④ 토오치의 기능을 점검한다.
역화(逆火) (소리가 나면서 손잡이 부분이 뜨거워진다)	① 가스의 유출 속도 부족 a. 팁 구멍의 불결 b. 산소 압력 부족 c. 팁 구멍의 확대 변형 d. 작업중 불꽃의 역행 e. 팁이 막힘, 파손 ② 가스 연소 속도의 증대(팁의 과열)로 혼합 가스의 연소 속도가 분출 속도보다 높다.	① 아세틸렌을 차단한다(호오스를 꺾어서 끊어도 된다). ② 팁을 물로 식힌다. ③ 토오치의 기능을 점검한다. ④ 발생기의 기능을 점검한다. ⑤ 안전기에 물을 넣고서 다시 사용한다.

(2) 용접 준비

모재의 재질(材質)과 판의 두께에 따라 적당한 토오치, 용접봉 및 용제(溶劑) 등을 선정한다. 모재가 두꺼운 경우에는 용접할 홈(groove)을 생각하여 모재의 측면을 깎는다. 그리고, 두께에 따라 루우트(root) 간격을 정하고, 그림 3·38 과 같이 군데군데 가접(假接)을 한다.

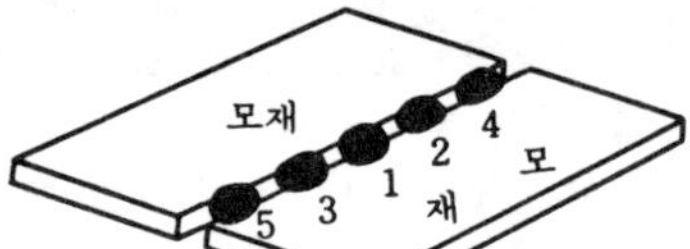

그림 3·38 가접의 순서

표 3·13 후진 용접법에 의한 루우트 간격

모재두께 (mm)	홈	루우트 간격(s)
3.2	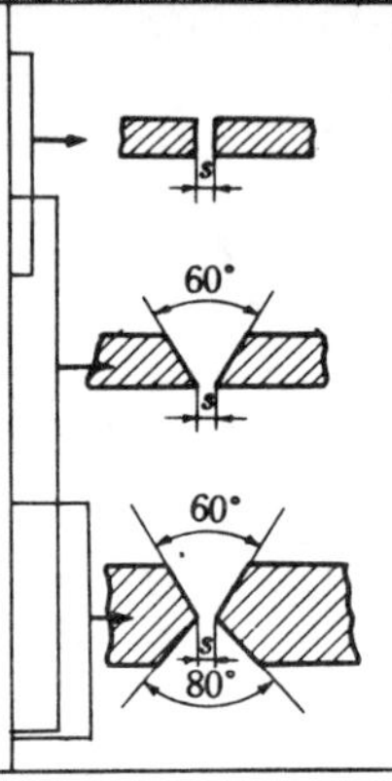	1
4.5		1
6		2
8		3
9		3
12		3
16		4
19		4
22		5
25		5

표 3·13 은 후진 용접법에 의한 가스 용접에 적합한 모재의 두께와 각 홈 형상에 따른 루우트 간격 (s) 을 표시한 것이다.

(3) 용접 토오치의 운봉법

가스 용접을 할 때에 토오치는 오른손으로, 용접봉은 왼손으로 잡고 작업을 한다. 용접시 토오치와 용접봉을 어느 방향으로 움직이느냐에 따라 전진법(前進法)과 후진법(後進法)으로 나눈다.

전진법 (forward welding)은 그림 3·39 와 같이 왼쪽 방향으로 용접을 진행해 나가는 것으로 용접봉이 앞을 서서 진행하기 때문에 전진법이라 하고, 또 왼쪽 방향으로 움직인다고 하여 좌진법 (forehand welding)이라고도 한다.

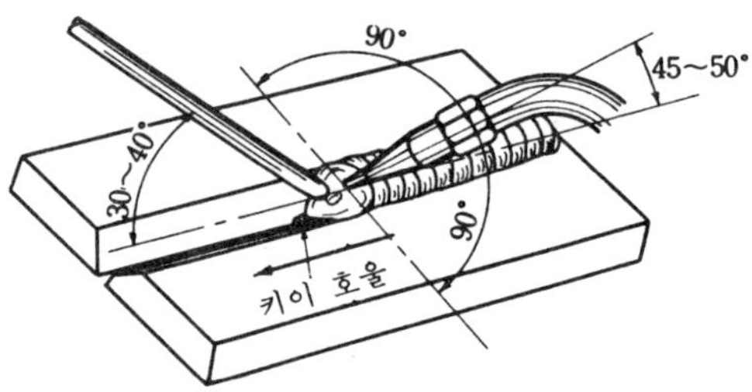

그림 3·39 좌진법의 팁과 용접봉의 각도

이 방법은 비이드와 용접봉 사이에 팁이 있어 불꽃이 용융 푸울(molten pool)의 앞쪽을 가열하기 때문에 용접부가 과열되기 쉽다. 이런 관계로 모재는 변형이 심하여 기계적 성질이 떨어지게 되고, 불꽃 때문에 용입이 방해되나 비이드의 표면은 매끈하게 된다.

이 용접 방법은 모재 두께 5 mm 이하의 맞대기 용접이나 모서리 용접에 사용하며, 또 비철금속(非鐵金屬)이나 주철 용접 등에 사용한다.

후진법은 그림 3·40 에 표시한 것과 같이 용접봉이 팁과 비이드 사이에 있어 토오치의 뒤를 용접봉이 따라가기 때문에 후진법(back hand welding) 또는 오른쪽으로 작업을 하기 때문에 우진법(右進法)이라고도 한다.

이 방법은 불꽃의 끝 부분이 홈의 밑 부분에 닿게 되어 용입(溶入)이 깊은 관계로 5 mm 이상의 두꺼운 모재의 용접에 사용하며, 용융 풀울을 가열하는 시간이 짧으므로 과열이 되지 않아 용접부의 기계적 성질이 우수하고 가스의 소비량도 적다. 그러나, 비이드의 표면은 좌진법과 같이 매끈하게 되기 어렵고 비이드의 높이가 커지기 쉽다.

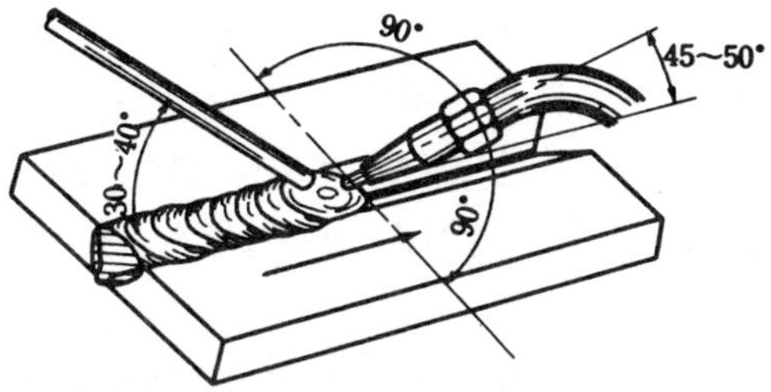

그림 3·40 우진법의 팁과 용접봉의 각도

그러므로, 전진법은 용접봉의 소비가 비교적 많고 용접 시간이 긴데 비하여 후진법은 용접봉의 소비가 적고 용접 시간이 짧다.

(4) 가스 용접 작업

용접 토오치와 용접봉을 사용하여 2개의 모재를 확실히 용접하려면 모재의 양 끝을 충분히 녹이고 용융 풀울은 언제나 용융 상태(溶融狀態)에 있게 하며, 적당한 시기에 알맞은 곳에 용접봉을 녹여서 첨가해야 한다.

용접부의 필요 조건은 다음과 같다.

① 모재 표면이 균일하고 깨끗해야 한다. 만약 먼지, 녹, 기름 등을 제거하지 않으면 기공, 용입 부족, 슬랙 섞임 등의 결함이 생기는 원인이 된다.

② 용착 금속(溶着金屬)의 용입이 균일할 것

③ 과열의 흔적이 없을 것

④ 용접부에 보충된 금속의 성질이 좋을 것

⑤ 슬랙, 기포 등이 없을 것

이상과 같은 것들을 생각하면서 깊은 주의와 정신을 집중해서 완전한 용접이 되도록 해야 한다. 또한, 초보자는 금속 표면의 산화물이 녹은 것을 모재가 녹은 것으로 착각하는 수가 있으므로 표면을 깨끗하게 하는 것이 좋다.

(5) 작업 완료시의 뒷처리

용접 작업이 완료된 후 토오치의 불을 다음과 같은 순서에 의해 불꽃을 끄고 작업을 한다.

① 토오치의 아세틸렌 밸브를 닫는다.

② 토오치의 산소 밸브를 닫는다.

③ 아세틸렌 용기의 고압 밸브를 닫는다.

④ 산소 용기의 고압 밸브를 닫는다.

⑤ 토오치의 아세틸렌 밸브를 열어 압력 조정기(壓力調整器), 호오스와 토오치 내의 잔류 가스를 방출시키고 밸브를 닫는다. 아세틸렌 압력 조정기의 조정 나사를 푼다.

⑥ 토오치의 산소 밸브를 열어 압력 조정기, 호오스 및 토오치 내의 잔류 산소를 방출시키고 밸브를 닫는다. 산소 압력 조정기의 조정 나사를 푼다.

⑦ 역화는 산소, 또는 아세틸렌 호오스 중에 혼합 가스가 있기 때문에 일어난다.

3·9·2 가스 용접의 기본 연습

가스 용접공이 되기 위해서는 최저 6개월 정도의 연습 기간이 필요하며, 처음 3개월은 연습판(練習板)에 기본 연습인 아래보기 용접을 표 2·18의 전기 용접의 기본 연습 과정표의 형식과 같이 약 100여 시간에 걸쳐 충분히 익히는데, 용접봉 1.6~3.2 mm를 약 20~30 kg 사용할 것이 필요하고, 이것이 끝나면 현장에서 숙련공의 조수로서 실지 연습을 하면 빠른 기간에 용접공이 될 수 있다. 수직 자세(垂直姿勢), 수평 자세(水平姿勢), 위보기 자세 용접은 아래보기 용접이 숙련이 되면 아주 쉽게 용접 기술을 습득할 수 있다.

3·9·3 아래보기 토오치 용접(flat torch welding)

용접봉을 사용하지 않고 평판의 표면을 녹여서 비이드를 만드는 방법이다.

(1) 용접 조건

강판(鋼板)의 두께 1.6~2.0 mm, 토오치의 팁의 번호 A1호 No 2 혹은 B호 200, 산소 압력 1.0 kg/cm², 아세틸렌 압력 0.2 kg/cm² 으로 한다.

(2) 토오치의 위치와 용접 요령

토오치에 불꽃을 점화하여 중성 불꽃으로 조정하고 그림 3·41과 같이 불꽃 흰색 부분(cone)을 조용히 강판의 표면에서 2~3mm가 될 때까지 접근하여

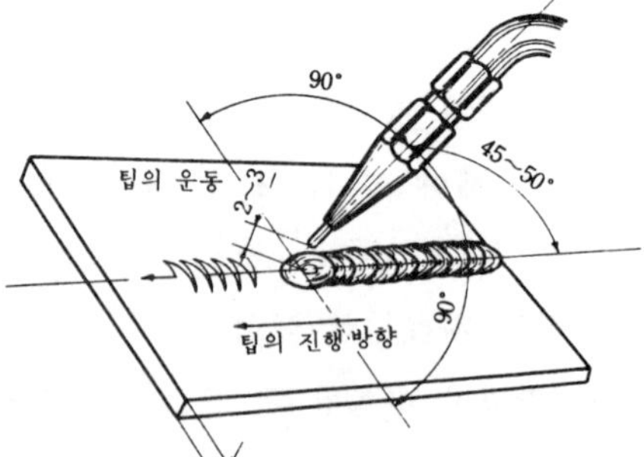

그림 3·41 팁을 겨누는 방법

표면을 용해시켜 용융 푸울이 되면 천천히 팁을 이동하면서 전진한다. 푸울의 폭을 일정하게 하기 위해서는 팁을 일정 속도로 전진시켜야 한다. 폭이 넓은 비이드를 만들 때는 팁을 좌우로 움직이든가 위이빙 비이드인 원형 운동을 시키면 된다.

(3) 팁의 조작 방법

직선 비이드를 만들기 위하여 가장 알맞게 팁을 움직이는 방법은 그림 3·42 (a)와 같이 팁의 높이, 운동 폭, 속도를 일정하게 하면, 그림 3·43의(a), (b)와 같은 양호한 비이드를 얻을 수 있으나, 팁을 때때로 그림 3·42 (b)와 같이 상하로 움직이게 되면 이것으로 용입이 부족하거나 용철이 떨어져(溶落) 구멍이 생기게 되며, 또 팁을 위로 올리게 되면 공기가 푸울에 접촉하여 용접부가 산화되어 취성의 성질을 가지게 된다.

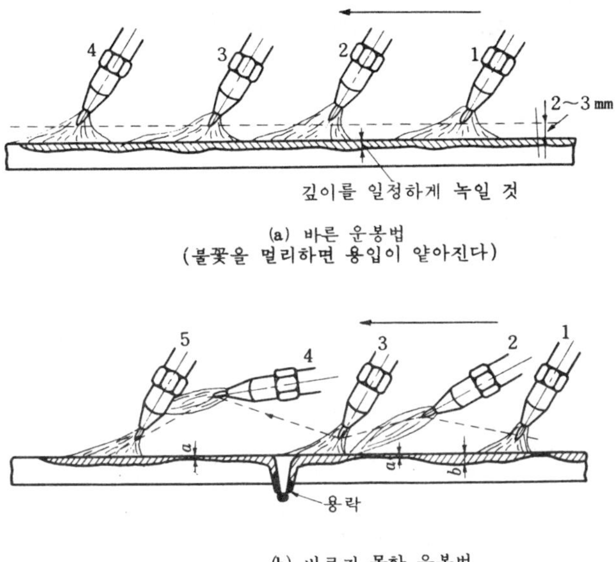

(a) 바른 운봉법
(불꽃을 멀리하면 용입이 얕아진다)

(b) 바르지 못한 운봉법
(불꽃을 가까이하면 용입이 깊어지고 용락이 생기며 구멍이 뚫린다)

그림 3·42 직선 비이드의 팁의 운봉법

용철은 불꽃의 바깥 불꽃에서 밖으로 나가지 않도록 하는 것이 매우 중요하다. 위이빙 비이드로 용접을 할 때 팁의 진행 속도가 빠르면 그림 3·44 (b)와 같이 비이드의 폭이 작고, 반대로 느리게 하면 비이드의 폭이 커진다. 그러므로, 그림 3·44 (a)와 같이 진행 속도를 일정하게 유지하면서 운동 폭을 일정하게 하면, 비이드의 폭과 용입도 일정하게 되어 양호한 비이드가 된다(그림 3·45).

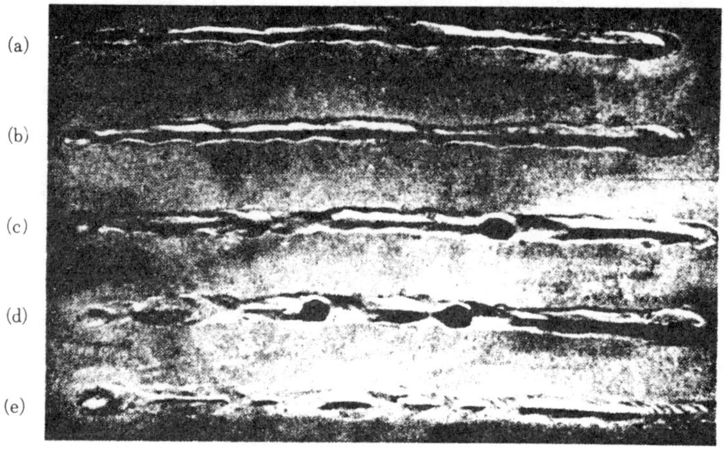

(a), (b) 약간 좋음 (c), (d), (e) 불량

그림 3·43 1.6 mm 강판의 직선 비이드 외관

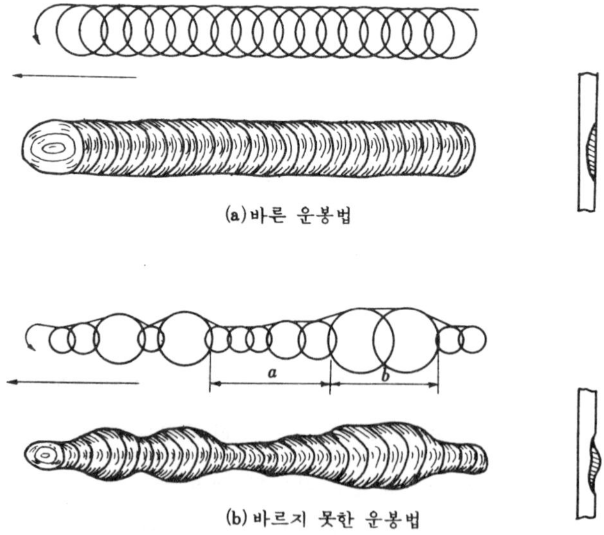

(a) 바른 운봉법

(b) 바르지 못한 운봉법

(a : 팁의 진행이 빠르다 b : 팁의 진행이 느리다)

그림 3·44 위이빙 비이드의 원형 운봉법

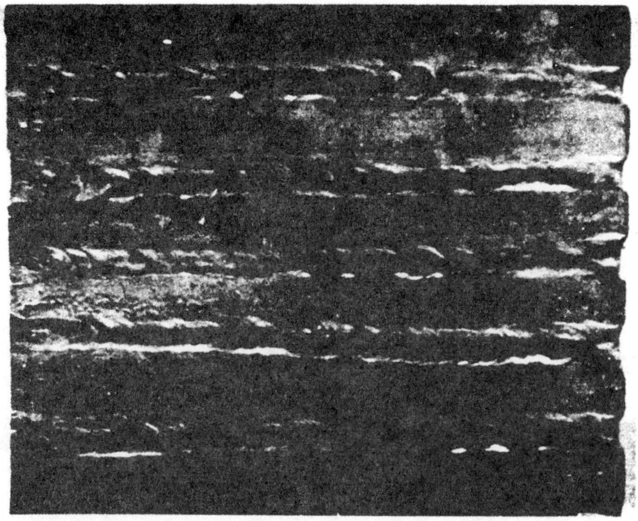

그림 3·45 3.2 mm 강판의 양호한 원형 비이드의 외관

3·9·4 아래보기 용접(flat welding)

용접봉을 사용하여 평판(平板)의 표면에 비이드를 만드는 방법이다.

(1) 용접 조건

강판의 두께 1.6~3.2 mm, 팁 번호 A1호 No 2 혹은 Bo호 200, 산소 압력(酸素壓力) 1.0 kg/cm², 아세틸렌 압력 0.2 kg/cm², 용접봉 지름 1.6~3.2 mm로 한다.

(2) 토오치의 위치와 용접 요령

그림 3·46과 같이 팁 및 용접봉의 각도를 만들어 연습판의 오른쪽 끝에 조용히 팁을 가까이 하여 표면을 예열(豫熱)함과 동시 용접봉의 끝을 불꽃 흰색 부분의 끝에서 약 10 mm까지 접근시킨다. 모재가 용융되어 푸울이 되는 것을 확인하고 용접봉을 재빨리 푸울 위로 2~3 mm까지 가져가 첨가한다. 용접봉과 모재가 충분히 용해되어 반달 모양의 비이드가 되는 것을 확인하고 팁을 일정한 높이 〔그림

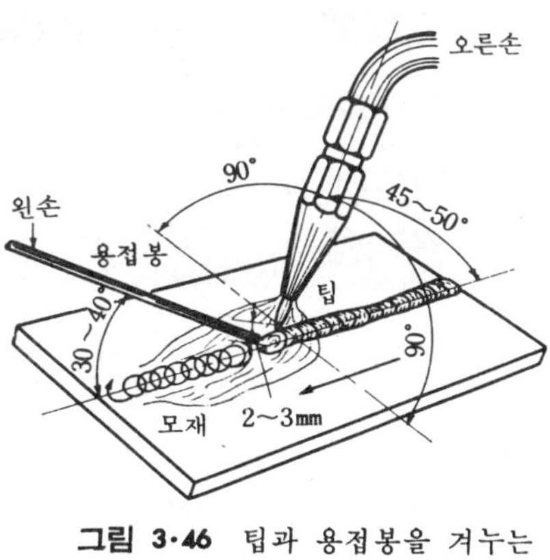

그림 3·46 팁과 용접봉을 겨누는 방법

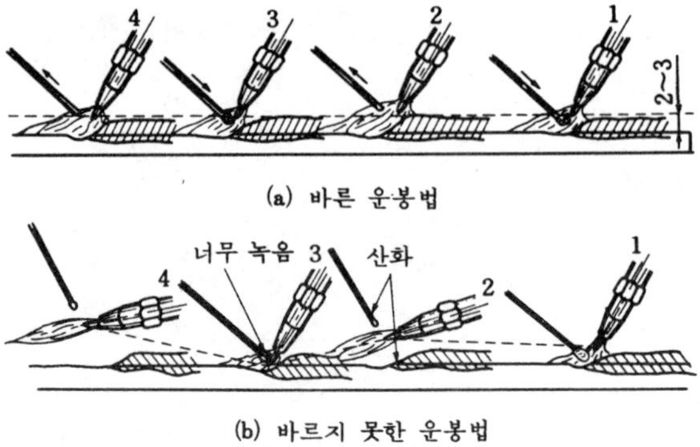

그림 3·47 팁과 용접봉의 운봉법

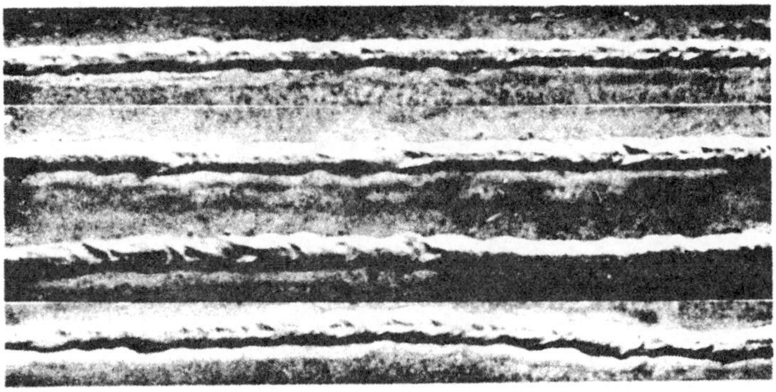

그림 3·48 1.6 mm 강판의 직선 비이드 외관

그림 3·49 3.2 mm 강판의 양호한 원형 비이드의 외관

3·47 (a)]로 유지하면서 일정한 속도로 6～8 mm 폭으로 원형 운동을 시키면서 왼쪽 방향으로 진행시킨다. 용접봉은 불꽃이 밖으로 나가지 않을 정도로 화살표 방향으로 넣었다 꺼냈다 하면서 비이드를 만든다.

가스 용접은 모재와 용접봉의 용융철(溶融鐵)이 한덩어리가 되어 비이드를 만드는 것이지만, 그림 3·47 (b)와 같이 용접봉을 너무 녹이든가 모재를 너무 녹여 모재가 과열되지 않도록 주의를 하여야 한다.

① 불꽃 흰색 부분(白心, cone)을 너무 기울이면 녹는 홈이 얕게 되고, 푸울이나 용접봉을 불꽃 밖으로 내어 놓으면 용융철이나 용접봉의 끝이 산화된다.

② 불꽃 흰색 부분을 너무 가까이 하면 모재가 지나치게 녹아 용융철이 녹아 떨어져 모재에 구멍이 생긴다. 그림 3·48과 49는 양호한 아래보기 용접의 외관을 나타내고 있다.

3·9·5 보스(boss)의 살올림 용접

용접봉을 평판의 표면에 살올림 용접으로 높이 쌓아올려서 보스 부분을 만드는 용접이다.

(1) 용접 조건

강판 두께 3.2 mm, 팁 번호 A1호 No 2 혹은 B1호 250, 산소 압력 1.5 kg/cm², 아세틸렌 압력 0.15~0.2 kg/cm², 용접봉의 지름 2~3.2 mm로 한다.

(2) 토오치의 위치와 용접 요령

그림 3·50은 보스의 살올림 용접을 나타낸 것이며, 용접봉을 지나치게 녹이면 측면이 늘어져 소정의 치수로 만들 수가 없다. 또, 아래층의 가열이 불충분할 때는 원추형으로 되기 쉬우므로 주의하지 않으면 안 된다. 얼핏 보기에는 쉬운 것 같으나 좀처럼 소정의 형상이나 치수로 만들기가 매우 어려우므로 세심한 주의가 필요하다.

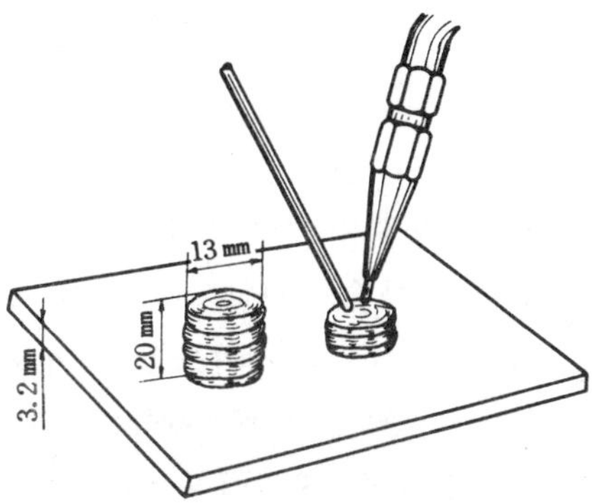

그림 3·50 보스의 살올림 용접

3·9·6 아래보기 I형 맞대기 용접

얇은 두께의 모재를 용접할 때에는 I형 맞대기 용접인 단층 용접(單層熔接)으로 한다.

(1) 용접 조건

강판의 두께 1.6~2.0 mm, 팁 번호 A1호 No 2 혹은 Bo호 200, 산소 압력 1.0 kg/cm², 아세틸렌 압력 0.5~0.2 kg/cm², 용접봉 지름 1.6~2.0 mm, 용접층 수는 1층으로 한다.

(2) 토오치의 위치와 용접 요령

그림 3·51 은 맞대기 용접의 가접(假接)을 하는 방법이다. 용접 금속은 냉각하는 데 따라서 수축을 하기 때문에 루우트의 간격 s는 용접이 진행하는 데 따라서 차차 좁아지게 되어 용접이 완료되기 전에 종단(終端)이 접촉하게 되므로, 이것을 방지하기 위하여 양단을 루우트의 간격 1.6 mm 로 하여 가접(假接)하든가 시작점의 루우트의 간격을 1.0~1.6 mm 로 하고, 끝단의 루우트의 간격을 용접 길이 1 m 에 대하여 6.4~9.5 mm 의 비율로 벌려 놓고 용접을 하는 것이 좋다.

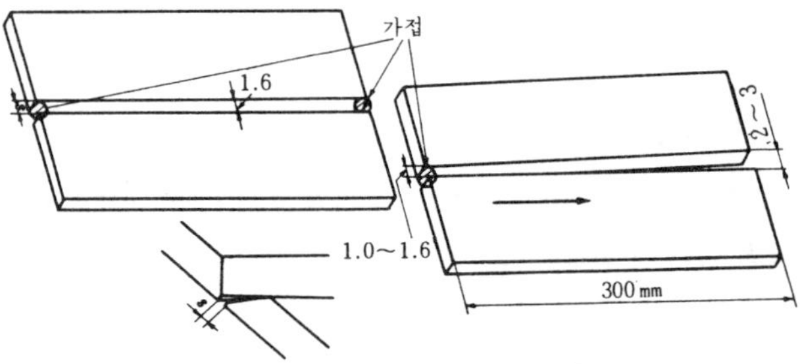

그림 3·51 맞대기 용접의 가접 치수

맞대기 용접의 제일 중요한 것은 그림 3·52 와 같이 루우트의 간격을 1.6~2.0 mm 의 가접을 하고, 뒷면까지 잘 녹아서 이면 비이드(reverse side bead, uranami bead)가 생기도록 주의를 하는 것이 좋다. 이면 비이드의 용접을 이파(裏波) 용접이라고도 하며, 좋은 이파 용접을 하기 위하여 양쪽의 루우트를 잘 녹이고 푸울(pool)의 끝에 작은 구멍(구멍의 생김새가 열쇠 구멍과 같이 되어 있기 때문에 키이 호울이라고도 한다)이 생기도록 하는 것이 필요하며, 이 키이 호울이 연속적으로 진행되어 용락이 되지 않도록 하면 이면에 좋은 파형의 비이드가 생기게 된다. 초보자는 얇은 판을 지나치

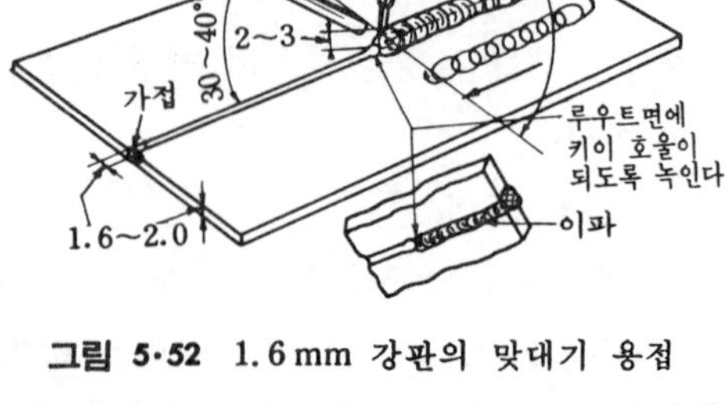

그림 5·52 1.6 mm 강판의 맞대기 용접

게 녹여서 용융철이 떨어져 큰 구멍을 생기게 하든가 용접봉을 너무 녹여 과도한 용적이 용융지(溶融池)를 매우게 되어 용입(penetration)이 불량하게 되므로 충분한 주의를 하여야 한다.

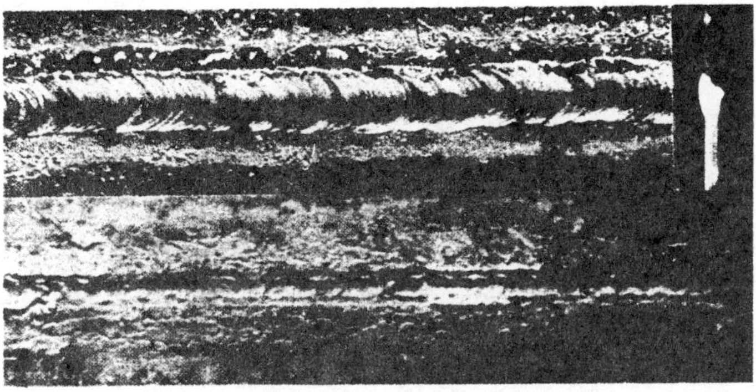

그림 3·53 용입이 양호한 비이드의 표면과 이면 비이드

그림 3·54 용입이 부족하고 용락이 생긴 이면 비이드

3·9·7 아래보기 V형 맞대기 용접

가스 용접의 가장 기본적인 용접 방법이므로 잘 익혀 두어야 한다.

(1) 용접 조건

강판의 두께 3.2 mm, 홈 형상 V형홈 60~70°, 팁 번호 A1호 No 3 혹은 B1호 250, 산소 압력 1.5 kg/cm², 아세틸렌 압력 0.15~0.2 kg/cm², 용접봉 지름 2~3.2 mm, 용접 층수는 2층으로 용접한다.

(2) 토오치의 위치와 용접 요령

그림 3·55와 같이 홈의 각도를 70°로 하고 V형 맞대기 용접은 제1층 비이드가 중요하므로 V형의 밑을 잘 녹여 이면에 용철이 잘 흘러내리도록 하여야 한다. 이것은 V형의 밑을 조금 파는 기분으로 녹여 용융지(溶融池)를

너무 크게 되지 않도록 하고, 용융지의 선단이 작은 구멍이 연속되면서 진행되는 속도로 전진한다. 용접봉을 용융지에 너무 밀어 넣으면 V홈의 밑부분이 녹기 전에 V형의 밑이 파묻혀서 용입이 부족하게 된다. 제 2층 용접은 제 1층 비이드를 잘 녹여서 V홈이 가득 차도록 용접하며 과열되지 않도록 주의를 하여야 한다.

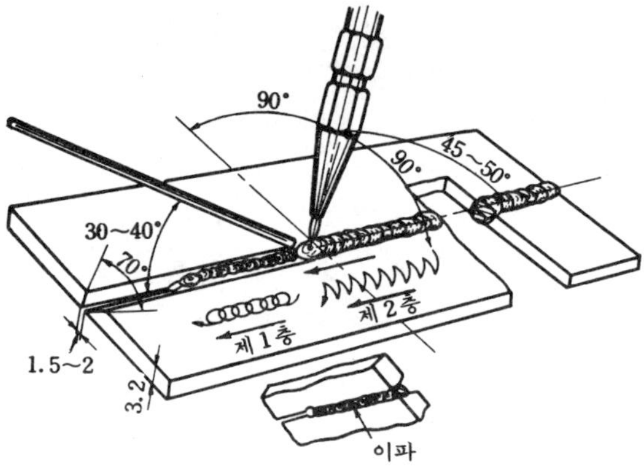

그림 3·55 3.2 mm 강판의 맞대기 용접

용접부를 과열하면 금속 조직이 거칠게 되어 취성의 성질을 가지게 된다. 또한 용접을 완료한 비이드의 표면을 평평하게 하기 위해서 몇 번이고 다시 녹이는 일이 있는데 이것은 용접부가 과열되므로 이런 일은 하지 않는 것이 좋다. 이 때 비이드의 높이는 모재 표면에서 2 mm 정도로 한다. 그림 3·56과

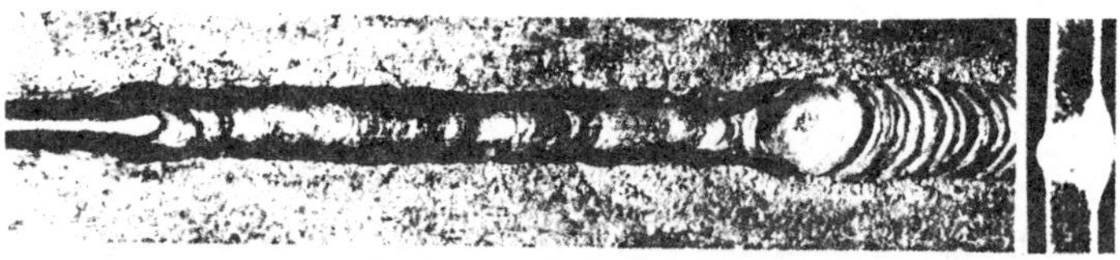

그림 3·56 좌진법에 의한 양호한 제 1층과 제 2층 비이드

그림 3·57 좌진법에 의한 양호한 비이드의 표면과 이면

57은 좌진법(左進法)에 의한 양호한 비이드의 표면과 이면의 외관(外觀)을 나타내고 있다. 그림 3·58은 우진법에 의한 양호한 비이드의 표면과 이면의 외관이다.

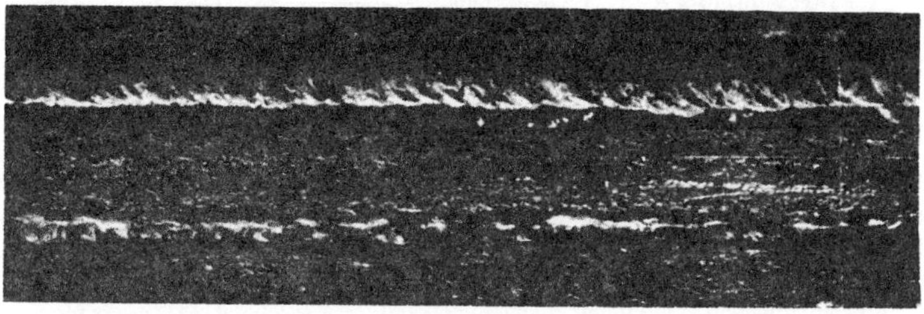

그림 3·58 우진법에 의한 양호한 비이드의 표면과 이면

(3) 6.0 mm 강판의 V형 맞대기 용접

용접 조건은 강판의 두께가 6 mm일 때, 홈 형상을 V형홈 60~70°로 팁 번호는 A1호 No 5 혹은 B1호 400, 산소 압력 1.5~2.0 kg/cm², 아세틸렌 압력 0.15~0.2 kg/cm², 용접봉 지름 3.2~4.0 mm, 용접 층수 2층으로 용접을 하면 된다. 용접 요령은 앞에서 설명한 3.2 mm 강판의 용접 요령과 같다.

3·9·8 아래보기 후강판(厚鋼板) V형 맞대기 용접

산소 아세틸렌 불꽃에 의한 두꺼운 판의 용접은 아아크 용접에 비해 용접 속도(熔接速度)가 느리고 비경제적인 관계로 6~9 mm 이상의 용접에는 별로 쓰이지 않으나 아아크 용접 설비가 없는 경우의 긴급 수리나 주철(鑄鐵)의 보수 용접 등의 두꺼운 물건을 용접하는 데 사용된다. 두꺼운 판의 용접은 시작

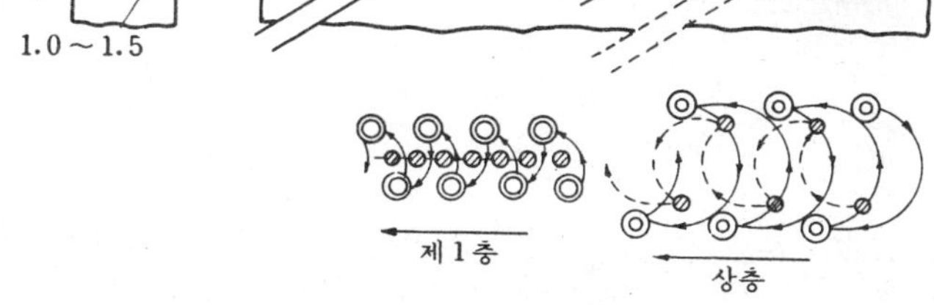

(a) 좌 진 법

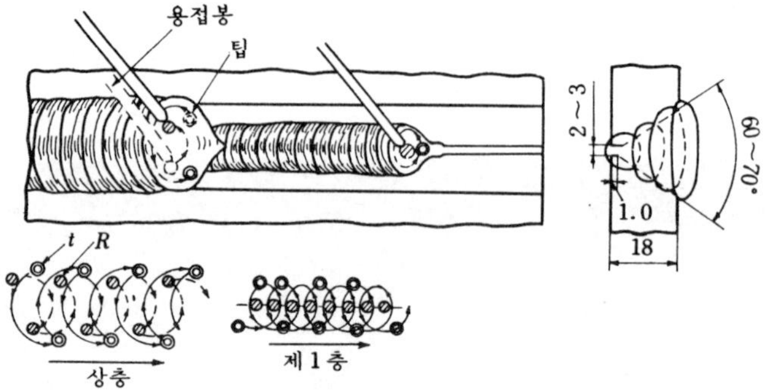

(b) 우 진 법

그림 3·59 후강판 팁과 용접봉의 운봉법

을 용이하게 하기 위해서 시작점에서 40~50 mm를 700~800°C의 불꽃으로 예열(豫熱)하는 것이 매우 중요하다. 두꺼운 판의 용접은 대체로 우진법(右進法)으로 하는 편이 좋다. 용접 요령은 그림 3·59 (a), (b)와 같이 제 1 층 비이드는 박판 용접(薄板熔接)과 같은 요령이지만 상층 비이드는 팁과 용접봉을 서로 반원 운동을 시키면서 용접한다. 그러나, 팁과 용접봉을 너무 크게

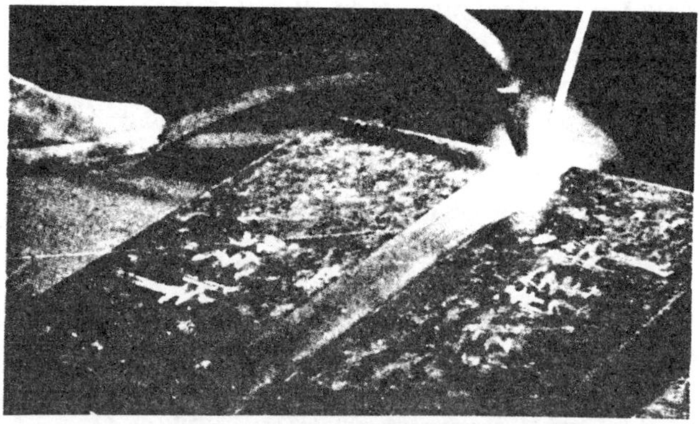

(a) 우진 용접법 외관

(b) 좌진법에 의한 비이드의 표면

(c) 우진법에 의한 비이드의 표면

그림 3·60 18 mm 후강판의 V형 맞대기 용접 비이드의 외관

운동시켜 푸울이나 용접봉 선단(先端)을 공기에 접촉시키지 않도록 주의를 하는 것이 좋다.

그림 3·60은 후강판 용접 비이드의 외관을 나타낸 것이다.

3·9·9 아래보기 모서리 용접

모서리 용접(corner welding)은 그림 3·61과 같이 강판의 끝과 끝을 어떤 각도로 맞대어 놓고 그 모서리 부분을 용접하는 방법이다.

(1) 용접 조건

강판의 두께 3.2 mm, 홈 각 90°, 팁 번호 A1호 No 3 혹은 B1호 250, 산소 압력 1.5 kg/cm², 아세틸렌 압력 0.15~0.2 kg/cm², 용접봉의 지름 3.2 mm, 용접 층수는 2층으로 한다.

(2) 토오치의 위치와 용접 요령

모재(母材)의 끝과 끝을 90°로 맞대고 용접부를 90°의 V홈을 만들어 루우

(a) 아래보기 모서리 용접 광경

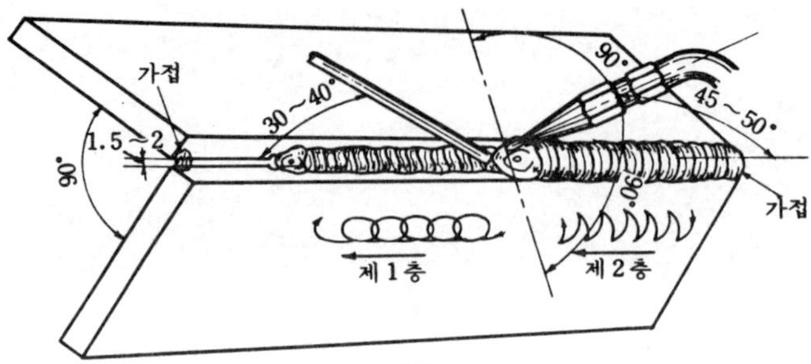

(b)

그림 3·61 아래보기 모서리 용접

트의 간격을 1.5~2 mm 정도 되게 하여 양끝을 가접(假接)한다. 용접 방법은 V형 맞대기 용접과 같은 요령으로 하여 제 1 층을 잘 용입시켜 이면(裏面) 비이드가 생기도록 한다. V형의 밑이 좁으므로 팁은 작은 원운동만을 시킨다. 제 2 층은 팁을 좌우로 가볍게 움직여 V 홈의 양측을 똑같게 녹여서 푸울에 용철을 충분히 채우면서 진행한다.

모서리 용접에서는 그림 3·62 와 같이 용입 불량이나 양끝이 녹아떨어지기 쉬우므로 언더컷이 되지 않도록 주의해야 한다.

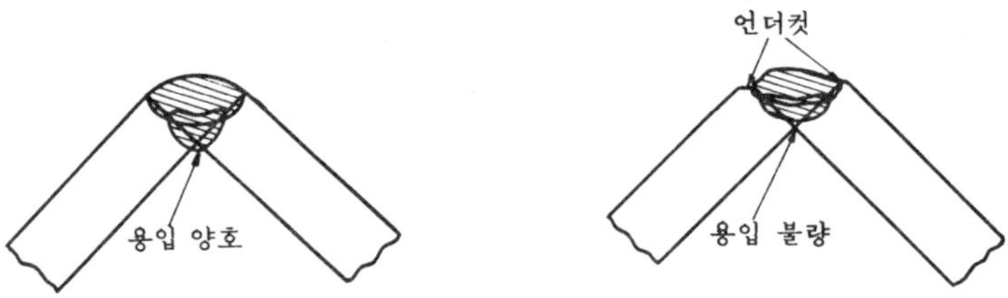

(a) 양 호 (b) 불 량

그림 3·62 모서리 용접의 양부

(a) 양호한 비이드의 표면

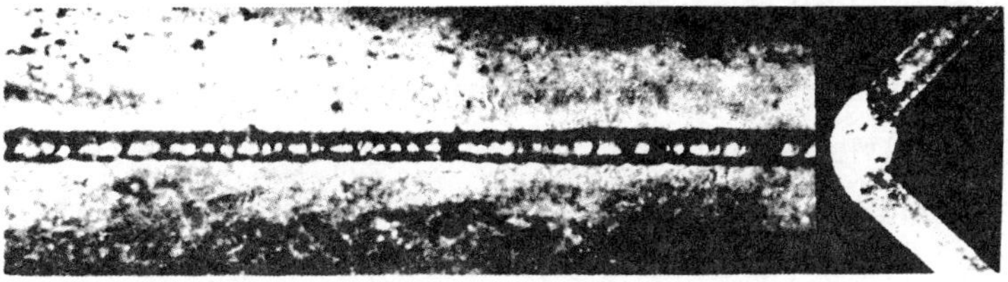

(b) 이면 비이드 및 단면

그림 3·63 양호한 모서리 용접의 표면과 이면 비이드의 외관

3·9·10 수평 필릿 용접(*H*-Fil)

수평 필릿 용접(horizontal fillet welding)은 평면에 놓인 강판에 다른 강판을 세워서 두 면을 가접하여 T 자형으로 조립하고 그의 모퉁이 부분을 고르게 용접하는 것을 말한다.

(1) 용접 조건

강판의 두께 3.2 mm, 팁 번호 A1 호 No 3, 혹은 B1 호 250, 산소 압력 2.0 kg/cm², 아세틸렌 압력 0.2 kg/cm², 용접봉의 지름 3.2 mm, 용접 층수는 1 층으로 한다.

(2) 토오치의 위치와 용접 요령

팁은 진행과 반대 방향으로 약 45° 경사시키고, 또 양쪽 판에 대해서도 그림 3·64 와 같이 각각 45°가 되도록 토오치를 겨눈다. 흰색 불꽃 부분은 모퉁이의 중심에서 1.5~2.0 mm 떨어져 수평판을 향하도록 한다. 이것은 수직판보다 수평판이 녹기 어렵기 때문이다.

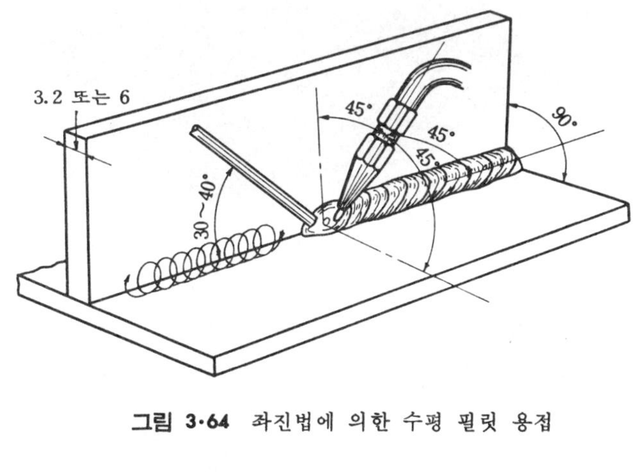

그림 3·64 좌진법에 의한 수평 필릿 용접

필릿 용접의 난점은 그림 3·66에 표시된 것과 같이 필릿부가 녹기 어렵고, 용입 부족이 되기 쉬운 일이다. 초심자는 특히 필릿부가 녹기 전에 용접봉을 첨가하므로 비이드는 브리지(bridge)가 되는 일이 많다. 그러나, 필릿부를 녹이기 위해 팁을 한 곳에 오래 멈추면 수직판쪽에 언더컷이 생긴다.

그림 3·65 수평 필릿 용접 광경

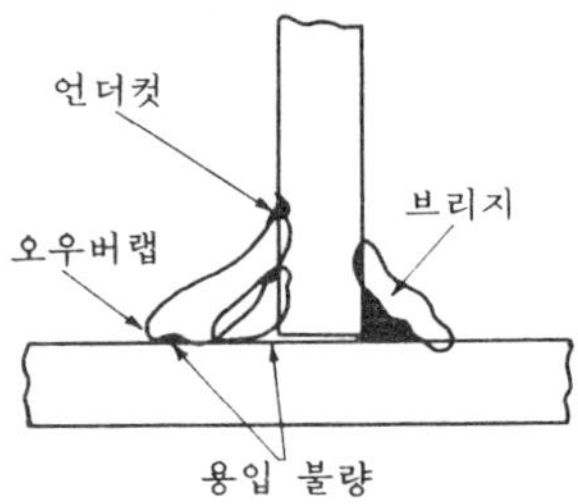

그림 3·66 필릿 용접의 결함

3·9·11 3.2 mm 강판의 겹치기 수평 필릿 용접

겹치기 수평 필릿 용접(lap horizontal fillet welding)은 2장의 강판을 수평면상(水平面上)에 겹쳐 놓고, 이 부분을 그림 3·67과 같이 고르게 용접하는 것을 말한다.

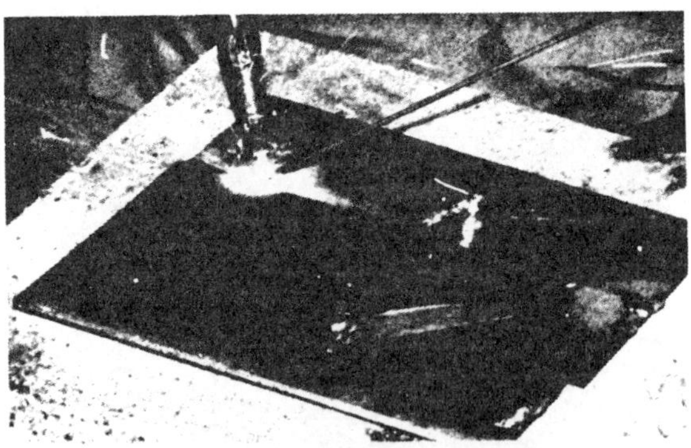

그림 3·67 겹치기 수평 필릿 용접

(1) 용접 조건

강판의 두께 3.2 mm, 팁 번호 A1호 No 5 혹은 B1호 250, 산소 압력 1.5 kg/cm², 아세틸렌 압력 0.15~0.2 kg/cm², 용접봉의 지름 3.2 mm, 용접 층수는 1층으로 한다.

(2) 토오치의 위치와 용접 요령

그림 3·68과 같이 양쪽 끝을 먼저 가접(假接)을 하고 토오치와 용접봉을 겨눌 때 밑판에 대해서 토오치를 약간 세우는 것이 좋다. 흰색 불꽃 부분은 작은 타원 운동을 시켜 밑판을 잘 가열하여 이것을 수평 필릿 용접과 같은 요령으로 한다.

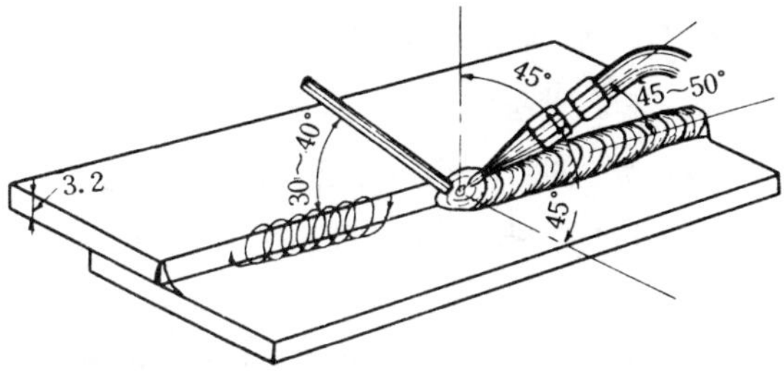

그림 3·68 좌진법에 의한 겹치기 용접 요령

겹치기 용접의 윗판의 모서리는 수평 필릿 용접의 수직판보다 더욱 빨리 용해되기 쉬우므로 밑판을 똑같이 녹여 용접하는 것은 대단히 어렵다. 그러므로, 충분한 연습을 쌓을 필요가 있다. 겹치기 필릿 용접의 곤란한 점은 수평 필릿 용접과 거의 같으며, 이 밖에 그림 3·69와 같이 윗판의 모서리가 대단히 빨리 녹아서 흘러떨어져 위쪽이 늘어짐과 동시에 오우버랩이 생기기 쉬운 것과 필릿의 아래쪽의 용입이 불량하게 되기 쉬운 일이다. 어깨가 늘어지는 것을 방지하기 위해서는 불꽃 흰색 부분이 직접 윗판의 모서리에 닿지 않도록 아래쪽을 크게 움직이지 말 것과, 또 불꽃은 용접봉으로 제어하는 것처럼 하면서 진행한다. 필릿 밑 부분의 용입 불량을 방지하기 위해서는 아래판에 충분한 푸울이 생긴 후 용접봉에서 용적을 공급하도록 한다.

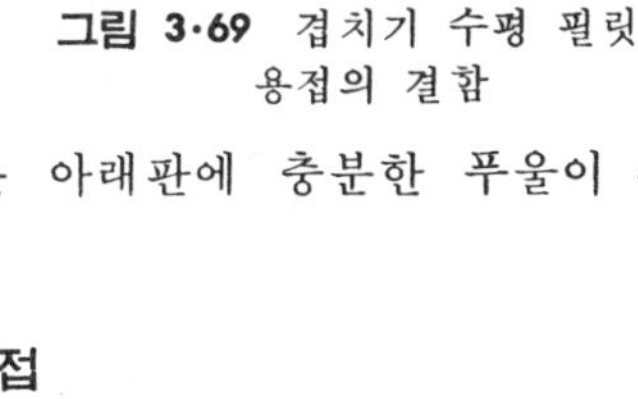

그림 3·69 겹치기 수평 필릿 용접의 결함

3·9·12 6 mm 강판의 겹치기 수평 필릿 용접

이 용접은 3.2 mm 강판의 겹치기 수평 필릿 용접의 경우와 같다.

(1) 용접 조건

강판의 두께 6 mm, 팁 번호 A1호 No 5 혹은 B1호 400, 산소 압력 1.5~2.0 kg/cm², 아세틸렌 압력 0.15~0.2 kg/cm², 용접봉의 지름 3.2~4.0 mm,

용접 층수는 1층으로 한다.

(2) 용접 요령

겹치기 수평 필릿 용접은 강판의 두께가 두꺼울수록 윗판의 모서리가 녹아내릴 위험성이 크므로, 이것을 방지하기 위하여 아래판을 바깥 불꽃으로 예열(豫熱)을 하고 팁의 위치를 아래판에 대하여 약간 세우며, 주로 아래판을 가열하여 충분한 푸울이 되도록 하면서 용접을 하여야 한다. 강판의 두께가 클수록 필릿 부분의 밑이 용입 불량이 되기 쉬우며, 또 브리지(bridge)가 되기 쉬우므로 충분한 주의가 필요하다. 이 용접은 맞대기 용접보다 비이드의 파형(波形)이 잘 갖추어지기가 어렵다. 그림 3·70은 우진법(右進法)에 의한 비이드의 양부를 나타낸 것이다.

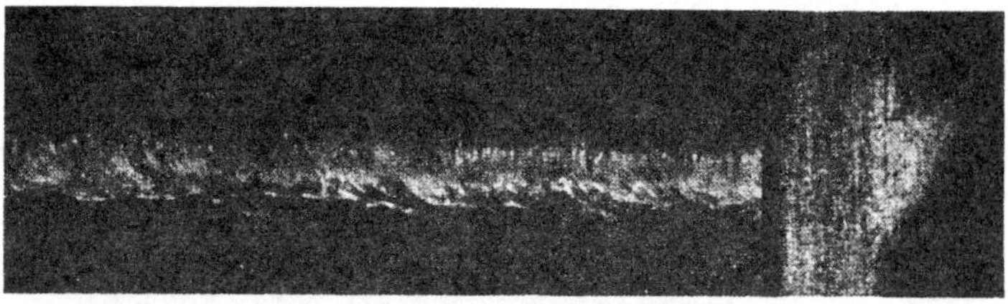

(a) 양호한 비이드

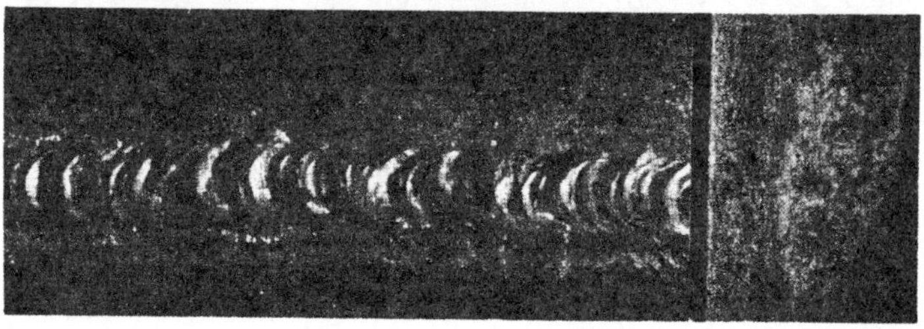

(b) 불량한 비이드

그림 3·70 우진법에 의한 겹치기 용접의 비이드 외관

3·9·13 수직 V형 맞대기 용접

수직 용접(vertical welding)은 수직면에서 행하는 용접을 말하나, 수직 뿐만 아니라 대체로 45°에서 135°까지를 말한다. 수직 용접의 연습은 처음부터 수직면을 용접하는 것은 매우 어려우므로 처음에는 45°로 경사시켜서 하고 점차 60°, 90° 135°로 변경시켜서 하는 것이 좋다.

(1) 용접 조건

강판의 두께 6 mm, 홈 형상은 V형홈 60~70°, 팁의 번호 A1호 No 7 혹은

B1 호 400, 산소 압력 1.5~2.0 kg/cm², 아세틸렌 압력 0.15~0.2 kg/cm², 용접봉의 지름 3.2~4.0 mm, 용접 층수는 2층으로 한다.

(2) 토오치의 위치와 용접 요령

(a) 용접 광경

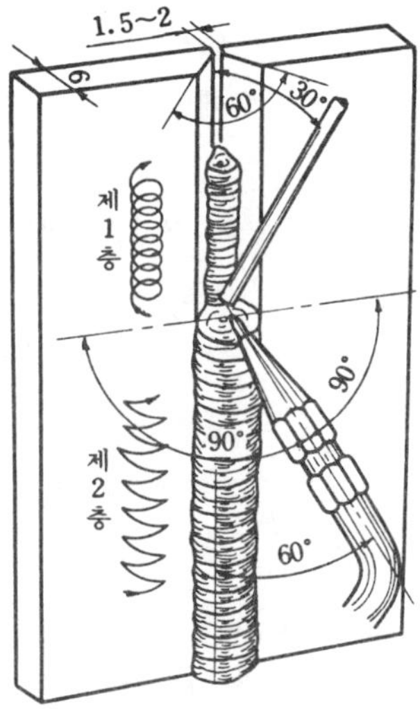

(b) 용접 요령

그림 3·71 상진 수직 용접

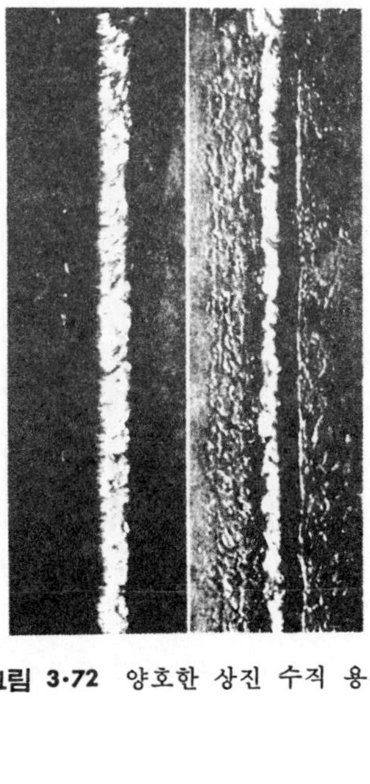

그림 3·72 양호한 상진 수직 용접

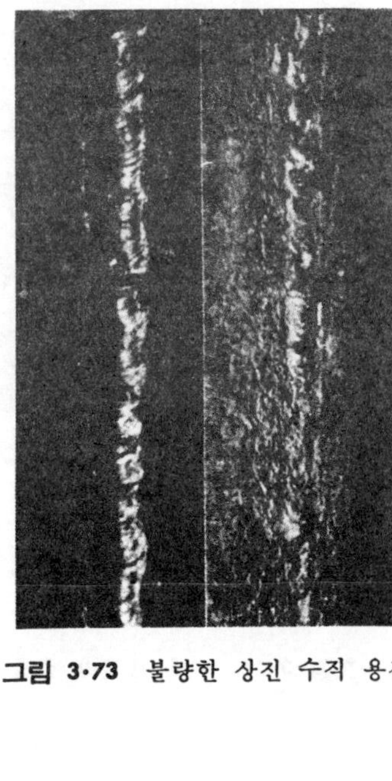

그림 3·73 불량한 상진 수직 용접

수직 용접은 그림 3·71 과 같이 대체로 아래쪽에서 위쪽으로 용접을 진행하는데 이런 방법을 상진 용접법(upper welding)이라 한다. 팁을 모재에서 약 60° 경사시켜서 위로 진행하며, 용접봉을 너무 녹이면 용융철이 흘러내릴 염려가 있으므로 주의를 하면서 제 1 층 비이드는 가는 용접봉(3.2 mm)을 써서 팁을 작은 원 운동으로 약간 빠르게 움직이면서 푸울의 끝에 키이 호울을 만들어 이 키이 호울에 용접봉이 녹은 용철(溶鐵)을 쌓아올리면서 용접을 진행한다. 이와 같이 하면 이면 비이드가 잘 나타나 용입이 양호해진다.

제 2 층 비이드는 제 1 층 비이드를 잘 녹여 V 홈을 충분히 채우는 일이 중요하나 용철이 아래로 흘러내려 언더컷과 오우버랩이 생기어 비이드가 거칠게 되기 쉬우므로 주의를 하지 않으면 안 된다.

3·9·14 수직 모서리 용접

강판의 끝과 끝을 어떤 각도로 맞대어 놓고 그 모서리를 수직 자세 용접(垂直姿勢熔接)으로 하는 것을 말한다.

(1) 용접 조건

강판의 두께 6 mm, 팁 번호 A1 호 No 7 혹은 B1 호 400, 산소 압력 1.5~2.0 kg/cm², 아세틸렌 압력 0.15~0.2 kg/cm², 용접봉 지름 3.2~4 mm, 용접 층수는 2 층으로 한다.

그림 3·74 수직 모서리 용접 광경

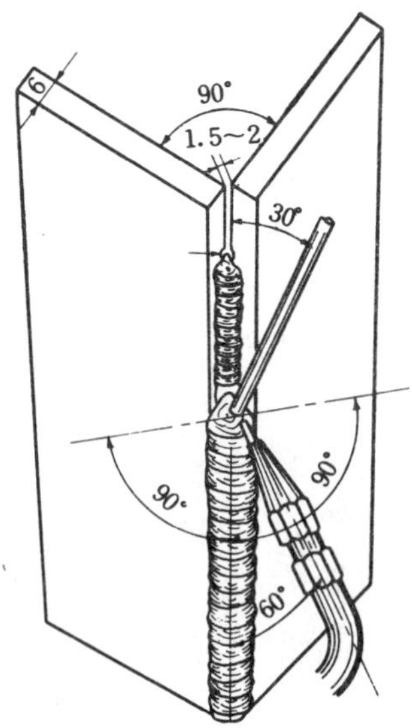

그림 3·75 수직 모서리 용접

(2) 토오치의 위치와 용접 요령

수직 모서리 용접은 그림 3·75와 같이 제1층은 수직 V형 용접의 제1층과 같은 요령으로 하면 되고, 제2층은 용융철이 흘러내리어 비이드의 높이가 크게 되든가 강판의 모서리가 녹아내려 언더컷이 되기 쉬우므로 과열하지 않도록 충분한 주의를 하여야 한다. 그림 3·76은 수직 모서리 용접의 양부를 표시한다.

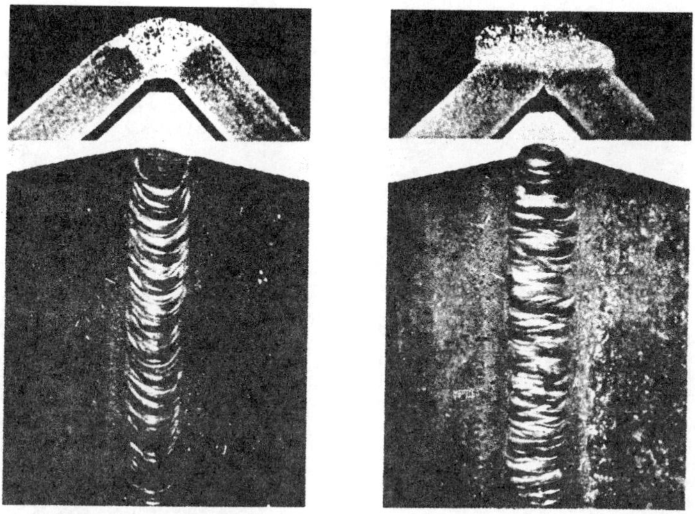

(a) 양호한 비이드 (b) 불량한 비이드

그림 3·76 수직 모서리 용접의 양부

3·9·15 수직 T형 필릿 용접

수직 평면에 세운 강판 위에 다른 강판을 세워서 그 면을 가접(假接)으로 T자형 조립을 하고 그 모퉁이 부분을 수직 용접하는 것이다.

(1) 용접 조건

강판의 두께 6 mm, 팁의 번호 A1호 No 7 혹은 B1호 400, 산소 압력 1.5~2.0 kg/cm², 아세틸렌 압력 0.15~2.0 kg/cm², 용접봉의 지름 3.0~4.0 mm, 용접 층수는 1층으로 한다.

(2) 토오치의 위치와 용접 요령

그림 3·78과 같이 팁과 용접봉의 위치를 정하고 수직 V형 용접 요령과 같

그림 3·77 수직 T형 필릿 용접 광경

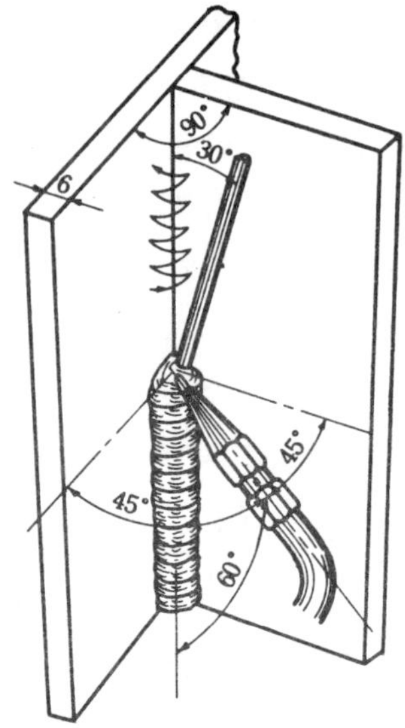

그림 3·78 수직 T형 필릿 용접 요령

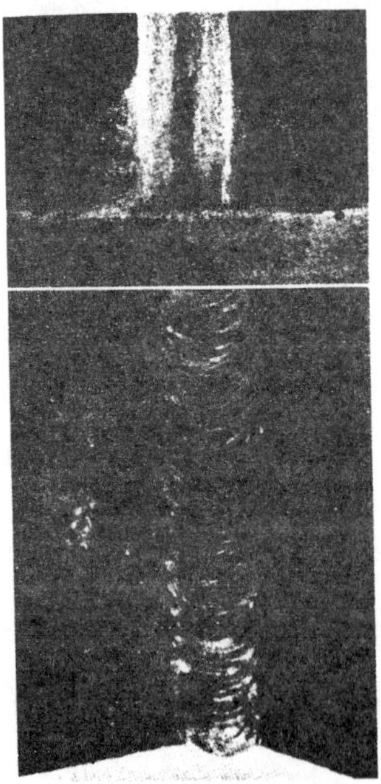

(a) 양호한 비이드

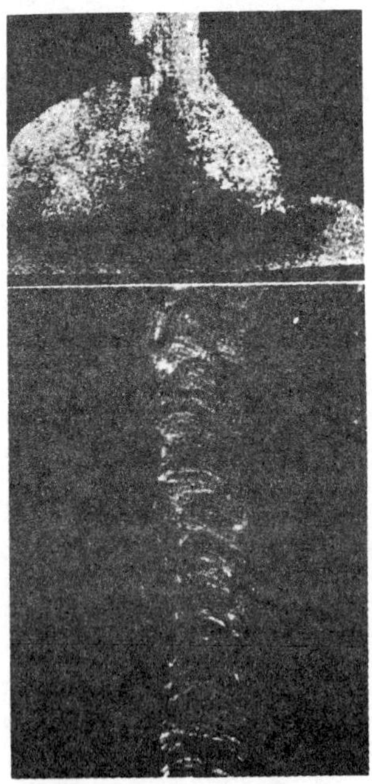

(b) 불량한 비이드

그림 3·79 수직 T형 필릿 용접의 양부

이 하면 된다. 그런데 모퉁이 구석 부분을 용해하기가 매우 어려우므로 세심한 주의를 하면서 용입의 부족이 없도록 하고, 한 곳에 팁을 오래 머물게 하면 용융철(溶融鐵)이 흘러내리어 비이드의 높이가 과대하게 되므로 주의를 하여야 한다.

3·9·16 수직 겹치기 필릿 용접

두 장의 강판을 수직면상(垂直面上)에 겹쳐 놓고 겹쳐진 부분을 용접하는 것이다.

(1) 용접 조건

강판의 두께 6 mm, 팁 번호 A1 호 No 7 혹은 B1 호 400, 산소 압력 1.5~2.0 kg/cm², 아세틸렌 압력 0.15~0.2 kg/cm², 용접봉 지름 3.2~4.0 mm, 용접 층수는 1 층으로 한다.

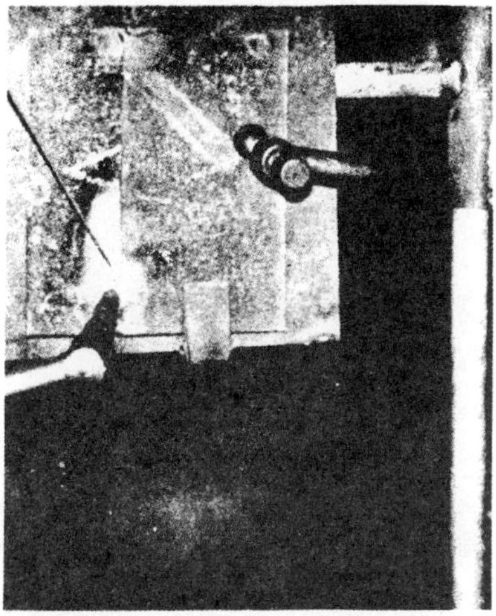

그림 3·80 수직 겹치기 용접 광경

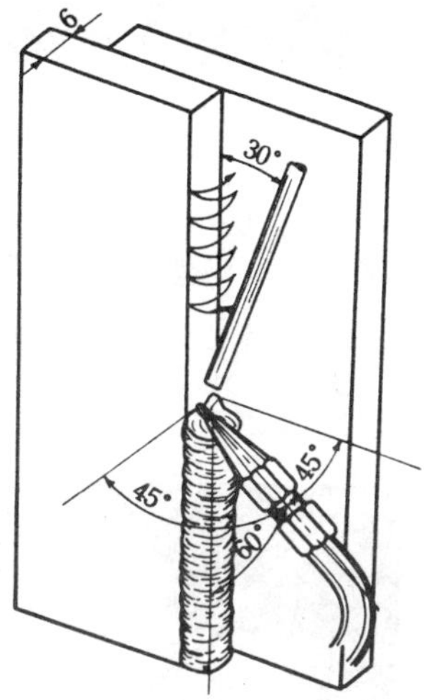

그림 3·81 수직 겹치기 용접 요령

(2) 토오치의 위치와 용접 요령

그림 3·81 과 같이 용접봉과 팁의 위치를 정하고 용접을 할 때 겹쳐진 윗판은 모서리가 잘 녹아서 용융철(溶融鐵)이 흘러내린다. 이것을 방지하기 위하여 백심(白心) 불꽃을 밑판의 구석 부분에 대면서 작은 상진 반달형 운봉법(上進半月形運棒法)으로 운동을 한다. 이 용접도 필릿 용접과 같이 구석 부분의 용해가 어려우며, 용입의 불량이 되기 쉽다.

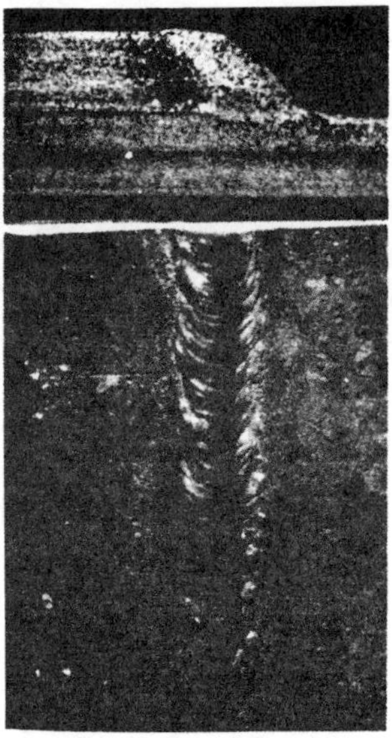

(a) 양호한 비이드

(b) 불량한 비이드

그림 3·82 수직 겹치기 용접 비이드의 양부

3·9·17 수평 V형 맞대기 용접

모재의 용접선을 수평면상에 맞대어 놓고 강판을 용접하는 것이다.

(1) 용접 조건

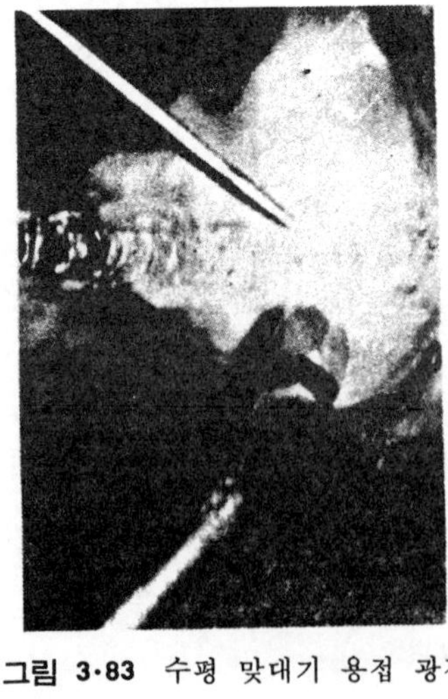

그림 3·83 수평 맞대기 용접 광경

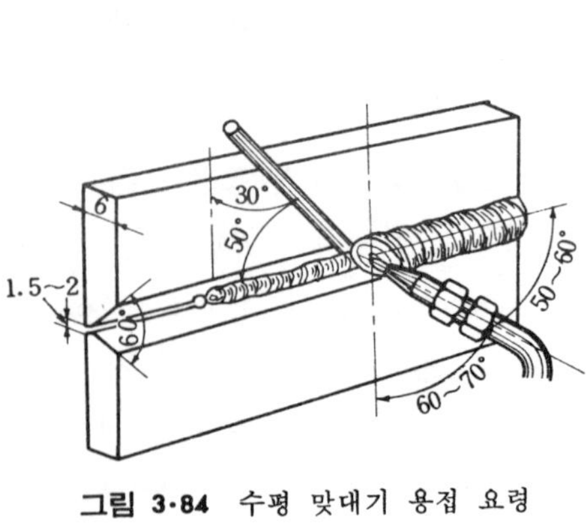

그림 3·84 수평 맞대기 용접 요령

강판의 두께 6 mm, 홈 형상 V형 60~70°, 팁 번호 A1호 No 7 혹은 B1호 400, 산소 압력 1.5~2.0 kg/cm², 아세틸렌 압력 0.15~0.2 kg/cm², 용접봉의 지름 3.2~4.0 mm, 용접 층수는 2층으로 한다.

(2) 토오치의 위치와 용접 요령

그림 3·84와 같이 강판을 눈 높이의 수평면상에 고정하고 제 1층은 팁을 용접 진행 방향과 반대로 경사지게 하여 위쪽에 세운 용접봉을 재빠르게 녹이면서 작은 타원 운봉법으로 작업을 진행한다. 이 때에 용융지(溶融池)는 작은 구멍을 만들어 이면(裏面) 비이드가 생기도록 하여야 하며, 용융철(溶融鐵)이 너무 많이 흐르면 흘러내려 용입 부족이 된다. 제 2층은 제 1층의 표면을 충분히 용해시키면서 팁을 타원형으로 운봉한다. 그렇지 않으면 비이드의 위쪽은 언더컷, 아래쪽은 오우버랩이 생기게 되므로 주의를 하여야 한다. 그림 3·85는 수평 용접의 결함을 표시한다.

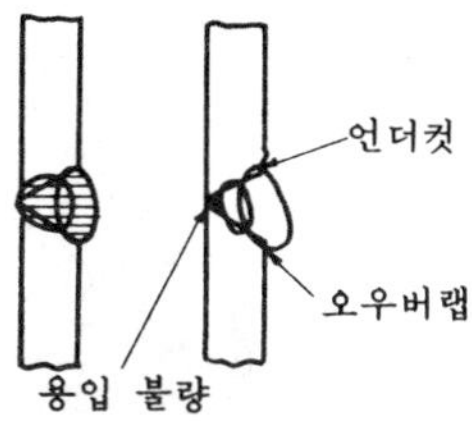

그림 3·85 수평 용접의 결함

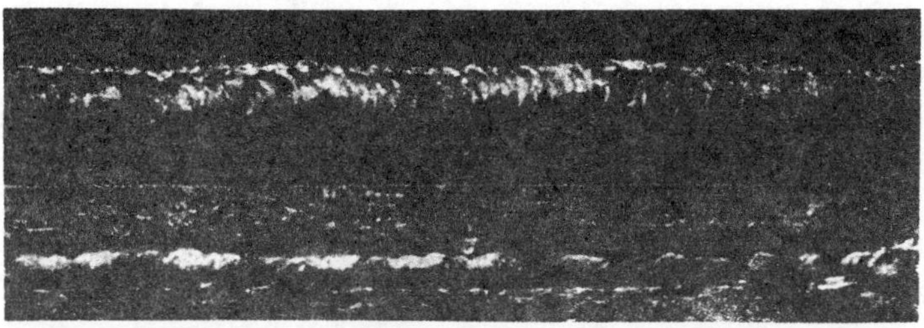

(a) 양호한 비이드

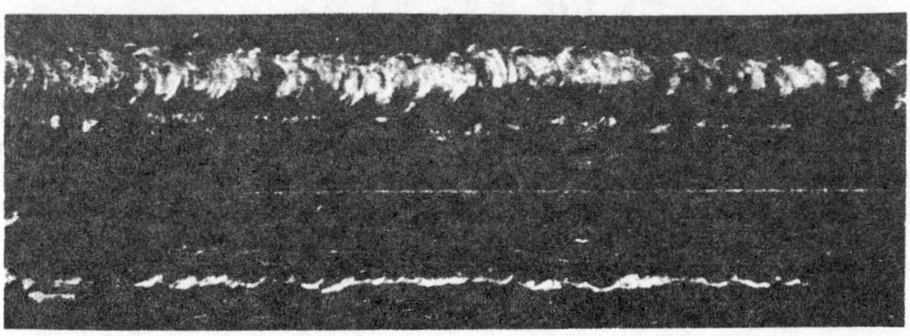

(b) 불량한 비이드

그림 3·86 수평 V형 맞대기 용접 비이드의 양부

3·9·18 위보기 V형 맞대기 용접

위보기 용접(overhead welding)은 아래에서 천정을 향하여 용접을 하는 것이다. 구조물의 형태에 따라 선 자세와 앉은 자세로 작업을 하며, 어느 것이나 안정된 자세를 가지고 하는 것이 중요하다.

(1) 용접 조건

강판의 두께 6 mm, 홈 형상 60~70°, 팁의 번호 A1 호 No 7 혹은 B1 호 400, 산소 압력 1.5~2.0 kg/cm², 아세틸렌 압력 0.15~0.2 kg/cm², 용접봉 지름 3.2~4.0 mm, 용접 층수는 2층으로 한다.

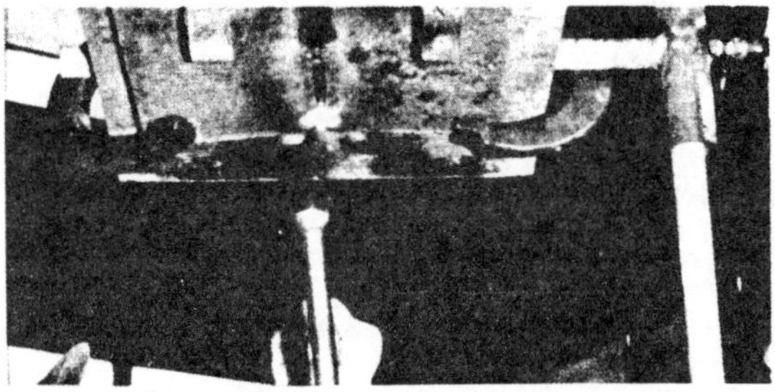

그림 3·87 위보기 용접의 광경

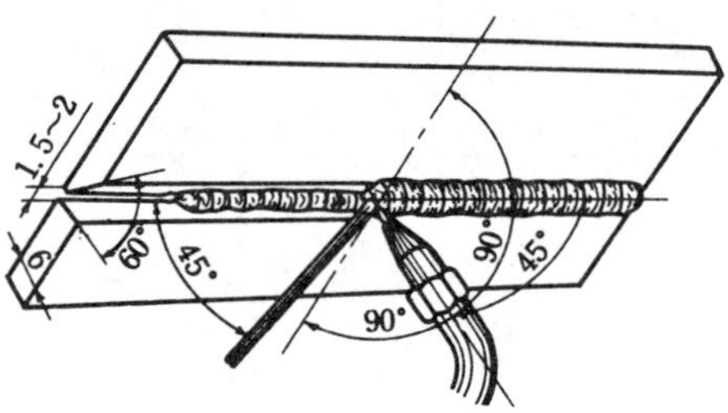

그림 3·88 위보기 용접 요령

(2) 토오치의 위치와 용접 요령

그림 3·88과 같이 팁과 용접봉을 겨누고 제 1 층 비이드는 이제까지의 용접 요령과 같으며, 용융지(溶融池)의 선단(先端)에 키이 호울이 생기도록 하면서 이면(裏面)까지 잘 용입이 되게 용접을 해야 한다. 위보기 용접은 용융철이 용락(溶落)되기 쉬우므로 너무 많이 녹이지 않도록 주의를 하고, 팁을 한 곳에 너무 오래 머물지 않도록 밤형 운봉법(栗形運棒法)으로 팁과 용접봉을 교대로 일정하게 움직이면서 용융철이 몰려서 아래로 떨어지려고 할 때는 용접봉 끝으로 누르는 것같이 하여 첨가하면서 불꽃으로 불어올려 잘 조절을 한

다. 제2층 비이드는 특히 용융철이 많아 용락되기 쉬워 오우버랩이 생길 위험성이 있으므로 충분한 연습이 필요하다.

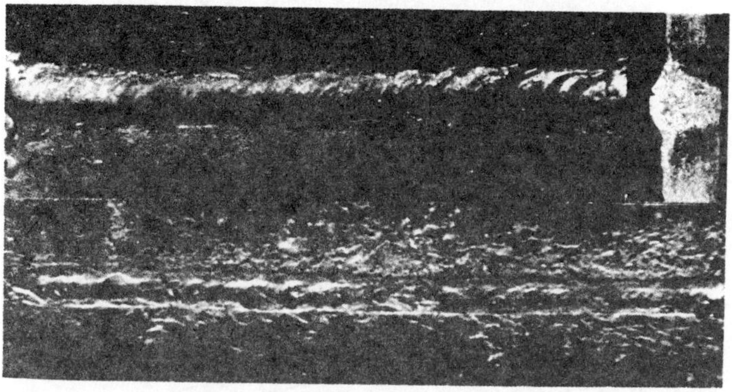

(a) 양호한 비이드

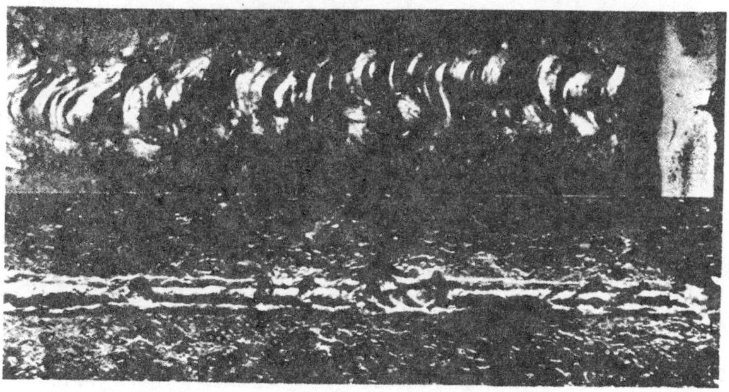

(b) 불량한 비이드

그림 3·89 위보기 용접 비이드의 양부

3·9·19 위보기 T형 필릿 용접

윗면에 평행인 강판 위에 다른 강판을 세우고, 그 면을 가접(假接)으로 T자형 조립(組立)을 하여 그 모퉁이를 위보기 용접을 하는 것이다.

(1) 용접 조건

강판의 두께 6 mm, 팁 번호 A1호 No 7 혹은 B1호 400, 산소 압력 1.5~2.0 kg/cm², 아세틸렌 압력 0.15~0.2 kg/cm², 용접봉의 지름 3.2~4.0 mm, 용접 층수는 1층으로 한다.

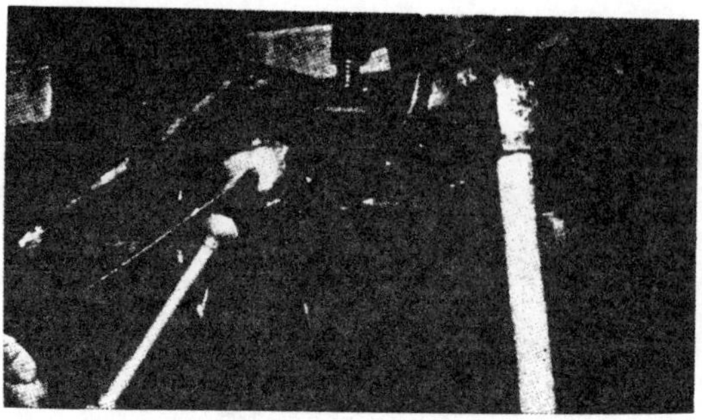

그림 3·90 위보기 T 형 용접 광경

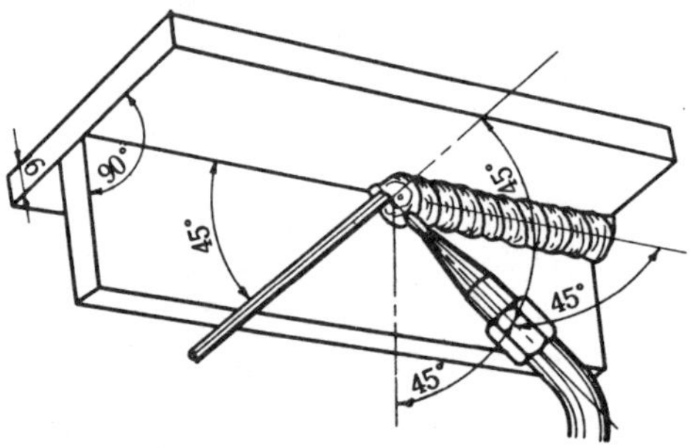

그림 3·91 위보기 T 형 용접 요령

(2) 토오치의 위치와 용접 요령

그림 3·90과 같이 팁과 용접봉을 겨누고 밤형 운봉법으로 구석 부분을 잘 녹이고 용입을 좋게 하기 위하여 용접봉의 용적(溶滴)과 모재(母材)의 용철이 용락되지 않도록 불꽃으로 밀어올리며, 용융철이 표면 장력(表面張力)으로 끌어올려 붙이는 요령으로 용접을 하여야 한다.

3·9·20 수평 회전(水平回轉) 강관의 용접

가스 용접으로 시공하는 강관(鋼管)은 지름이 작고, 두께가 얇은 것이 대부분이며 수도와 가스 배관, 파이프 구조물 등의 용접에 이용된다. 강관의 용접은 강판(鋼板)의 용접처럼 뒷면에서도 용접하는 것이 어려우므로 대부분 한쪽 용접을 한다. 따라서, 강관의 용접은 특히 뒷면까지 충분히 용입되어야 한다. 연습도 이 점에 중점을 두고 용접하지 않으면 안 된다. 또, 강관이 수평 또는 수직으로 고정되어 있는 경우의 용접은 더욱 어렵다. 특히 수평 고정관(水平固定管)의 용접 자세는 용접의 진행과 동시에 위보기, 수직, 아래보기로 변하게 되므로 팁의 각도나 불꽃 조정 등에 충분한 연습을 쌓아야 한다.

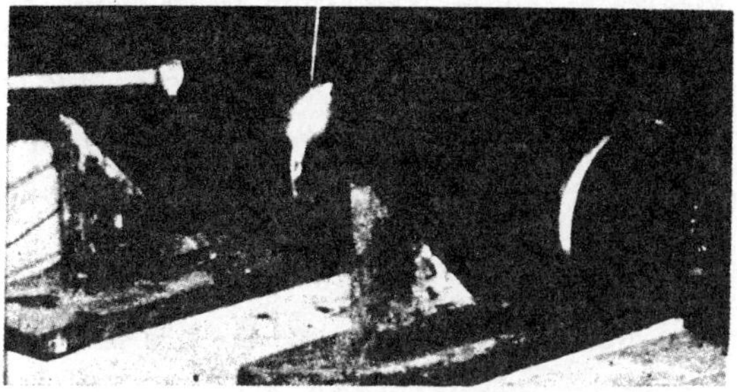

그림 3·92 수평 회전 강관의 용접 광경

(1) 용접 조건

강관은 바깥 지름 100 mm, 모재 두께 4 mm, V형 홈 60~70°, 팁의 번호 A1호 No 5 혹은 B1호 250, 산소 압력 1.5 kg/cm², 아세틸렌 압력 0.15~0.2 kg/cm², 용접봉의 지름 3.2~4.0 mm, 용접 층수는 2층으로 한다.

(2) 토오치의 위치와 용접 요령

파이프의 끝을 V홈으로 만들어 2개의 강관(鋼管)을 서로 맞대어 루우트 간격 1.5~2 mm로 하여 먼저 주위를 4등분하여 가접을 한다. 이것을 그림 3·93에 표시한 것처럼 로울러에 올려 놓고 자유로이 회전시킬 수 있도록 하여 항상 용접을 하기 쉬운 위치에서 용접을 한다. 용접의 요령은 아래보기 맞대기 용접과 똑같은 요령으로 하며, 용접 개시 위치(熔接開始位置)는 관의 제일 위쪽에서 25~30° 아래에 내려와 시작하여 파이프를 화살표 방향으로 회전

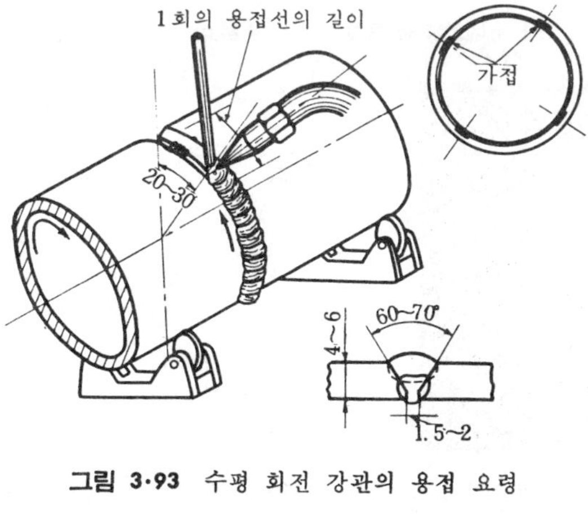

그림 3·93 수평 회전 강관의 용접 요령

하면서 위쪽으로 향해 진행한다.

1회의 용접선(熔接線)의 길이는 50~60 mm 가 적당하고 강관의 맨 위까지 하는 것이 좋다. 길이가 너무 길면 용접선이 파이프의 최상부를 넘어서 내리받이 고개로 되어 용철이 흘러 떨어져서 용입(溶入)이 부족하게 되기 쉽다. 그러므로, 강관(鋼管)을 회전시킬 때마다 푸울이 냉각하므로 비이드를 계속할 때는 크레이터를 충분히 녹이고 이음이 잘 되도록 한다. 용접부의 기밀(氣密)이 누설되든가 수압(水壓)이 누설되는 원인은 거의가 이 비이드의 이음이 되는 부분에서 일어난다. 그리고, 제 2 층 비이드는 V 홈의 양쪽과 제 1 층 비이드를 충분히 녹이면서 진행하는 것은 물론이지만 특히 제 1 층 비이드의 이음이 되는 부분을 주의 깊게 충분히 녹여야 한다.

3·9·21 수평 고정(水平固定) 강관의 용접

이 용접은 전자세 용접(AP: all position welding)으로서 강관의 일단(一端)을 고정하고 원둘레의 용접선(熔接線)을 따라 용접의 진행과 더불어 위보기, 수직, 아래보기 자세로 용접을 하는 것이다.

(1) 용접 조건

강관(鋼管)은 바깥 지름 100 mm, 관 두께 4 mm, V 형 홈 60~70°, 팁 번호 A1 호 No 5 혹은 B1 호 250, 산소 압력 1.5 kg/cm², 아세틸렌 압력 0.15~0.2 kg/cm², 용접봉 지름 3.2~4.0 mm, 용접 층수는 2층으로 한다.

(2) 토오치의 위치와 용접 요령

그림 3·94 와 같이 일단(一端)을 고정하고 전자세 용접을 한다. 용접의 시작은 강관(鋼管)의 맨 아래쪽에서부터 시작하며 왼편 돌림과 오른편 돌림으로

그림 3·94 수평 고정 강관의 용접 자세

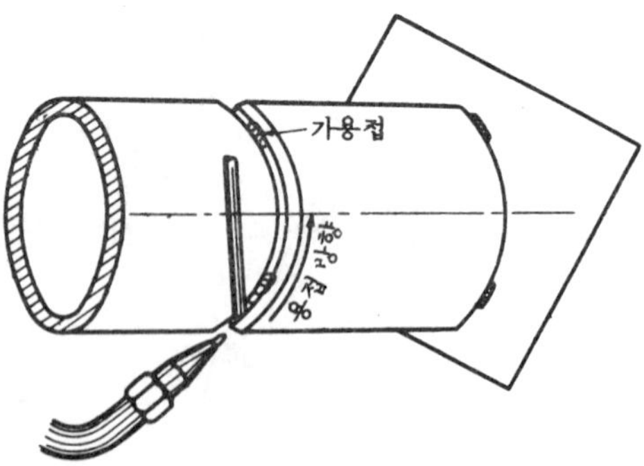

그림 3·95 수평 고정 강관의 용접 요령

나누어 위를 향하여 진행한다. 고정 강관(固定鋼管)은 용접 진행중에 용접 자세가 연속적으로 변화하기 때문에 팁과 용접봉의 각도에 대하여 세심한 주의를 하여야 한다. 그리고, 이 용접은 위보기 자세일 때에는 용철이 흘러 떨어

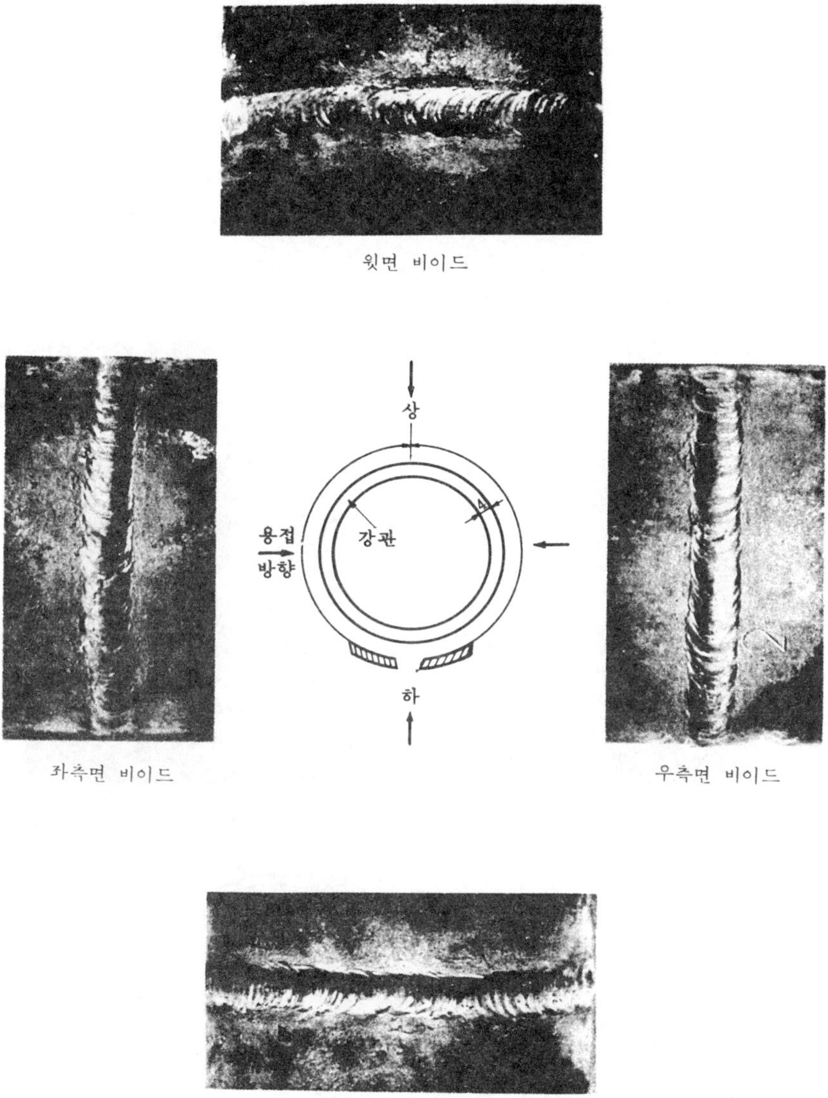

그림 3·96 수평 고정 강관의 양호한 용접 비이드

지며, 수직 자세일 때는 비이드의 중앙부가 높아지고 양쪽에 언더컷이 되기 쉬우므로 충분히 주의를 하여야 한다. 그림 3·96은 숙련된 용접공의 용접 결과로서 각 표면의 비이드가 양호한 것이다.

3·9·22 수직 고정(垂直固定) 강관의 용접

강관을 수직으로 고정하고 원둘레(圓周)의 용접선(熔接線)을 따라 용접을 하는 것이다.

(1) 용접 조건

강관의 바깥 지름 100 mm, 관 두께 4 mm, V형 홈 60~70°, 팁 번호 A1호 No 5 혹은 B1호 250, 산소 압력 1.5 kg/cm², 아세틸렌 압력 0.15~0.2 kg/cm², 용접봉의 지름 3.2~4.0 mm, 용접 층수는 2층으로 한다.

(2) 토오치의 위치와 용접 요령

용접 요령은 V형 홈의 각도를 수평 회전관(水平回轉管)과 같이 60~70°로 하고 루우트의 간격은 2.0~2.5 mm로 취하며 원주를 4등분으로 하여 가접을

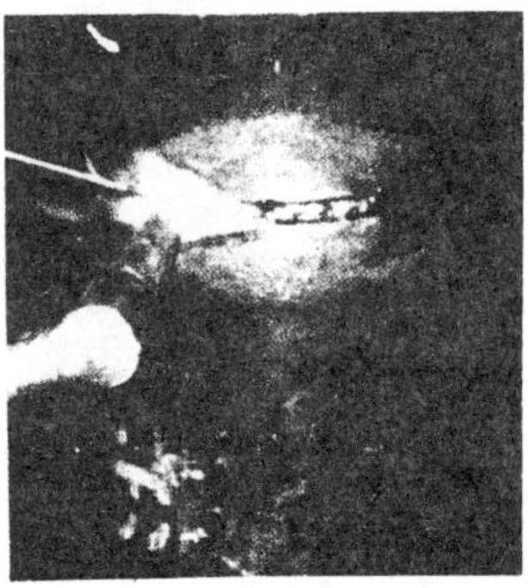

그림 3·97 수직 강관의 좌진 용접

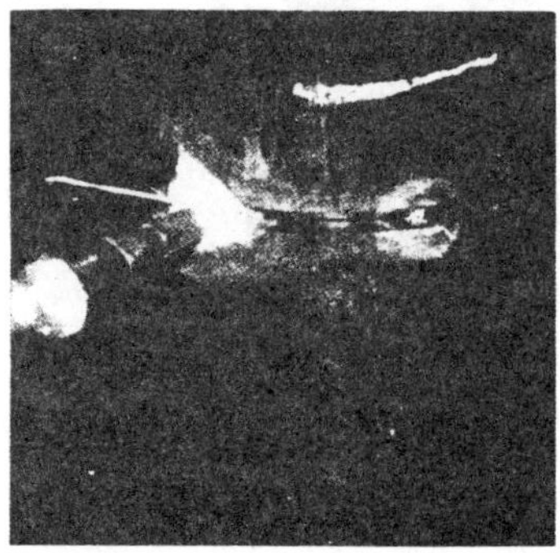

그림 3·98 수직 강관의 우진 용접

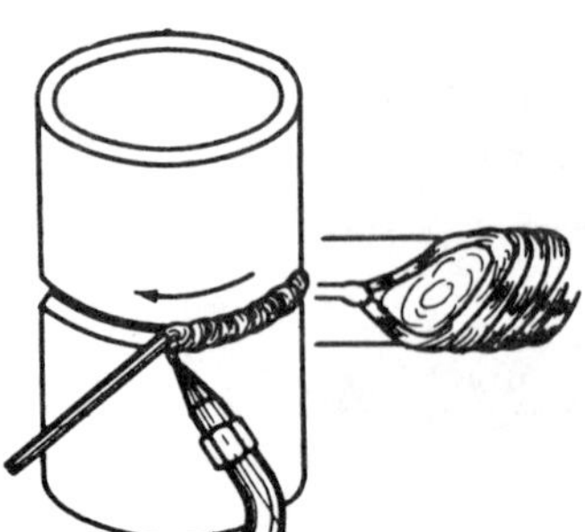

그림 3·99 좌진법 용접 요령

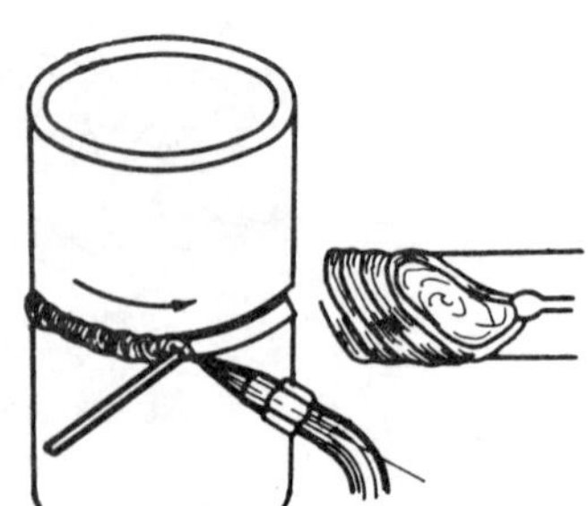

그림 3·100 우진법 용접 요령

하고, 용접 시작은 가접이 없는 곳에서부터 하며 용접은 그림 3·99의 좌진법, 그림 3·100의 우진법 중 어느 쪽이든 좋으며, 이 2가지 방법의 어느 것이나 잘 할 수 있게 연습을 하여야 한다.

이 용접은 평판(平板)의 수평 자세 용접과 같은 요령으로 하는 것이나 용접선(熔接線)이 원호(圓弧)이므로 용접 진행중에 방향이 변하게 된다. 그러므로 토오치의 팁과 용접봉의 각도에 세심한 주의를 하여야 한다. 제1층의 비이드는 너무 높지 않게 하고, 이면 비이드가 충분히 잘 생기도록 하여야 한다. 그러나, 이면 비이드가 잘 되게 하기 위하여 너무 녹이면 용철이 흘러 떨어질 염려가 있으므로 루우트 면에서는 재빠른 비이드의 운봉을 하도록 하여야 한다. 제2층 비이드는 제1층 비이드를 충분히 녹이도록 하여야 하며 V형 홈의 위쪽을 너무 녹이면 언더컷이 되기 쉽고, 이와 반대로 아래쪽에는 용융철(溶融鐵)이 흘러내려 오우버랩이 되기 쉬우므로 세심한 주의를 하여야 한다.

3·9·23 소형 강관의 용접

소형 강관은 수도와 가스 배관(配管)에 많이 사용되고 있으며, 그 밖에 건축물과 기계의 구조물에 사용되고 있다. 소형 강관은 두께가 얇아서 산소 아세틸렌 용접에 많이 이용된다. 수송 배관(輸送配管)일 때는 맞대기 이음이 주로 사용되나 구조용(構造用)으로 사용될 때는 겹치기 이음, T형 이음, V형 이음, K형 이음으로 되고 강관과 강판을 용접할 때와 강관 이음의 보강(補強)을 위하여 강판을 용접할 때도 있다. 그리고, 강관 이음부의 단면(斷面)은 경사형, 양면 경사형, Y형, K형 등이 있으며, 그 단면의 전개도를 종이에 그려 본(pattern)을 만들어 강관에 대고 본뜨기를 하여 절단을 하는 것이 좋다. 또, 후관(厚管) 용접과 같이 적당한 용접 조건을 선택하여 강관을 회전시키면서 부분적인 용접을 하면 된다. 그리고, 비이드의 이음부가 많아지게 되어 파임 깊이가 불량하고 누설과 변형이 생길 염려가 많으므로 충분한 주의를 하여야 한다. 소형 강관(小型鋼管)은 T형과 K형의 맞대기 용접으로 용접을 하면 한쪽으로 강관이 구부러지므로 굽은 강관을 교정할 때에는 용접을 한 반대쪽에 불꽃으로 2~3개소 점 가열(800~850°C)을 하여 물로 냉각시키면 교정된다. 그림 3·101은 비이드의 크기

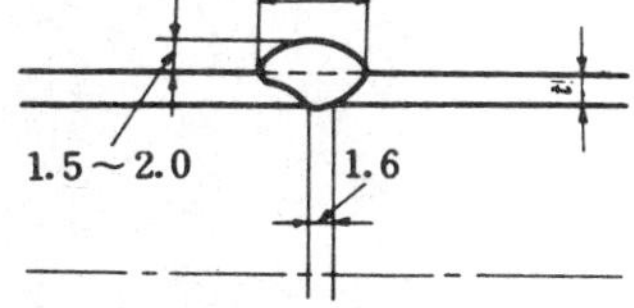

그림 3·101 소형 강관 비이드의 크기

비율을 표시한다.

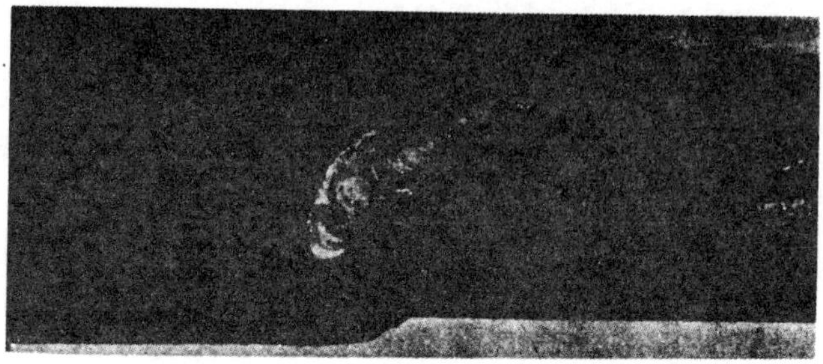

그림 3·102 소형 강관의 경사 겹치기 용접

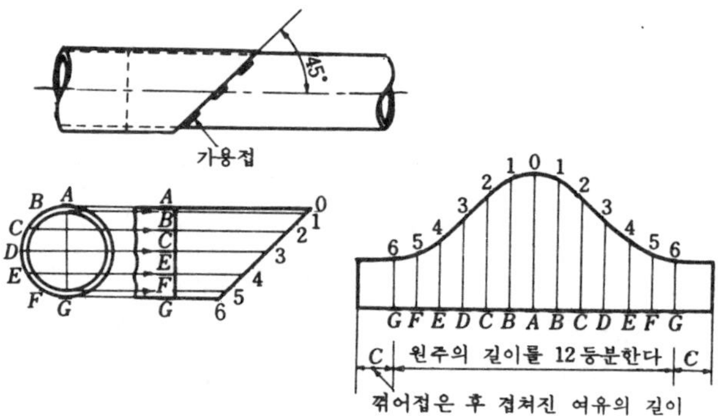

그림 3·103 경사 겹치기 단면의 전개도

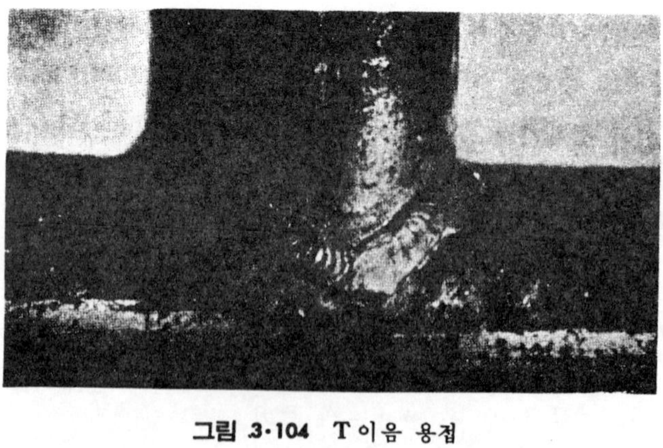

그림 3·104 T 이음 용접

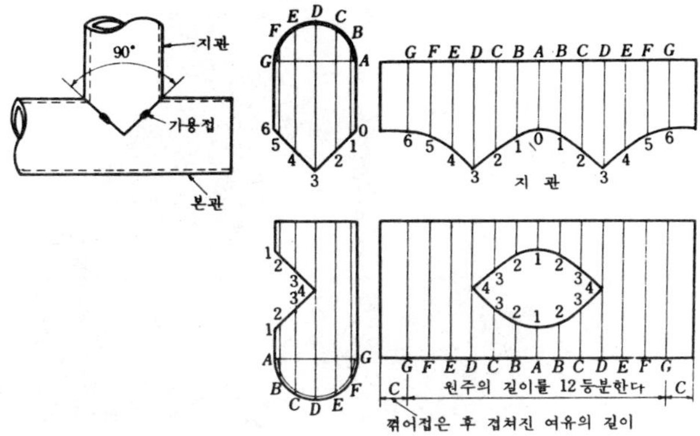

그림 3·105 T 이음부의 전개도

그림 3·106 경사 이음 용접

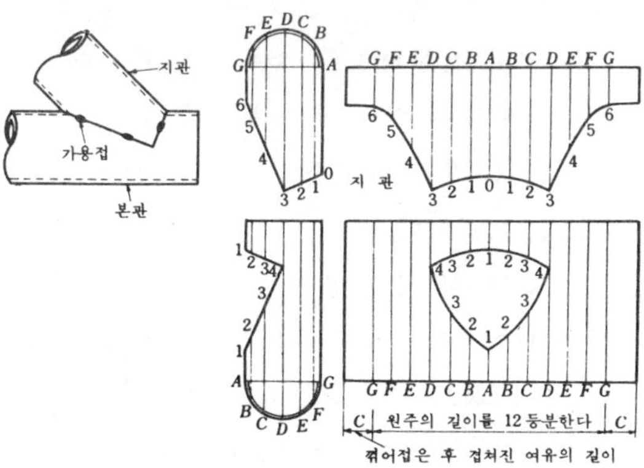

그림 3·107 경사 이음의 전개도

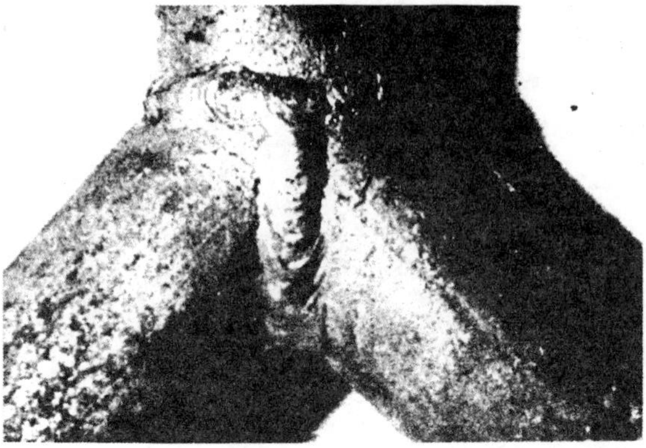

그림 3·108 Y 이음 용접

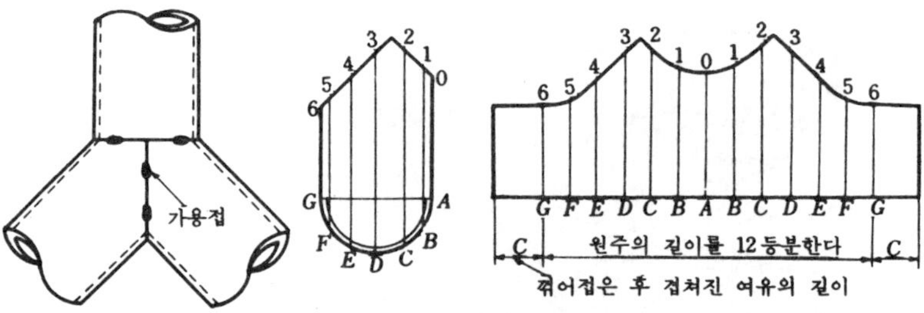

그림 3·109 Y 이음의 전개도

3·10 압력 용기의 제작

3·10·1 압력 용기

압력 용기(壓力容器)의 제작 과정은 전기 용접(電氣熔接)의 경우와 동일하나 작업의 시공은 가스 용접 시공법으로 하는 것이 다르다.

[**예제 3·1**] 도면 번호 3001의 압력 용기(壓力容器)를 도면에 제시된 용접 자세에 따라서 제한 시간 10시간 이내에 제작 완료하여라. 이 용기의 최고 수압(最高水壓)은 150 kg/cm² 이다.

[**예제 3·2**] 도면 번호 3002의 압력 용기를 도면에 제시된 용접 자세에 따라서 제한 시간 14시간 이내에 제작 완료하여라. 이 용기는 제 23회 국제 기능 올림픽 대회에서 최고 수압(最高水壓) 120 kg/cm² 이다.

[**예제 3·3**] 도면 번호 3003의 압력 용기(壓力容器)를 도면에 제시된 용접 자세에 의하여 제한 시간 14시간 이내에 제작 완료하여라. 이 용기의 최고

수압은 121 kg/cm² 이다.

이 도면 3003 은 제 22 회 국제 기능(國際技能) 올림픽 대회에서 우리 나라 선수가 최고의 수압을 기록한 압력 용기이다. 재료는 저탄소강(低炭素鋼) DIN St 37.2 의 독일 규격품이며, 용접 기호의 지시 사항이 별도 명세서에 의하여 규정하고 있으므로 국제 대회에 참가하려는 용접 기능공은 이 도면의 해석과 같은 연습을 하는 것이 좋다(이 과제는 아일랜드 출제 과제임).

3·10·2 가스 용접 제 22 회 국제 기능 올림픽 대회 과제 명세서 (Instruction)

[**시험 1**] (test No 1) 압력 용기(壓力容器) (도면 3003)

용기 조립과 제작은 밑판 *A* 와 *B* 를 수평 위치인 경사각 0°, 회전각 0° 에서 완성하여야 한다.

[**시험 2**] (test No 2) X 레이와 굽힘 시험편(도면 3004 ②)

2 개의 강판 이음은 아래보기 자세의 용접이고, 그 밖의 2 개의 강판 이음은 수직 자세 용접(아래서 위로 향하는 용접)으로 한다.

[**시험 3**] (test No 3) 청동 용접(bronze welding) (도면 3004 ③)

공급된 2 개의 강판 모재(鋼板母材)를 아래보기 자세의 용접으로 청동 용접을 한다.

[**시험 4**] (test No 4) 알루미늄 용접(도면 3004 ④)

알루미늄 구조물은 다음과 같은 용접 자세로 용접을 한다.

(1) *A* 와 *B* 는 아래보기 용접

(2) *C* 와 *D* 는 수직 용접(아래서 위로)

(3) *E* 와 *F* 는 수평 용접

(4) 바깥 모서리 용접 $(C+D)+G+(E+F)$ 는 수직 용접(아래서 위로)

(5) 밑판과 양쪽 측면 사이는 수평 필릿 용접(*H*-Fil)이다.

3·10·3 가스 용접 제 22 회 국제 기능 올림픽 대회 채점 기준

경쟁품의 평가는 경쟁자의 솜씨·품질과 시간에 의하여 결정하며, 품질의 평가는 다음과 같다.

X 레이 시험, 굽힘 시험, 수압 시험 등 50 % 와 용입 상태, 언더컷, 용접부의 외관 등 35 %, 용접 치수의 정확성(조립의 결합) 5 %, 재료의 경제성 5 %, 시간 5 % 로 하고, 이들 각각의 품목(品目)은 품목이 가지고 있는 점수

〈주의 사항〉

도면에 제시된 주의 사항을 준수하고 용접 변형을 바로잡는 헤머링 작업과 용접 비이드의 줄 가공 및 그라인더 가공을 일체 금한다.

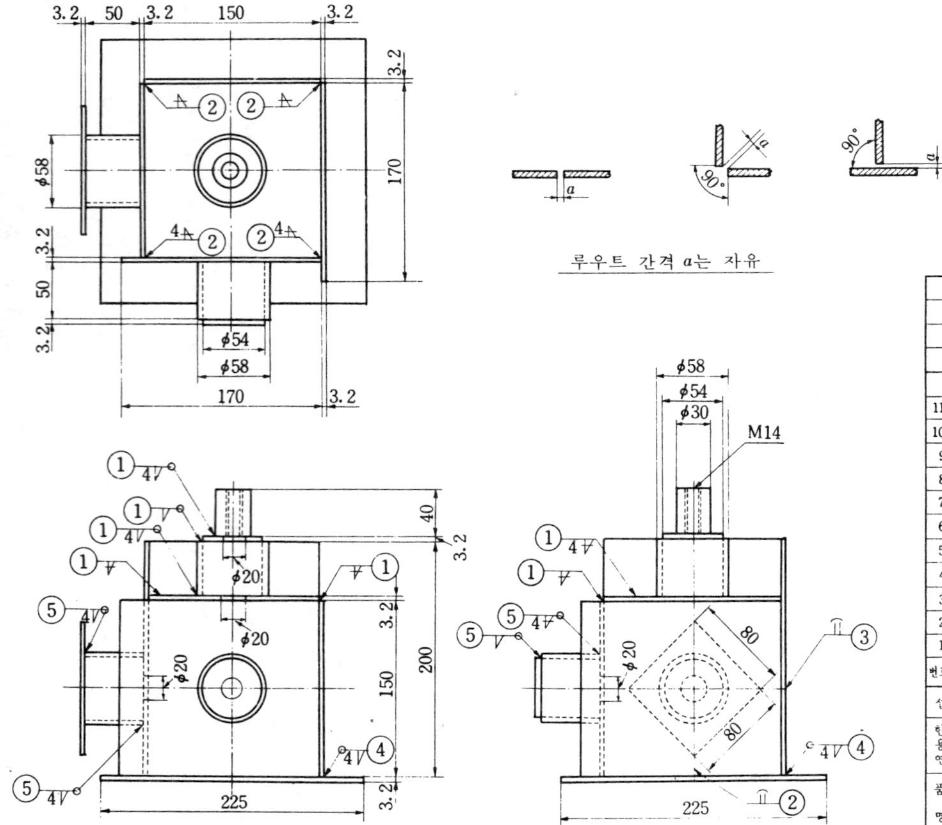

	⑤	AP : 전자세			
	④	OH : 위보기			
	③	H : 수평 자세			
	②	V : 수직 자세			
	①	F : 아래보기			
11	플 러 그	φ30×40	〃	1 개	중앙에 M14
10	플 러 그	80×80×32	〃	1 개	
9	파이프덮게	φ54×3.2	SS 35	2 개	
8	파 이 프	φ58×50	STPG	3 개	
7	덮 개 판	150×150×3.2	〃	1 매	중심에 φ20
6	옆 판	150×95×3.2	〃	1 매	
5	뒤 판	150×125×3.2	〃	1 매	
4	앞 판	170×150×3.2	〃	1 매	75×75 지점에 φ20
3	옆 판	200×150×3.2	〃	1 매	75×75 지점에 φ20
2	옆 뒤 판	150×75×3.2	〃	2 매	
1	밑 판	225×225×3.2	SS 35	1 매	
번호	품 명	규 격	재 질	수량	비 고

설 계 소	설계자	일 자	확 인	작업명	가 스 용 접
한양대학 용접 연구실	엄기원	1974. 1. 20			

품명	내 압 용 기	투상법	3	도번	3001
		척 도	1 : 2		

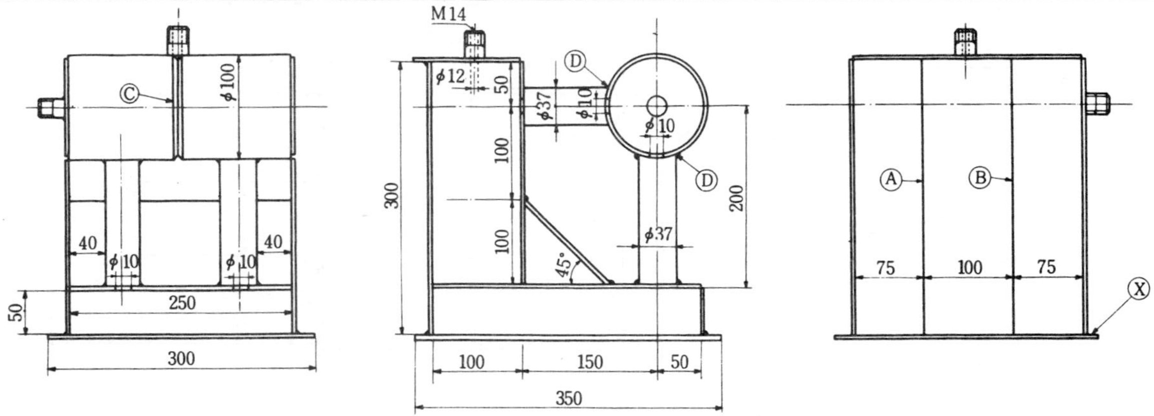

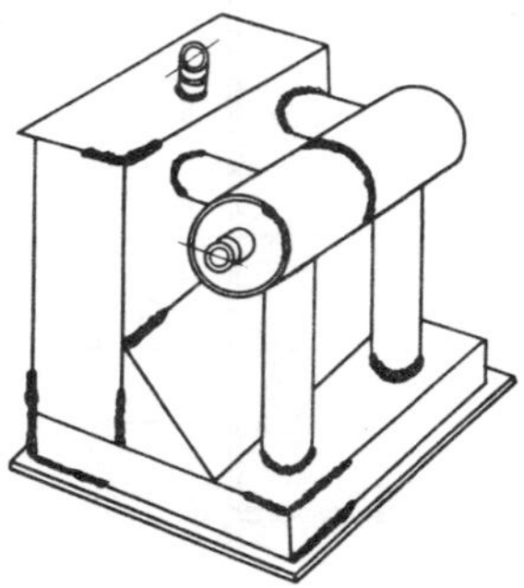

〈주의 사항〉

과제 1. .

1) 연강판 3㎜로 만드는 수압 용기

2) 용접 자세

Ⓐ : 아래보기 자세 용접

Ⓑ : 수직 자세 용접 (상향)

Ⓒ : 수평 고정 (전자세)

Ⓓ : 자유로운 자세 용접

그 밖의 모든 용접은 밑판 X를 평편한 위치로 놓은 후 용접선과 같은 자세로 완료한다.

과제 2. 시험편 제작 (*F, V, H, OH*) (t=6)

과제 3. 알루미늄 구조물의 알루미늄 용접 (t=2)

과제 4. 주철판의 청동 용접 (t=12)

도면 번호		3002		
제23회 국제 기능 올림픽 대회 가스 용접 과제				
축척	제한시간	명 칭	출 제	확인
1 : 2	14 hr	**압력 용기**	아일랜드	1 각법
			1977. 6	

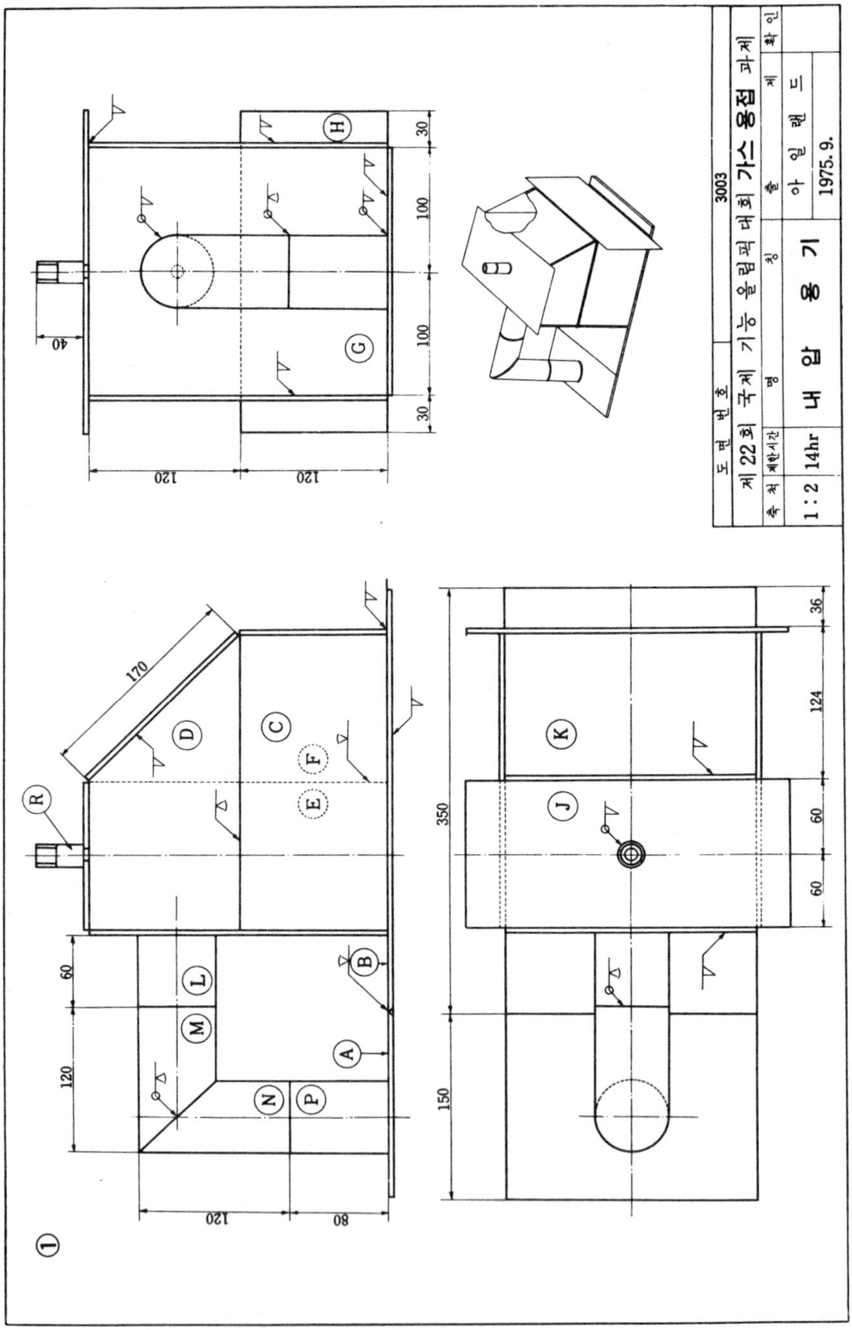
①
도면 번호 3003
제 22 회 국제 기능 올림픽 대회 가스 용접 과제
축척 1 : 2
제한시간 14hr
명칭 내 압 용 기
출제 아 일 랜 드
1975. 9.
확인

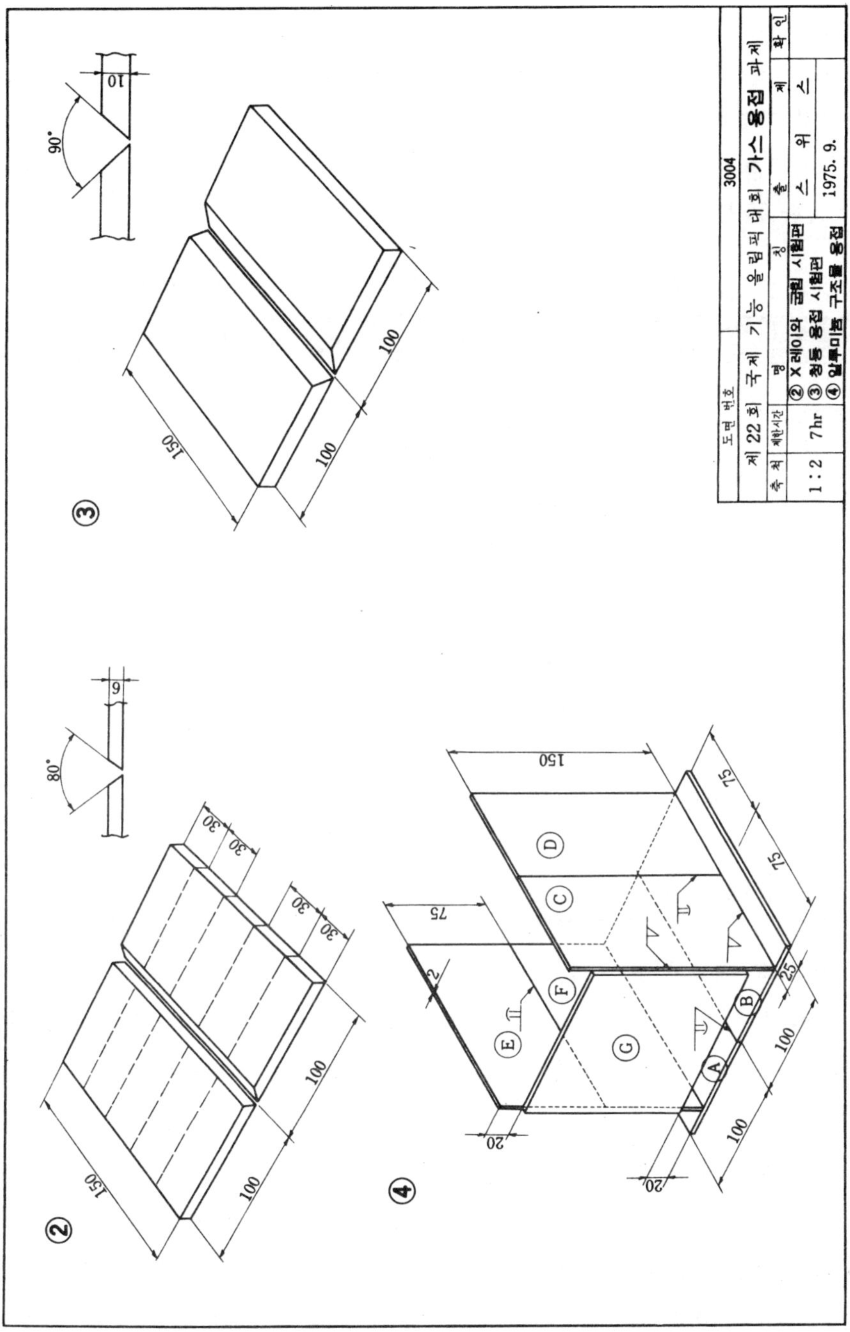
②
80°
6
150
100
100
30
30
30
30
③
90°
10
150
100
100
④
A
B
C
D
E
F
G
150
75
75
75
100
100
25
20
20
2
도면 번호
3004
제 22 회 국제 기능 올림픽 대회 가스 용접 과제
축 척
제한시간
명 칭
출 제
확 인
1 : 2
7hr
② X 레이와 굽힘 시험편
③ 청동 용접 시험편
④ 알루미늄 구조물 용접
스 위 스
1975. 9.

를 확대하여 세분된 결함의 정도를 평가하며, 이들을 다시 모아 전체의 득점으로 한다.

시간 채점은 전체 제한 시간에서 30분 단축하는 데 따라 1점씩 가산하고, 1시간 지연하는 데 따라 2점씩 감점한다.

그러므로, 제한 시간 21시간에 완료하였다면 시간 득점은 0점이고, 늦어도 18시간 30분에 완료하였을 때에는 5점을 얻게 된다.

표 3·14 채점 기준(제 22회 국제 기능 올림픽 대회 과제)

항 목	내 용	점 수	제한 시간
1	X 레이 시험(Radiographic) (*V. F.* 2×5)	10	2
2	굽힘 시험(표면 2×4+이면 2×6) *V. F.*	20	2
3	압력 용기 파괴 최고 수압	25	14
4	용기 외관 검사	7	
5	〃 언더컷	5	
6	〃 위보기 자세 용접의 용입	3	
7	조립의 정확성(accuracy of assembly)	5	
8	알루미늄 용접(표면 7+이면 3)	10	2
9	연강과 청동 용접(표면 3+이면 2)	5	1
10	재료의 경제성	5	
11	시 간	5	
12	합 계	100	21

3·10·4 재료 목록

시험 1의 압력 용기는 도번 3003에 도시되어 있으며, 재료 목록(材料目錄)은 표 3·15와 같으며, 시험 2, 3, 4는 도번 3004에 도시되어 있고, 재료 목록은 표 3·16과 같다.

3·10·5 압력 용기 제작의 요령

전기 용접의 압력 용기 제작 요령과 똑같으나, 가용접(假熔接)의 순서, 용접의 난이도(難易度), 가장 위험한 곳을 잘 관찰하고 부분 용접의 부분을 나누어 용접 시공을 진행한다. 제 9 장 1 절의 용접 시공법을 참고 하면 좋다.

표 3·15 시험 1의 압력 용기, 재료 목록 (도번 3003)

번호	품 명	규격과 치수	재 질	수량	비 고
A	밑 판	200×150×4	DIN 37.2	1	한 면 30° 홈
B	밑 판	350×150×4	〃	1	한 면 30° 홈
C	아래쪽 옆판	240×120×4	〃	1	
D	위 쪽 옆 판	240×120×4	〃	1	한 변 45° 경사 절단
E	앞 쪽 옆 판	240×120×4	〃	1	
F	뒤 쪽 옆 판	240×120×4	〃	1	한 변 45° 경사 절단
G	앞 판	240×200×4	〃	1	
H	뒤 판	260×120×4	〃	1	
J	상자 덮개판	260×120×4	〃	1	
K	경사 덮개판	200×124×4	〃	1	
L	수 평 강 관	ϕ60×60×4	〃	1	
M	수 평 강 관	ϕ60×120×4	〃	1	한쪽 45° 경사 절단
N	수 직 강 관	ϕ60×120×4	〃	1	한쪽 45° 경사 절단
P	수 직 강 관	ϕ60× 80×4	〃	1	
R	플 러 그	ϕ30×40	〃	1	중앙에 M14 나사
S	용 접 봉	ϕ2.0~3.0	GA 36	2 kg	

표 3·16 도번 3004의 재료 목록

번 호	품 명	규격과 치수	재 질	수 량	비 고
시험 2	X 레이와 굽힘 시험편	150×100×6	DIN St. 37.2	8 매	한쪽에 40° 홈
시험 3	청동 용접 시험편	150×100×10	〃	2 매	한쪽에 45° 홈
시험 4	알루미늄 구조물				
A	밑 판	150×100×2	AlPl	1	
B	밑 판	150×100×2	〃	1	
C	앞 쪽 옆 판	150×75×2	〃	1	
D	뒤 쪽 옆 판	150×75×2	〃	1	
E	아래쪽 옆판	150×75×2	〃	1	
F	위 쪽 옆 판	150×75×2	〃	1	
G	앞 판	150×110×2	〃	1	
L	청 동 용 접 봉	ϕ3.2~4.0	BCuSn−0	0.1 kg	
M	알루미늄 용접봉	ϕ12.0~3.0	BAl−1	0.1 kg	
N	용 제	청동과 알루미늄용			

3·10·6 시험 2의 X 레이 시험편과 굽힘 시험편 제작

시험 2의 X 레이 검사용 시험편과 굽힘 시험편의 제작은 앞에서 설명한 아래보기와 수직 용접 등의 용접 요령에 따라 주의 깊게 시공한다.

3·10·7 시험 3의 연강과 청동 용접

시험 3의 청동 용접(青銅熔接, bronze welding)은 브레이징 용접(brazing welding)의 방법으로 시공하는 것으로 저탄소강(低炭素鋼)의 두꺼운 모재(母材)를 약 250°C로 예열하고 인청동납(BCuSn)과 규소청동납(BCuSi)으로 납땜 온도 855∼955°C로 용접하게 되므로 팁과 용접봉의 운봉 속도를 매우 민첩하게 처리하여야 한다.

붕사, 붕산, 불화나트륨(NaF), 규산나트륨($NaSiO_3$) 등을 적당한 비율로 배합하여 모재와 용접봉에 엷게 바른 다음, 불꽃으로 약간 태우고 브레이징을 한다. 이 때, 용접 비이드의 외관은 그림 3·60과 같은 후강판(厚鋼板)의 V형 맞대기 용접 비이드와 같이 된다.

3·10·8 시험 4의 알루미늄 구조물 제작

알루미늄 용접은 모재와 같은 성질의 용접봉을 선택하든가 알루미늄납(BAl-4) 용접봉의 용융점(熔融點)이 모재와 거의 같아야 한다. 용제는 알루미늄 납땜 용제를 소량의 물로 혼합하여 모재와 용접봉에 엷게 바른다. 그리고, Al은 용융점이 580∼650°C로서 연강(軟鋼)의 약 1/3 정도 낮으며 열전도율은 2∼3배로 매우 높아 순간적인 용해가 넓은 곳까지 미치게 되어 모재의 용융이 되기 쉬우므로 팁의 운봉과 불꽃의 조절이 매우 중요하다. 피용접물이 얇은 판이므로 루우트 간격과 산화 피막의 제거를 충분히 하고, 이면(裏面) 비이드와 표면의 리플(ripple)이 잘 생기도록 용접을 하여야 한다.

3·10·9 가스 용접 제 11회 전국 대회 과제

도면 번호 3005의 압력 용기를 도면에 제시된 용접 자세에 의하여 제한 시간 10시간 이내에 제작 완료하여라. 이 용기의 최고 수압은 230 kg/cm² 이다.

그림 3·110은 전국 대회에서 우승을 차지한 선수의 용기의 외관이다.

그림 3·110 도면 번호 3005의 수압 시험을 한 용기의 외관

도면 번호	3005

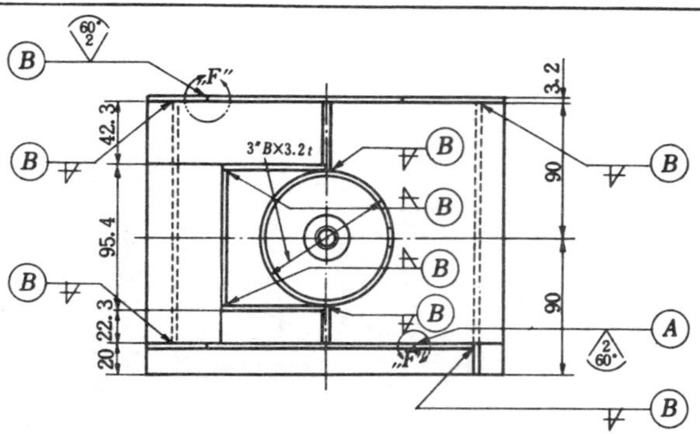

용접 자세	
용접 부분	자 세 별
A	H
B	V
C	F
D	OH
E	AP

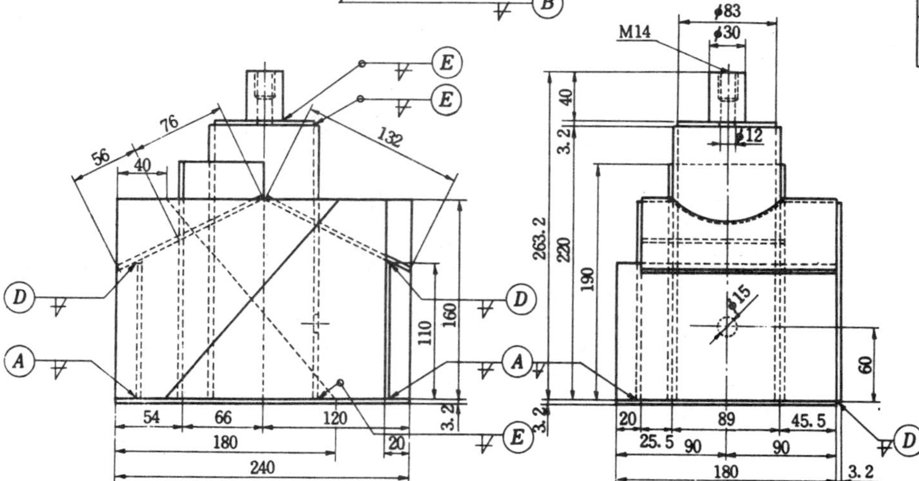

품 명	규 격	수량	비 고
연강판	240×180×3.2	1매	
〃	240×160×3.2	〃	사선으로 절단(도면 참조)
〃	220×160×3.2	〃	〃
〃	180×110×3.2	〃	
〃	160×110×3.2	〃	
〃	160×132×3.2	〃	φ89 반원 절취(도면 참조)
〃	132×42.3×3.2	〃	
〃	117.7×56×3.2	〃	
〃	76×22.3×3.2	〃	
〃	190×66×3.2	2매	
〃	190×89×3.2	1매	
〃	φ83×3.2	〃	중심에 φ12 구멍 1개 가공
강 관	3"B×3.2×220*l*	〃	60㎜지점에서 φ15 구멍 가공
플러그	φ30×40*l*	〃	구멍 중심에 M-14 가는 나사 가공
계	15+2=17		

〈작업 순서〉

첫째 : 재료 인수 후에는 재료 다듬질을 먼저 한다.

둘째 : *F* 부분의 용접을 지정된 자세로 용접한다.

세째 : 가조립 후에는 용접할 수 없는 부분을 먼저 완전 용접(완성)한다.

네째 : 위의 작업이 끝나면 전용기를 가조립 후 지시된 자세로 용접한다.

〈주의 사항〉

1. 용접 자세 기호가 없는 것은 아래보기(*F*)로 용접할 것.
2. 용접선의 줄가공 및 그라인더 가공은 못한다.
3. 가공물의 변형을 용접 후 교정하지 못한다.
4. 전(全) 자세(*AP*)의 용접은 수평 고정시키고 용접한다.
5. 위의 작업 순서 및 주의 사항을 지키지 않을 때는 감점한다.

제11회 전국 기능 경기 대회 **가스 용접** 과제					
축 척	제한 시간	구 조 물 명 칭	출 제 위 원		확인
1 : 2	10hr	**압력 용기**	성명		
			일자	1976. 9	

제 4 장

특수 용접(特殊熔接)

4·1 불활성 가스 아아크 용접

이것은 특수한 용접부를 공기와 차단한 상태에서 용접하기 위하여 특수 토오치(torch)에서 불활성 가스(inert gas)를 전극봉(電極棒) 지지기를 통하여 용접부에 공급하면서 용접하는 방법이다. 불활성(不活性) 가스에는 아르곤(Ar: argon)이나 헬륨(He: helium) 등이 사용되며, 전극으로는 텅스텐(tungsten)봉 또는 금속봉이 사용된다.

불활성 가스 아아크 용접법은 시일디드 아아크 용접(shielded inert gas arc welding)이라고도 하고, 그림 4·1과 같이 불활성 가스 분위기에서 텅스텐 아아크에 의한 열원(熱源)을 사용하는 방법과 금속 아아크에 의한 열원을 사용하는 2가지의 방식으로 분류된다.

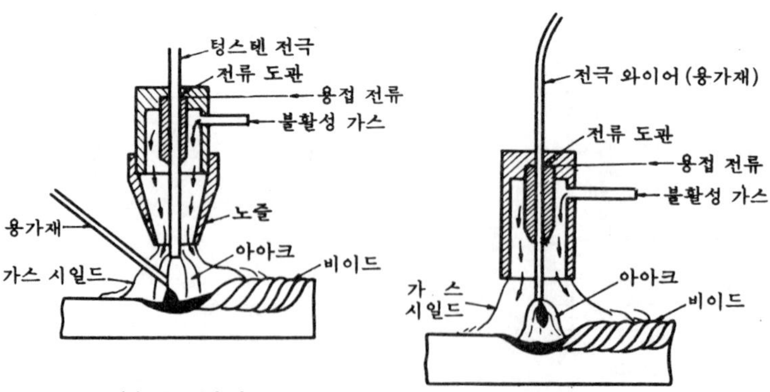

(a) TIG 용접 (b) MIG 용접

그림 4·1 불활성 가스 아아크 용접법의 형식

즉, 열원으로 사용되는 전극이 아아크 열에 의해서 녹지 않는 비소모식(불용 전극식)과 녹는 소모식(가용 전극식)이 있다.

비소모식은 텅스텐 전극봉을 사용하므로 불활성 가스 텅스텐 아아크 용접법(shielded gas tungsten arc welding) 또는 티그(TIG) 용접법이라 부른다. 또한, 소모식은 긴 심선 용가재(filler metal)를 전극으로 사용하므로 불활성 가스 금속 아아크 용접법(shielded inert gas metal arc welding), 또는 미그(MIG) 용접법이라고 한다.

이 용접법은 모재가 극히 엷은 것에 대해서는 용접봉을 쓰지 않으며, 두꺼운 판에 대해서는 용접봉(보통 모재와 동질의 것)을 사용한다. 현재 알루미늄 경합금, 구리 및 구리 합금, 스테인레스강(stainless steel) 등의 용접에 많이 사용하고 있다.

그림 4·1의 (a)는 TIG(tungsten inert gas) 용접으로 텅스텐 전극은 거의 소모되지 않으므로 비용극식(非溶極式) 불활성 가스 아아크 용접이라고 부르며, 보통 헬리 아아크(heli arc), 헬리 웰드(heli weld), 아르곤 아아크(argon-arc) 등의 상품명으로도 부르고 있다.

그림 4·1의 (b)은 MIG(metal inert gas) 용접으로 전극선을 연속적으로 소모하여 용착 금속(溶着金屬)을 형성하는 것이므로 용극식(溶極式) 불활성 가스 아아크 용접이라고 부르며, 보통 에어코메틱(aircomatic), 시그마(sigma), 필러 아아크(filler arc), 아르고나우트(argonaut) 등의 상품명(商品名)으로도 부르고 있다.

4·1·1 TIG 용접의 특성

TIG 용접에는 직류, 교류 전원의 어느 것이나 사용되는데, 직류 전원을 사용할 때에는 그 극성을 잘 알아서 용접 시공을 해야 한다.

(1) 직류 용접(直流熔接)

직류 용접에 있어서는 그림 4·2에 표시한 것과 같이 용접 전류 회로(電流回路)는 정극성(DC: straight polarity)과 역극성(DC: reversed polarity)으로 접속된다.

직류 정극성(直流正極性)으로 접속하면 전극은 (−)이고 모재는 (+)이다. 그러므로, 전자(電子)는 전극에서 모재쪽으로 흐르며 가스 이온은 반대로 흐른다. 직류 역극성(直流逆極性)에서는 전극은 (+)이고 모재는 (−)이므로 전

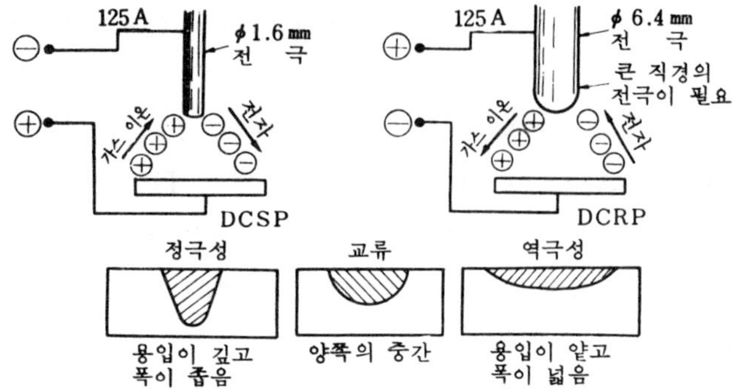

그림 4·2 TIG 용접의 직류 전원의 극성

자는 모재에서 전극쪽으로 흐르고 가스 이온은 전극에서 모재(母材)쪽으로 흐른다.

정극성에 있어서는 고속도의 전자가 전극으로부터 모재쪽으로 흐르므로 모재는 전자의 충돌 작용(衝突作用)에 의해 강한 충격을 받아 약간의 열효과를 받는다. 따라서, 정극성으로 접속하면 비이드의 폭이 좁고 용입이 깊어진다. 이와 반대로 역극성에 있어서는 전자는 전극에 충돌 작용을 가하므로 전극 끝이 과열되어 용융되는 경향이 있다. 그러므로, 역극성으로 접속할 때는 정극성의 경우보다 지름이 큰 전극이 필요하다. 예를 들어 1.6 mm 지름의 텅스텐 전극은 정극성에 있어서는 125 A 의 전류를 사용할 수 있으나, 역극성으로 접속하는 경우는 이 정도의 전류를 사용하면 전극(電極)이 용해되어 용접금속(熔接金屬)을 악화시킨다. 이 때문에 역극성에서 전류 125 A 를 안전하게 사용하려면 6.4 mm 지름의 전극이 필요하다. 또, 역극성(逆極性)에 있어서는 전자가 튀어나오는 모재의 범위가 넓어 열의 집중이 정극성에 비해서 불량하므로 비이드의 폭이 넓고 용입은 얕게 된다. 교류 용접에서는 2가지 극성에서 생기는 용입의 중간 정도인 용입이 된다.

이와 같은 대칭적인 열효과는 용접 작업에 영향을 줄 뿐만 아니라 용입 형상에도 영향을 미친다. 대체로 역극성의 접속에서는 보다 굵은 지름의 전극으로 낮은 전류를 사용한다.

(2) 청정 작용(清淨作用)

역극성 용접이 갖는 또 하나의 효과는 청정 효과(plate cleaning action, surface cleaning action)이다. 이 현상의 정확한 이유는 아직 밝혀지지 않았으나, 대체로 가속된 가스 이온이 모재에 충돌하여, 이것에 의해 모재 표면의 산화물(酸化物)이 파괴되는 것이라고 알려져 있다.

이 작용은 마치 샌드 블라아스트(sand blast)로 제거하는 것같이 산화막을 제거한다. 그 때문에 알루미늄이나 마그네슘 등과 같은 강한 산화막이나 용융점(溶融點)이 높은 산화막이 있는 금속이라도 용제 없이 용접이 된다. 이 청정 작용(清淨作用)은 불활성 가스로 헬륨(He)을 사용하는 경우는 아르곤을 사용하는 것에 비해 헬륨 이온이 지나치게 가벼우므로 거의 효과가 없다.

알루미늄은 표면이 산화물(Al_2O_3)인 내화성 물질(耐火性物質)이기 때문에 모재의 용융점(660°C)보다 매우 높은 용융점(2,050°C)을 가지고 있어 가스 용접이나 아아크 용접이 곤란하나, TIG 용접의 역극성을 사용하면 용제(溶劑) 없이도 용접이 쉽고 아르곤 이온이 모재 표면에 충돌하여 산화물을 제거하므로 용접 후 비이드의 주변을 보면 흰색을 띤 부분이 생긴다. 이 흰색 부분을 가볍게 와이어 브러시(wire brush)로 벗기면 알루미늄의 금속 광택(金屬光澤)이 나타난다.

그러나, 정극성에서는 산화막의 청정 작용이 없으므로 직류 정극성은 경합금(輕合金)의 용접에는 사용되지 않는다.

한편 역극성은 전극이 가열되어 녹아서 용착 금속(溶着金屬)에 혼입되는 때도 있고, 또 아아크가 불안정하게 되어 용접 조작이 어렵기 때문에 알루미늄이나 마그네슘 및 그 합금의 용접에는 직류 용접 대신에 주로 다음과 같은 교류 용접이 사용된다.

(3) 교류 용접(交流熔接)

교류 용접은 직류 정극성과 역극성의 혼합이라고 알려져 있어 각각의 특징을 이용할 수 있다. 즉, 전극의 지름은 비교적 작아도 되며, 아르곤 가스를 사용하면 경합금(輕合金) 등의 표면 산화막의 청정 작용이 있어 용입은 그림 4·2와 같이 약간 넓고 깊게 된다.

그러나, 교류 용접에서는 한 가지 불편한 점이 있는데, 이는 텅스텐 전극에 의한 정류 작용(整流作用)이다.

교류 용접의 반파(半波)는 정극(SP)이고 나머지 반파는 역극(RP)으로 된다. 그러나, 실제로는 모재의 표면에 수분, 산화물, 스케일(scale) 등이 있기 때문에 아아크 발생중 모재가 (−)로 된 때는 전자(電子)가 방출되기 어렵고 또

전류가 흐르기 어렵다. 이에 반해서 텅스텐 전극이 (-)로 된 경우는 전자가 다량으로 방출된다. 따라서, 아아크 전류는 흐르기 쉽고 그림 4·3과 같이 증가한다. 이 결과 2차 전류는 부분적으로 정류되어서 전류가 불평형하게 된다. 이 현상을 전극의 정류 작용이라 한다.

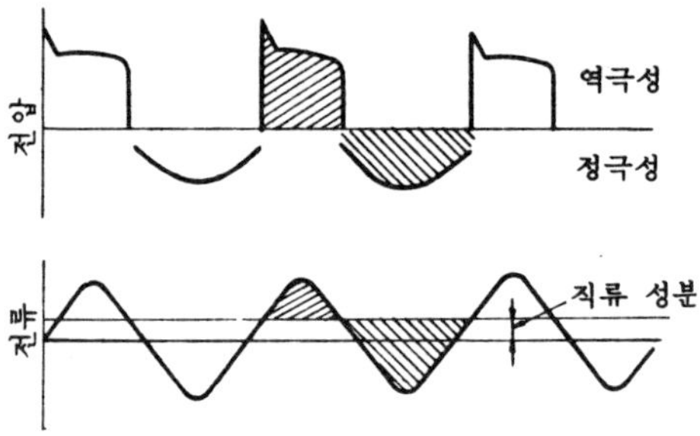

그림 4·3 교류 용접에 있어서의 정류 작용

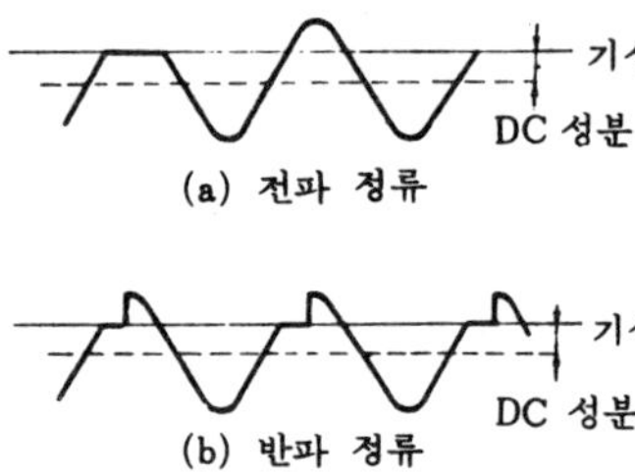

그림 4·4 불평형파의 특례

이 때 불평형 부분을 직류 성분(DC component)이라 부르며, 이 크기는 교류 성분의 1/3에 달하는 때도 있고, 때에 따라서는 그림 4·4와 같이 반파(半波)가 완전히 혹은 부분적으로 없어져서 아아크를 불안정하게 하는 요소가 된다.

또, 정류 작용으로 인해 불평형 전류가 흐르면 1차 전류가 많아져 교류 용접기의 변압기(變壓器)가 이상하게 가열되어 소손(燒損)의 원인이 되므로 이것을 방지하기 위해 2차 회로에 콘덴서(condenser)를 삽입하는 방법이 있는데 이것을 평형형(平衡型) 교류 용접기라 한다.

또한 교류 용접기에는 아아크를 안정시켜 불평형 부분을 적게 하기 위해서 용접 전류에 고전압(高電壓), 고주파수(高周波數), 저출력의 추가 전류(追加電流)의 도입이 일반적으로 행해지고 있다. 이 고주파 전류(보통 전압 3,000 V, 주파 300~1,000 KC 정도)가 모재(母材)와 전극 사이에 흘러 모재 표면의 산화물을 부수고 용접 전류(熔接電流)의 회로를 형성하는 것이다. 용접 전류에 이 고전압 고주파 전류를 더하면 다음과 같은 잇점이 있다.

① 아아크는 전극을 모재에 접촉시키지 않아도 발생된다.

② 아아크가 대단히 안정되며, 아아크가 길어져도 끊어지지 않는다.

③ 전극을 모재에 접촉시키지 않고도 아아크가 발생되므로 전극의 수명이 길다.

④ 일정 지름의 전극에 대해서 광범위한 전류의 사용이 가능하다.

4·1·2 TIG 용접 장치

TIG 용접 장치는 그림 4·5, 4·6과 같이 5개의 부분으로 나누어진다.

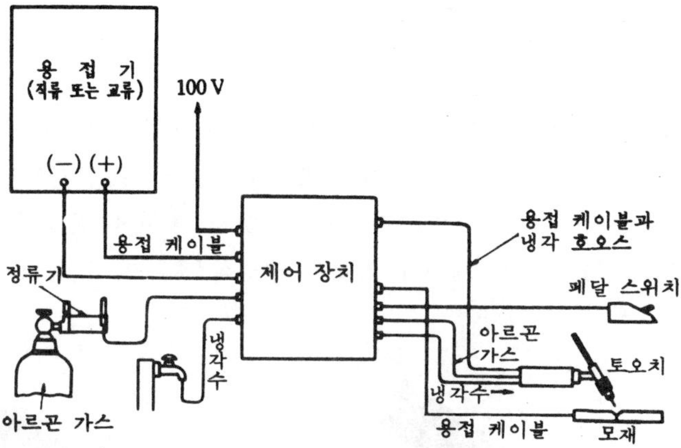

그림 4·5 TIG 용접 장치의 약도

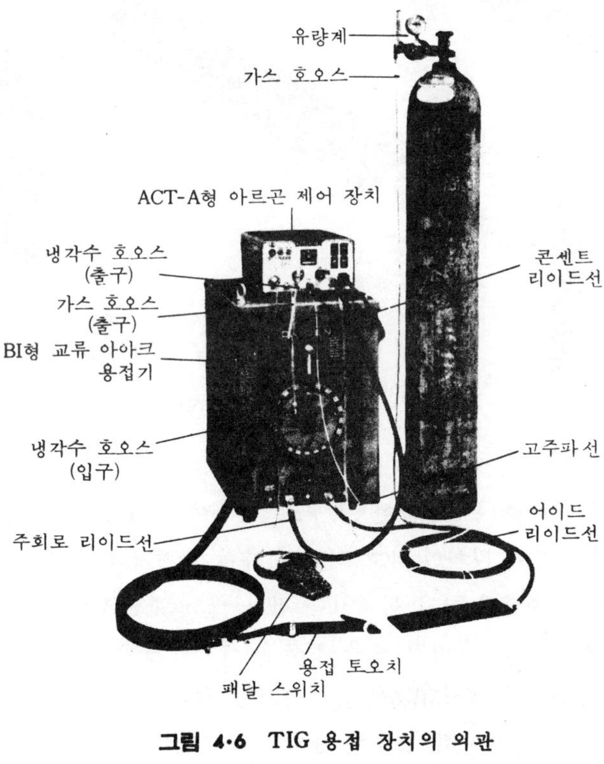

그림 4·6 TIG 용접 장치의 외관

① 용접 토오치 ② 제어 장치(制御裝置) ③ 용접 전원(熔接電源) ④ 정류기(regulator) ⑤ 아르곤 용기(argon cylinder) 등이며, 원칙적으로 수동작업(手動作業)을 하는 것이지만, 경우에 따라서는 반자동이나 전자동 장치에 의하여 보다 능률적이고 정밀한 용접을 할 수 있다.

(1) 용접 토오치

TIG 토오치는 그림 4·7과 같은 형상으로 사용 전류에 의하여 75~500 A까지 여러 가지 종류가 있으며, 토오치는 텅스텐 전극봉(電極棒)을 끼우는 척(chuck)이 고정되어 있고 아르곤 가스는 노즐을 통하여 분출되며, 소전류의 것은 공랭식(空冷式)이고, 대전류의 것은 수냉식(水冷式)으로 냉각수(冷却水)가 흐를 수 있게 되어 있다.

그림 4·7 TIG 토오치의 외관

(2) 텅스텐 전극봉

텅스텐 전극봉(電極棒)은 정확한 치수로 만들어져 있으며, 극성과 불활성(不活性) 가스의 종류에 의하여 최고 허용 전류치가 결정되어 있다. 보통 TIG 용접시 아아크를 안정하게 하기 위해서는 전자 방사(電子放射)가 왕성한 높은 온도일수록 좋으므로 되도록이면 높은 전류를 사용하는 것이 좋다. 즉, 텅스텐 전극봉 선단(先端)의 용적(融滴)이 떨어지지 않을 정도로 전류를 높인다.

표 4·1은 전극 지름과 용접 전류의 관계를 표시한다.

표 4·1 각종 용접 전류에 대한 전극, 금속 노즐 및 시래믹 노즐의 치수

용접 전류 (A)				전극지름	전극지름	아르곤 유량		시래믹 노즐 지름 (1/16 in 단위)		금속 노즐 (1/16 in 단위)	
ACHF		DCSP	DCRP								
순텅스텐봉	토륨 텅스텐봉	순텅스텐봉 및 토륨 텅스텐 봉	순텅스텐봉 및 토륨 텅스텐봉	in	mm	cfh	lpm	HW-9	HW-10 HW-12	HW-10	HW-12
5~15	5~20	5~20	—	0.020	0.5	6~14	3~7	4~5~6	—	—	—
10~60	15~18	15~18	—	0.040	1.0	8~15	4~8	4~5~6	4	4	6
50~100	70~150	70~150	10~20	1/16	1.6	12~18	6~9	4~5~6	4~5	4~5	6
100~160	140~235	150~250	15~30	3/32	2.4	15~20	7~10	—	6~7	5~6	6~8
150~210	225~325	250~400	25~40	1/8	3.2	20~30	10~15	—	6~7~8	6~7~8	8

(cfh=cf/hr=입방 피이트/시, I pm=l/min ACHF = 고주파 교류)

텅스텐 전극에는 순텅스텐 봉과 토륨(thorium)을 1~2 % 첨가한 토륨 텅스텐 봉이 있다.

2가지의 전극 중 토륨이 함유된 텅스텐 전극은 전자 방사 능력(電子放射能力)이 양호하여 낮은 전류나 낮은 회로 전압에서도 아아크를 발생시키기 쉽고, 전극의 동작 온도가 낮으므로 접촉에 의한 오손이 적은 잇점이 있으나 가격이 비싸다. 이와 같은 점에서 토륨이 들어 있는 텅스텐 전극은 소모가 적은 관계로 불활성 가스를 사용하는 아아크 점 용접(arc spot welding)이나 정극성(正極性)에 많이 사용된다. 그러나 순수한 텅스텐 전극은 동작 온도가 높으므로 용접중에 모재나 용접봉을 잘못하여 접촉시키든가, 또는 금속 증기(金屬蒸氣)가 작용하여 오손이 생기기 쉽다.

이 오손(contaminant)은 전자 방사를 방해하므로 제거하지 않으면 양호한 용접이 되지 않기 때문에 수시로 전극봉 끝을 연마(硏磨)해야 한다. 따라서, 이 관계로 전극 소모량이 대단히 많다. 전극의 수명을 길게 하기 위해서는 과소, 과대 전류를 피하고 피용접물과의 접촉을 적게 하며, 또한 아아크를 멈춘 후 약 300°C 정도로 냉각될 때까지 불활성 가스를 분출시켜 보호하지 않으면 안 된다. 이 용접봉은 보통 역극성이나 교류 용접에도 쓰이고 있다.

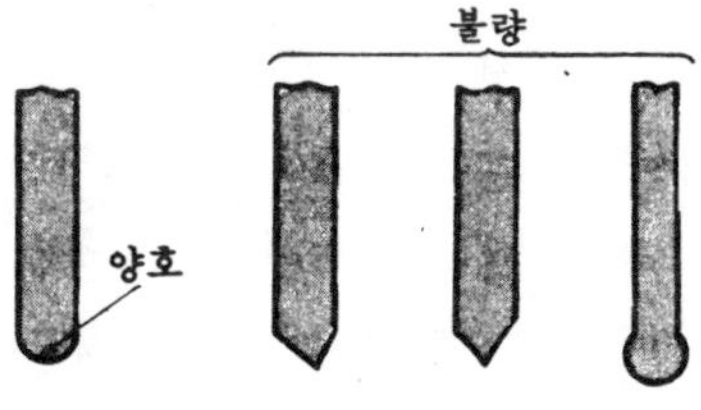

그림 4·8 텅스텐 전극 선단 형상의 양부

(3) 불활성 가스

아르곤은 일반적으로 1기압에서 약 6,500 l의 양을 약 140 기압으로 가스 실린더(gas cylinder)에 충전(充塡)된 것을 공급한다.

실린더 위쪽은 그림 4·9와 같은 압력 조정기(壓力調整器) 및 유량계가 붙어 있어 알맞은 압력과 유량의 흐름을 일정하게 하고 있다. 압력 조정기

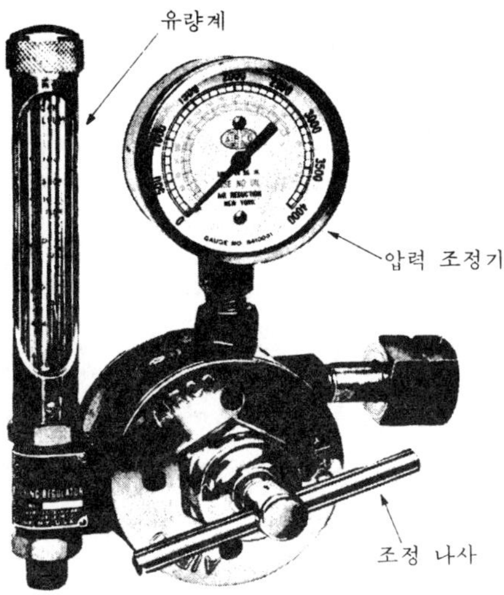

그림 4·9 아르곤 가스 압력 조정기와 유량계

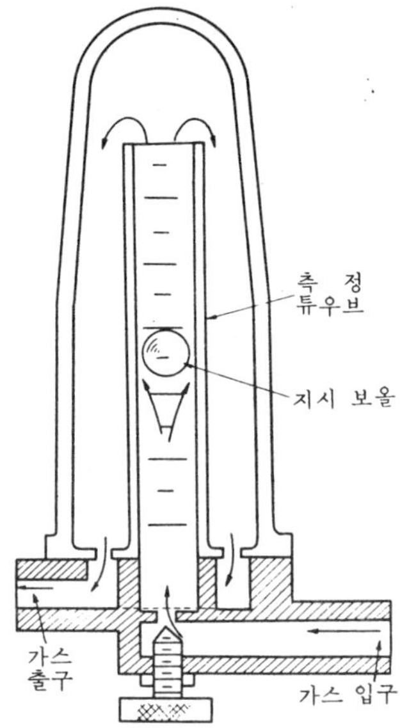

그림 4·10 유량계의 구조

(inert gas regulator)는 가스 용접에서의 압력 조정기와 같은 원리로 압력 조정을 하고 있으며 유량계(flow meter)는 그림 4·10과 같이 조정기를 통해서 나온 불활성 가스는 측정 튜우브(calibrated tube) 속을 지날 때 측정 튜우브 속에 있는 보올(ball)을 밀어서 보올의 움직임으로 유량을 측정하게 된다.

토오치에서 유출되는 불활성 가스의 유량을 알맞게 조정해야 한다. 만일 유량이 많으면 포피 효과(包被效果)가 좋아질 것 같지만, 반대로 난류(亂流)가 생겨 아아크의 안정을 저해하고 포피 면적을 적게 한다.

용접시에 불활성 가스를 유출시키는 것은 용접 도중에는 물론, 용접 전후에도 약간 유출시켜야 한다. 그 이유는 용접 전에는 도관(導管)이나 토오치에 있는 공기를 배출시키기 위해서이고, 용접 후는 가열된 상태의 용접부가 산화 혹은 질화되는 것을 방지하고 아울러 텅스텐 전극의 산화도 방지하기 위해서

이다.

4·1·3 TIG 용접의 작업 준비

(1) 이음의 청소

불활성 가스 용접은 피복 전기 아아크 용접이 곤란한 재료의 용접에 사용하며, 완전한 용접 결과를 얻기 위해서는 무엇보다도 먼저 이음부의 청소를 철저히 해야 한다. 특히 표면에 견고하고 내열성(耐熱性)이 큰 산화 피막(酸化被膜)이 있는 알루미늄 및 그 합금은 매우 중요하다.

이음 표면의 산화막, 스케일(scale), 기름류 오물, 녹, 기타 불순물 등을 완전히 제거하지 않으면 용접부에 기공(氣孔)이나 균열 등이 생기기 쉽고, 또 비이드의 표면이 더러워져서 내식성 등을 저하시킨다.

이와 같은 이음부의 불순물 등을 제거하는 방법으로는 피용접물(被熔接物)이 작을 때에는 와이어 브러시(wire brush)나 가는 페이퍼 등을 쓰지만, 큰 것일 때는 이염화탄소나 삼염화에틸렌 등의 화학적 방법을 사용한다.

(2) 이음의 형식

TIG 용접에 쓰이는 이음은 맞대기 이음(butt joint), 겹치기 이음(lap joint), 모서리 이음(corner joint), 변두리 이음(edge joint), 필릿 이음(fillet joint) 등이 있으며, 그 한 예를 나타내면 그림 4·11과 같다.

① I형 맞대기 이음

모재 두께 3 mm 정도까지는 I형 맞대기 용접이 많이 쓰이며, 모재 두께 1.6 mm 이하에서는 맞대기의 간격 없이 용가봉(溶加棒)을 사용하지 않고 용접하는 경우가 많다.

맞대기 부분의 용입을 충분하게 하기 위해서는 이음부의 정밀도(精密度)를 정확하게 해야 하며, 잘못하면 이음부가 오목하게 되거나 용락(溶落)이 생기기 쉽다.

모재 두께가 4~6 mm 정도에서는 용가제(溶加劑)를 써서 양면을 용접한다.

② V형 맞대기 이음

모재 두께 6~20 mm 정도에 쓰이며, V형 홈(groove)의 각도는 보통 60~70° 정도로 하나 얇은 판(6~8 mm)에서는 90°로 하는 경우가 있다. 루우트면(root face)은 모재 두께에 따라 3~6 mm의 범위로 결정한다.

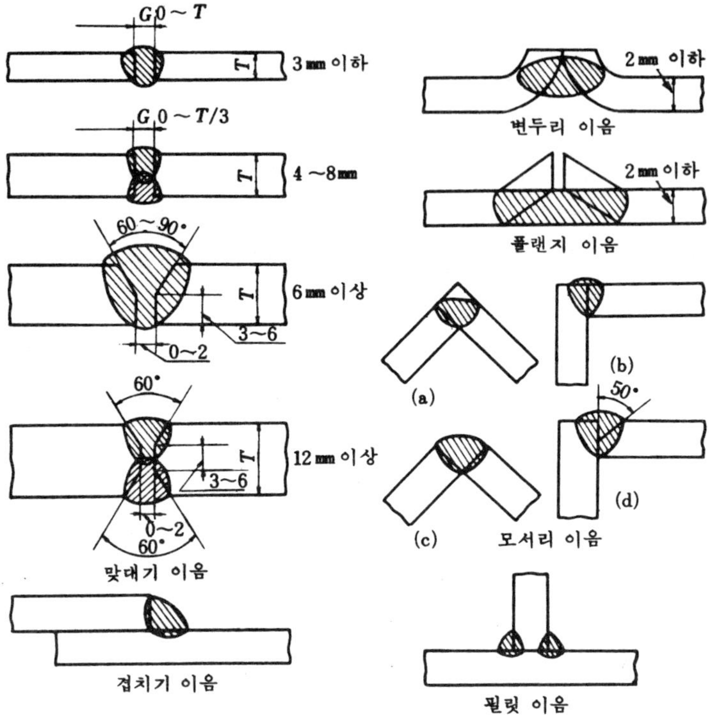

그림 4·11 TIG 용접에 쓰이는 이음 형식

③ X형 맞대기 이음

모재 두께 12 mm 이상의 두꺼운 판(厚板)에 쓰이며, 양면 용접이 가능한 것이어야 한다. 용접 홈이나 루우트면은 V형 홈과 거의 같게 한다.

④ 변두리 이음 및 플랜지 이음

이 이음은 다소 보강 덧붙이기(reinforcement of weld)를 필요로 하는 곳의 용접에 쓰이며, I형 맞대기 대신으로도 잘 사용된다. 모재 두께 1.6~2.0 mm 정도의 얇은 판(薄板)에 많이 이용된다.

⑤ 겹치기 이음

겹치기 이음 용접은 모재가 밀착되는 것이 중요하다. 모재 두께가 얇을 경우(4 mm 이하)에는 용가봉 없이도 용접을 할 수 있다. 6 mm 이상의 두께에는 반드시 용가봉을 써서 용입을 좋게 하는 보강 덧붙이기를 한다.

⑥ 모서리 이음

모서리 이음의 형식은 그림 4·11 에 표시한 것과 같이 여러 가지 형식이 있으나 모재 두께 3.2 mm 이하에는 (a)와 같은 형식으로 용가봉(溶加棒) 없이 용접을 한다. (b)에 표시한 것 같은 것은 비교적 두꺼운 것에 쓰이며, 충분한 보강 덧붙이기를 얻기 위해서는 용가봉이 필요하다.

⑦ 필릿 이음

필릿 이음은 좋은 보강 덧붙이기를 얻기 위해서 모두 용가봉을 쓴다. 얇은 판의 경우는 홈(groove) 없이 용접하지만, 두꺼운 판에서는 홈을 만들어 용접을 한다.

(3) 뒤받침 용접 (weld backup)

TIG 용접에서는 대개 뒤받침을 사용하는데, 그 이유는 여러 가지가 있으나 얇은 공작물의 용접에는 뒤받침에 의해 용접부의 뒷면이 대기(大氣)에 의해 기공(氣孔)이나 표면이 거칠게 되는 원인이 되므로 이를 방지하기 위해서이며, 또 모재에서 용융 금속(溶融金屬)이 용락되는 것을 막는 역할로 사용한다.

TIG 용접에 사용되는 뒤받침에는 다음과 같은 형식이 있다.

① 금속제의 뒤받침(metal backing)

② 용접부의 뒤쪽에 불활성 가스를 흐르게 하는 방법(inert gas backing)

③ 위의 누름쇠를 조합한 방법

④ 용접부의 뒤쪽에 물이나 알코올을 혼합한 분말제(粉末劑) 또는 용제(溶劑)를 녹여 도포하는 방법(flux backing)

(4) 용접 시공의 확인 사항

① 용접 장치의 결선(結線)이 잘 되어 있고 토오치가 용접 재료와 떨어져 있으며 발 스위치가 off의 상태에 있는가를 확인한다.

② 전원(電源) 스위치를 넣으면 마그네토 스위치까지 전기가 오게 한다.

③ 아르곤 용기(容器)의 밸브를 열고(좌로 돌린다) 유량계(流量計)의 압력을 확인한다.

④ 제어 장치(制御裝置)의 전원 스위치를 넣는다.

⑤ 직류와 교류 스위치를 희망하는 곳에 놓고 고주파 회로(高周波回路) 스위치와 가스 회로 스위치를 넣는다.

⑥ 가스 시간 조정을 텅스텐 전극의 굵기와 용접 재료에 따라서 S(단, 5초), M(중, 15초), L(장, 25초)의 적당한 곳에 맞춘다.

⑦ 용접 재료에 적당한 전류 조정(電流調整)을 한다.

⑧ 토오치는 표 4·1의 용접 조건표에 의하여 텅스텐 전극과 이에 알맞는 콜릿(collet)을 맞추어 팁의 선단(先端)에서 5 mm 정도 밖으로 내어 잘 고정한다.

⑨ 토오치의 물 순환을 확인한다(수냉 토오치일 때).

⑩ 토오치를 손으로 잡고 발스위치를 넣었을 때 고주파가 발생하고 가스가 유출되면 아아크를 발생할 수 있는 준비가 완료된 것이다.

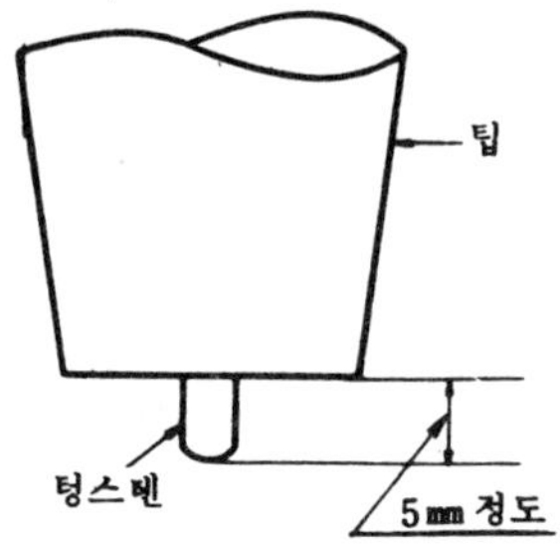

그림 4·12 텅스텐봉 고정

4·1·4 TIG 용접의 작업 요령

(1) 아아크 발생법

TIG 용접에서 아아크의 발생은 피복(被覆) 아아크 용접과 같이 전극을 모재에 접촉시키지 않고 아아크를 발생시킨다. 이와 같이 아아크를 발생시키는 방법은 용접 전원(熔接電源)에 고주파를 같이 사용하기 때문이다.

먼저 그림 4·13에 표시한 것과 같이 토오치를 모재의 위쪽에 약 50 mm 정도의 거리로 하고 페달 스위치를 밟음과 동시에 전극봉(電極棒) 끝이 모재의 위쪽에서 10 mm 이내의 거리가 되도록 재빨리 토오치의 끝을 낮춘다. 페달 스위치를 밟으면 아르곤 가스가 방출되기 시작하고 냉각수도 순환되며 용접 전원 및 고주파 스위치도 동시에 연결되어 전극과 모재(母材) 사이에 고주파가 튀어 아아크가 발생한다. 아아크 발생 후에는 아아크 길이를 약 3~4 mm로 유지되게 토오치를 빨리 내려 용접을 시작한다. 이 요령은 교류 용접과 직류 용접이 같다.

아아크를 발생시킬 때 전극과 모재를 접촉시키든지 아아크를 발생시키기 위해 탄소(炭素)를 쓰든지 하면, 전극의 끝이 더러워져 아아크가 불안정하게 되므로 피하도록 해야 한다.

또, 전극 끝이 가열되어 있는 동안에 다시 아아크를 발생시키는 경우는 토오치가 모재로부터 소정의 위치에 오기 전에 아아크가 발생되기 쉬우므로 동작을 신속히 해야 한다.

한편, 아아크를 멈출 때는 재빨리 토오치를 모재로부터 멀리하면 된다. 만일 동작이 느리면 아아크가 꺼질 때 아아크가 용접부 표면에 이동하여 모재에 흔적을 남기는 경우가 있다.

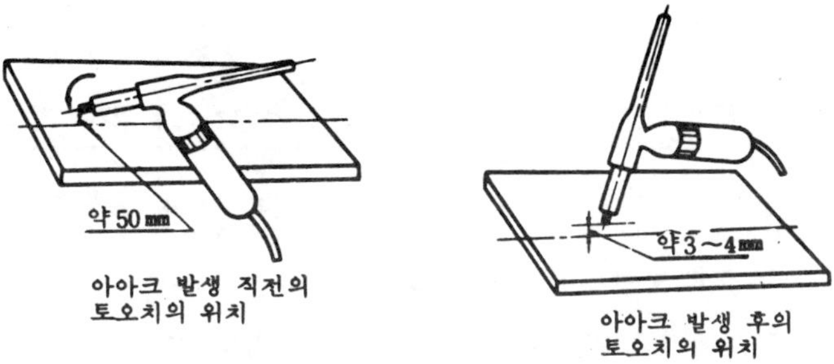

그림 4·13 아아크 발생 요령

(2) 토오치를 겨누는 방법

아아크의 발생 후 모재에 용융(溶融) 푸울이 생길 때까지 토오치를 그림 4·14에 표시한 것과 같이 시작 위치에서 작은 원운동으로 움직인다. 이 때 전극과 모재와의 거리는 3~4 mm 정도로 유지해야 한다. 모재가 충분히 용융되면 용접선을 따라 용접을 시작한다. 비이드의 폭이 일정하게 되도록 소정의 속도로 토오치를 진행한다. 토오치의 각도는 모재에 대한 진행 방향과 반대로 75° 정도가 되게 기울여 전진법(前進法)으로 용접한다.

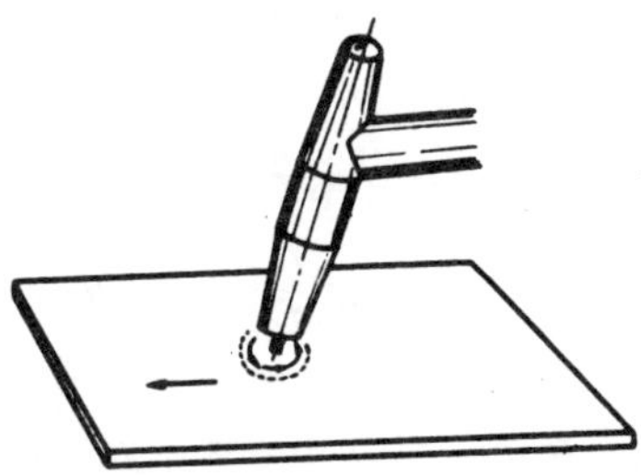

그림 4·14 용융 푸울의 형성

용가봉(溶加棒)을 사용하는 경우의 요령은 그림 4·15, 4·16에 표시한 것과 같이, 모재가 충분히 녹은 후 토오치를 용융 푸울 뒤로 약간 후퇴시켜 용가봉

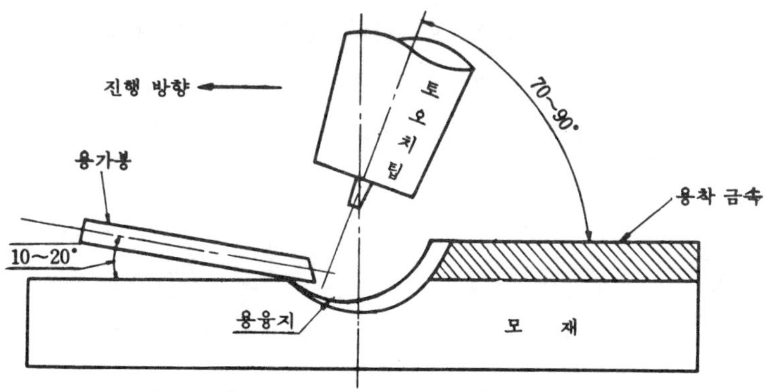

그림 4·15 토오치를 겨누는 방법

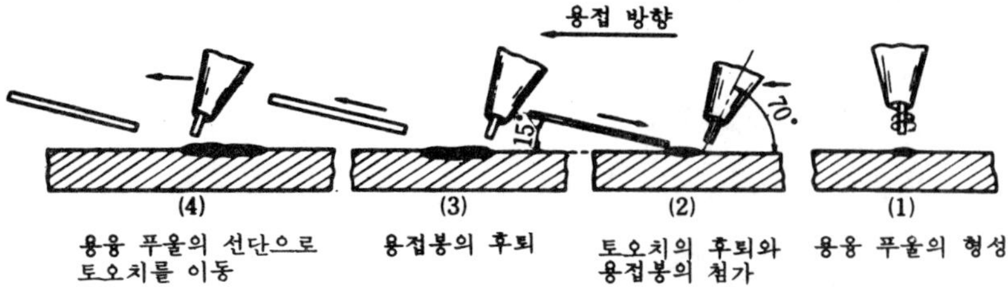

그림 4·16 아래보기 용접의 용가봉 첨가 요령

을 모재(母材)에 대해 15° 정도의 각도로 기울여 용융 푸울에 재빨리 접근시켜 녹여서 용융 푸울에 첨가한 후 용가봉을 뒤로 빼낸다.

다시 토오치를 용융 푸울의 선단(先端)으로 이동시켜 용착 금속(溶着金屬)이 완전히 녹을 때까지 그 위치에 머무른다. 이와 같은 조작을 반복하여 용접을 진행한다.

4·1·5 겹치기 용접

겹치기 이음(lap joint)의 용접에서는 아아크를 발생시킨 후 먼저 아래판에 용융 푸울을 만들도록 한다. 이것은 위판의 어깨 부분이 녹기 쉽기 때문이다. 용융 푸울이 생기면 아아크의 길이를 1.6~2.0 mm 정도로 짧게 해서 2 장의 판이 완전히 융합될 때까지 이음부 위에서 토오치를 조금 요동시킨다. 2 장의 판이 융합되기 시작하면 토오치를 용접 방향으로 진행하기 시작한다. 일단 용접이 진행되면 토오치를 요동시키지 않고 위판 끝에 전극(電極)의 선단을 향하고 용접선(熔接線)을 따라 직선으로 토오치를 진행시킨다.

겹치기 용접에서 용융 푸울은 그림 4·17 에 표시한 것과 같이 중앙에 오목하게 들어간 부분이 생기는데, 이 오목하게 들어간 부분이 용융 금속(溶融金屬)으로 완전히 묻히는 것과 같은 용접 속도가 좋다. 이렇게 하지 않으면 위판과 아래판이 완전히 융합되지 않고, 양호한 용입이 되지 않는다.

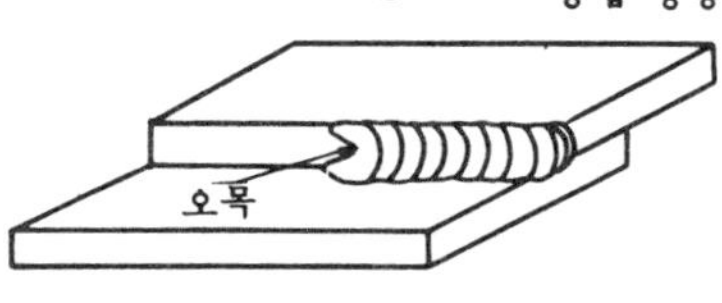

그림 4·17 겹치기 용접(용가봉이 없음)

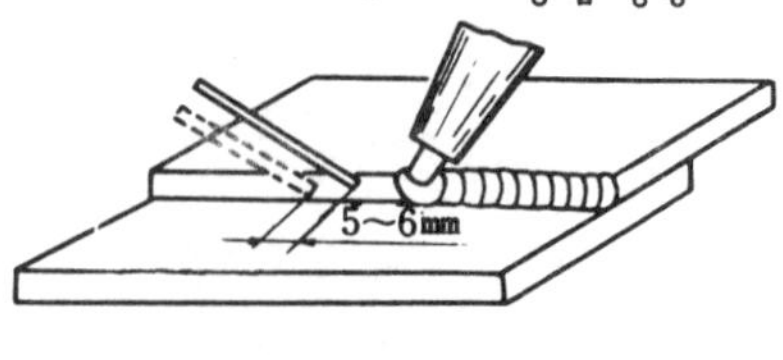

그림 4·18 용가봉 사용의 겹치기 이음 용접

용가봉(溶加棒)을 사용하는 경우 그림 4·18에 표시한 것과 같이 오목 들어간 부분을 용가봉으로 메우는 것같이 되므로 용접 속도는 오히려 빨라진다.

그러나, 이 경우에는 용접부가 완전히 용합되도록 주의하지 않으면 모재 위에 용가봉의 용착 금속이 겹쳐지며, 용입 불량이 된다.

용가봉의 첨가 요령은 전기 용접과 가스 용접의 경우와 같으며, 위판의 모서리가 녹아내리어 언더컷이 되기 쉬우므로 주의 깊게 용가봉의 첨가량을 잘 가감하면서 균일한 비이드가 되도록 한다.

4·1·6 수평 필릿 용접

수평 필릿 용접은 수직판(垂直板)이 아래판에 비해 녹기 쉬우므로 구멍이 뚫리든가 언더컷의 원인이 된다.

따라서, 전극을 겨누는 위치는 수직판 끝에서 약 2 mm 정도 떨어진 아래판을 겨눈다.

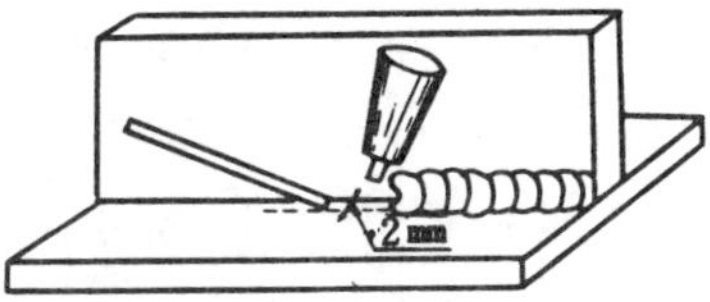

그림 4·19 수평 필릿 용접

용융 푸울은 그림 4·19에 표시한 것과 같이 오목 들어가게 되어 그 부분을 충분히 녹이지 않으면 필릿 부분이 용입 불량이 된다.

4·1·7 모서리 및 변두리 용접

이 용접은 TIG 용접 중에서 가장 용접하기 쉬운 이음이다. 그림 4·20에 표시한 것과 같이 용접 시작점(熔接始作點)에 용융 푸울을 만들고 계속해서 이음 선을 따라 토오치를 일정 속도로 진행하면 된다. 용접 속도(熔接速度)가 너무 느리면 용융 금속이 아래로 녹아 떨어진다. 또 너무 빠르든가 속도가 불규칙할 때에는 융합 불량(融合不良)을 일으키며 비이드 파형이 고르지 못하게 된다.

이 용접은 대체로 용가봉을 쓰지 않으나 두꺼운 판의 모서리 용접에는 용가봉을 사용한다.

그림 4·20 모서리 및 변두리 용접

4·1·8 수직 용접(垂直熔接)

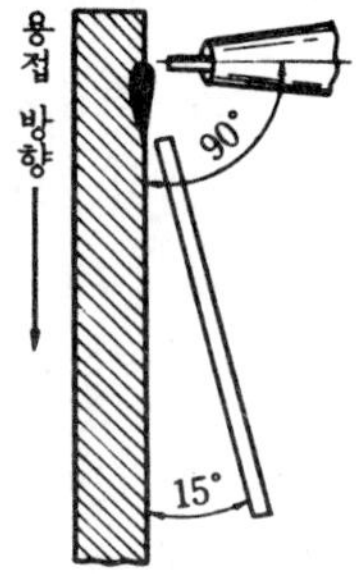

그림 4·21 수직 용접

수직 용접은 그림 4·21 에 표시한 것과 같이 토오치를 모재에 직각으로 하고 일반적으로 얇은 판의 용접은 위에서 아래로 용접을 하는 하진 용접(下進熔接)을 사용한다.

4·1·9 다층 용접(多層熔接)

모재 두께 6 mm 이상의 재료를 용접할 때에는 단층 용접법(單層熔接法)을 사용하여야 하고 필요한 층수는 피용접물의 두께 형상 등에 따라 다르나 제 1 층은 루우트 용접이므로 홈의 밑부분을 완전히 용융하여 이면(裏面)까지 충분히 용입되도록 하여야 한다.

이 루우트 용접은 뒤받침 역할을 하므로 제 2 층 이상은 높은 전류를 사용하여 용접할 수 있다. 다층 용접(多層熔接)은 각 층마다의 사이에 불순물이 존재하지 않도록 주의하는 것이 제일 중요하다.

표 4·2 와 4·3 은 각각 스테인레스강과 알루미늄의 작업 표준을 나타낸 것이며, 용접 기능공들이 반드시 알아두어야 할 기본 이음 형상이다.

표 4·2 스테인레스강 맞대기 이음의 TIG 용접 작업 표준 (직류 정극성 수동 용접)

판두께 (mm)	이 음 형 상	전극봉 지름 (mm)	용가재 지름 (mm)	용접 전류 (A)	아르곤 가스유량 (l/min)	층 수	노즐 지름 (mm)
1.0	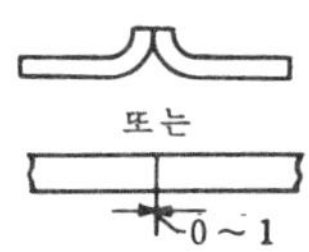	1~1.6	0~1.6	30~60	4	1	9
1.6		1.6~2.3	0~1.6	60~90	4	1	9
2.3		1.6~2.6	1.6~2.6	80~120	4	1	9~11
3.6		2.3~3.2	2.3~3.2	110~150	5	1	9~11
4.0	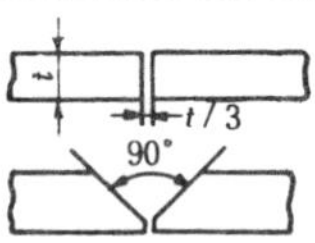	2.3~3.2	2.6~4.0	130~180	5	1	11~12.5
5.0		2.6~4.0	3.2~5.0	150~220	5	1	12.5
6.0		3.2~5.0	3.2~5.5	180~250	5	1~2	12.5~16
8.0	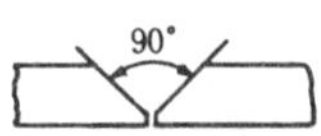	3.2~5.0	4.0~7.0	220~300	5	2~3	12.5~16

[**예제 4·1**] 도번 4000, 4001 과 4002 의 구조물(構造物)을 표 4·2, 4·3 의 작업 표준을 이용하여 제작하여라. 이 도면은 국제 기능 올림픽 대회 전기 용접에 TIG 용접 과제(熔接課題)로 출품되었던 것이다.

표 4·3 알루미늄 맞대기 이음의 TIG 용접 작업 표준(교류 수동 용접)

판두께 (mm)	홈 형상 치수 (mm)	용접자세	패스	용접 전류 (A)	용접 속도 (mm/min)	텅스텐 전극지름 (mm)	용접봉 지름 (mm)	용접봉 소비량 (g/min)	아르곤 가스 유량 (l/min)	아르곤 가스 노즐 지름 (mm)	비고
1.0~1.2	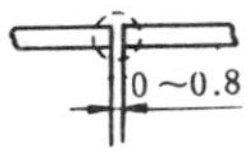 0~0.8	F V, H	1 1	65~80 50~70	300~450 200~300	1.6 또는 2.4	1.6 또는 2.4	8~12	5~8	8~9.5	받침을 사용할 때는 상한에 가까운 전류를 사용
2	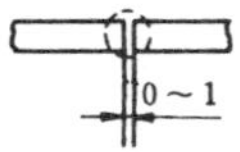 0~1	F V, H, O	1 1	110~140 90~120	280~380 200~340	2.4	2.4	10~14	5~8 5~10	8~9.5	위와 같음
3	 0~2 (F, V, H) 0~(O)	F V, H, O	1 1	150~180 130~160	280~380 200~320	2.4 또는 3.2	3.2	30~35	7~10 7~11	9.5~11	위와 같음
4	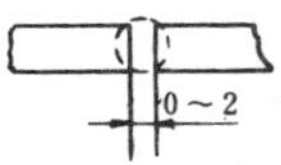 0~2	F V, H	1 1	200~230 180~210	150~250 100~200	3.2 또는 4.0	3.2 또는 4	50~55	7~10	11~13	받침 사용이 좋다. V형 홈으로 하여도 좋다
6	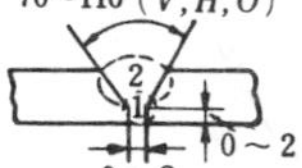 60~70° (F) 70~110° (V, H, O) 0~2 0~2	F V, H, O	1, 2 1, 2	230~270 200~240	200~300 100~200	4.0 또는 5.0	4 또는 5	90~100 90~120	8~11	13~16	받침 사용이 좋다

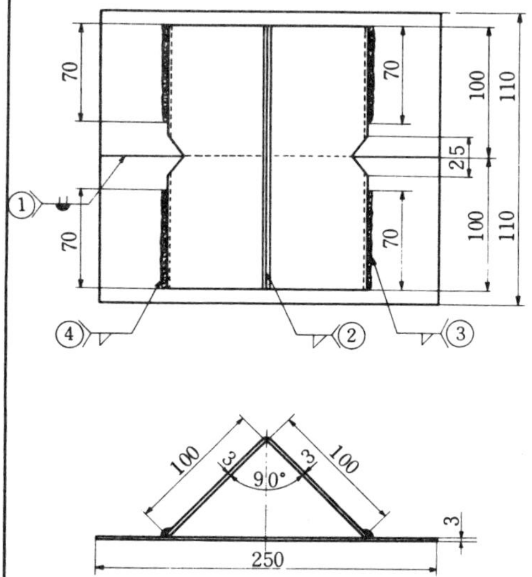

6	용 접 봉	ϕ2	SUS 27	0.5kg	
5	용 접 봉	ϕ2	Al 2 S	0.1kg	
	④	H:F:I:수평 필릿			
	③	H:F:I:수평 필릿			
	②	V:수직 자세			
	①	F:아래 보기 자세			
4	윗 판	200×110×3	SUS 27	2	
3	밑 판	250×110×3	SUS 27	2	
2	윗 판	200×100×3	Al 2 S	2	
1	밑 판	250×110×3	알루미늄 Al 2 S	2	
번호	품 명	규 격	재 질	수량	비고

도면 번호	4000			
제23회 국제 기능 올림픽 대회 TIG아아크 용접 과제				
축척	제한 시간	명 칭	출 제	확인
1 : 2	2 hr	스테인레스강 과 알루미늄	일본 1977. 6	

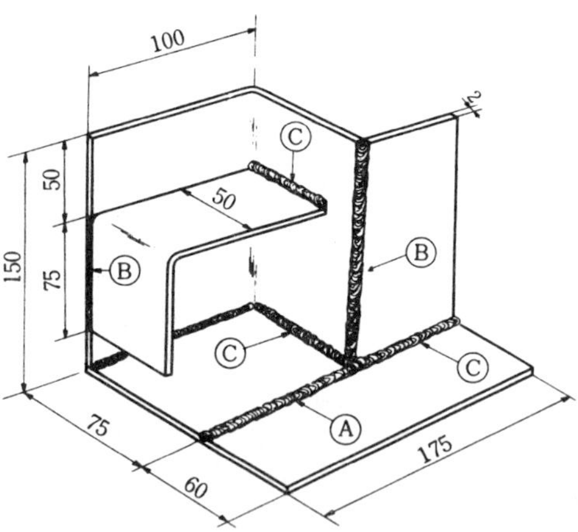

	C	H: 수평 자세			
	B	V: 수직 자세			
	A	F: 아래보기			
6	용 접 봉	ϕ2	SUS 27	0.5kg	
5	앞 판	150×75×2	〃	1 개	
4	선 반 판	175×50×2	〃	1 개	
3	뒷 판	150×175×2	〃	1 개	
2	밑 판	100×75×2	〃	1 개	
1	밑 판	175×60×2	SUS 27	1 개	
번호	품 명	규 격	재 질	수량	비 고

설계자	제한시간	일 자	확 인	작업명	TIG 아아크 용접
용접 연구실	1 hr	1976. 3.20			
품명	스테인레스강 구 조 물	투상법	입체도	도번	4001
		척 도	1 : 2		

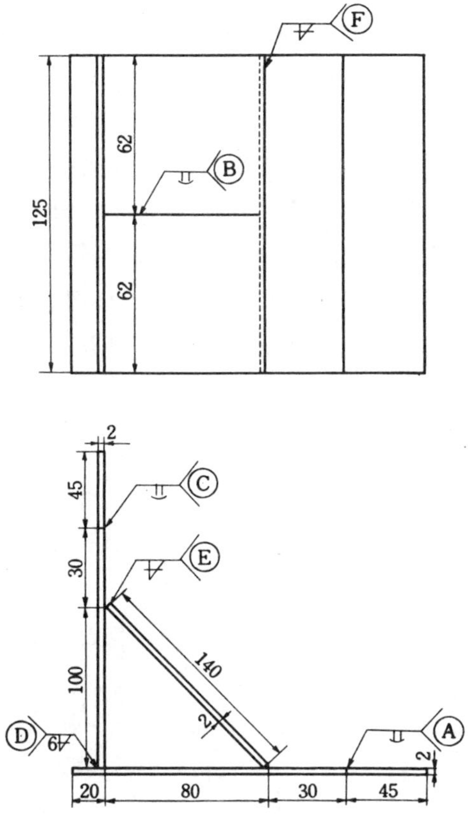

	E; F	V·Fil : 수직 필릿			
	D	H·Fil : 수평 필릿			
	C	H : 수평 자세			
	B	V : 수직 자세			
	A	F : 아래보기			
3	경 사 판	140×62×2	〃		
2	끝 단 판	125×45×2	〃	2 매	
1	밑 판	125×30×2	알루미늄	2 매	
번호	품 명	규 격	재 질	수량	비 고

설 계 소	설계자	일 자	확 인	작업명	TIG 아아크 용접
		1976. 3. 20			
품명	알루미늄 구조물	투상법	3	도번	4002
		척 도	1 : 2		

4·2 미그(MIG) 용접법

미그(MIG) 용접은 앞의 절에서 설명한 티그 용접의 텅스텐 전극 대신에 나심선(裸心線)의 지름 1.0~2.4 mm의 전극 와이어를 일정한 속도로 토오치에 송급(送給)하여 와이어와 모재와의 사이에 아아크를 발생시켜 용접을 하는 방법이다. 이 방법에는 전자동 용접법(全自動熔接法)과 반자동 용접법이 있다.

그림 4·22는 MIG 용접의 전자동 용접법의 접속도(接續圖)이며, ① 용접 전원(熔接電源), ② 와이어 송급 장치(送給裝置), ③ 자동 주행 장치(自動走行裝置), ④ 아르곤 가스 냉각수 등을 제어하는 제어 장치(制御裝置)가 있다. 즉, 와이어 송급 장치, 자동 주행 장치와 원격 조작판을 한곳에 모아 그림의 점선 부분과 같이 하여 작업에 편리하도록 하고 있다. 이 때, 자동 주행 장치가 없는 것이 반자동 용접인 것이다.

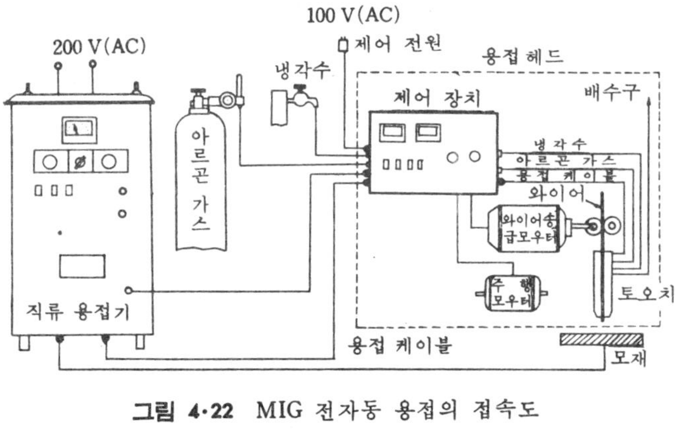

그림 4·22 MIG 전자동 용접의 접속도

MIG 용접에 사용되는 용접 전원(熔接電源)은 직류의 정전압 특성(定電壓特性)과 상승 특성(上昇特性)이 많이 사용되어 아아크의 자기 제어(自己制御)를 할 수 있도록 되어 있으며, 이 용접은 주로 알루미늄과 그 합금, 스테인레스강, 동과 그 합금 등의 용접에 사용된다. 강의 용접도 잘 되는데 경제성과 그 밖의 이유가 있어서 강의 용접은 뒤의 절에서 설명하는 탄산가스 아아크 용접법을 현재 많이 사용하고 있다.

4·2·1 MIG 용접 아아크의 특성

아르곤 가스 MIG 용접의 용입(溶入)은 직류 전원(直流電源)을 사용할 때 극성(極性)에 따라 그림 4·23과 같은 용입을 얻게 되는데 이것은 TIG 용접법의 용입 상태와 정반대(正反對)의 현상이다.

그림 (a)의 역극성(逆極性)은 스프레이형(spray type)의 금속 이행(金屬移行)을 하고 용융 금속의 미세 입자(정이온)와 아르곤의 정이온이 모재(부전하)에 충돌하여 모재(母材)를 격렬히 가열하므로 유두상(乳頭狀)의 깊은 용입이 생긴다.

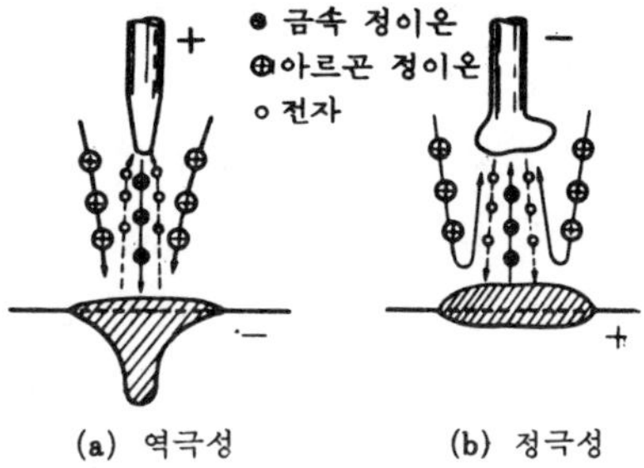

그림 4·23 MIG 용접의 용입 상태 (아르곤의 경우)

그림 (b)의 정극성(正極性)은 Ar의 정이온과 모재에서 방사하는 금속 정이온이 전극의 선단(先端) 아래쪽에서 충돌하여 용적(溶滴)을 들어올리어 낙하를 방해하므로 전극의 선단이 평평한 머리부를 만들게 되며, 이 부분의 온도가 점차로 높아짐에 따라 중력(重力)에 의하여 대립(大粒)의 용적이 간헐적으로 낙하하게 된다. 즉, 입적형(粒滴型, globular type)의 금속 이행이 일어나므로 모재의 용입은 비교적 얇은 평평한 용입이 생긴다. 그러므로 MIG 용접은 직류 용접의 역극성(逆極性)을 사용한다. 이 때, 아아크는 그림 4·24에 표시한 것과 같이 중심부에 가늘고 긴 백열(白熱)의 원추부가 있고, 그 주위에 종 모양의 미광부(微光部)가 보이며 다시 그 외부를 아르곤 가스 흐름이 둘러싸고 있다.

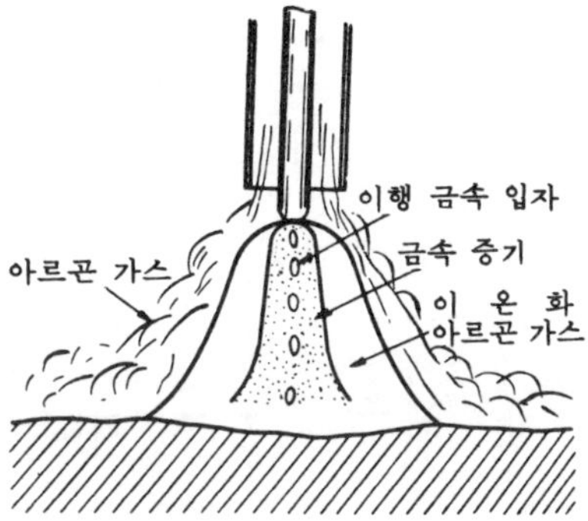

그림 4·24 MIG 용접 아아크의 상태

이 용접의 아아크는 대단히 안정되고 그 중심의 원추부는 금속 증기가 발광(發光)되고 있는 부분으로 그 속을 와이어의 용적(溶滴)이 고속도로 용융 푸울에 투사되고 있다. 중심의 원추부를 둘러싸고 있는 미광부는 주로 아르곤 가스의 발광에 의한 것으로 가스 이온은 전극(+)에서 모재 표면에 충돌되어 표면 산화막의 청정 작용(清淨作用)을 한다.

이 작용은 알루미늄, 마그네슘 등의 경합금에 중요한 것으로 TIG 용접을 할 때와 같다.

MIG 용접의 특징은 전류의 밀도(密度)가 대단히 커서 피복 아아크 용접 전류 밀도의 6~8 배 정도가 된다. 용접 전류가 작은 경우는 용융 금속(溶融金屬)이 피복 아아크 용접의 경우와 같이 비교적 큰 용적이 되어 모재로 이행하는 입적 이행(粒滴移行, globular transfer)이 되므로 이 때에는 비이드 표면은 요철(凹凸)이 생기게 되며 전류값도 임계치를 가지게 된다. 예를 들면 연강 와이어 지름이 1.6 mm 일 때에 용접 전류 260 A 를 넘으면 용적이 갑자기 작게 되어 매초 30 개 이상, 280 A 에서는 매초 230 개 정도의 입자(粒子)가 고속으로 전극에서 이행하는 스프레이 이행(spray transfer)이 된다. 그림 4·25 에서는 이 때문에 아아크가 조용하고 안정되어 스패터도 적고, 비이드 표면의 파형이 대단히 미세하여 TIG 용접에서는 볼 수 없는 아름다운 비이드가 되며, 또 아아크가 강한 지향성(指向性)을 가지므로 아래보기, 수직, 위보기 등 어떤 자세에도 용접이 용이하게 된다. MIG 용접은 TIG 용접에 비해 능률이 높기 때문에 주로 3~4 mm 두께 이상의 용접에 사용한다.

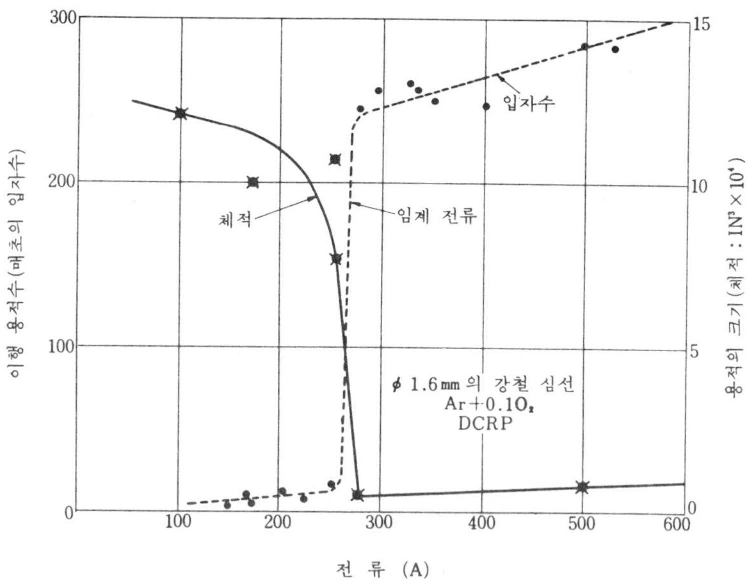

그림 4·25 전류와 입적수의 관계

4·2·2 MIG 용접 아아크의 자기 제어

피복(被覆) 아아크 용접의 용접봉의 용융 속도는 아아크 전류만으로 결정되고 아아크 전압에는 거의 무관계이나 MIG 용접에서는 아아크 전압의 영향을 그림 4·26과 같이 받는다. 동일 전류 아래에서 아아크 전압이 크게 되면 용융 속도(溶融速度)가 저하한다. 지금 어떤 원인으로 아아크가 길어지면 아아크 전압이 크게 되어 용융 속도가 감소하기 때문에 심선(心線)이 일정한 이송 속도(移送速度)로 공급될 때에는 아아크의 길이가 짧아지고 원래의 길이로 되돌아간다. 역으로 아아크가 짧아지면 아아크 전압이 작게 되고 심선의 용융 속도가 빨라져 아아크의 길이가 길어져서 원래의 길이로 되돌아 간다. 이와 같은 것을 MIG 용접 아아크의 자기 제어(自己制御)라 하며, 또 이와 같은 특성을 만족하려면 피복 아아크 용접과 다른 아아크 전압의 특성인 상승 특성(上昇特性)을 가져야 한다.

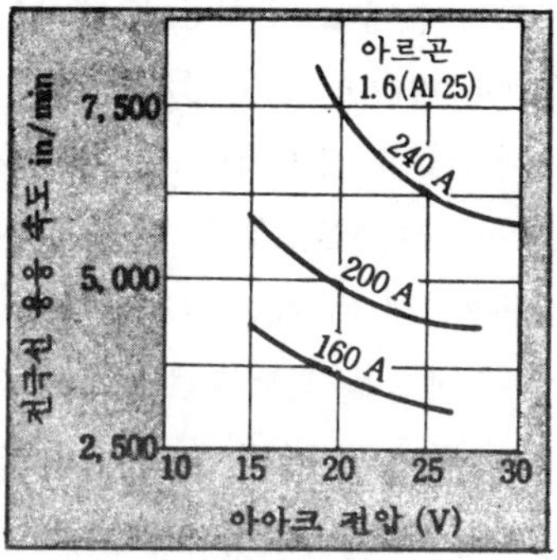

그림 4·26 용융 속도와 아아크 전압(직류 역극성)

4·2·3 MIG 용접 장치

MIG 용접 장치는 그림 4·27에 표시한 것과 같이 토오치 와이어 공급 장치, 와이어 리일, 제어 장치, 아르곤 가스 실린더, 조정기(調整器), 용접 전원(熔接電源), 케이블 등으로 되어 있다.

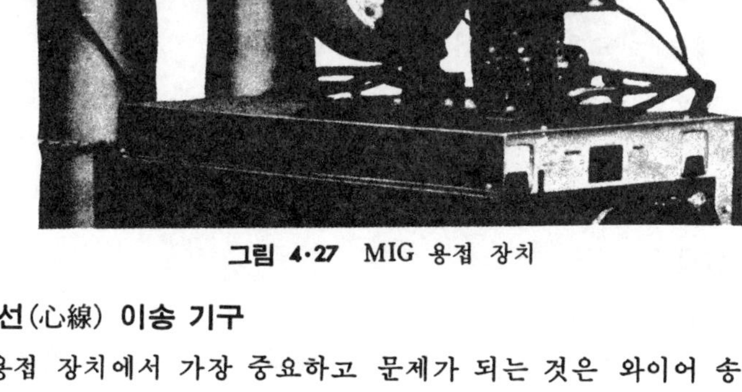

그림 4·27 MIG 용접 장치

(1) 심선(心線) 이송 기구

MIG 용접 장치에서 가장 중요하고 문제가 되는 것은 와이어 송급 기구(送給器具)이다.

와이어 송급 방식을 크게 나누면 그림 4·28과 같이 (a) 미는식, 즉 푸시식 (push type), (b) 당기는 식, 즉 풀식(pull type), (c) 푸시 풀식이 있는데 종래에 많이 사용되어 온 반자동 용접 장치(半自動熔接裝置)는 푸시식이다.

특히, 이 때 가는 연질의 알루미늄 선인 플렉시블 컨택트(flexible contact)가 너무 길면 송급 로울러가 있는 부분에서 구부러짐이 일어나기 쉬워 원활한 송급이 되지 않는 경우가 있다.

풀식은 푸시식의 결점을 시정한 것으로 전자동 장치는 풀식이라고 보아도 좋을 정도이다. 반자동 장치에서는 소형 송급(小型送給) 모우터를 토오치 내에 붙인 것과 토오치에는 송급 로울러만을 붙여 제어 장치 등에 설치된 모우터와 플렉시블 축에 결합시킨 것이 있지만, 어느 것이나 대형에 사용하는 것은 곤란하고 소전류용 토오치에만 사용한다.

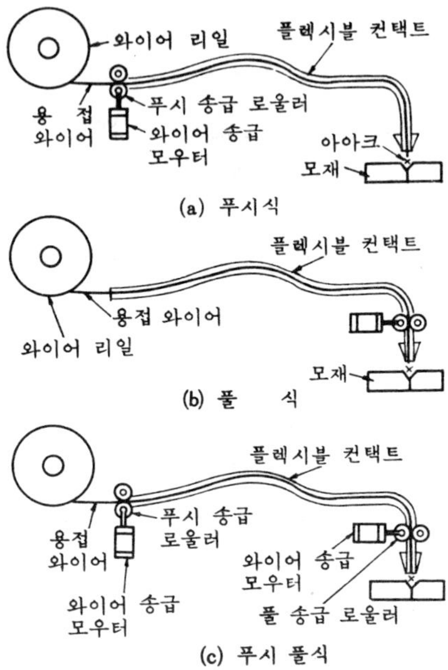

그림 4·28 MIG 용접의 와이어 송급법 종류

푸시 풀식(push pull type)은 최근에 사용되기 시작한 것으로 푸시 로울러와 풀 로울러가 언제나 같이 움직이는 것이 필요 조건이다. 이 때문에 장치가 복잡한 점이 있다.

(2) 제어 장치

제어 장치에는 아르곤 가스 개폐 제어(開閉制御), 용접 와이어의 기동, 정지 및 속도 제어, 용접 전류의 투입 차단, 보호 장치, 기타 안전 장치 등으로 되어 있다.

용접 와이어의 송급(送給)은 간단한 기계식에 의한 제어와 전기식에 의한 제어 등이 있다.

(3) 토 오 치

MIG 용접 토오치는 그림 4·29와 같이 호오스(hose)나 리이드(lead)들이 내장되어 있으며, 반자동식 토오치는 거의 200 A 까지가 공랭식(空冷式)이고 그 이상의 것은 수냉식(水冷式)이다.

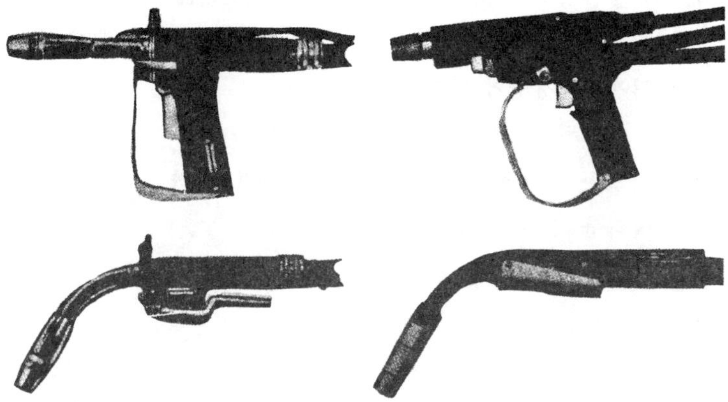

그림 4·29 MIG 용접 토오치

(4) 용접 준비

MIG 용접도 TIG 용접과 같이 용접을 시작하기 전에 먼저 용접 이음부를 깨끗이 청소를 해야 한다.

MIG 용접은 아아크가 집중적이고 속도가 빠르므로 TIG 용접 때보다도 용착금속(溶着金屬)의 응고 속도(凝固速度)가 빠르기 때문에 가스가 떠오를 시간적 여유가 없으므로 용접 금속 속에 남아 기포(porosity)로 되기 쉽다. 기포로 되는 주된 원인은 수소(水素)에 기인되며, 이음부의 청소 및 와이어의 건조에 특히 주의해야 한다.

용접을 시작하기 전에 용접기의 점검, 전류, 전압과 가스 유량 등의 조정을 잘 하여야 한다.

4·2·4 전자동(全自動) 용접

전자동 용접은 와이어의 공급, 토오치의 이송(移送) 등이 자동적으로 이루어지므로 전류, 전압, 가스 유량, 이송 속도, 기타의 조정과 조작만을 충분히 습득하면 용접 기능(熔接機能)은 필요하지 않다.

일반적으로 아아크의 길이는 될 수 있는 대로 짧게 하는 것이 좋다. 아아크 길이가 짧으면(전압 22~24 V 이하) 용입(溶入)이 깊은 비이드가 얻어지며 용접 속도를 높일 수가 있다. 다만 너무 지나치게 짧게 하면 스패터나 기포가 생기기 쉽다.

전자동 용접은 대부분 직류 역극성(直流逆極性)을 쓰며, 와이어 지름에 대해서 아아크가 불안정하게 되지 않는 한 저전류(低電流)를 쓰거나 굵은 와이어를 쓰도록 한다. 이러한 일은 중요한 것으로 전류 밀도(電流密度)가 너무 크면 기포가 많게 될 경향이 있다.

이 용접에서 공급되는 와이어가 굽어져 있으면 용입 방향이 한쪽으로 쏠릴 뿐만 아니라 아르곤 가스의 시일드 범위에서 빠져나가는 일이 있으므로 와이어의 송급 로울러를 잘 조정해야 한다.

4·2·5 반자동(半自動) 용접

(1) 아아크의 발생

토오치의 끝을 약 15~20 mm 정도 모재에 접근시켜 토오치의 방아쇠를 당기면 와이어가 공급되어 모재에 접촉됨과 동시에 대전류(大電流)가 순간적으로 흘러 와이어 끝을 녹이면서 아아크가 발생된다. 아아크가 발생되면 노즐과 모재와의 거리를 12 mm 정도 되게 유지해야 하며 아아크의 길이는 6~8 mm 가 적당하다.

(2) 토오치의 각도

토오치는 그림 4·30 에 나타낸 것과 같이 진행 방향의 반대쪽으로 5~15° 정도 기울인다. 이 각도는 아르곤 가스의 시일드성을 양호하게 하기 위함이며, 이 각도가 부적당할 때에는 알루미늄 합금 등에서는 비이드의 양쪽에 검은 가루가 발생된다. 이 검은 가루는 와이어의 청소가 불충분할 때 특히 심하다. 이것은 아르곤 가스 시일드가 스패터(spatter) 등에 의해 순간적으로 파괴되기 때문에 금속 증기(金屬蒸氣)가 산화나 질화되어 비이드 양쪽에 남는 것으로, 와이어 브러시로 가볍게 문지르면 손쉽게 제거된다. 이 검은 가루는 용접 결과에 별다른 영향을 끼치지는 않는다.

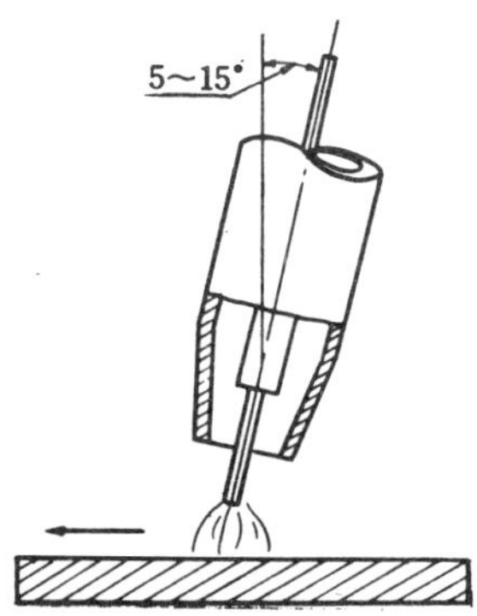

그림 4·30 토오치의 각도

4·2·6 운봉법(運棒法)

용접의 진행은 일반적으로 전진법(前進法)이 많이 쓰이나, 때에 따라서는 후진법을 쓰는 경우도 있다.

용접 시작점에서는 모재가 충분히 용융(溶融)된 것을 보고 토오치의 진행을 시작한다. 용접은 직선 비이드로 용접하는 방법과 그림 4·31 에서와 같이 일정한 왕복 운동을 하는 방법이 있다.

또, 폭이 넓은 비이드를 만드는 경우는 위이빙(weaving) 운봉법도 쓰인다. 위이빙은 그림 4·32 에 표시한 것과 같이 일정한 폭으로 하도록 한다.

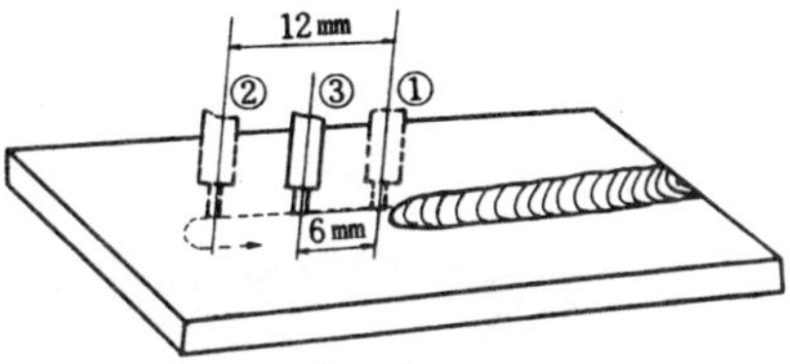

그림 4·31 왕복 운봉법

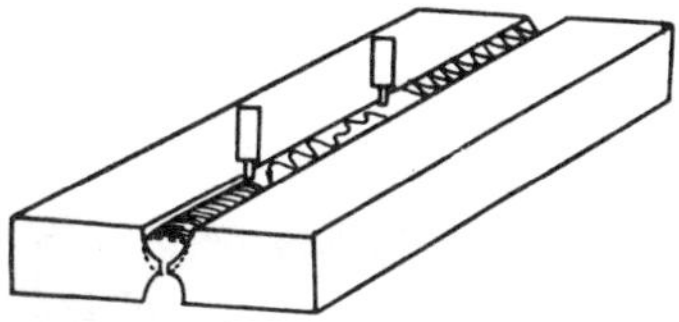

그림 4·32 위이빙의 양부

반자동 용접의 운봉법은 피복 아아크 용접에 숙련이 되어 있으면 비교적 빨리 습득된다.

다만 피복 아아크 용접은 용접봉이 녹아 점점 짧아지므로 용접의 진행과 함께 아아크의 길이가 맞도록 토오치를 아래로 내려야 하나 이 용접법에서는 토오치의 이송 속도를 일정하게 유지하는 것이 다르다.

4·2·7 수평 필릿 용접

그림 4·33 과 같이 아래판에 대해 토오를 30∼40° 정도로 기울이는데, 이것은 수직판(垂直板)의 언더컷을 방지하기 위해서이며 운봉은 왕복 운동이 좋다.

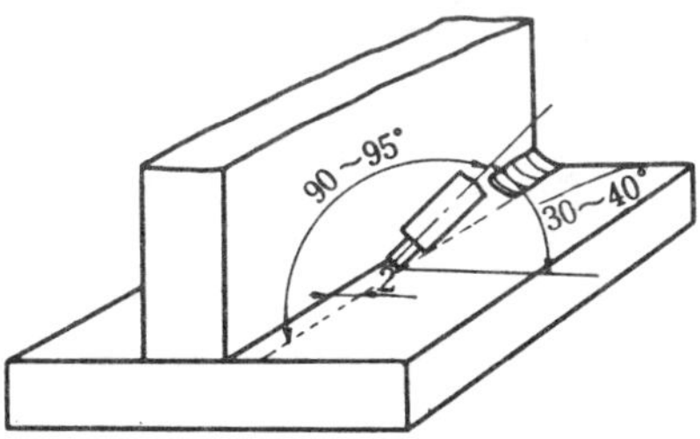

그림 4·33 수평 필릿 용접

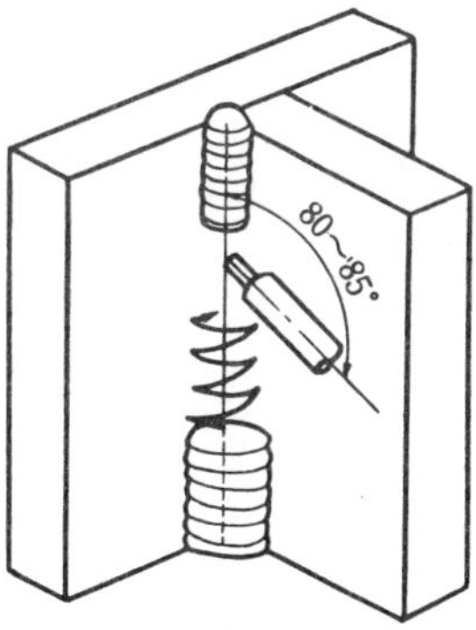

그림 4·34 수직 필릿 용접

4·2·8 수직 필릿 용접

그림 4·34 에 나타낸 것과 같이 토오치는 80∼85°로 기울여 상진 용접(上進

熔接)을 한다. 제 1 층에서는 왕복을 행하고 제 2 층은 약간 빠른 위이빙을 한다.

4·3 탄산가스 아아크 용접

4·3·1 원 리

탄산가스 아아크 용접(CO_2 gas arc welding)은 불활성(不活性) 가스 아아크 용접에서 사용되는 값 비싼 아르곤이나 헬륨 대신에 탄산가스를 사용하는 용극식 용접 방법이다. 만일 연강(軟鋼)을 용접할 때 MIG 용접을 하면 아르곤을 사용하기 때문에 비경제적일 뿐만 아니라 용착 금속에 기공(氣孔)이 생기기가 쉽다. 이런 관계로 연강 용접은 가격이 싼 탄산가스를 사용하는 편이 훨씬 좋다.

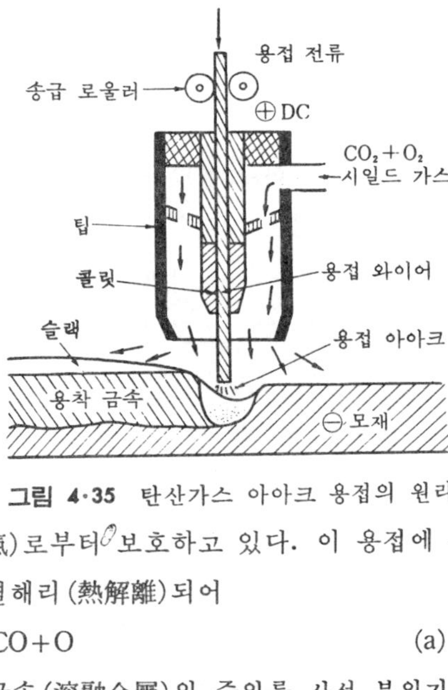

그림 4·35 탄산가스 아아크 용접의 원리

용접 방법은 그림 4·35와 같이 용접 와이어(welding wire)와 모재(母材) 사이에서 아아크를 발생시키고 토오치 선단(先端)의 노즐에서 순수한 탄산가스(CO_2)나 이것에 다른 가스(산소나 아르곤)를 혼합한 혼합가스를 내보내어 아아크와 용융 금속을 대기(大氣)로부터 보호하고 있다. 이 용접에 사용되는 탄산가스는 아아크 열에 의해 열해리(熱解離)되어

$$CO_2 \leftrightarrows CO+O \qquad \text{(a)}$$

강한 산화성을 나타내게 되어 용융 금속(溶融金屬)의 주위를 산성 분위기로 만들기 때문에 용융 금속에 탈산제(脫酸劑)가 없으면 철은 산화

$$Fe+O \leftrightarrows FeO \qquad \text{(b)}$$

된다.

이 산화철(FeO)이 용융강에 함유된 탄소와 화합되어

$$FeO+C \leftrightarrows Fe+CO\uparrow \qquad \text{(c)}$$

일산화탄소(CO)가 발생된다.

이 반응은 응고점(凝固點) 가까이에서 심하게 일어나기 때문에 빠져나가려

던 CO 가스가 미쳐 빠져나가지 못하여 용착 금속에는 산화된 기포가 많게 된다. 따라서 이것을 없애는 방법으로 와이어에 적당한 탈산제인 망간(Mn), 규소(Si)를 첨가하면

$$2\,FeO + Si \rightleftarrows 2\,Fe + SiO_2 \qquad \text{(d)}$$

$$FeO + Mn \rightleftarrows Fe + MnO \qquad \text{(e)}$$

(d) (e)식과 같은 반응에 의하여 용융강(溶融鋼) 중의 FeO를 적당히 감소시켜 기공의 발생을 방지한다. (d) (e)식의 반응에 의하여 용착 금속 중의 FeO는 대부분 없어지고 동시에 CO도 발생되지 않으므로 대단히 치밀하고 양호한 용접부를 얻을 수 있다. 또, (d) (e)식의 반응에 의해서 생성된 SiO_2, MnO는 용착 금속과의 비중차(比重差)에 의해 슬랙이 되어 용접 비이드 표면에 분리되어 뜨게 된다. 용접 와이어에 첨가되는 탈산제로 가장 많이 쓰이는 것이 규소(Si)와 망간(Mn)이며 첨가량의 조정으로 양호한 용접을 할 수 있다.

4·3·2 종 류

현재 실용화되고 있는 탄산가스 아아크 용접법은 시일드 가스(shielded gas)와 전극 와이어, 토오치의 작동 형식(作動形式)에 의해서 분류할 수 있다. 이 용접에 쓰이는 전극(電極)으로는 MIG 용접과 같이 용접 와이어가 녹는 용극

표 4·4 탄산가스 아아크 용접법의 분류

(1) 시일드 가스와 용극 방식에 의한 분류

- ① 용 극 식
  - a. 솔리드 와이어(solid wire) CO_2법(순 탄산가스법)
    송급 가스 = CO_2, 충전제 = 탈산성 원소를 함유한 솔리드 와이어
  - b. 솔리드 와이어 혼합 가스법
    - CO_2-O_2법
    - CO_2-Ar법
    - CO_2-Ar-O_2법

    송급 가스 = CO_2-O_2, CO_2-Ar, CO_2-Ar-O_2
    충전제 = 탈산성 원소를 함유한 솔리드 와이어
  - c. CO_2 용제법
    - 아아코스 아아크(arcos arc)법(flux-cored)
    - 퓨스 아아크(fus arc)-CO_2법
    - 유니온 아아크(union arc)법(자성 용제식)
- ② 비용극식
  - 탄소 아아크법
  - 텅스텐 아아크법(2중 노즐식)

(2) 토오치의 작동 형식에 의한 분류

- 수 동 식(비용극식, 토오치 수동)
- 반자동식(용극식, 와이어의 송급 자동, 토오치 수동)
- 전자동식(용극식, 와이어의 송급 자동, 토오치 자동)

식, TIG 용접과 같이 전극이 텅스텐으로 되어 있어 녹지 않는 비용극식이 있다. 또한 시일드 가스로는 순수한 탄산가스 또는 탄산가스에 산소나 아르곤을 혼합시킨 혼합 가스가 쓰인다. 표 4·4은 탄산가스 아아크 용접법의 분류이다.

4·3·3 탄산가스 아아크 용접 장치

이 용접 장치는 MIG 용접 장치와 비슷하며 용접 전원, 심선 제어 장치, 용접 토오치, 송급 가스 장치 등으로 구성되어 있다.

그림 4·36은 반자동 탄산가스 아아크 용접 장치의 결선도(結線圖)이며 토오치는 공랭식(空冷式)이다.

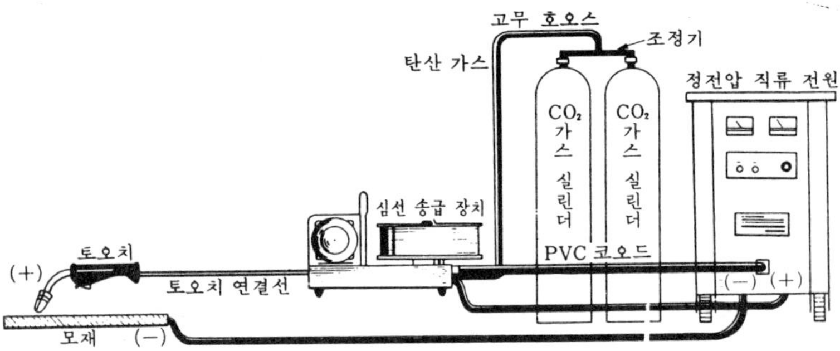

그림 4·36 반자동 탄산가스 아아크 용접 장치(공랭식)

4·4 서브머어지드(submerged) 아아크 용접

4·4·1 원 리

서브머어지드 아아크 용접은 미국의 유니온 카아바이드 회사(Union Carbide Co.)에서 1936년 처음으로 개발 실용화된 것으로 이 용접에 필요한 용제(溶劑)의 이름인 유니온 멜트(union melt)를 사용하여 유니온 멜트 용접(union melt welding)이라고도 부른다.

탄소강, 합금강, 스테인레스강 외에 실리콘 청동, 알루미늄 청동, 모넬 합금(monel metal) 그 밖의 비철 합금 등의 각종 재료를 반자동과 자동 용접법에 의하여 기계, 전기, 화학, 광산, 항공, 선박, 철도, 원자력 등 다방면에 이용되고 있는 중요한 용접법이다. 그림 4·37은 이 용접법의 작동 방법(作動方法)을 표시한 것으로 와이어 리일에 감기어진 용접용 나심선(裸心線)이 송급 로울러에 의하여 연속적으로 보내어져 이것과 동시에 용제 호퍼(flux hopper)

에서 용제가 와이어의 바로 앞으로 다량 공급되기 때문에 와이어의 선단(先端)은 용제 중에 매몰된 상태로 그 선단과 모재와의 사이에서 아아크가 발생하게 된다.

와이어 송급 로울러(wire feed roller), 모우터, 전압 제어 장치(voltage control box), 전류 접촉자를 일괄하여 용접두(welding head)라 하고 이것과 와이어 리일(wire reel)이 함께 1개의 주행 대차(carriage)에 실리어 대차의

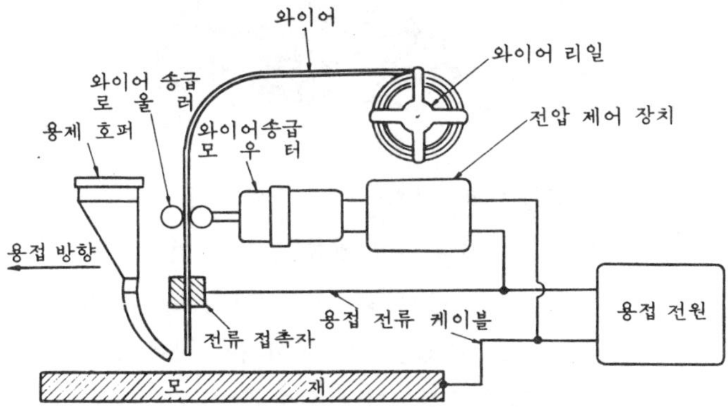

그림 4·37 서브머어지드 아아크 용접의 원리

운동에 의하여 일정한 속도로 움직이며, 와이어의 선단과 용제 공급관(供給管)의 선단이 모재의 용접선에 평행하게 놓여진 가이드 레일(guide rail) 위나 직접 강판 위를 이동하면서 비이드를 만들어 나간다. 와이어의 송급 속도는 아아크 전압의 변화에 따라서 작동되며 전압 제어 장치(電壓制御裝置)의 작용에 의하여 와이어 송급 로울러의 회전 속도(回轉速度)가 자동적으로 조정되어 일

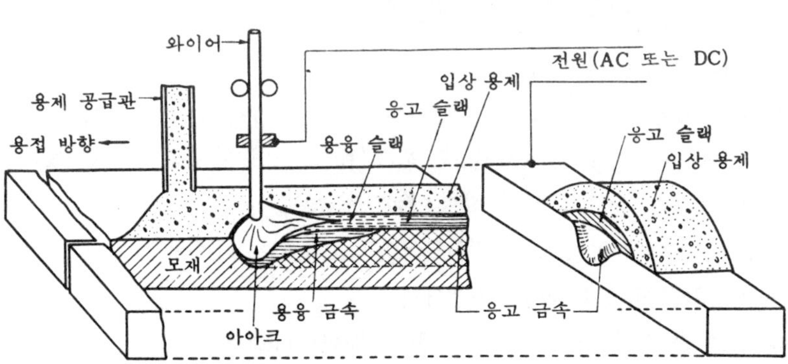

그림 4·38 잠호 용접의 아아크 상태와 용착 상황

그림 4·39 잠호 용접 장치의 외관

정한 와이어 송급 상태를 유지한다. 이 결과 일정한 비이드를 얻게 된다. 이와 같은 용접 과정 중 아아크는 용제 중에서 발생하므로 바깥에서는 불꽃을 볼 수가 없게 된다. 그러므로, 이것을 서브머어지드 아아크 용접(submerged arc welding) 또는 잠호(潛弧) 용접이라고 한다.

그림 4·38은 용접 진행중의 아아크, 모재와 용제의 용융 상태(溶融狀態)를 표시하고, 그림 4·39는 잠호 용접 장치의 외관을 표시한다.

4·4·2 용 제(flux)

용제는 그 계통의 산성 용제(酸性溶劑)와 염기성 용제(鹽基性溶劑)가 있으며 산성 용제는 칼슘과 알루미늄의 규산 화합물이 주성분이고, 염기성 용제는 광물질이 주성분으로 되어 있다. 그리고, 이들을 제조법에 따라 분류하면 용융 용제와 소결 용제로 나눈다.

(1) **용융 용제**(fused flux)

광물성 원료를 어떤 비율로 혼합하여 아아크로(爐)에 넣어 1,300°C 이상으로 가열해서 용해하여 응고시킨 후 분쇄(粉碎)하여 알맞은 입도(粒度, mesh)로 만든 것으로 유리 모양의 광택(光澤)이 난다.

이 용제는 그레이드(grade) 50(G 50), 그레이드 80(G 80) 등이 대표적이며 흡습성(吸濕性)이 적은 것이 특징이다.

(2) **소결 용제**(sintered flux)**와 혼성 용제**(bonded flux)

소결 용제(燒結溶劑)는 광물성 원료 및 합금 분말(合金粉末)을 규산 나트륨과 같은 점결제와 더불어 원료가 용해되지 않을 정도의 비교적 저온 상태(400~1,000°C)에서 소정의 입도(粒度)로 소결하여 제조한 것을 말한다. 이 용제는 페로실리콘, 페로망간을 함유하며 강력한 탈산 작용이 있고 동시에 용착금속에 대한 합금 첨가 원소(合金添加元素)로서 니켈, 크롬, 몰리브덴, 바나듐 등을 함유시킨 것이며, 기계적 성질의 조성(組成)이 자유로운 것이 특징이다. 따라서, 이 용제는 연강은 물론 고장력강, 저합금강, 스테인레스강의 용접에 적합한 것이다. 이 종류의 용제는 소결 온도(燒結溫度)에 따라서 소성형 용제(baked flux) 혹은 혼성형 용제(bonded flux)로 구분하며, 고온 소결형을 소결형 용제(燒結型溶劑)라 한다. 혼성형 용제는 300~500°C 쯤의 비교적 저온에서 소결시킨 것이며, 소성형(燒成型) 용제는 750~1,000°C 정도의 비교적 높은 온도로 소결해서 제조한 것이다.

4·4·3 심 선(wire)

용접용 심선은 비피복선(非被覆線)을 코일 모양으로 감은 것을 사용한다. 와이어를 사용할 때는 모재의 재질, 비이드의 외관, 모재의 두께, 용접 홈의 형상, 용접 조건 등을 고려하여 적당한 용제를 선정해야 한다. 만일 이 선정이 잘못되면 용접부의 성질이 저하되어 각종 용접 결함의 원인이 된다. 대체로 용착 금속에는 용제의 구성 성분인 SiO_2에서 Si를 흡수하여 Si량이 많아지므로, 와이어에는 Si량 등을 감소시키게 하는 화학 성분의 함유량에 의해 와이어의 종류를 분류한다. 저합금강, 고장력강용으로는 그 기계적 성질을 향상시키기 위해 Mo, Ni, Cr 등이 첨가되어 있다.

보통 구조용 강제에는 C 0.08~0.13 %, Mn 0.5~1.95 %, Si 0.03 %, 고장력강에는 C 0.13 %, Mn 1.95 %, Si 0.03 %, Mo 0.5 % 등이 함유된 것을 사용한다. 그리고 와이어는 용접을 할 때 높은 전류를 받아 연속적으로 공급시키게 되므로 와이어의 표면은 접촉 팁(contact tip)과의 전기적 접촉을 양호하게 하기 위하거나 녹스는 것을 방지하기 위해 구리로 도금을 한다. 그리고 와이어의 지름은 2.4~12.7 mm 까지 있으며 보통 2.4~7.9 mm 까지의 것이 많이 사용된다.

4·5 원자 수소 용접

원자 수소 용접(atomic hydrogen welding)은 1926년 미국의 랭뮤어(Langmuir)에 의해 발명된 것으로 분자 상태(分子狀態)의 수소를 원자 상태(原子狀態)의 수소로 열해리(熱解離)시켜, 이것이 다시 결합해서 분자 상태의 수소로 될 때에 발생하는 열을 이용하여 순원자 상태 및 분자 상태의 수소 가스 분위기 속에서 시공하는 용접 방법이다.

즉, 다음과 같은 변화가 일어난다.

$$\underset{\text{(분자 상태)}}{H_2} \xrightarrow{\text{(흡열)}} \underset{\text{(원자 상태)}}{2H} \xrightarrow{\text{(발열)}} \underset{\text{(분자 상태)}}{H_2}$$

그림 4·40과 같이 수소 가스 분위기 속에 있는 2개의 텅스텐 전극봉(電極棒) 사이에서 아아크를 발생시키면 아아크의 고열을 흡수하여 수소는 열해리되어 분자 상태의 수소(H_2)가 원자 상태(H)로 되며, 모재 표면에서 냉각되어 원자 상태의 수소가 다시 결합해서 분자 상태로 될 때 방출되는 열(3,000~4,000°C)을 이용하여 용접을 하는 방법이다.

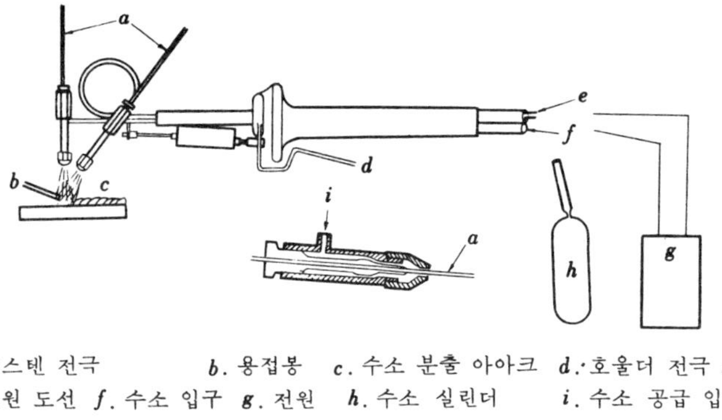

a. 텅스텐 전극 *b*. 용접봉 *c*. 수소 분출 아아크 *d*. 호울더 전극 조정보
e. 전원 도선 *f*. 수소 입구 *g*. 전원 *h*. 수소 실린더 *i*. 수소 공급 입구

그림 4·40 원자 수소 아아크 용접법

따라서, 텅스텐 봉은 다만 아아크 불꽃만 발생시키는 것으로 텅스텐 전극은 그 용융점(溶融點)이 대단히 높아(약 3,000°C 정도) 용융되지 않으므로 봉의 소모는 대단히 적다. 이 용접에서 피용접물은 수소 가스로 싸여 공기를 완전히 차단한 속에서 용접이 진행되므로 산화, 질화의 작용이 없기 때문에 종래에 용접이 매우 곤란하였다고 알려진 특수 합금(特殊合金)이나 얇은 금속판(金屬板)의 용접이 용이하게 되고, 또 연성(軟性)이 풍부하고 우수한 금속 조직을 가진 용접이 되므로 표면이 매끈하며 다듬질이 필요하지 않은 등의 여러 가지 특징을 가지고 있다.

4·6 스텃 용접(stud welding)

스텃 용접은 지름이 보통 5∼16 mm 정도의 강철 혹은 황동재(黃銅材)의 스텃 보울트와 같은 짧은 봉(棒)을 평판 위에 수직(垂直)으로 용접하는 방법이다.

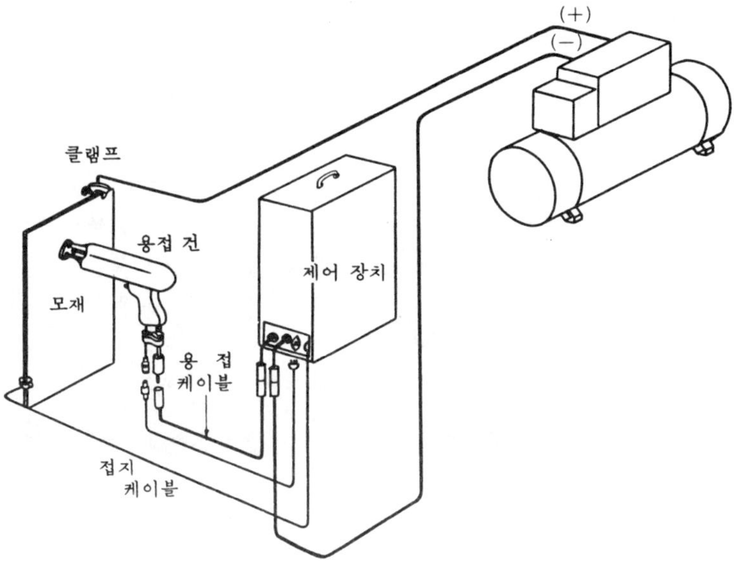

그림 4·41 스텃 용접 장치

그림 4·41 에 나타낸 것은 간단한 스텃 용접기인데 그 구성은 용접 건(welding gun) 및 스텃 용접 헤드(stud welding head), 제어 장치, 스텃, 페루울(ferrule), 용제 등으로 되어 있다.

용접 전원(熔接電源)으로는 직류, 교류 어느 것이라도 사용되나 현장 용접에서는 용접 전류 케이블이 길어 이것에 수반되어 전압 강하, 아아크의 불안정 등이 문제가 되어 현재는 직류 용접기(直流熔接器)가 많이 사용되고 있다.

용접 건(welding gun) 끝에 스텃을 끼울 수 있는 스텃 척(stud chuck) 내부에는 스텃을 누르는 스프링 및 잡아당기는 전자석(solenoid) 통전용 방아쇠(trigger) 등으로 구성되어 있다.

그림 4·42는 스텃 용접의 공정으로서 용접을 하고자 할 때는 먼저 용접 건의 스텃 척에 스텃을 끼우고, 스텃 끝 부분에는 페루울이라고 불리는 둥근 도

자기를 붙인다.

다음에 통전용 방아쇠를 당기면 전자석(電磁石)의 작용에 의해 스텃이 약간 끌어올려진다. 이 때, 모재와 스텃 사이에서 아아크가 발생되어 양쪽이 용융된다.

아아크 발생 시간(통전 시간)은 모재의 두께 및 스텃의 지름에 알맞게 미리 제어 장치(制御裝置)로 조정해 두면 소정 시간 아아크가 발생된 후 소멸됨과 동시에 전자석(solenoid)에 전류가 차단되므로 스텃을 잡아당기던 것이 스프링에 의해 용융 푸울에 눌려지므로 용접이 된다. 최후에 스텃에서 척을 빼고 페루울을 제거하면 용접이 완료된다. 일반적으로 아아크의 발생 시간은 0.1∼2초 정도로 한다.

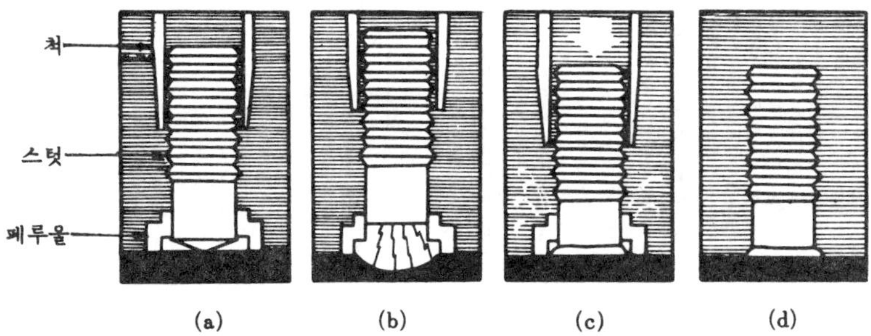

그림 4·42 스텃 용접의 공정

4·7 엘렉트로 슬랙 용접(electro slag welding)

엘렉트로 슬랙 용접은 1951년 소련 페톤(Paton) 전기 용접 연구소(電氣熔接硏究所)에서 개발된 것으로 특히 아주 두꺼운 물건의 용접에 이용되는 획기적인 방법이다. 이 용접법은 그림 4·43과 같은 구조로 되어 있고 아아크열이 아닌 와이어와 용융 슬랙 사이에 통전된 전류의 전기 저항열(주울의 열)을 주로 이용하여 모재(母材)와 전극 와이어를 용융시키면서 미끄럼판을 서서히 위쪽으로 이동시켜 연속 주조 방식(連續鑄造方式)에 의해 단층 상진(單層上進) 용접을 하는 것이다. 이 때, 용융 슬랙 속에서 발생하는 전기 저항 발생열 Q(cal)는 전극 와이어와 모재 사이의 전압을 E(V), 용접 전류 I(A)라고 하면 다음 식이 성립된다.

$$Q = 0.24\ EI(\text{cal/sec})$$

이 용접의 전기 저항 발열은 처음부터 일어나는 것이 아니고 용제 공급 장치(溶劑供給裝置)로부터 미끄럼판과 모재 사이에 공급된 가루 모양의 용제 속

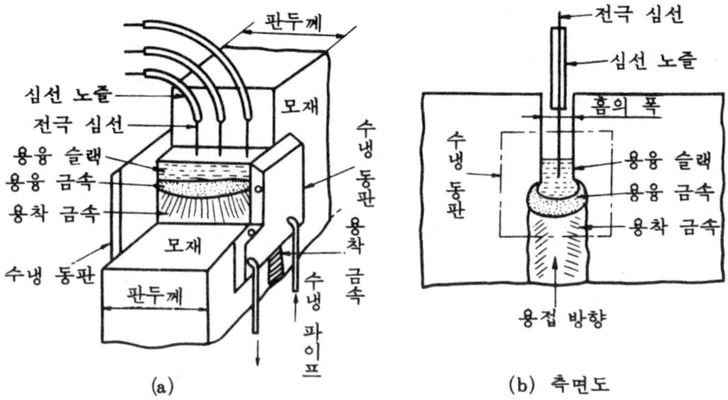

그림 4·43 엘렉트로 슬랙 용접의 원리

으로 전류를 통하면 순간적으로 아아크가 발생된다. 이 아아크열에 의하여 용제와 용융된 전극 와이어, 그리고 모재의 용융 금속(溶融金屬)이 반응을 해서 전기 저항이 큰 용융 슬랙을 형성한다. 이와 같이 용융 슬랙이 형성되면 아아크는 소멸되고 즉시 전기 저항열(抵抗熱)에 의하여 용접이 진행되는 것이다.

이상과 같은 점에서 용접 시작은 서브머어지드 아아크 용접법과 같으나 용접이 시작되면 완전한 엘렉트로 슬랙 용접법이 된다.

전극 와이어의 지름은 보통 2.5 mm~3.2 mm 정도이고 피용접물(被熔接物)의 두께에 따라서 1~3개를 사용한다. 18개의 전극으로 판 두께 1,000 mm까지도 용접 가능한 다전극식(多電極式)의 것도 연구 개발되고 있다.

4·8 엘렉트로 가스 아아크 용접(electro gas arc welding)

엘렉트로 가스 아아크 용접은 엘렉트로 슬랙 용접과 같이 수직 상진 단층 용접(垂直上進單層熔接)의 일종으로 1960년에 개발된 것이며, 그림 4·44와 같이 거의 엘렉트로 슬랙 용접과 같으며 엘렉트로 슬랙 용접이 용제를 써서 용융 슬랙 속에서 전기의 저항열을 이용하고 있는데 비해, 이 용접법은 시일드 가스로서 주로 탄산가스를 사용하여 용융부(溶融部)를 보호하며 탄산가스 분위기 속에서 아아크를 발생시켜 그 아아크 열로 모재를 용융시켜 용접하는 것이다. 이 용접법에서 탄산가스를 사용하고 엘렉트로 슬랙 용접

과 같이 수냉식 미끄럼판을 붙이므로 탄산 가스 엔크로우즈 아아크 용접(CO_2 enclosed arc welding)이라고도 한다.

전극 와이어는 솔리드 와이어(solid wire) 또는 용제를 넣은 와이어(복합 와이어)가 사용되며, 가이드 로울러에 의해서 자동적으로 공급된다.

이 용접법은 CO_2 또는 CO_2+O_2의 분위기 속에서 모재를 수직으로 고정한 I형 맞대기 이음에 수냉 구리 미끄럼판을 서서히 위쪽으로 이동시키므로 연속적인 용접이 된다. 용접 홈은 판 두께와 관계없이 12∼16 mm 정도가 좋으며 CO_2 공급량은 15∼20 l/min 정도로 한다.

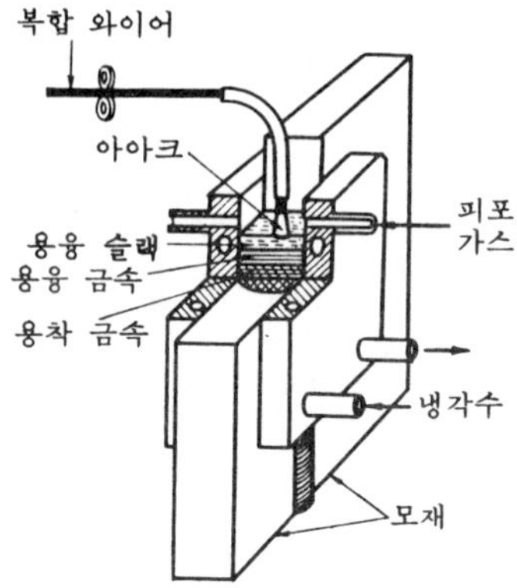

그림 4·44 엘렉트로 가스 용접의 원리

4·9 전자 비임 용접(electron beam welding)

전자 비임 용접은 1938년 독일에서 전자 비임(electron beam)을 이용하여 물질을 용해하는 데서부터 시작되어, 1950년 독일 자이스(Zeiss)사의 스타이겔발드(Steiger wald)가 고압(7,500 V)의 전자 비임을 써서 용접을 시도하였으며, 그 후 1957년 프랑스의 스토어(J.A. Stohr)가 원자로 연료봉(原子爐燃料棒)을 피복용(被覆用)으로 지르코늄(Zr)의 용접을 성공한 이 후 그 실용화와 응용이 급속히 발전되었다. 이 용접법은 그림 4·45와 같이 고진공(高眞空, 10^{-4}∼10^{-6} mmHg) 속에서 적열(赤熱)된 필라멘트에서 전자 비임을 접합부에 조사(照射)하여 그 충격열을 이용하여 용융 용접하는 방법이다.

전자 비임 용접 장치는 전자 비임을 발생하는 전자 비임 건(electron beam gun)과 가공품을 올려놓는 용접대(carriage)가 고진공 용기 속에 밀폐되어 있으며 2가지는 용기 밖에서 자유로이 구동 제어하며 용접은 용기에 설치된 감시창(접안경, optical viewing system)을 통하여 용접물을 관찰하면서 진행한다. 이와 같

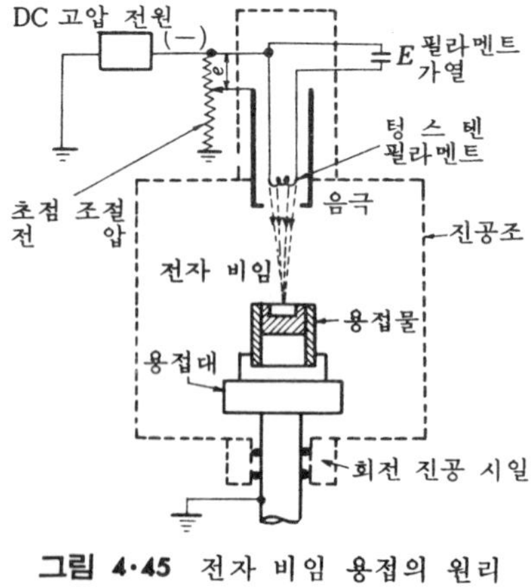

그림 4·45 전자 비임 용접의 원리

은 진공이 필요한 이유는 10^{-3} mmHg 보다 높은 기압의 분위기 속에서는 공간이 전리되어 방전 현상(放電現狀)을 일으키기 때문이다.

고진공 속에서 텅스텐 필라멘트를 가열시키면 많은 열전자(熱電子)가 방출되며, 이 전자의 흐름은 가속되어 고속도의 전자 비임을 형성한다. 이 전자 비임은 다시 전자 렌즈(magnetic lens)라고 하는 접속 코일을 통하여 적당한 크기로 만들어 용접부에 조사된다.

가속된 강력한 에너지가 전자 렌즈에 의하여 극히 작은 면적에 집중으로 조사(照射)되므로, 가공품의 조사부는 순간적으로 용융되어 극히 좁고 깊은 용입(溶入)이 얻어진다. 그리고 가속 전압을 높여 비임의 집중을 아주 좁게 하면 큰 에너지의 집중이 되어 드디어 조사부가 짧은 시간에 증발하게 되므로 고속의 절단(切斷)이나 구멍 뚫기를 용이하게 할 수 있다.

4·10 테르밋 용접(thermit welding)

테르밋 용접은 1900 년에 독일에서 실용화된 것으로 미세한 알루미늄 (Al) 분말과 산화철 분말(FeO, Fe_2O_3, Fe_3O_4)을 약 3~4 : 1의 중량 비로 혼합한 테르밋제(thermit mixture)에 과산화바륨과 마그네슘(또는 알루미늄)의 혼합 분말로 된 점화제(igniter)를 넣고, 이것을 성냥불 등으로 점화하면 점화제(點火劑)의 화학 반응에 의하여 강렬한 발열을 일으키는 테르밋 반응으로 온도는 약 2,800°C (5,000°F) 이상에 달한다. 이 결과 산화철은 환원되어서 용융 상태의 순철로 된다. 이 용융 금속을 용가제(溶加劑)라 하여 모재의 용접에 쓰이거나 또는 열원(熱源)으로서 이용하는 것이다. 일반적으로 철강의 용접에 있어서는 다음 테르밋 반응을 기본으로 하고 있다.

$$3\,FeO + 2\,Al = 3\,Fe + Al_2O_3$$

$$Fe_2O_3 + 2\,Al = 2\,Fe + Al_2O_3 + 189.1\ kcal$$

$$3\,Fe_3O_4 + 8\,Al = 9\,Fe + 4\,Al_2O_3 + 702.5\ kcal$$

테르밋제에는 반응 시간, 생성물의 온도, 용착 금속의 야금적(冶金的), 기계적 성질을 개선하여 사용 목적에 알맞게 하기 위해 다른 합금철, 연강(軟鋼) 조각 등이 첨가된다. 또 이 용접법에는 용융 테르밋법과 가압 테르밋법이 있는데 용융 테르밋법(그림 4·46)이 많이 사용되고 있다. 용융 테르밋 방법은 미리 준비된 용접 이음에 적당한 간격을 만들고 그 주위에 주형(鑄型)을 짜서 예열구(豫熱口)에서 나오는 불꽃(프로판 불꽃, 가솔린 불꽃)에 의해 모재를 적당한 온도까지 가열(강의 경우에는 800~900°C)한 후 도가니 안에서 테르밋 반응을 일으켜 용해된 용융 금속 및 슬랙을 도가니 밑에 있는 구멍으로부터 유입시켜 이음 주위에 만든 주형 속에 주입(鑄入)하여 홈 용접 간격 부분을 용착시킨다.

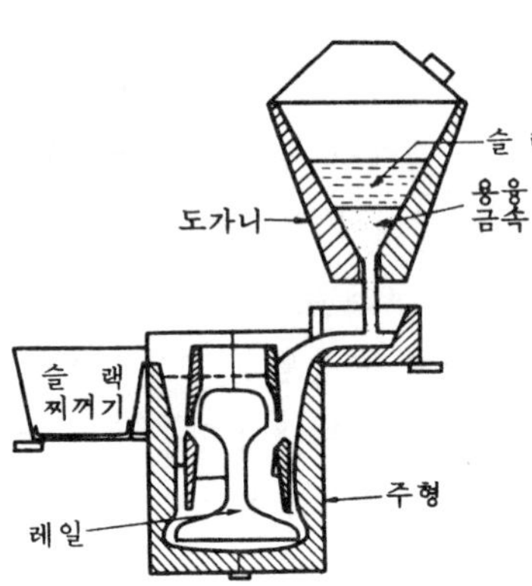

그림 4·46 용융 테르밋 용접

4·11 넌 시일드 아아크 용접(non shieled arc welding)

넌 시일드 아아크 용접은 탈산제(脫酸劑), 탈질제(脫窒劑)를 적당히 첨가한 솔리드 와이어를 전극으로 하여 이것과 모재 사이에서 아아크를 발생시켜 용접을 하는 것이다. 이 용접법에는 넌 가스 넌 플럭스 아아크법(non gas non flux arc welding process)과 탈산제, 슬랙의 형성 물질, 아아크 안정제, 탈질제를 섞은 용제를 넣은 와이어를 쓰는 넌 가스 아아크법(non gas arc welding process)의 2가지 방법이 있다.

이와 같은 넌 가스 와이어를 사용하면 탄산가스 아아크 용접과 같이 바람에 대한 염려가 없어 안심하고 옥외에서 작업을 할 수 있다. 이 용접법의 원리를 표시하면 그림 4·47과 같다.

용접 전원(電源)의 넌 가스 넌 플럭스 아아크법에서는 직류를 사용하면 비교적 낮은 용접 전류로 안정된 아아크가 얻어지므로 얇은 판의 용접에 적합하다.

한편 넌 가스 아아크법은 교류, 직류의 어느 것이나 사용하며 비교적 큰 전류로 중후판(中厚板)의 용접에도 사용된다. 현재 이 용접법은 CO_2 아아크 용접

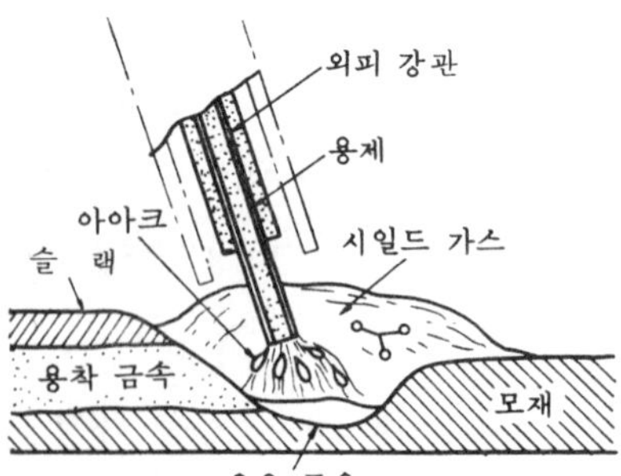

그림 4·47 넌 가스 아아크 용접의 원리

보다 약간 용접성이 떨어진다.

4·12 플라즈마 용접

플라즈마는 고도로 전리(電離)된 가스체의 아아크로서 이것을 이용한 용접으로는 플라즈마 제트(plasma jet) 용접과 플라즈마 아아크(plasma arc) 용접법이 있다.

그림 4·48 은 플라즈마 용접의 원리를 나타낸 것으로 (a)와 같이 가공재(加工材)를 +의 전극으로 하면 이행형(移行型) 아아크 토오치라 하고, (b)와 같이 노즐(nozzle) 자체를 +의 전극으로 한 것을 비이행형(非移行型) 아아크 토오치라고 한다. 즉, (a)의 이행형을 플라즈마 아아크

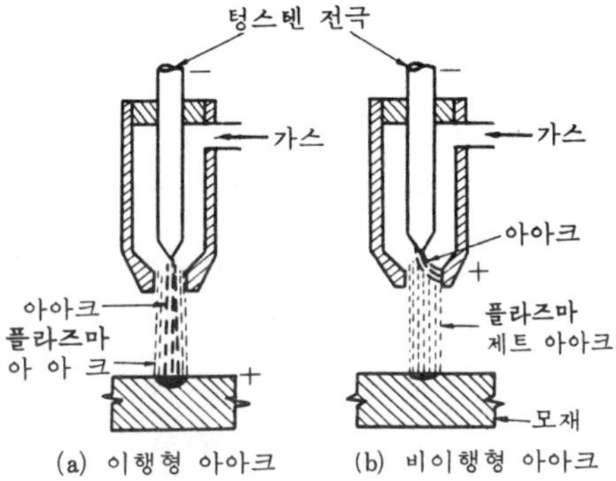

그림 4·48 플라즈마 용접

(plasma arc)라 하고, (b)의 비이행형의 것을 플라즈마 제트(plasma jet)라고 불러 구별한다. 플라즈마 아아크쪽의 열이 높아 용접에는 주로 이 형식이 쓰이며, 플라즈마 아아크 용접법이라 부른다.

그림 4·49 는 실험용 플라즈마 용접 장치를 나타내며 스위치 S를 조정함으

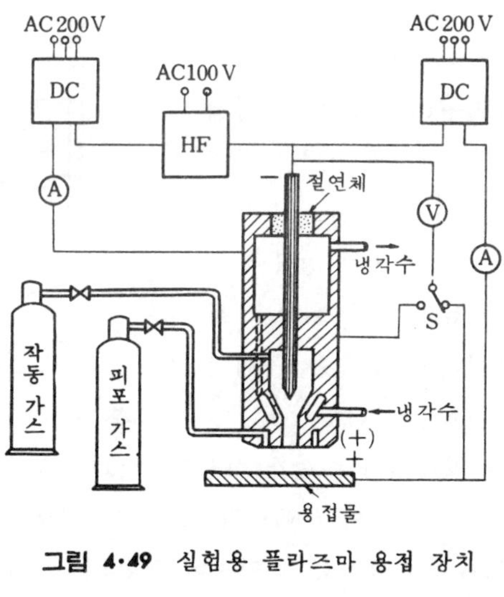

그림 4·49 실험용 플라즈마 용접 장치

로써 이행형 아아크와 비이행형 아아크를 만들 수 있다. 전원은 직 ┌(DC)를 사용하고 아아크 발생용으로 고주파(HF) 전원을 병용하며, 직류 대신에 교류(AC)를 사용할 수도 있다. 가스는 2중으로 사용되며 작동(作動)가스는 플라즈마 발생용이고, 피포 가스는 용접 금속을 보호하기 위해서 사용하는 것이다.

4·13 레이저 용접

레이저(light amplification by stimulated emission of radiation; laser)는 영문의 머리 글자를 떼어서 만든 이름으로 유도 방사(誘導放射)를 이용한 빛의 증폭기(light amplifier) 혹은 발진기(發振器)를 말한다. 이 곳에서 만들어진 빛은 강렬한 에너지를 가지고 있으며, 집속성(集束性)이 강한 단색 광선이다. 레이저 용접 장치의 기본형은 ① 고체 금속(루비 결정)형(solid state type), ② 가스(불활성) 방전형(gas discharge type), ③ 반도체형(semi-conductor type) 등이 있으며, 이 레이저는 1960년 미국의 마이만(T.H. Maiman)에 의하여 처음으로 구체화되어 금속 절단이 가능한 광선으로 등장되었다.

고체 금속형 레이저 장치에는 직관 섬광(直管閃光) 방식과 나선 섬광(螺線閃光) 방식이 있는데 그림 4·50은 나선 섬광 방식의 용접 장치이다. 크세논 섬광관(Xenon flash tube)은 나선상으로 되고 그의 축선상에 인조 루비(Al_2O_3+15% Cr)의 결정체가 놓여져 있으며, 루비 결정의 상단은 두꺼운 은도금이 되어 있고 하단은 엷은 은도금이 되어 있다. 이 때 증폭된 적색 광선속(赤色光線束)은 은(銀)도금의 엷은 쪽으로 뛰어오게 되며, 이 레이저의 효율을 높이기 위하여 액화된 아르곤(Ar), 질소(N_2), 헬륨(He)으로 냉각하여 사용한다. 현재 사용되고 있는 장치의 1펄스(pulse)당 출력은 최대 1,500주울(joule)이고 레이저 온도는 40,000°C가 된다.

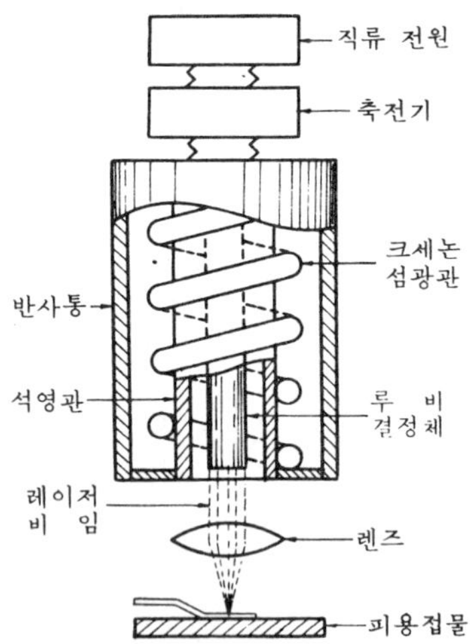

그림 4·50 레이저 용접 장치

그리고, 메이저(MASER)용접은 레이저의 빛(light) 대신에 전자파(micro

wave)의 M 로 바꾼 것으로 원리적으로는 어느 것이나 같으며, 유도 방사 현상을 이용한 시종 일관된 전자파(電磁波)의 증폭 발진(增幅發振)을 일으키는 장치인 것이다.

4·14 전착 용접(electro deposition welding)

전착 용접(電着熔接)은 전기 도금을 이용한 용접법이며, 2개의 금속편을 아주 가까운 거리에 간격을 0.01 mm 정도로 마주보게 놓고 이것을 음극(陰極)으로 하여 전기 분해(電氣分解)를 하면 분리된 금속은 두 금속의 간격으로 침전 부착(沈澱附着)하여 결합되는 방법이다. 이 때, 도금층의 두께는 금속 부품의 목적, 결합부의 설계, 소요의 강도에 따라서 다르나 대략 0.075 mm 정도가 된다. 이 용접은 재료의 가열이 없으므로 변형이 일어나지 않고 이종 금속(異種金屬)의 용접도 가능하다. 용접 후에 열처리를 하면 전착 금속을 모재 속으로 확산시켜 강력한 합금으로 만들 수 있다.

4·15 저온 용접(low temperature welding)

저온 용접은 공정 저온 용접법(共晶低溫熔接法)이라고도 하며, 1906년 스위스의 야금 학자인 와서만(H. Wasserman)이 창의하여 1930년 그의 아들 (R. D. Wasserman)에 의하여 개발되고, 1944년 이후에 실용화된 것으로 특수한 용접봉을 사용하여 일반 가스 용접(gas welding) 및 아아크 용접보다도 낮은 온도에서 용접하는 용접법으로 경납땜의 일종이라고 할 수 있다.

용접봉은 모재와 같은 계통의 공정 합금(共晶合金, eutectic alloy)을 사용한다. 이 공정 합금은 용융점(溶融點)이 모재보다 낮으므로 용접봉으로서 용재(filler metal)의 역할을 한다.

일반적으로 모재의 용융점보다 낮은 온도에서 용접할 수 있으므로 모재의 변질과 변형이 작고 또한 가스 및 전력의 소비량이 적게 된다. 공정 합금은 유동성이 크고 결정이 치밀하여 강도가 큰 장점을 가지고 있다.

이 용접에서는 용접봉의 선택이 중요하다. 표 4·5에서 모재에 적합한 용접봉을 선택하고, 모재를 예열(豫熱, preheating)한 후에 작업한다. 가스 용접 토오치를 사용하여 모재를 가열하고 용접봉을 용해시킨 후 접합한다. 이 때에 플럭스를 첨가하여 산화를 방지하면서 모재와 잘 접착되도록 한다.

플럭스는 분말(powder), 또는 밴드 상태의 것을 사용하든가 용접봉에 도포(塗布)하여 사용하기도 한다.

표 4·5 공정 저온 용접봉의 종류(봉의 지름 3.2 mm 사용)

종별 번호			주 성 분	용착 온도(°C) 와 적정 전류(A)	인장력 kg/mm²	용 도
주철	가 스	14FC	Fe, C, Si, Mn	760~870	28	주철
	〃	15	Zn, Sn	230~320	11	주철, 주강, 강, 동합금
	아아크	27	Fe, Mn, C	AC, DC 60~120	42	주철, 강
	〃	244		AC, DC 65~125	43	주철, 동, 강
강·합금강	가 스	16FC	Cu, Zn, Ni	750~800	70	강, 공구강
	〃	1800	Ag, Cu, Zn, Cd	600	63	강, 스테인레스강
	아아크	670	Fe, Cr, Ni	AC, DC 75~125	67	스테인레스강
	〃	6000	Fe	AC, DC 60~125	48	연강

4·16 표면 경화

마모(磨耗)에 의하여 폐품이 된 부품(部品)을 수리 재생시키든가 처음부터 마모를 경감시킬 목적으로 기계 부품의 표면에 내마모성이 큰 금속을 써서 용접하는 기술을 표면 경화(表面硬化, hard facing or hard surfacing)라 부르고 있다.

경질 크롬 도금이나 표면 담금도 일종의 표면 경화법이지만 이것을 표면 경화라고는 하지 않는다. 표면 경화는 특수강(特殊鋼) 혹은 특수 합금의 용접과 다를 바가 없지만 그 중에 용착 금속(溶着金屬)이 경험적으로 혹은 이론적으로 내마모성을 가지고 있는 것이 조금 다르다. 그러므로, 특수 금속과 관계되는 용접 기술은 어떤 의미에서 표면 경화 속에 취급할 수 있는 것이다. 표면 경화에 사용되는 용착 금속의 종류는 매우 다종 다양하며 이들은 야금학적으로 각기 특수한 성질을 가지고 있다.

마모(磨耗)라 하는 것은 마찰에 의하여 물체가 이탈되는 것이다. 마모의 정의는 간단하나 그 현상은 매우 복잡하며, 마모 상태를 요약하여 분류하면 다음과 같다.

(1) 응착 마모(adhesive wear)

(2) 연마모(abrasive wear) 또는 절삭 마모(cutting wear)

(3) 부식 마모(corrosive wear)

(4) 표면 피로 마모(surface fatigue wear)

(5) 그 밖의 마모

이상은 본질적으로 별개의 것이지만 실제의 마모가 발생하였을 때는 이상의 것 중에서 단독으로 일어나는 수도 있지만 대부분 복합되어서 일어나므로, 이것이 마모 대책의 곤란한 원인이 되어 한 마디로 내마모성이 좋다는 것이 얼마나 막연한 의미를 가지고 있는가를 알게 된다.

따라서, 마찰에 있어서 마찰 계수(摩擦係數)의 수치로 내마모성을 표현할 수 없으므로, 내마모성을 생각하려면 위의 각 항을 복합하여 충분히 고려하여야만 한다.

4·17 용 사(溶射)

금속 및 금속 화합물의 미분말(微粉末)을 가열하여 반용융 상태(半溶融狀態)로 하여 분출시켜 밀착 피복(密着被覆)하는 방법을 용사(溶射, metallizing, 혹은 metal and ceramic spraing)라 한다. 용사 형상에는 심선식과 분말식이 있으며, 이들에 사용하는 용사 건(metal spray gun)은 서로 다르다. 용사재의 가열 방법에는 종래의 가스 불꽃 혹은 아아크 불꽃을 이용하는 방법과 근년에 발달한 플라즈마(plasma)를 이용하는 방법이 있다. 가스 불꽃을 사용하는 방법은 융점이 약 2,800°C 이하의 금속 합금 혹은 금속 산화물의 용사에 이용되며, 플라즈마 용사는 초고온(超高溫)이 얻어지는 제트(jet) 플라즈마로서 속도가 음속에 가까와 높은 융점의 재료를 고속으로 분출시킬 수 있으므로 고밀도, 고밀착이 되어 높은 강도의 피막을 만들 수 있다. 그리고 플라즈마 용사(溶射)에는 동작 가스(적당한 가스)와 불활성(不活性) 가스를 사용하므로 용사재의 산화가 거의 없다. 용사는 내식, 내열, 내마모 혹은 취성용 피복(coating)으로서 넓은 용도를 가지고 있으며 기계 부품(機械部品), 항공기, 로케트 등의 내열 피복용(耐熱被覆用)으로 사용되고 있다.

가스식 용사법에는 산소-연료의 연소 불꽃을 열원으로 하는 용선식(溶線式), 용봉식(溶棒式), 분말식(粉末式)의 3가지와 산소-연료의 폭연 에너지를 이용한 폭연식(爆燃式)이 현재 사용되고 있다.

그림 4·51은 분말식(粉末式) 가스 용사의 원리를 나타낸 것으로 산소 연료

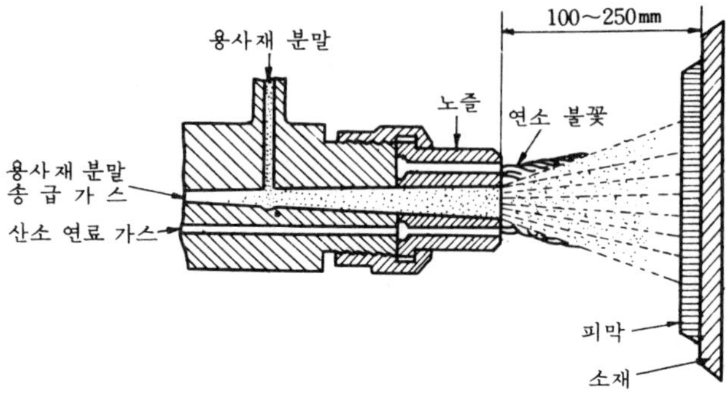

그림 4·51 분말식 가스 용사(溶射)의 원리

혼합 가스 중에 용사 분말을 위쪽의 홈통(hopper)에서 이송 출구(移送出口)로 밀어보내어 노즐 출구에서 연소 가스의 흐름에 의해서 가열되어 소재면에 붙는다. 이 토오치에는 연소 불꽃 중에 용사재 분말을 가속하기 위한 압축 공기 제트를 이용하여 분출하는 방식도 있다. 그림 4·52는 분말식 가스 용사의 작업이다.

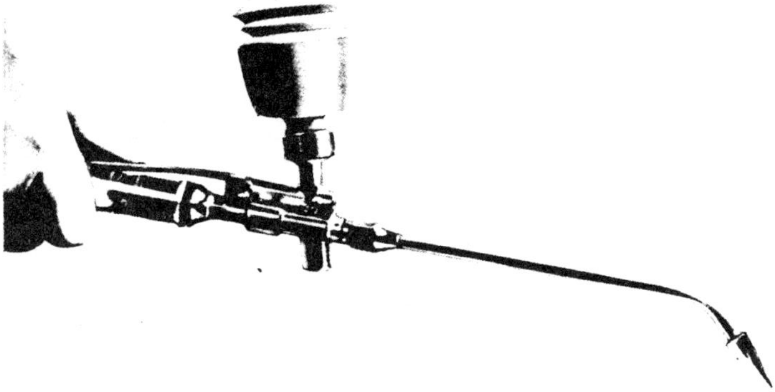

그림 4·52 분말식 가스 용사의 작업

4·18 플라스틱 용접

플라스틱은 용접용 플라스틱과 비용접용 플라스틱으로 크게 나눌 수 있다.

앞의 것을 열가소성 플라스틱(熱可塑性樹脂, thermo-plastics)이라 하며, 뒤의 것을 열경화성 플라스틱(熱硬化性樹脂, thermosetting plastics)이라 한다. 열가소성 플라스틱이란 열을 가하면 연화(軟化)하며, 더욱 가열하면 유동하는 것으로 열을 제거하면 온도가 내려가 처음 상태의 고체로 변하는 것을 말한다.

열경화성 플라스틱이란 열을 가해도 연화하는 일이 없고, 더욱 열을 가하여 온도를 상승시키면 유동하지 않고 분해를 하며, 열을 제거하면 처음 상태의 고체로 변하지 않는 플라스틱을 말한다. 따라서 앞의 플라스틱은 용접이 가능하며 보통 용접용 플라스틱이라 부른다. 열경화성 플라스틱은 현재로는 용접이 불가능하며, 접합 방법으로는 접착제에 의한 접착이나 리벳, 보울트(bolt), 너트(nut)에 의한 기계적 접합이 사용되고 있다.

용접용 열가소성 플라스틱은 우리들의 생활과 대단히 밀접한 것으로서 폴리염화비닐, 폴리에틸렌, 폴리아미드(polyamide), 폴리프로피렌, 메타크릴(metacrylate), 불소 수지 등이 있으며, 용접이 안 되는 열경화성 플라스틱에는 페놀(phenol-formaldehyde), 요소(尿素), 멜라민(melamine), 폴리에스테르(polyester), 규소 등의 수지가 있다.

용접 방법으로는 열기구(熱器具, heated tool) 용접, 마찰 용접, 열풍 용접, 고주파 용접(高周波熔接) 등이 있다. 최근에는 플라스틱의 성질이 잘 알려져 있으며 용접 장치와 기술이 발달되어 용접의 자동화로 인한 제품의 대량 생산이 가능하게 되고 있다.

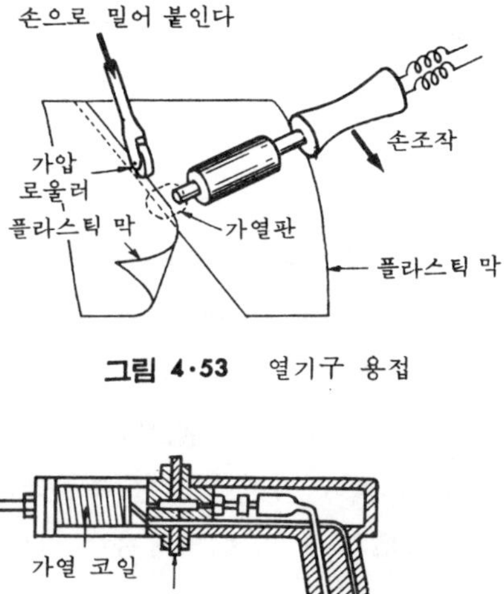

그림 4·53 열기구 용접

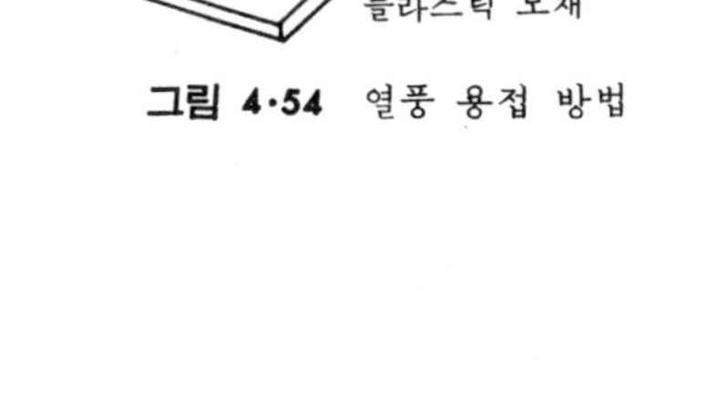

그림 4·54 열풍 용접 방법

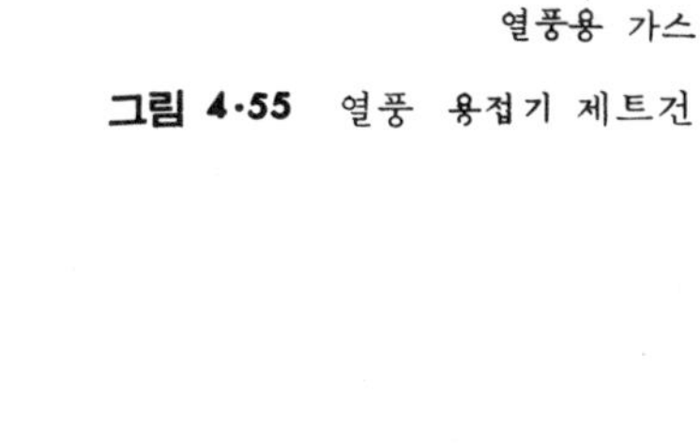

그림 4·55 열풍 용접기 제트건

제 5 장

압 접(壓接)

압접(pressure welding)은 고상(固相)의 상태에 있는 2개의 금속을 접촉시켜 경계면에 수직되게 압력을 주어서 접착시키는 방법이다. 압접을 촉진하기 위하여 가열을 하거나 소성 변형을 일으키게 할 때, 마찰을 일으키거나 폭발적인 충격력을 받게끔 할 때가 있으며, 이들의 용접 방법은 압접을 하고자 하는 형상과 용도에 따라서 좋은 방법을 선택하면 된다.

5·1 가스 압접

가스 압접(gas pressure welding)은 1940년 미국의 킨젤(A. B. Kinzel)에 의해 원리(原理)가 확실하게 드러나서 널리 보급되어 쓰이게 되었다. 이 압접(壓接)의 원리는 그림 5·1과 같이 가열 토오치로 접합부를 가열하여 그 재료의 재결정 온도(再結晶溫度, recrystallization temperature) 이상이 되면 축방향에서 압축 압력(壓縮壓力)을 가해 압접하는 방법이다. 이 때 가열하는 가스 불꽃으로는 가스 용접과 같이 산소 아세틸렌 불꽃, 산소 LPG 불꽃, 산소 수소 불꽃 등이 쓰인다.

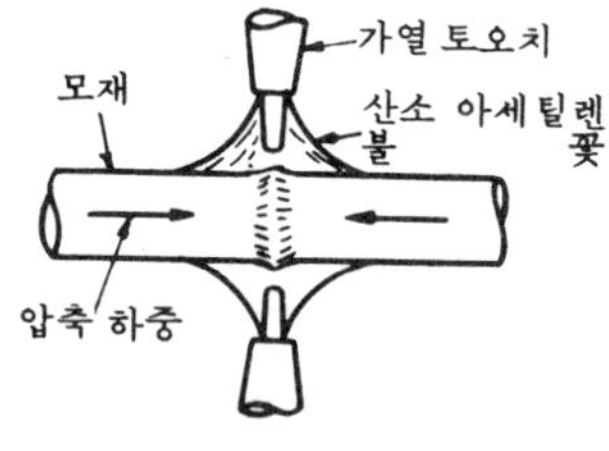

그림 5·1 가스 압접의 원리

5·2 단 접

단접(鍛接, forged welding)은 가장 오래 전부터 시행되 내려온 고상(固相) 압접법으로 기원 전부터 농기구나 무기 등의 제작에 사용하였다. 이 방법은 2개의 금속 재료 접합면 또는 소재(素材) 전체를 화덕이나 노내(爐內)에 넣어 적당한 열원(熱源)에 의해 단접 온도(용점 가까운 온도)까지 가열하여 접합부를 겹쳐 놓고 타격이나 센 압력을 가하여 접합하는 방법이다.

단접 온도(鍛接溫度)라 함은 원리적으로는 재결정 온도 이상이 되면 좋지만, 철강재와 같이 변태점(變態點, transformation point)을 가지는 것은 변태점 이상의 온도로 가열시킴에 따라 완전한 접합부가 얻어진다. 즉, 압접 현상(壓接現狀)의 진행중에 변태점을 통과하면 변태점에 있어서 원자 배열(原子配列)이 변하기 때문에 일단 용해를 일으켜서 다시 응고되는 경우와 유사한 현상이 일어나며, 접합이 극히 용이해서 강력한 접착이 되게 된다.

화덕에서 가열하여 해머로 두들겨 단접하는 방법은 아주 옛날부터 시행되내려온 구식 접합법이며, 현재는 통상로(爐) 안에서 가열한 후 기계 해머나 프레스를 쓰며, 같은 방법으로 가열한 강판(鋼板)을 다이(die)를 통해서 강관을 제작하는 방법도 시행되고 있다. 또 가열한 판재(板材)를 겹쳐서 로울러(roller)를 통해서 압접하는 방법도 있다. 그리고, 적열(赤熱)된 띠 모양의 판을 벨(bell)형 다이(die)를 통해서 성형하는 단접관의 제작 방법도 있다.

5·3 고주파 용접

고주파 용접(high frequency welding)은 고주파 전류의 표피 효과(表皮效果)와 근접 효과(近接效果)를 이용하여 금속을 가열하여 압접하는 방법으로 유도 가열 용접법과 직접 통전 가열 용접법이 있다. 그림 5·2는 고주파 전류를 직접 소재(素材)에 통전(通電)해서 용접하는 고주파 저항(高周波抵抗) 용접법으로 강관을 맞대기 시임 용접을 하기 위해 개발한 것이다. 이 방법은 직접 고주파를 통전하므로 전류가 집중되어 소재를 국부적으로 유효하게 발열시키고, 접촉자(contactor)를 압접 위치의 앞쪽에 두어 시임에 따라서 압접을 진행해 나가는 것이다.

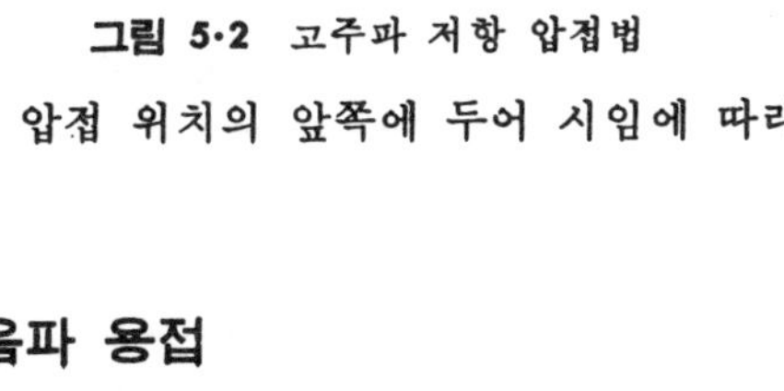

그림 5·2 고주파 저항 압접법

5·4 초음파 용접

초음파 용접(超音波熔接, ultrasonic welding)은 1958년경 미국의 존스(J.

B. Jones)이 알루미늄의 점(spot) 용접에 초음파의 진동 효과(振動效果)를 이용한 바, 초음파만으로도 알루미늄이 접합된다는 사실을 발견한 이후에 개발되어 온 접합법이다. 초음파 용접이라 함은 접합하고자 하는 소재(素材)에 초음파(18 kHz 이상) 횡진동(橫振動)을 주어 그 진동 에너지에 의해 접촉부의 원자(原子)가 서로 확산되어 접합이 되는 것이다.

이 용접의 원리는 그림 5·3 에 표시한 것과 같이 팁(tip)과 앤빌(anvil) 사이에 접합하고자 하는 소재(素材)를 끼워 가압(加壓)하며, 서로 접촉시켜서 팁을 짧은 시간(1~7 초) 진동시키면 접촉자면은 마찰에 의해 마찰열(摩擦熱)이 발생된다. 이 가압과 마찰에 의해서 소재 접촉면의 피막(산화막 등)이 파괴되어 순수한 금속끼리의 접촉이 되며, 원자간의 인력(引力)이 작용되어 금속 접합이 이루어진다.

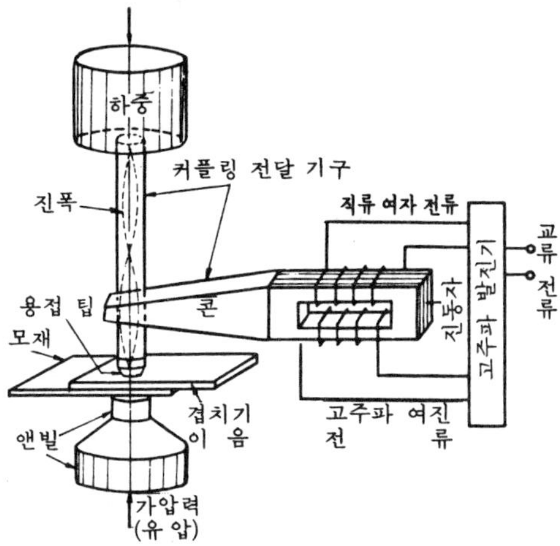

그림 5·3 초음파 용접의 원리

이 용접법에 알맞은 모재(母材)의 두께는 금속에서는 0.01~2 mm, 플라스틱 종류에서는 1~5 mm 정도로 주로 얇은 판의 접합에 이용된다.

5·5 마찰 용접

마찰 용접 (friction welding)은 그림 5·4 에 나타낸 것과 같이 접촉면의 고속 회전(高速回轉)에 의한 마찰열(摩擦熱)을 이용하여 압접(壓接)하는 방법으로, 재료의 한쪽을 고정하고 다른 쪽을 이것에 가압 접촉시키면 접촉면은 마

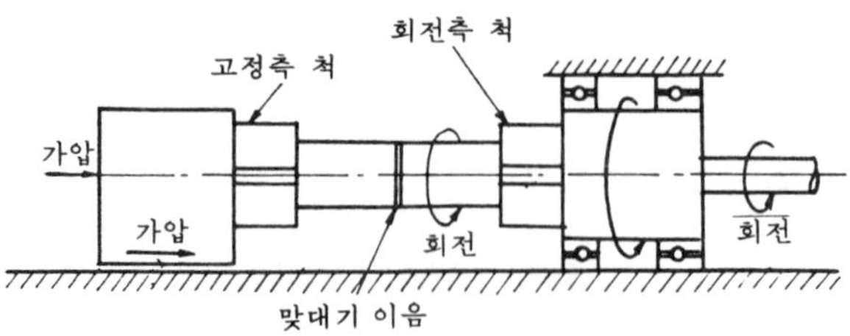

그림 5·4 콘벤셔널형 마찰 압접의 원리

찰열에 의해 급격히 온도가 상승되어 적당한 압접 온도에 도달했을 때 강압(強壓)을 가하여 업셋(upset)시키고 동시에 회전을 정지해서 압접을 완료한다.

이 마찰 용접법을 콘벤셔널형(conventional type)이라 하며, 그 밖에 플라이휘일형(flywheel type)도 있다.

5·6 폭발 압접

폭발 압접(爆發壓接, explosive welding)은 1960년경부터 미국 등에서 기초적 분야와 응용면에 관하여 연구되기 시작한 것으로 2장의 금속판을 화약(火藥)의 폭발에 의해서 생기는 순간적인 큰 압력을 이용하여 금속을 압접하는 방법이다. 2장의 금속판(金屬板)을 접합시키는 방법으로는 스테인레스강, 니켈 합금, 티탄 등의 접합에 쓰이는 전면 폭발 압접(全面爆發壓接)과 화공기계(化工機械) 등의 반응기(反應器), 열 교환기, 용기류의 라이닝에 쓰이는 점 또는 선에 의한 부분 폭발 압접이 있다.

전면 폭발 압접에는 경사법(傾斜法)과 평행법(平行法)이 있는데 이와 같은 방법의 원리는 그림 5·5에 나타낸 것과 같다. 경사법은 2장의 금속판을 (a)와 같이 어떤 일정 각도(3~30°)로 하여 그 위에 판상(板狀)의 폭약을 설치하여 한쪽 끝에 설치된 뇌관(雷管)에 점화하여 폭발시키면 폭발시의 충격압(衝擊壓)에 의해 그림 (c)와 같이 재료의 충격 표면을 파형(波形)으로 소성 변형(塑性變形)을 하면서 서로 고속도로 충돌되어 압접된다. 평행법에는 금속판

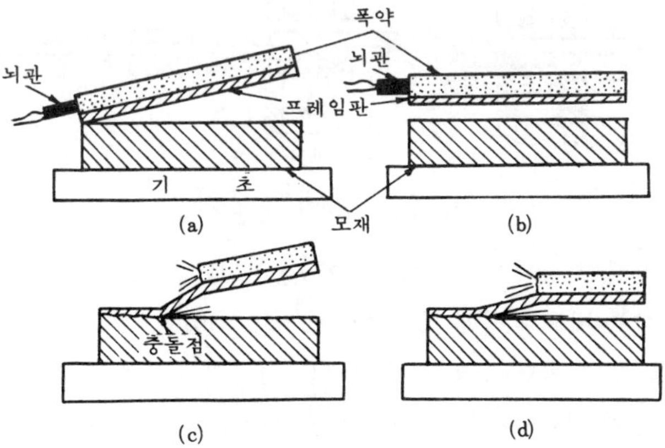

그림 5·5 폭발 압접의 원리

사이에 필요한 작은 간극(間隙)을 두어 평행으로 한 다음 경사법과 같은 방법으로 폭약을 한쪽 끝에서 폭발시키면 그림 (d)와 같이 된다.

5·7 냉간 압접

냉간 압접(冷間壓接, cold pressure welding)은 가열하지 않고 상온(常溫)에서 단순히 가압만의 조작으로 금속 상호간의 확산(擴散)을 일으키게 하여 압접을 하는 방법이다.

깨끗한 2개의 금속면을 Å(1Å=10^{-8} cm) 단위의 거리로 원자들을 가까이 하면 자유 전자(自由電子)가 공통화되고 결정 격자점의 양이온과 서로 작용하여 인력(引力)으로 인해서 원리적으로 2개의 금속면이 결합된다.

그러므로 이 용접에서는 압접(壓接) 전에 재료의 표면을 깨끗하게 하는 것이 무엇보다 중요하다. 재료의 접합면에 부착된 산화물, 유지류, 오물 등은 사전에 와이어 브러시, 샌드페이퍼(사포), 그라인더(grinder), 화학 약품 등으로 제거하지 않으면 접합이 곤란하다. 물론 이와 같이 해서 산화물(酸化物)을 깨끗이 제거하여도 곧 새로운 산화가 일어나므로 1시간 이내에 압접을 행하여야 한다.

그러나 기름을 없앤 후에는 청정면(淸淨面)에 손이 닿기만 해도 압접 결과에 큰 영향을 미치므로 손이 직접 접촉면에 닿지 않도록 주의해야 한다.

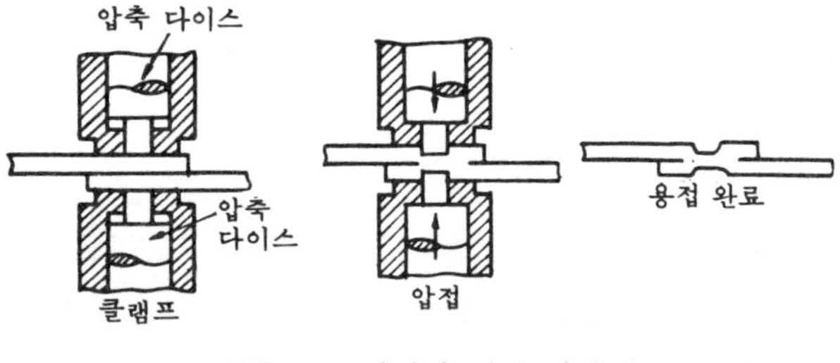

그림 5·6 겹치기 냉간 압접법

보통 압접시에 사용되는 가압력(加壓力)은 냉간 압접을 충분히 하기 위해 압접하고자 하는 재료의 잔후 비율(figure of ratio)만큼의 소성 변형(塑性變形)을 시킬 양을 주면 된다. 압접 방법에는 겹치기와 맞대기가 있는데 겹치기는 그림 5·6과 같이 접촉면을 표면 처리(表面處理)하여 불순물을 제거한 후 겹치기 클램프로 결합시켜 압축 다이스에 의해 강압을 가하여 소요의 소성 변형을 주어 압착시키는 방법이다. 그리고, 완전한 압접을 얻기 위해서 필요한 소성 변형량은 금속의 종류에 따라 다르며 압접 후의 두께를 처음 두께에 대한 백분율로 나타낸 값을 잔후 비율(殘厚比率)이라 하며, 이것은 냉간 압접에 있어서 금속의 용접성을 나타내는 값으로 쓰이고 있다.

《예》 잔후 비율(%) $= \frac{t}{T} \times 100$

T : 압접 전의 겹친 판 두께

t : 압접 후의 판 두께

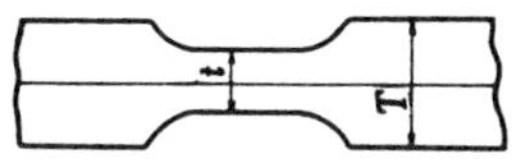

그림 5·7 잔후비(殘厚比)

5·8 저항 용접

저항 용접(resistance welding)의 역사는 1877년에 미국의 톰슨(Elihu Thomson)이 전기 실험을 하는 도중 전기 회로(電氣回路)에 고장이 일어나 도선(導線)과 도선이 접촉하여 그 사이에서 불꽃이 튀기면서 도선이 하나로 접합되는 것을 우연히 발견한 데서 시작된 것이며, 1885년에 톰슨이 저항 용접기(抵抗熔接器)를 발명하면서부터 저항 용접이 각광을 받게 되었고, 1930년경에 들어서 급속한 발전을 보게 되었다.

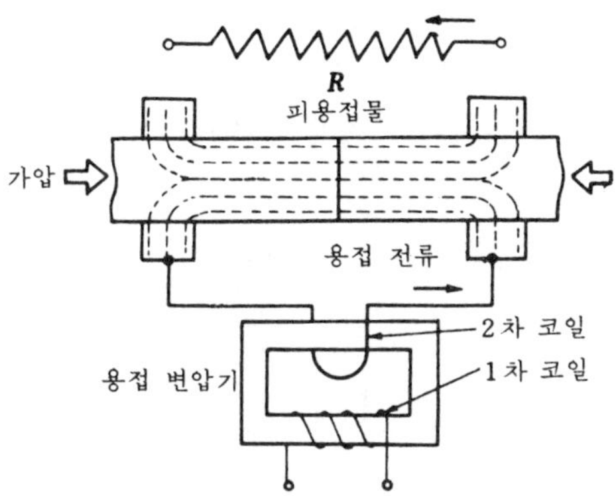

그림 5·8 저항 용접의 원리

저항 용접은 그림 5·8과 같이 용접하려고 하는 재료를 서로 접촉시켜 놓고 이것에 전류를 통하면 저항열로 접합면의 온도가 높아졌을 때 가압하여 용접을 한다. 이 때 저항열은 주울(Joule)의 법칙에 의해서 계산한다.

$$Q=0.24 I^2 Rt$$

여기서, Q : 저항열(cal) R : 저항(Ω)

I : 전류(A) t : 통전 시간(sec)

그리고, 저항 용접의 종류를 용접 방법에 의하여 분류하면 다음과 같다.

- 저항 용접
  - 겹치기 저항 용접
    - 점 용접
    - 프로젝션 용접
    - 시임 용접
  - 맞대기 저항 용접
    - 업셋 용접
    - 플래시 용접
    - 맞대기 시임 용접
    - 퍼어커션 용접

5·9 점(點) 용접

점 용접(spot welding)은 그림 5·9 에서와 같이 2개 또는 그 이상의 금속을 두 전극 사이에 끼워 넣고 전류를 통하면 앞에서 설명한 것과 같이 접촉부(接觸部)는 요철(凹凸) 때문에 접촉 저항이라는 대단히 큰 저항층(抵抗層)이 있어 이 저항으로 발열이 먼저 일어나 용접부의 온도는 급격히 상승하여 금속은 녹기 시작한다. 여기에 적당한 방법에 의해 수직(垂直)의 압력을 가하면 접촉부는 변형되어 접촉 저항이 감소된다. 그러나, 제일 처음의 접촉 저항으

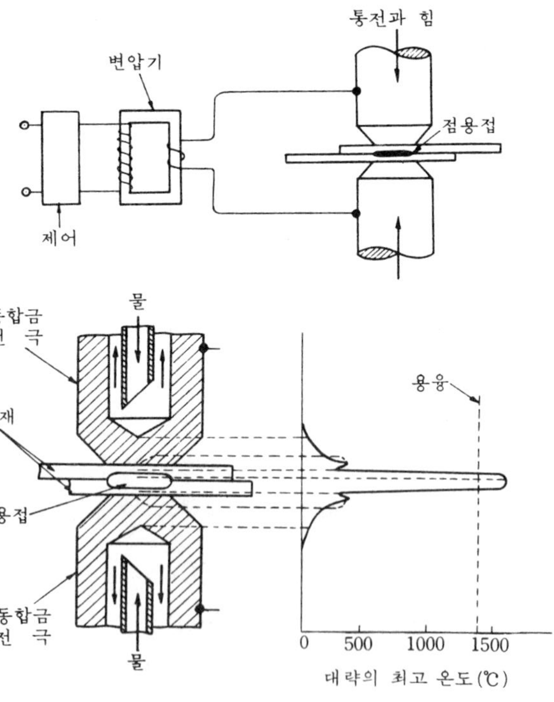

그림 5·9 점 용접의 원리와 온도 분포

로 인해서 온도가 상승되었기 때문에 용접부 금속 자신의 고유 저항은 더욱 더 증가되고 온도가 상승되어 반용융 상태 또는 용융 상태에 달한다. 이와 같은 방법으로 알맞은 용접 온도에 달하면 상하의 전극(電極)으로 압력을 가하여 용접부를 밀착시킨 다음 전극을 용접부에서 떼면 전류의 흐름이 정지되어 용접이 완료된다. 이 때, 전류를 통하는 통전 시간(通電時間)은 재료에 따라 1/400 초에서부터 몇 초 동안으로 되어 있다.

점 용접(點熔接) 중 온도 분포(溫度分布)의 경향은 그림 5·9와 같으며, 접합면의 일부는 녹아 바둑 알 모양의 단면으로 용접이 된다. 이 부분을 너깃(nugget)이라 부른다. 그리고, 점 용접뿐만 아니라 저항 용접에 미치는 요인으로는 용접 전류, 통전 시간, 가압력, 모재 표면의 상태, 전극의 재질 및 형상, 용접 피치 등 여러 가지가 있으나, 이 중 가장 큰 영향을 미치는 것으로는 용접 전류, 통전 시간, 가압력 등인데 이들을 저항 용접의 3 대 요소라고 한다.

점 용접의 용접 조건을 살펴보면 표 5·1 과 같다.

표 5·1 연강판 스폿 용접 조건의 예(보통)

판 두 께 (mm)	전극 d (mm)	전극 D (최소) (mm)	시 간 (s)	가 압 력 (kg)	전 류 (A)	너깃 지름 (mm)
0.5	3.5	10	0.4	45	4000	3.6
1.0	5.0	13	0.6	75	5600	5.3
1.6	6.3	13	0.9	115	7000	6.3
2.0	7.0	16	1.1	150	8000	7.1
3.2	9.0	16	1.8	260	10000	9.4

〔주〕

1. 열간 압연 강재 인장 강도 30～32 kg/mm²
2. 전극은 RWMA 의 2 급(도전율 75 % H_{RB} 75)
3. 용접 시간은 초(s)에 60 Hz 일 때이므로 0.6 s 는 36 사이클이다.

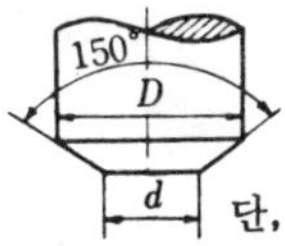

단, D : 전극봉재료 지름
d : 전극 통전부 지름

5·10 프로젝션 용접(projection welding)

프로젝션 용접은 점 용접(點熔接)과 같은 것으로 그림 5·10 에서와 같이 제품의 한쪽 또는 양쪽에 작은 돌기(projection)를 만들어 이 부분에 용접 전류(熔接電流)를 집중시켜 압접하는 방법이다. 또, 이 용접에서는 제품에 돌기부를 만들지 않고 모재의 각, 모서리, 끝, 돌출부(swelling) 등을 돌기 대신으로 이용하는 방법도 있다.

이 용접에서는 점 용접과 달리 여러 점을 동시에 용접하기 때문에 대단히 능률이 좋고, 돌기부(突起部)의 형상을 연구하면 견고한 이음을 얻을 수 있다.

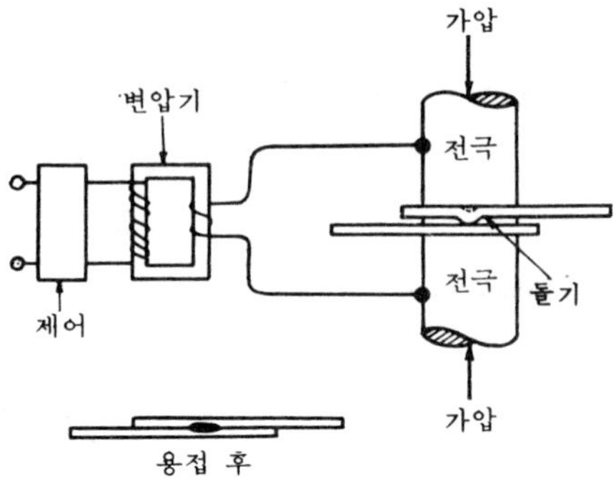

그림 5·10 프로젝션 용접의 원리

이 용접의 용도는 강판(鋼板), 강력 청동, 스테인레스강, 니켈 합금 등의 용접에 적합하고 알루미늄 합금, 아연, 아연판 또는 강-황동, 강-청동 등의 다른 종류의 금속 용접도 가능하다. 이 용접법의 대상물로는 프레스 가공품(加工品)이 제일 많고 기타 봉재, 선재, 보울트, 너트, 파이프, 반도체 캡, 시일의 용접이나 단조품(鍛造品), 기계 가공품 전반에 걸쳐 널리 사용되고 있으며, 특수 공구를 사용하면 자동차 부품, 전기 기구 부품 등 여러 가지를 제작할 수 있다.

5·11 시임 용접(seam welding)

시임 용접은 그림 5·11 과 같이 원판상의 로울러 전극 사이에 2 장의 판을 끼워서 가압 통전(加壓通電)하고 전극을 회전시켜 판을 이동시키면서 연속적으로 점 용접을 반복하는 방법으로 하나의 연속된 선(線) 모양의 접합부가 얻어지는 것으로 주로 기밀(氣密), 수밀(水密), 유밀(油密)을 필요로 하는 이음에 이용된다. 용접 전류의 통전 방법에는 단속(斷續) 통전법, 연속(連續) 통전법, 맥동(脈動) 통전법의 3 가지 방법이 있다.

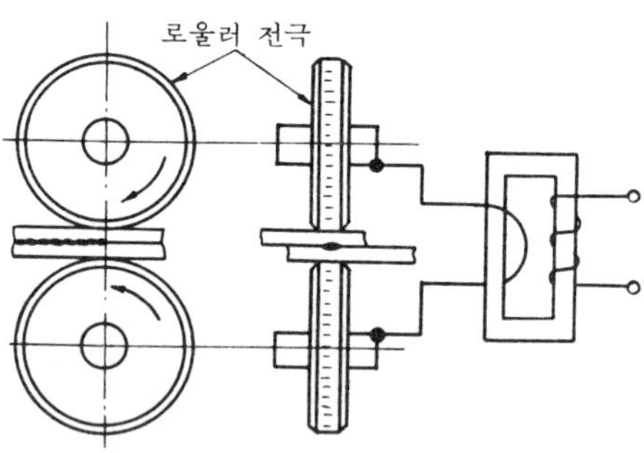

그림 5·11 시임 용접의 원리

5·12 업셋 용접(upset welding)

업셋 용접은 저항 용접 중에서 제일 먼저 개발된 것으로 현재 널리 사용되고 있는 용접법이며 버트 용접(butt welding)이라고도 부른다. 그림 5·12에서 와 같이 같은 단면 모재(斷面母材)를 서로 맞대어 가압하여 전류를 통하면 용접부는 먼저 접촉 저항(接觸抵抗)에 의해서 발열이 되며, 다음에 고유 저항에 의해서 더욱 온도가 높아져 용접부가 단접 온도(鍛接溫度)에 도달했을 때 모재를 축 방향으로 센 힘을 가해 가압하면 두 모재는 융합이 된다. 이 때 전류를 차단시켜 용접을 완료한다.

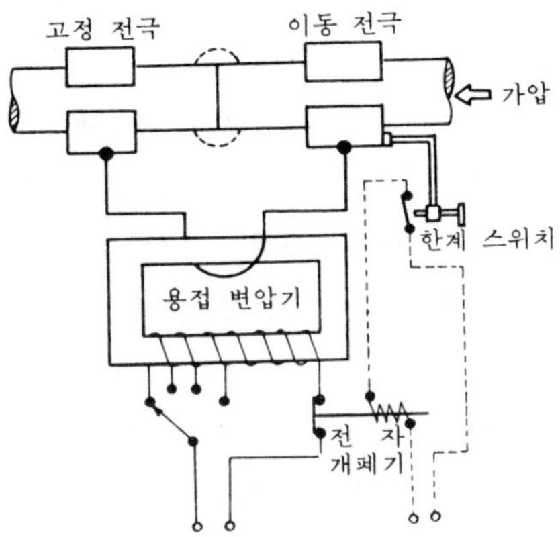

그림 5·12 업셋 용접의 원리

이 용접에서 접촉 저항을 크게 하기 위해서는 처음에 맞대기 시작할 때 가압은 작은 힘으로 하고 단접 온도에 달하게 되면 큰 힘으로 가압을 해야 한다.

용접 작업에서 주의할 사항으로 단면이 큰 것을 용접할 때는 용접중에 접합면이 산화되어 용접 금속 중에 산화물이 섞이든가, 기공(blow hole)이 발생되는 경우가 있으므로 접합면을 깨끗이 청소해야 하며, 또 평면(平面)으로 다듬어야 한다.

5·13 플래시 용접(flash welding, flash butt welding)

플래시 용접은 앞에서 설명한 업셋 용접과 거의 같은 것으로서 불꽃 용접(火花熔接)이라고도 부른다.

이 용접의 원리는 그림 5·13에서 나타낸 것과 같이 용접하고자 하는 모재(母材)를 서로 약간 띄어서 고정대(固定臺), 이동대(移動臺)의 전극에 각각 고정하고 전원(電源)을 연결하여 전극 사이에 전압을 가한 뒤 서서히 이동대를 전진시켜 모재에 가까이 한다. 평평하다고 생각되는 소재면(素材面)에는 반드시 요철이 있어 모재가 닿아 그 부분에 높은 집중 저항(集中抵抗)이 형성된다. 이 모재의 용접부 끝면을 가볍게 접촉시키

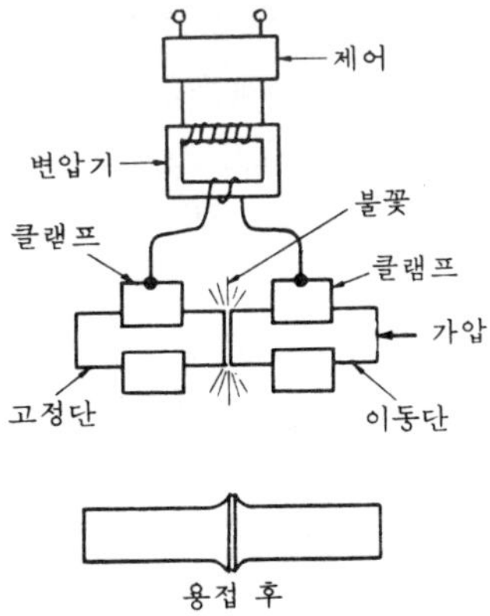

그림 5·13 플래시 용접의 원리

면 그 접촉점에 집중적으로 단락 대전류(短絡大電流)가 흘러 접촉 저항과 대전류 밀도에 의하여 국부적으로 발열하여 잠시 동안에 과열, 용융되어 불꽃이 비산된다.

그 후 플래시의 발생에 의해 그 부분의 접촉은 끊어지나 다시 이동대를 전진시키면 다음의 다른 부분이 접촉되어 앞에서와 마찬가지로 플래시를 발생한다. 이와 같이 언제나 접촉 불꽃 비산(飛散)의 현상이 반복되므로 모재 끝면에서는 차단 없이 플래시가 발생되어 점차로 접합 온도(接合溫度)까지 가열된다. 이와 같이 플래시 현상이 연속되는 것에 의해 모재 끝면의 금속 산화물(金屬酸化物), 기타 불순물은 비산되어 깨끗한 상태가 된다. 또 끝면 사이에 발생되는 금속의 연소 가스의 보호 작용에 의해 그 후의 산화물 생성이 방지된다. 이와 같이 해서 청정도(淸淨度)와 가열 온도가 알맞은 상태가 되었을 때 빨리 강한 압력을 가해 업셋(upset)을 행한다. 이 업셋에 의해 불순물이나 용융 금속(溶融金屬)이 용접부 주위로 밀려나오고 모재는 서로 완전히 접촉되어 단락(短絡) 대전류가 흐르지만, 일정 시간 후에 업셋 전류를 차단시켜 압접(壓接)을 완료한다.

5·14 퍼어커션 용접(percussion welding)

퍼어커션 용접은 콘덴서(condenser)에 미리 저축된 전기적 에너지를 금속의 접촉면을 통하여 대단히 짧은 시간(1/1000초 이내)에 급속히 방전시켜 이 때 발생하는 아아크에 의해 접합부를 집중 가열(集中加熱)하고 방전하는 동안이나, 또는 방전 직후에 충격적 압력을 가하여 접합하는 용접법이므로 방전 충격 용접(放電衝擊熔接)이라고 하며 그림 5·15와 같은 콘덴서 용접기를 사용한다. 이 용접법은 짧은 시간과 작은 가압력으로 시공되므로 1.0㎜ 이하의 금속선이나 서로 다른 종류의 금속선(金屬線)인 열전대(熱電對)를 집합하는 데 적합하다.

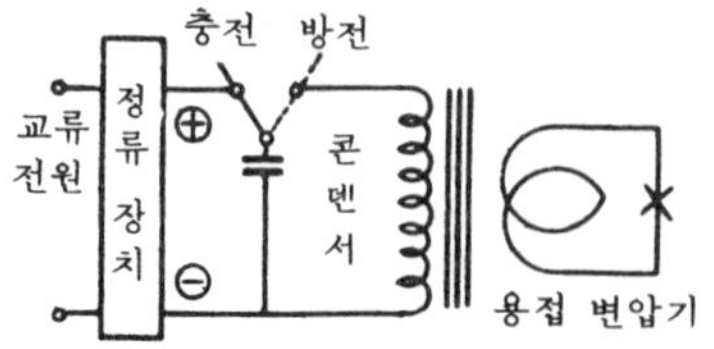

그림 5·14 콘덴서 용접기의 원리

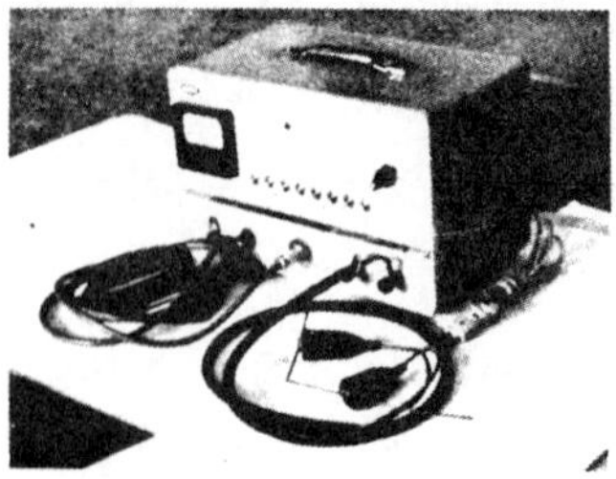

그림 5·15 콘덴서 용접기

제 6 장

절 단(切斷)

절단(cutting)은 용접에 수반되는 작업으로서 용접 작업의 능률화(能率化)를 위하여 신속한 절단 방법(切斷方法)이 필요하며, 표 6·1은 절단법의 종류를 분류한 것이다.

표 6·1 절단법의 종류

- 절단
  - 가스 절단
    - 보통 가스 절단
      - 상온 절단
      - 고온 절단
      - 수중 절단
    - 분말 절단
      - 철분 절단
      - 수중 절단
    - 가스 가공
      - 가스 가우징
      - 스카아핑
  - 아아크 절단
    - 탄소 아아크 절단
    - 금속 아아크 절단
    - 불활성 가스 아아크 절단
      - 미그 절단
      - 티그 절단
    - 아아크 에어 가우징
    - 산소 아아크 절단
    - 플라즈마 제트 절단

6·1 가스 절단법

6·1·1 가스 절단의 원리

가스 절단은 강철(鋼鐵)을 산소 절단 기류(酸素切斷氣流)의 산화 반응(酸化反應)에 의하여 절단하는 방법이다. 이 산화 반응은 강철을 어떤 온도 이상 가열(약 800~1000°C)하여 산소 중에 방치하면 강철이 연소하는 것을 도와서 산화철(酸化鐵)로 변하면서 강렬한 반응열(反應熱)을 발생하는 것이다.

즉, 강철을 미리 800~1000°C로 예열(豫熱)하여 이 곳에 절단 토오치의 팁 중심에서 순도(純度)가 높은 산소를 분출시키면 철강에 접촉하여 급격한 연소 작용을 일으켜 강철은 산화철이 되며, 이 때 산소 기체의 분출력(噴出力)에 의해 산화철이 밀려나므로 2~4 mm의 부분적인 홈이 생긴다. 이와 같은 작업을 반복하면 절단이 되는 것이다. 절단시의 철강의 화학 반응(化學反應)은 다음과 같다.

$$Fe+\frac{1}{2}O_2=FeO+64.0\,kcal$$

$$2\,Fe+\frac{3}{2}O_2=F_2O_3+190.7\,kcal$$

$$3\,Fe+2\,O_2=F_3O_4+266.9\,kcal$$

철판의 두께가 두꺼울수록 산소의 양이 많이 필요하다. 칠강이 절단되려면 위의 화학 반응식과 같이 항상 새로운 산소가 반응되어야 하며, 용융 금속(溶融金屬)이 산소의 분출력에 의하여 밀려나가야 한다.

6·1·2 가스 절단 장치(切斷裝置)

가스 절단 장치는 가스 용접 장치와 거의 같으나 다만 토오치의 형태만 다를 뿐으로, 수동 가스 절단 방법과 자동 가스 절단 방법이 있다.

(1) 수동 가스 절단기

절단 토오치는 예열용(豫熱用) 아세틸렌의 압력을 기준으로 하여 저압식(아세틸렌 압력이 0.07 kg/cm² 미만)과 중압식(아세틸렌의 사용 압력이 0.07 kg/cm² 이상)으로 분류되며, 이것은 내부 구조가 다소 다르게 되어 있다.

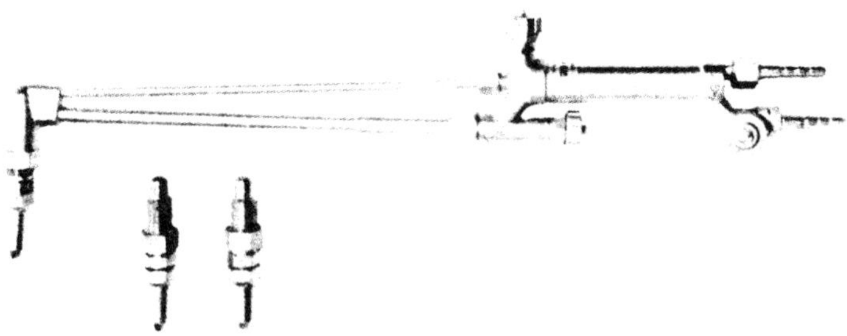

그림 6·1 저압식 토오치의 외관(프랑스식)

저압식 토오치는 그림 6·1과 같이 산소와 아세틸렌을 혼합하여 예열용 가스를 만드는 부분과 고압의 산소만을 분출하는 부분으로 나눈다. 또, 토오치 끝에 붙어 있는 팁은 그림 6·2와 같이 2가지의 가스를 2중으로 된 동심원의 구멍으로부터 분출하는 동심형(同心型, concentric type)인 프랑스식과 가스가 각각 별개의 팁으로부터 분출되는 이심형(異心型, eccentric type)인 독일식이 있다.

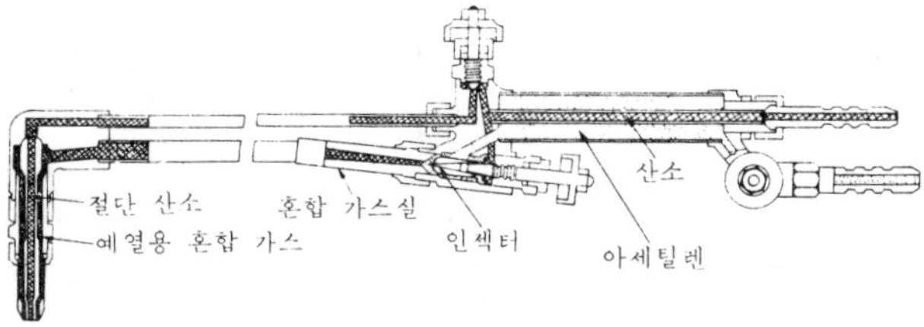

그림 6·2 저압식 토오치의 구조

그리고, 절단 산소의 분출구(噴出口)의 형상은 그림 6·4와 같이 직선형(直線型)과 다이버젠트형(divergent type)이 있다. 대체로 직선형이 많이 쓰이고 있는데 이것은 팁의 공작이 용이하기 때문이다. 다이버젠트형은 구멍이 끝으로 감에 따라 조금씩 넓어지기 때문에 이 팁으로 가스를 규정 압력(팁의 설계 압력)으로 사용하면 대단히 능률이 좋다고 알려져 있으나, 공작이 곤란하기에 별로 쓰이지 않는다.

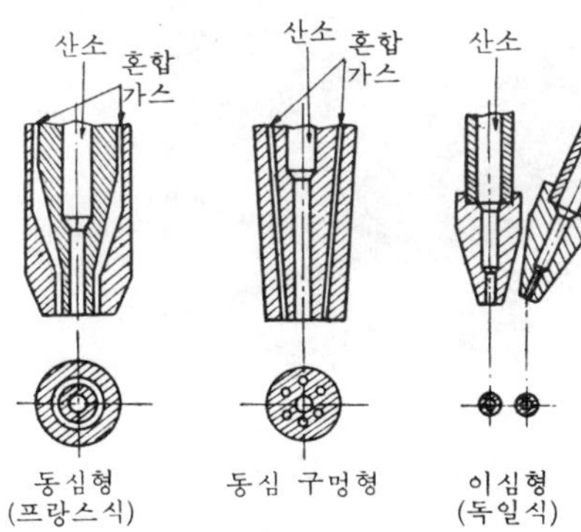

그림 6·3 팁의 형태

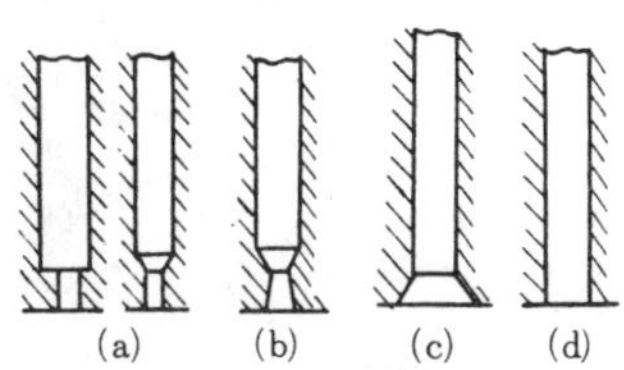

(a) 분류의 속도를 크게 할 수 있다(가스 절단. 일반용).
(b) 다이버젠트 노즐이라 불리며, 분류의 속도를 음속 이상으로 할 수 있다.
(c) 분류의 속도가 작다(가우징용).
(d) 후판 절단용

그림 6·4 절단 산소 분출구의 형상

동심형(同心型)의 절단 토오치는 조작 방향에 관계 없이 어떤 경우에도 사용할 수 있으므로 매우 편리하고 표 6·2는 동심형 토오치의 팁 규격과 절단할 수 있는 강판의 두께를 표시한다.

표 6·2 동심형 토오치의 팁과 절단 모재의 두께

팁의 종류	팁의 번호	팁의 구멍 지름 (mm)	가시(可視) 산소 분류(噴流)의 길이 (mm)	산 소 압 (kg/cm²)	절단 모재 두께 (mm)
1 호	1	0.7	50	1.0	1~7
	2	0.9	60	1.5	5~15
	3	1.1	70	2.5	10~30
2 호	1	1.0	80	2.0	3~20
	2	1.3	90	3.0	5~50
	3	1.6	100	4.0	40~100
3 호	1	2.0	100	5.0	50~120
	2	2.5	110	7.0	100~120
	3	2.7	120	8.0	180~260

(2) 자동 가스 절단기

자동 가스 절단기(切斷機)는 절단 토오치를 자동적으로 이동시키는 주행 대차(走行臺車)에 설치한 것인데 절단 방향을 손으로 조작하는 반자동식과 모든 조작이 자동적으로 되는 전자동식이 있다(그림 6·5).

그림 6·5 주행 대차식 자동 절단기의 외관

반자동식(半自動式)은 이동만을 자동화한 것이고 손의 조작으로 절단 토오치를 어떤 방향으로도 절단이 될 수 있도록 움직이는 것으로 주로 작은 물체나 곡선의 절단에 쓰이고 있다.

전자동식(全自動式)에는 용도에 따라 직선 절단과 형 절단 전용의 기기(機器)가 있다.

직선 절단기 중의 소형은 절단선(切斷線) 가까이에 설치된 안내 레일 위를 이동하면서 절단을 하는데 비교적 작은 물체에 사용되고, 대형은 항상 일정하게 설치된 레일 위를 이동하도록 되어 있어 긴 물체의 절단 및 V, X형 등의 용접 홈 가공(加工)에 사용한다.

또한 대형은 한 대의 대차에 여러 개의 팁을 설치하여 한 번에 똑같은 형상을 여러 개 절단할 수 있는 것이 있다.

형 절단기는 원을 비롯하여 여러 가지의 모양을 절단하는 것으로 축도기(縮圖器, pantagraph)를 써서 모형을 따라 조작하는 것과 직접 도면을 따라서 움직여 한꺼번에 여러 개의 형을 절단하는 것이 있다. 또한 광전관(光電管)을 이용하여 전자 트레이서(추적 장치)화하는 장치로 도면의 선상(線上)을 자동적으로 이동하여 절단을 하는 것도 있다.

이 밖에도 모노폴(monopole) 자동 가스 절단기가 있어 형 절단기의 형판을 사용하지 않고, 대신 사진 원판에서 광학적(光學的)으로 자동 제어(自動制御)하여 복잡한 형상을 절단할 수 있는 새로운 방식이 최근 실용화되어 주목되고 있다.

6·2 가스 절단

양호한 절단부를 얻기 위하여 다음과 같은 문제들을 잘 고려하여야 한다.

(1) 산소 순도(酸素純度)와 소비량

(2) 절단 속도(切斷速度)와 효율

(3) 절단면 외관(切斷面外觀)과 드래그(drag)

(4) 강판(鋼板)의 예열 온도(豫熱溫度)와 예열 불꽃

(5) 팁의 형상

즉, 가스 절단면의 양부는 토오치의 팁 형상, 절단 속도와 예열의 적부(適否)에 좌우된다.

6·2·1 수동(手動) 산소 절단

(1) 절단 토오치를 잡는 방법

그림 6·6에 나타낸 것과 같이 오른손으로 토오치의 부분을 가볍게 쥐고, 왼손으로는 절단 산소 밸브를 자유로이 개폐(開閉)할 수 있도록 가볍게 쥔다. 이 때 오른손의 인지(人指)는 펴서 가볍게 예열 밸브 위에 놓는다. 이것은 역화(逆火), 기타 위험이 생길 때 즉시 밸브를 닫을 수 있게 하기 위해서이다.

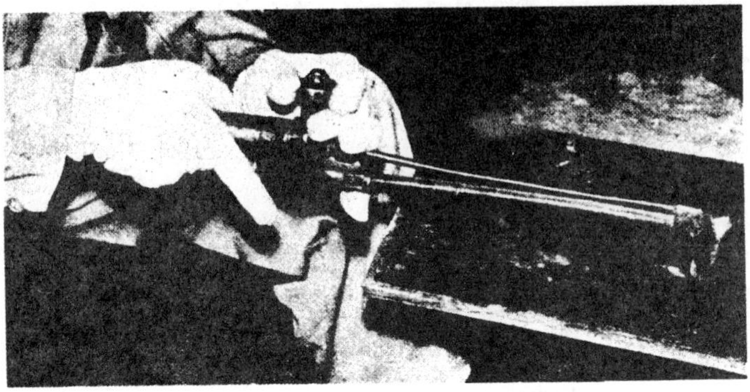

그림 6·6 토오치의 조작법

팁은 그림 6·7과 같이 겨누고 팁 끝과 공작물과의 거리는 불꽃 흰색 부분(cone)의 끝에서 1.5~2.5 mm 정도 되게 한다. 이와 같이 일정한 거리를 유지하기 위해서는 절단 토오치에 가이드 로울러(guide roller)를 붙이면 된다.

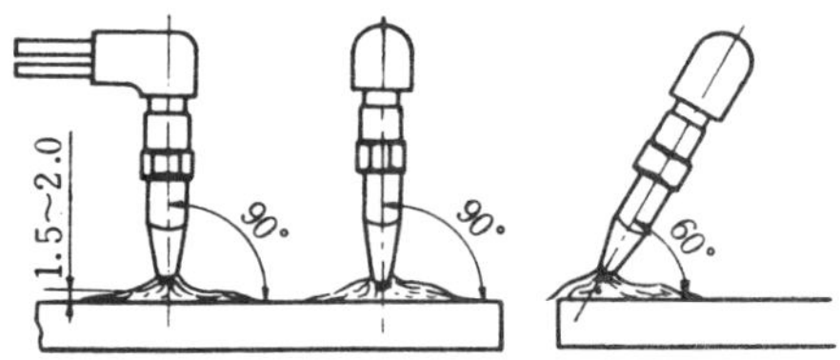

(a) 직선 절단　(b) 홈 절단

그림 6·7 팁의 각도 및 팁의 간격

또한 원형으로 절단을 하려고 할 때에는 같은 원형 절단용 컴퍼스(compass)를 사용하면 편리하다.

(2) 절단 불꽃의 조정

산소와 아세틸렌을 소정 압력(所定壓力)으로 조정하여 먼저 토오치에서 아세틸렌을 분출시켜 점화한 후, 서서히 산소 밸브를 열어 산소를 분출시켜 적색 아세틸렌 불꽃이 점점 황백색으로 되게 하여 중성 불꽃에서 산소 밸브를 정지시킨다. 이것이 절단 예열(切斷豫熱) 불꽃이다. 그러나 절단시에 절단 산소를 분출시키면 이것에 아세틸렌이 흡인되어 다시 아세틸렌 불꽃이 나타나므로, 예열 불꽃은 다소 산소 과잉 불꽃으로 하는 편이 좋다.

불꽃의 세기는 산소의 압력과 아세틸렌 압력에 의해서 결정되며, 지나치게 세면 절단면의 위 기슭이 녹아 둥글게 된다. 따라서, 예열 불꽃의 세기는 절단이 가능한 최소 한도의 세기가 좋다.

절단 산소 분류(切斷酸素噴流)는 절단에 가장 중요한 역할을 하는 것이므로 절단의 양부는 절단 산소 분류에 달려 있다. 산소의 분류는 앞에서 설명한 바와 같이 팁에서 되도록 멀리까지 직선으로 평행하게 분출되는 것이 가장 좋은 상태이지만 이것은 팁의 지름, 구멍의 형상 및 산소 압력 등에 큰 영향을 미치고 있다.

산소 분류는 팁의 출구에서 보통 음속(音速) 이상에 달하기 때문에 충격파로 되어 기류(氣流)는 흩어지기 쉽다. 이것은 산소 압력이 높을수록 크게 되므로 압력을 함부로 높게 하면 안 된다.

(3) 절단 속도

절단 속도는 절단 작업에서 가장 중요한 것으로 이것에 미치는 영향으로는 앞에서 설명한 바와 같이 산소의 압력, 산소의 순도, 강판의 두께, 강판의 재질(材質) 등이 있다.

절단 속도는 보통 절단 토오치의 이동 속도(移動速度)와 같은 것으로 절단 산소가 연속적으로 강판의 두께 전체를 뚫고 들어갈 만큼 빠른 편이 가장 좋다. 그러나, 이것은 대단히 어려운 것으로 조금이라도 토오치의 이동이 빠르면 절단은 중단된다.

가스 절단에서 일정한 속도로 절단을 할 때 절단 홈의 밑으로 갈수록 슬랙의 방해, 산소의 오염, 절단 산소 속도의 저하 등에 의해 산화 작용과 절단이 느려져 절단면을 보면 그림 6·8 에 표시한 것과 같이 거의 일정한 간격으로 평행한 곡선이 나타난다. 이 곡선을 드래그선(drag line)이라 부르며, 진행 방향(進行方向)에 따라 측정한 1개의 드래그선의 처음과 마지막의 양 끝 거리를 드래그(drag) 또는 드래그 길이라 한다. 이 길이는 가스 절단의 양부를 판정하는 기준이 되므로 대단히 중요하다.

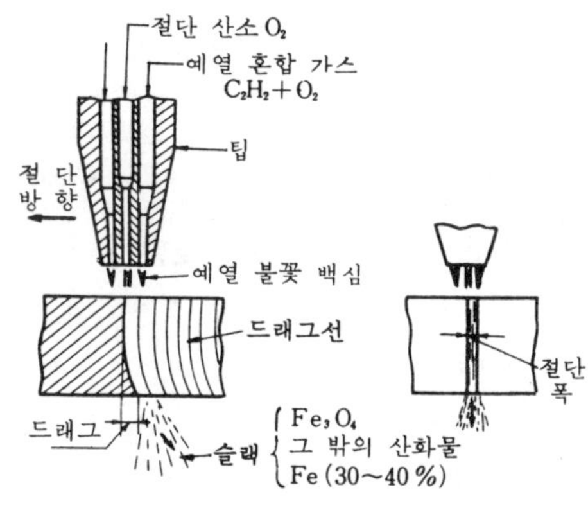

그림 6·8 가스 절단의 원리

드래그의 길이는 주로 절단 속도, 산소 소비량 등에 의하여 변한다. 예를 들면 절단 속도를 느리게 하면 드래그의 길이는 0이 된다.

한편 절단 속도를 일정하게 했을 때에 산소의 소비량(압력)을 적게 하면 드래그의 길이가 길어지며 슬랙이 달라붙어 절단면이 거칠어지지만, 산소량을 증가하면 드래그의 길이도 짧아진다. 그러나, 산소의 압력이 증가해도 그 이상 드래그의 길이가 짧아지지 않는 한계가 있다. 경제적인 면에서 드래그의 길이가 긴 것이 좋으나 잘못하면 절단의 끝 부분에서 미처 절단이 되지 않은 부분이 남게 되므로 드래그는 강판 두께의 20 % 를 표준으로 하고 있다.

$$\text{드래그}(\%) = \frac{\text{드래그 길이(mm)}}{\text{강판 두께(mm)}} \times 100$$

보통 절단시의 드래그 값은 다음과 같다.

강 판 두 께 (mm)	12.7	25.4	51	51~152
드래그의 길이 (mm)	2.4	5.2	5.6	6.4

이상과 같은 점에서 초심자는 절단 작업이 매우 어려우므로 절단 작업을 할 때는 표 6·3 을 기준으로 해서 작업을 하는 것이 좋다.

표 6·3 수동 가스 절단 작업의 여러 인자

강판두께 (mm)	팁 지 름 (mm)	산소 압력 (kg/cm²)	절단 속도 (mm/min)	가스 소비량 (m³/hr)		드래그 (%)
				산 소	아세틸렌	
3	0.5~1.0	1.0~2.1	510~760	0.5~1.6	0.17~0.26	—
6	0.8~1.5	1.1~1.4	410~660	1.0~2.6	0.19~0.31	—
9	0.8~1.5	1.2~2.1	380~610	1.3~3.3	0.19~0.34	—
12	1.0~1.5	1.4~2.2	305~560	1.9~3.6	0.28~0.37	15~20
19	1.2~1.5	1.7~2.5	305~510	3.3~4.1	0.34~0.43	15~20
25	1.2~1.5	2.0~2.8	230~460	3.7~4.5	0.37~0.45	12~16
50	1.7~2.0	1.6~3.5	150~330	5.2~6.5	0.45~0.57	10~15

6·2·2 수동 산소 절단 작업 요령

작업할 재료가 주어지면 절단 토오치의 팁 크기와 가스 조절량을 표 6·2 와 표 6·3 에서 구한다.

(1) 절단 조건

강판(鋼板)의 두께를 14 mm 이라 할 때 절단 토오치의 팁 번호 2 호 1 번, 산소 압력 2.5 kg/cm², 가시 산소 분류(可視酸素噴流)의 길이 80 mm, 아세틸렌 압력 0.2 kg/cm², 절단 속도 35 cm/min 로 한다.

(2) 작업 요령

강판 표면에 그림 6·9 와 같이 백묵으로 여러 개의 수평선을 긋고 그 선에 따라서 절단을 한다. 먼저 예열 불꽃을 중성(中性) 불꽃으로 조정하여 절단선의 한 끝을 예열하여 표면이 녹기 시작할 직전(1,000°C)에 절단용 산소를 분출시키면 불티가 많이 비산(飛散)되면서 구멍이 뚫리게 되므로 절단 토오치의 이동을 시작한다. 이 때 가장 중요한 것은 팁과 강판 표면과의 거리 및 절단 속도를 일정하게 유지하는 것이다.

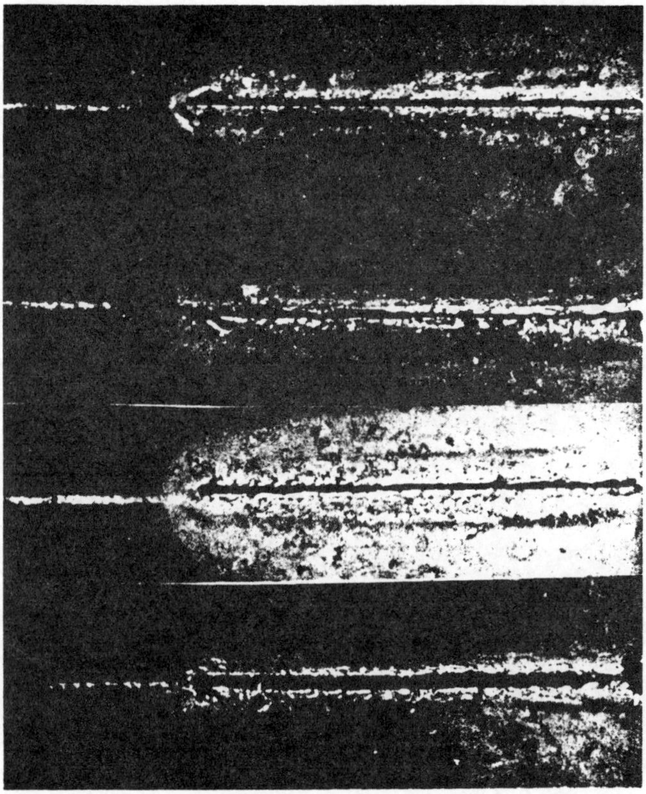

(a) 절단 속도가 알맞아 강판 가장자리가 많이 녹지 않은 양호한 절단
(b) 예열 불꽃이 세어 강판 가장자리가 너무 많이 녹아 불량
(c) 팁과 강판과의 간격이 가까와 강판 가장자리가 너무 녹아 불량
(d) 산소 압력이 높고(4kg/cm²) 산소 분류가 흔들려 절단 홈이 너무 넓게 되어 불량

그림 6·9 직선 절단의 외관

초심자는 이런 조건을 달성하기 위하여 반복해서 연습하지 않으면 안 된다. 이런 방법으로 절단 작업을 했을 때 나타나는 결과는 다음과 같다.

절단면의 양부는 그 후 조립 가공(組立加工)이나 용접 작업 등의 정밀도(精

密度)에 큰 영향을 미치게 되므로 다음 사항을 구비하지 않으면 안 된다.

(1) 절단면은 평평하고 직선이 되어야 하며, 각도가 정확해야 할 것

(2) 절단면의 위 가장자리를 너무 녹이지 말고 각도가 잘 지게 할 것

(3) 절단면 아래쪽에 붙는 슬랙이 쉽게 떨어지게 할 것

또한 작업중 잘못하면 절단면에 유해한 요철(凹凸)이 생기는데, 그 원인에는 다음과 같은 경우가 있다.

① 손이 떨려 팁의 간격 및 절단 속도가 일정하지 않은 경우, 이 경우에는 백묵의 표선(表線)을 따라서 절단하여도 요철이 생긴다.

② 산소 압력(酸素壓力)이 적당하지 못할 때 일반적으로 산소 압력을 높이는 것이 양호한 절단면을 얻는 것같이 생각되나 꼭 그렇지 않으며, 너무 높으면 절단 산소 분류(酸素噴流)가 흩어져서 요철이 생긴다. 또, 너무 낮으면 강판을 통과할 수 없는 정도가 되어 충분히 절단되지 않으므로 요철이 생긴다.

③ 팁이 오손되어 있는 경우는 산소 분류가 평행되지 못하고 부채꼴 모양으로 불꽃 앞쪽이 퍼진다. 이런 상태에서 절단하면 요철이 생긴다. 또, 팁 구멍이 더러워졌거나 구멍의 모양이 타원이 되어 있으면 산소 분류가 흩어져서 요철이 생긴다. 팁의 청소는 절대로 경강선(硬鋼線)을 써서는 안 되며, 연한 동선(銅線)이나 황동선(黃銅線)을 사용해야 한다.

그림 6·10은 수동 가스 절단면의 양부를 나타낸 것이다.

(a) 산소 압력이 낮고 절단 속도가 너무 느리기 때문에 위 가장자리가 너무 녹았다.

(b) 산소 압력이 너무 높아서 산소 분류가 흔들렸다.

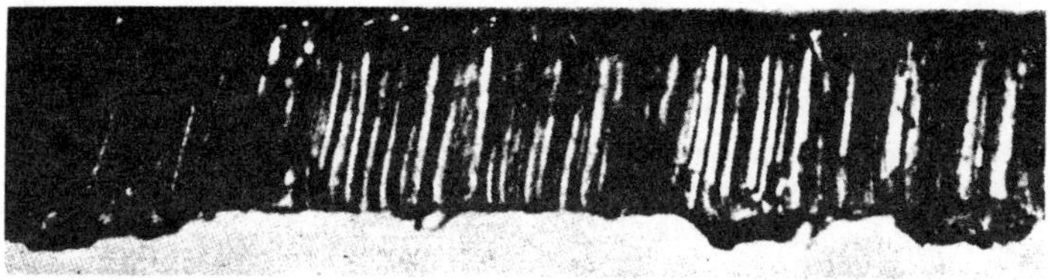

(c) 절단 속도가 약간 느리기 때문에 드래그선이 불규칙적이다.

(d) 절단 속도가 약간 빨라서 드래그가 커졌다.

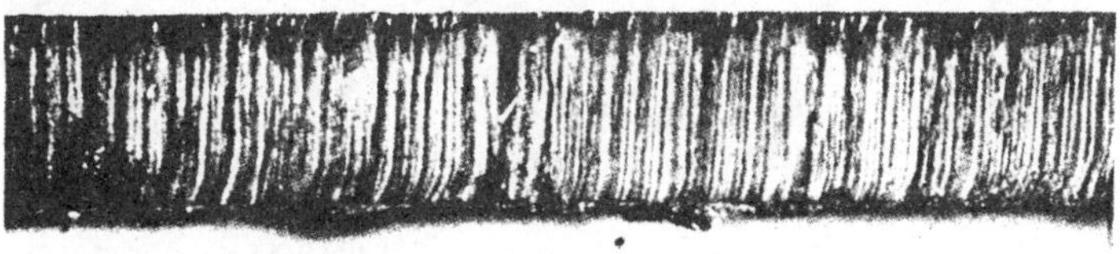

(e) 팁 간격, 절단 속도, 산소 압력이 알맞아서 드래그선이 양호하다.

그림 6·10 수동 가스 절단면의 양부

6·2·3 자동 산소 절단 작업 요령

우선 레일을 절단선(切斷線)에 평행하게 설치하여 팁이 바르게 절단선 위를 움직이도록 설치하고 팁과 강판(鋼板)과의 거리를 소정의 높이(예열 불꽃의 불꽃 흰색 부분 끝에서 약 2 mm)로 유지한다. 절단 속도는 전동기(電動機)의 눈금판으로 소정의 속도로 맞춘다. 즉 절단하고자 하는 강판의 두께와 절단 속도, 가스 압력 등을 표 6·4와 같이 절단 장치에 조절을 한 다음에 예열(豫熱) 불꽃을 점화하여 중성 불꽃으로 조정한다.

전동기의 스위치를 넣어 공전시켜 토오치를 절단 개시 위치에 놓고 팁을 가까이 하여 예열한다. 표면이 녹기 시작하기 직전까지 가열하여 산소 밸브를 열어 분출시킴과 동시에 전동기의 클러치(clutch)를 넣어 절단기를 전진시킨다. 그림 6·11은 강판의 두께 14 mm, 팁 번호 2호 1번, 산소 압력 2.5 kg/cm^2,

나세틸렌 압력 0.2 kg/cm²의 자동 절단기에 의한 절단면의 양부를 나타낸 것이다.

표 6·4 자동 가스 절단 작업의 여러 인자

강판두께 (mm)	팁 지 름 (mm)	산소 압력 (kg/cm^2)	절단 속도 (mm/min)	가스 소비량(m^3/hr)		드래그 (%)
				산 소	아세틸렌	
6	0.8~1.5	1.1~2.4	510~710	1.0~2.6	0.17~0.31	—
9	0.8~1.5	1.2~2.8	480~660	1.3~3.3	0.17~0.34	—
12	0.8~1.5	1.4~3.8	430~610	1.8~3.5	0.23~0.37	15~20
19	1.0~0.5	1.7~3.5	380~560	3.3~4.5	0.34~0.43	15~20
25	1.2~1.5	1.9~3.8	350~480	3.7~4.9	0.37~0.45	12~16
50	1.7~2.1	1.6~4.2	250~350	5.2~7.4	0.45~0.57	10~15

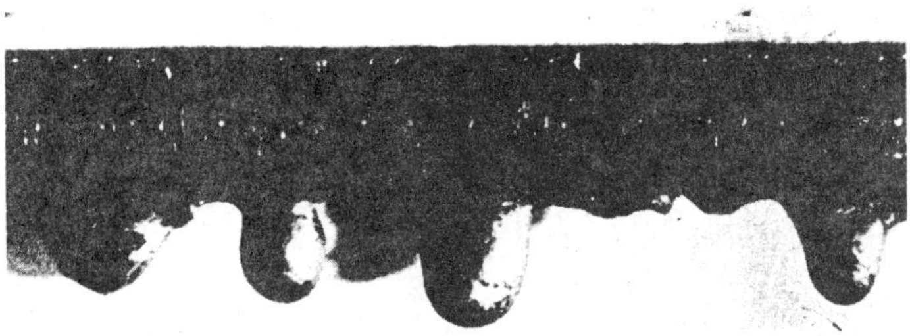

(a) 절단 속도 20 cm/min, 너무 느리기 때문에 위 가장자리가 산화염으로 녹아 둥글게 되었다.

(b) 절단 속도 30 cm/min, 약간 느리기 때문에 위 가장자리가 약간 둥글게 되었다.

(c) 절단 속도 40 cm/min, 알맞은 속도로 양호한 절단면.

(d) 절단 속도 50 cm/min, 약간 빨라서 아래쪽에 홈이 생겼다.

(e) 절단 속도 60 cm/min, 너무 빠르기 때문에 드래그 30 %, 아래쪽에 전체적으로 홈이 생겼다.

그림 6·11 자동 가스 절단면의 양부

6·3 가스 가공

금속 표면을 불꽃을 이용하여 홈을 파거나 표면을 깎아 내는 공작법을 가스 가공(gas 加工)이라 하며, 이 공작법에는 가스 가우징(gouging)과 스카아핑(scarfing)이 있다.

6·3·1 가스 가우징(gas gouging)

가스 가우징은 가스 절단과 비슷한 토오치를 사용해서 강재(鋼材)의 표면에 둥근 홈을 파내는 방법이다. 그러므로, 가스 가우징을 가스 따내기라고도 한다.

가우징용 토오치의 본체(本體)는 프랑스식 토오치와 비슷하나 팁 부분이 다소 다르게 되어 있어 산소 분출 구멍이 절단용에 비해서 크고, 예열(豫熱) 불꽃의 구멍은 산소 분출 구멍의 상하 또는 둘레에 만들어져 있으며, 팁 끝 부분이 조금 구부러져 있다. 그림 6·12는 토오치의 외관 형태이며, 그림 6·13은 U형 홈 또는 용접 홈, 그림 6·14는 J형 홈을 가공하는 팁이다.

이 밖에 용접부의 결함, 뒤 따내기, 가접(假接)의 제거 등과 압연 강재(壓延鋼材), 단조, 주강의 표면 결함을 제거하는 데 사용된다.

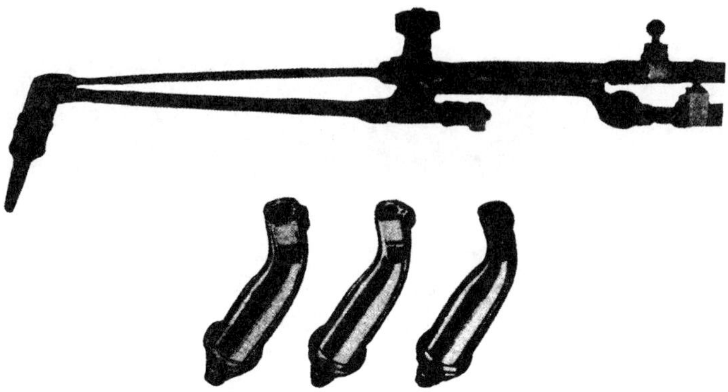

그림 6·12 가우징 토오치와 팁

6·3·2 가스 가우징의 작업 요령

가우징 토오치의 팁을 그림 6·15 (a)와 같이 강의 표면과 30∼40° 경사지게 하여 예열(豫熱) 불꽃의 불꽃 흰색 부분이 반드시 표면에 접촉되도록 유지시킨다. 그리고 표면이 점화 온도에 도달하였을 때 팁을 조용히 아래로 원호를 그리며, 그림 (b)와 같이 예열면에서 6∼13 mm 후퇴하여 산소 밸브를 서서히 연다. 이 때, 반응이 일어나 불꽃이 퍼지자마자 팁을 다시 그림 (c)와 같이 낮게 하여 토오치를 전진하여 홈을 파 나간다.

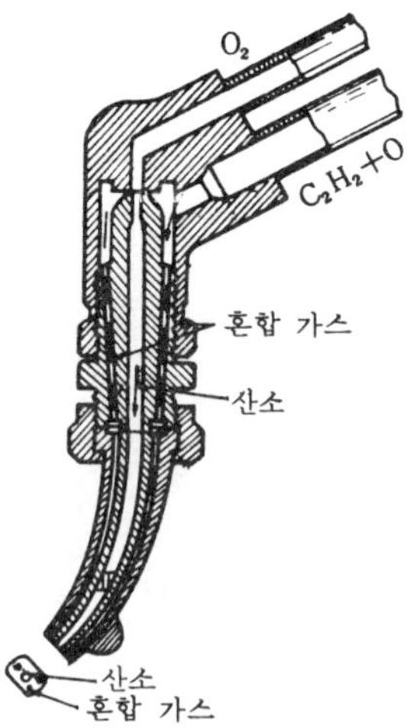

그림 6·13 U형 홈 가공 팁의 단면도

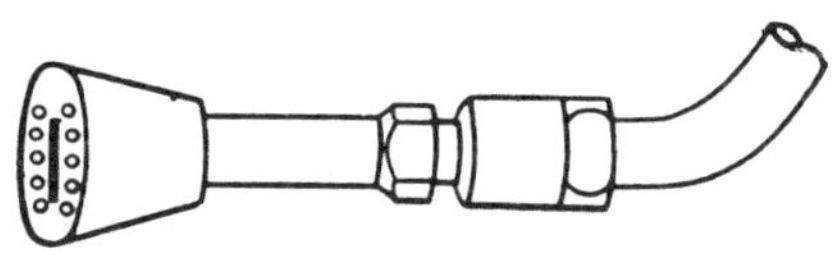

그림 6·14 J형 홈 가공 팁

표 6·5 가우징 작업 표준

팁 지름 (mm)	산소 압력 (kg/cm²)	진행 속도 (cm/min)	홈의 크기 (mm)	
			폭	깊 이
3.4	4.5	30.4∼36.5	8	3.2∼4.8
3.4	5.2	45.6∼55	8	4.8∼6.4
4.8	5.6	48.5∼58	9.5	4.8∼6.4
4.8	6.3	58 ∼61.4	11	6.4∼9.5
6.4	6.3	58 ∼61.4	12.7	6.4∼9.5
6.4	7.0	78 ∼85	12.7	8∼11

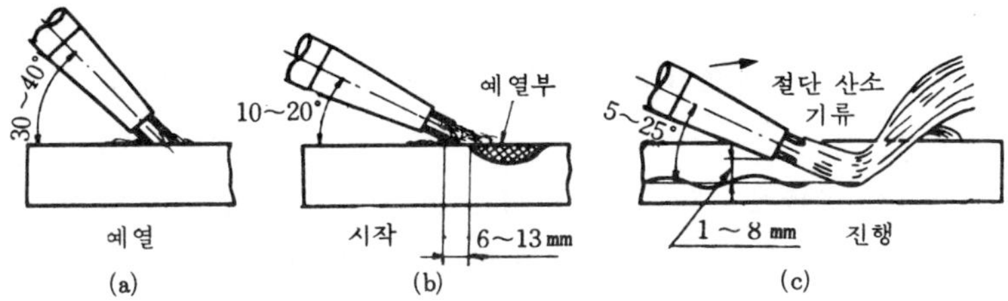

그림 6·15 가우징 작업 순서

이 때, 팁 끝이 밑바닥에서 너무 높으면 슬랙이 어느 정도 홈에 역류(逆流)하려고 하며, 너무 낮으면 홈이 얕게 된다. 또 홈의 폭과 깊이는 산소 압력, 진행 속도 및 산소 분류(酸素噴流)의 각도와 관계가 있다.

표 6·5는 가스 가우징의 작업 표준을 나타낸 것이다.

6·3·3 스카아핑(scarfing)

스카아핑은 강괴(鋼塊, ingot), 빌렛(billet), 슬랩(slab) 등의 강제 표면에 균열, 주름, 주조(鑄造) 결함, 탈탄층(脫炭層)이 있을 때 이것들을 그대로 둔 상태에서 압연(壓延)을 하면 표면의 균열이 그대로 남게 되든가 품질에 얼룩이 생기게 되므로 이들의 결함과 균열을 특수한 절단 토오치로 제거하는 것을 스카아핑이라 하고, 이 작업에 사용되는 토오치를 스카아핑 토오치라 한다. 스카아핑 작업에는 압연 중 1,000°C 전후에 가열되어진 강재(鋼材)를 스카아핑하는 열간 스카아핑(hot scarfing)과 압연 후 냉각되어 대기 상태에서 작업을 하는 냉간 스카아핑(cold scarfing)이 있다.

그림 6·16 수동 스카아핑 토오치

먼저 스카아핑 토오치를 공작물의 표면과 75° 정도 경사지게 하고 예열(豫熱) 불꽃의 끝이 표면에 접촉되도록 한다. 예열면이 점화 온도에 도달하여 표면의 불순물(scale)이 떨어져 깨끗한 금속면이 나타날 때까지 가열한다. 이 때 스카아핑으로 첫 부분이 깊게 파지는 것을 방지하기 위해 되도록 넓게 가열해야 한다.

다음에 예열 불꽃 아래의 강재가 적당한 온도에 도달했을 때 팁 구멍을 빨리 25 mm 정도 후퇴하여 토오치의 각도를 줄이고, 스카아핑 산소 밸브를 눌러 산소를 예열면에 분출시키면서 일정 속도로 토오치를 전진하면 표면이 가공된다.

탄소강 이외의 금속에 대해서는 분말 스카아핑(powder scarfing)을 한다. 이 때는 예열면을 약간 넓게 할 필요가 있다. 이렇게 하면 분말이 충분히 가열되어 분말이 표면에 부착되면 곧 연소를 일으킨다. 스카아핑 속도는 스테인레스강의 경우 탄소강의 약 1/2로 하므로 산소의 소비량이 높으며, 스카아핑 용삭폭은 탄소강의 약 2/3로 감소된다.

6·3·4 분말 절단

주철, 스테인레스강, 동, 알루미늄 등은 보통 가스 절단이 곤란한 금속으로 알려져 있다. 이런 금속을 절단하는 방법으로 절단부에 철분(鐵粉)이나 용제(flux)의 미세한 분말을 압축 공기(壓縮空氣) 또는 압축 질소로 자동적으로 연속해서 팁을 통해(그림 6·17) 분출되도록 하면 예열 불꽃 중에서 이들과 연소 반응(燃燒反應)을 일으켜 절단부를 고온도로 만들어 산화물을 용해함과 동시에 제거하여 연속적으로 절단을 행하게 된다. 이 절단법은 여러 가지 금속은 물론 콘크리이트까지도 절단이 가능하다.

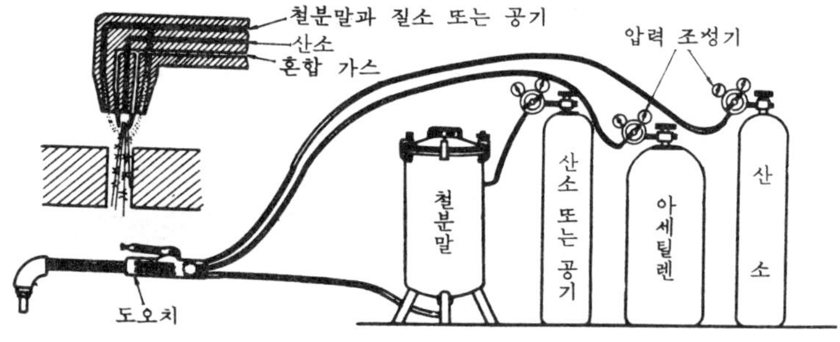

그림 6·17 분말 절단 장치

이상과 같은 절단법을 분말 절단(粉末切斷), 즉 파우더 절단(powder cutting)이라 한다. 여기에서 철분을 사용하는 방법을 철분 절단, 용제(溶劑)를 사용하는 방법을 플럭스 절단(flux cutting)이라고 한다.

철분 절단은 200 메시(mesh) 정도의 철분에 알루미늄 분말을 배합한 미세 분말(微細粉末)을 공급하여, 철분의 연소열(燃燒熱)로 절단부의 온도를 높여 녹히기 어려운 산화물(酸化物)을 용융 제거하여 절단을 하는 방법이다.

플럭스 절단은 주로 스테인레스강의 절단에 쓰이는데 융점이 높은 크롬 산화물을 제거하는 약품을 절단 산소(切斷酸素)와 함께 공급하는 방법이다.

6·3·5 산소창(酸素槍) 절단

산소창(oxygen lance) 절단은 토오치의 팁 대신에 안지름의 3.2～6 ㎜ 길이가 1.5～3 m 의 강관(鋼管)에 산소를 보내어 그 강관이 산화 연소할 때의 반응열(反應熱)로 금속을 절단하는 방법이다.

산소창은 그 자신이 예열 불꽃을 가지지 않기 때문에 절단을 시작할 때는 외부에서 창의 선단(先端)을 가열해야 하는데, 가열 방법에는 산소 아세틸렌 불꽃을 사용하는 방법과 창과 모재(母材) 사이에서 아아크를 발생시키는 방법이 있다.

산소창(酸素槍)의 용도는 두꺼운 강판의 절단, 주철, 주강, 강괴의 절단 등에 쓰인다. 산소창을 써서 국부에 철 분말(鐵粉末)을 공급하면 콘크리이트의 구멍도 뚫을 수 있다. 이 방식을 분말창(粉末槍, powder lance)이라 한다.

6·3·6 수중 절단(水中切斷)

수중 절단(under water cutting)은 침몰선의 해체, 교량(橋梁)의 개조, 항만과 방파제의 공사 등에 사용되는데, 토오치는 그림 6·18 과 같으며, 일반적인 절단 토오치와 크게 다른 것은 팁의 바깥쪽에 커버가 있어 이것으로 압축 공기(壓縮空氣)나 산소를 분출시켜 물을 배제하고, 이 공간에서 절단을 하는 것이다. 또, 이외 수중에서 점화(點火)를 할 수 없기 때문에 점화용 보조 팁이 있어 토오치를 수중에 넣기 전에 보조 팁에 점화를 한다. 연료 가스로는 수

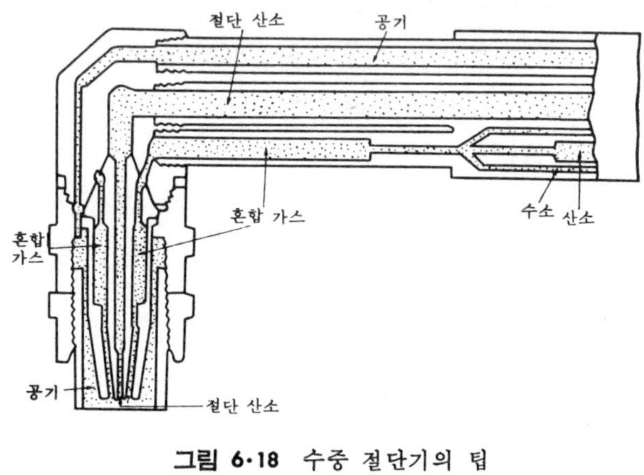

그림 6·18 수중 절단기의 팁

소, 아세틸렌, LPG, 벤젠 등이 쓰이고 있는데 그 중 수소가 주로 많이 쓰인다. 수소는 고압으로서 사용이 가능하고 수중 절단 중 기포(氣泡)의 발생이 적어 작업이 쉽다.

작업을 시작할 때 예열 불꽃의 점화는 약품이나 아아크를 써서 수중에서 행하게 된다. 수중에서 작업을 할 때 예열 가스의 양은 공기 중에서의 4~8배 정도로 절단 산소의 분출구(噴出口)는 1.5~2 배로 한다.

보통 수중 절단은 물 깊이 45 m 까지 가능한 것으로 되어 있다.

6·4 아아크 절단

아아크 절단(arc cutting)은 아아크 열을 이용하는 절단법으로 금속을 녹여서 자르는 물리적 방법이다.

이 방법은 가스 절단에 비해 절단면이 곱지 못하지만, 가스 절단이 곤란한 금속에도 사용할 수 있는 장점이 있다.

아아크 절단은 탄소 아아크 절단이나 금속 아아크 절단 등과 같이 아아크를 이용하는 방법과, 플라즈마 제트에 의해 제트 모양의 불꽃을 써서 절단하는 방법이 있다.

6·4·1 아아크 절단의 종류

현재 실용화되고 있는 아아크 절단 방법은 다음과 같은 것이 있다.

(1) 탄소 아아크 절단(carbon arc cutting)

(2) 금속 아아크 절단(metal arc cutting)

(3) 산소 아아크 절단(oxygen arc cutting)

(4) 불활성 가스 아아크 절단(inert gas arc cutting)

(5) 플라즈마 아아크 절단(plasma arc cutting)

6·4·2 탄소 아아크 절단

탄소 아아크 절단(carbon arc cutting)은 탄소 또는 흑연 전극봉(黑鉛電極棒)과 금속 사이에서 아아크를 일으켜 금속의 일부를 용융(溶融) 제거하는 절단법이다. 전원으로는 직류 정극성(正極性)이 주로 쓰이며, 교류는 많이 쓰이지 않는다.

절단은 용접과 달리 대전류(大電流)를 사용하고 있으므로 산화를 방지할 목적으로 전극봉 표면에 구리 도금을 한 것도 있으며, 흑연 전극봉은 탄소 전극봉보다 전기 저항이 적기 때문에 많이 사용된다.

6·4·3 금속 아아크 절단

금속 아아크 절단(metal arc cutting)은 탄소 전극봉(炭素電極棒) 대신에 절단 전용의 특수 피복제(被覆劑)를 씌운 전극봉을 써서 절단하는 방법이다.

피복봉은 절단중에 3~5 mm 정도 보호통을 만들어 모재와의 단락(短絡)을 방지함과 동시에 아아크의 집중을 좋게 한다.

또, 피복제에서 다량의 가스를 발생시켜 절단을 촉진한다. 전원(電源)에는 직류 정극성(봉을 ⊖에 연결)이 적당하며, 교류도 쓸 수 있다.

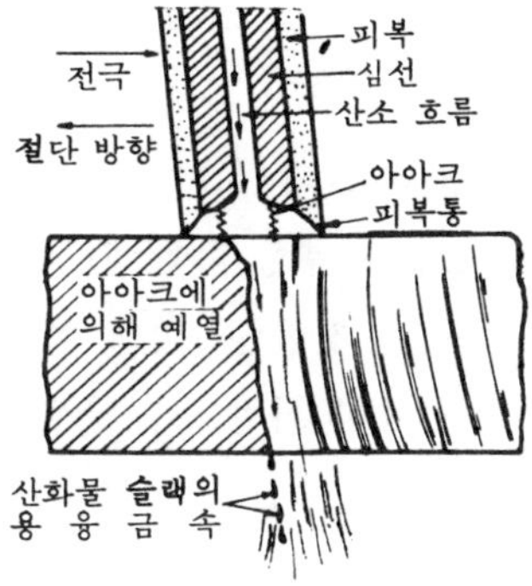

그림 6·19 산소 아아크 절단법

6·4·4 산소 아아크 절단

이 방법은 그림 6·19와 같이 가운데가 빈 전극봉(電極棒)과 모재 사이에서 아아크를 발생시켜 모재를 가열하고, 가운데 구멍에서 절단 산소를 불어내어 가스 절단을 하는 방법이다. 절단시 직류를 사용하지만 교류를 사용할 때도 있다.

6·4·5 불활성 가스 아아크 절단

불활성 가스 아아크 절단은 MIG 절단과 TIG 절단의 2종류가 있으며, 어느 것이나 MIG 아아크 용접과 TIG 아아크 용접 장치를 높은 전류 밀도(電流密度)로 전용하여 상당히 깊은 용입(溶入)이 되도록 하면 된다.

6·4·6 플라즈마 아아크 절단

플라즈마 아아크 절단은 아아크 플라즈마의 성질을 이용한 절단법이며, 이 플라즈마는 기체를 가열하여 온도가 상승되면 기체 원자(氣體原子)의 운동은 대단히 활발하게 되어 마침내는 기체의 원자가 원자핵(原子核)과 전자(電子)로 분리되어 (+), (−)의 이온 상태로 된 것을 플라즈마(plasma)라 부르며, 이것은 고체, 액체, 기체 이외의 제 4의 물리 상태로 알려지고 있다.

아아크 방전(放電)에 있어 양극 사이에서 강한 빛을 발하는 부분을 아아크 플라즈마라 하는데, 아아크 플라즈마는 종래의 아아크보다 고온도(10,000~30,000°C)로 높은 열 에너지를 가지는 열원이다.

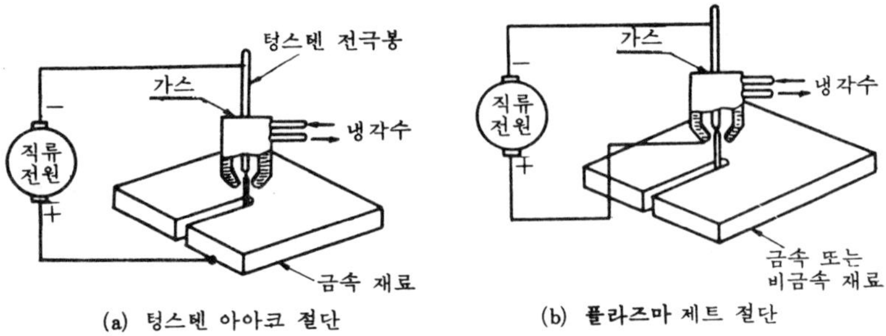

그림 6·20 플라즈마 발생 방식

그림 6·20의 (a)는 텅스텐 전극과 모재 사이에서 아아크 플라즈마를 발생시키므로 이행형(移行型) 아아크 플라즈마 절단을 할 수 있으며, 이것을 텅스텐 아아크 절단법이라고 한다. 그림 (b)의 텅스텐 전극과 수냉(水冷) 노즐과의 사이에서 아아크를 발생시키고 비이행형(非移行型) 아아크 플라즈마 절단을 할 수 있으므로 이것을 플라즈마 제트(plasma jet) 절단이라고 한다.

이 플라즈마 제트 절단법은 절단하려는 재료에 전기적 접속(電氣的 接續)을 하지 않는 것이므로 금속 재료는 물론 금속 이외의 내화물 절단(耐火物切斷)에도 사용된다.

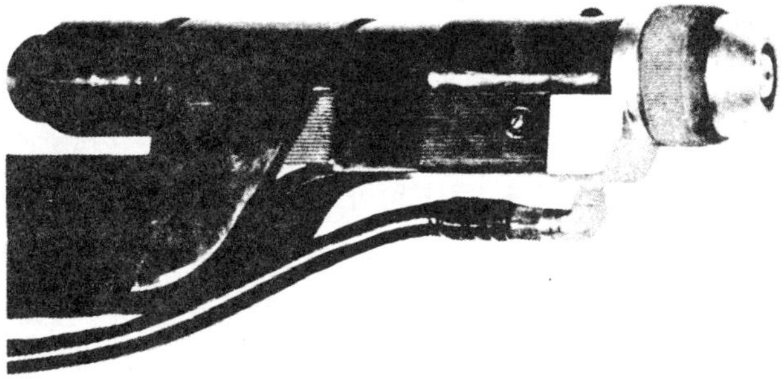

그림 6·21 플라즈마 아아크 토오치

6·4·7 아아크 에어 가우징

아아크 에어 가우징(arc air gouging)은 탄소 아아크 절단에 압축 공기(壓縮空氣)를 같이 사용하는 방법으로 용접부의 홈 파기, 용접 결함부의 제거, 절단 및 구멍뚫기 등에 사용된다. 이 방법은 그림 6·22에 표시한 것과 같이 일부는 흑연으로 된 탄소봉(炭素棒)에 구리 도금 등을 한 것을 전극으로 하여, 직류 역극성(直流逆極性)으로 아아크를 발생시켜 용융 금속(溶融金屬)을 만들어 호울더의 구멍에서 분출시킨 압축 공기에 의해 홈을 파는 방법이다.

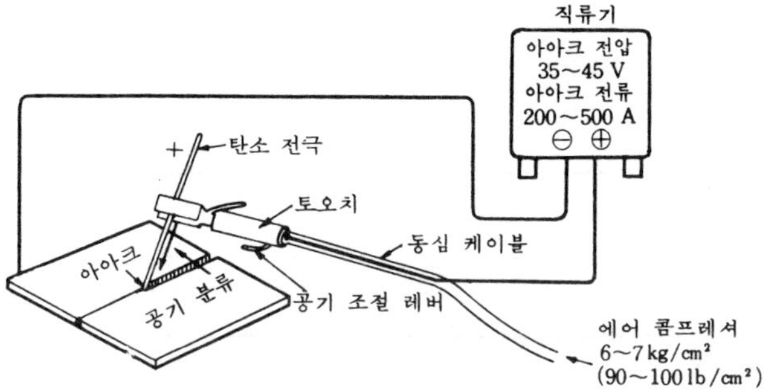

그림 6·22 아아크 에어 가우징법의 접속

6·4·8 수치 제어 절단

수치 제어 가스 절단(numerical controled gas cutting)은 주어진 도면에서 위치 치수 자료와 현상 자료들을 테이프 펀치기에서 정리하여 수치 제어 장치에 넣으면 이 테이프의 지령(指令)에 의하여 4 곳의 토오치 고정대와 4 개씩의 토오치가 자유로이 동작되며 점화(點火), 절단(切斷), 소화(消火), 구동(驅動)이 신속히 처리되어 어떠한 형태이건 빠른 시간에 좋은 능률로 절단된다. 절단 속도는 25~6,000 mm/min 와 절단 정밀도 ±0.7 mm 로 된다.

그림 6·23 수치 제어 가스 절단기

제 7 장

납 땜

7·1 납땜의 원리

납땜은 접합하려고 하는 동종류(同種類), 혹은 이종류(異種類)의 금속을 용융시키지 않고 이들의 금속 사이에 융점(融點)이 낮은 별개의 금속인 땜납(solder)을 용융 첨가하여 접합하는 방법이다. 따라서, 납땜은 이종 금속(異種金屬)의 경계면에 있어서의 용융 접합이므로 피접착 금속에 따라 다소의 차가 있으나 거의가 용융하기 위한 경계층이 복잡하여 불균일한 합금층이 형성된다. 이 합금층의 성질에 의하여 납땜의 성능이 결정된다. 피접착 물질(被接着物質)은 저융점의 금속에서 3,000°C 이상의 융점을 가지고 있는 금속, 비금속 혹은 반도체(半導體) 등의 여러 가지가 있으며, 땜납은 융점(融點)이 50°C 정도에서 1,400°C 정도의 것이 사용되고 있다. 그리고, 땜납의 융점이 450°C 이하일 때를 연납땜(soldering)이라 하고, 450°C 이상일 때를 경납땜(brazing)이라고 한다. 미국에서는 융점이 427°C(800°F)를 한계로 한다.

또한, 납땜은 분자간(分子間)의 흡인력(吸引力)에 의한 결합이므로 본드(bond) 결합이라고도 하며, 이 결합을 만족하게 하기 위하여 피접착 금속의 온도를 어떤 온도까지 가열하는 것이 필요한데 이 온도를 본드 온도라 한다. 피접착 금속의 접착 표면은 깨끗이 청정(清淨)하고 산화를 방지하여 불순물을 제거하기 위해 여러 가지 용제(flux)를 사용하고 모세관 작용(毛細管作用)의 효과도 있도록 하기 위해서 피접착 금속 사이의 간격을 약 0.1 mm 정도로 하는 것이 좋다.

7·1·1 땜 납

(1) 연납(soft solder)

연납의 대표적인 것은 땜납으로 납(Pb)과 주석(Sn)의 합금이며, 합금 성분(合金成分)에 따라 표 7·1과 같이 분류한다. 이 땜납은 특수강, 주철, 알루미늄 등의 일부 금속을 제외하고는 철, 니켈, 구리, 아연, 주석 등이나 그 합금의 접합 등에 쓰인다.

땜납에는 주석, 납 이외에 안티몬(Sb), 비스무트(Bi), 아연(Zn), 카드뮴(Cd), 은(Ag) 등이 첨가된 것도 사용하고 있다.

연납은 보통 기계적 강도가 크지 못하므로 강도를 필요로 하는 부분에는 부적당하다. 그러나 용융점(溶融點)이 낮고 거의 모든 금속을 접합시킬 수 있어 조작(操作)이 용이한 관계로 땜인두를 써서 전기 부품의 접합이나 수밀(水密), 기밀(氣密)을 필요로 하는 곳에 널리 사용되고 있다. 대규모일 때에는 토오치 램프(torch lamp)나 가스 토오치 등을 사용하고 땜납의 형상으로는 봉 모양, 선 모양, 실 모양 등이 있으며, 특별한 것은 중공(中空)으로 된 선재 내부에 용제를 꽉 채운 것과 입상(粒狀)의 땜납재에 용제(flux)를 혼합한 페이스트(paste) 모양의 것이 있다.

표 7·1 땜납의 성질과 용도

성분(%)		온도(°C)		용 도
Sn	Pb	고상선	액상선	
62	38	183	183	공정 땜납
60	40	183	188	정밀 작업용
50	50	183	215	황동판용
40	60	183	238	전기용, 일반용, 황동판용
30	70	183	260	일반 저주석 땜납, 건축
20	80	183	275	가스 납땜에 적합
15	85	183	288	두꺼운 물건용
5	95	300	313	고온 땜납
3	92 Sb 5	240	285	고온용
1	97.5 Ag1.5	310	310	고온용
Ag3.5	96.5	310	317	고온용

(2) 경납(hard solder)

융점 450°C 이상의 땜납재를 경납이라 한다. 경납에는 은납, 황동납, 인동납, 알루미늄납, 니켈납 등이 있으며, 기타 특수 용도의 납이 몇 종 있다. 경납의 형상에는 선 모양, 세편 모양(細片狀), 분말 모양, 페이스트 모양이 있고 알루미늄-규소계의 납은 피복판(被覆板) 모양으로 된 것을 사용하고 있다.

① **은납**(silver brazing) : 은납은 표 7·2와 같이 은, 구리, 아연을 주성분(主成分)으로 한 합금이며, 경우에 따라 카드뮴, 니켈, 주석을 첨가하여 만든

다. 특징은 융점이 비교적 낮고 유동성이 좋으며 인장 강도(引張強度), 전연성(展延性) 등의 성질이 우수하고 은백색을 띠기 때문에 아름다우며 철강, 스테인레스강, 구리 및 그 합금 등의 납땜에 널리 사용하고 있다. 결점으로는 은을 주성분으로 하는 관계로 가격이 비싸다.

표 7·2 은 납

종 류	화학성분 (%)							납땜 온도 (°C)
	Ag	Cu	Zn	Cd	Ni	Sn	Pb+Fe	
BAg-1	44~46	14~16	14~18	23~25	—	—	0.15 이하	620~760
BAg-1A	49~51	14.5~16.5	14.5~18.5	17~19	—	—	0.15 이하	635~960
BAg-2	34~36	25~27	19~23	17~19	—	—	0.15 이하	700~840
BAg-3	49~51	14.5~16.5	13.5~17.5	15~17	2.5~3.5	—	0.15 이하	690~815
BAg-4	39~41	29~31	26~30	—	1.5~2.5	—	0.15 이하	780~900
BAg-5	44~46	29~31	23~27	—	—	—	0.15 이하	745~845
BAg-6	49~51	33~35	14~18	—	—	—	0.15 이하	775~870
BAg-7	55~57	21~23	15~19	—	—	4.5~5.5	0.15 이하	650~760
BAg-8	71~73	27~29	—	—	—	—	0.15 이하	780~900

② **동납과 황동납** : 보통 동납(銅鉛)이라고 부르는 것은 구리 86.5 % 이상의 납을 말한다. 동납은 철강, 니켈 및 구리-니켈 합금의 납땜에 쓰인다. 황동납(黃銅鉛)은 표 7·3 과 같이 구리와 아연을 주성분으로 한 합금이어서 아연 60 % 부근까지의 여러 가지가 있으며 아연의 증가에 따라 인장 강도가 증가된다. 주로 철강, 구리 및 그 합금의 납땜 등 용도가 넓으나 융점이 820~930°C 정도여서 과열되면 아연이 증발하여 다공성(多孔性)의 이음이 되기 쉬우므로 가열에 주의를 해야 한다. 도전성(導電性)이나 내진동성(耐振動性)이 나쁘며 용도에 따라 전해 작용(電解作用)을 받아 약해지기 쉽고, 250°C 이상에서는 인장 강도가 대단히 약한 결점이 있으나 비교적 가격이 싸기 때문에 널리 쓰이고 있다.

황동납은 아연량의 변화에 의해 그 색이 약간씩 변화한다. 아연 60 % 정도의 것은 동적색(銅赤色), 아연 30 % 정도의 것은 순금에 가까운 색, 아연 20 % 정도의 것은 담록색을 띤다.

③ **인동납** : 인동납(燐銅鉛)은 표 7·4 와 같이 구리를 주성분으로 한 소량의 은, 인을 포함한 맴납재이다. 유동성(流動性)이 좋고 전기나 열의 전도성, 내식성 등이 우수하나 황을 함유한 고온 가스 중에서의 사용은 좋지 못하다.

표 7·3 황 동 납

종 류	화 학 성 분 (%)											납땜온도 (°C)
	Cu	Sn	Fe	Ni	Pb	Al	Mn	Ag	P	Si	Zn	
BCuZn-0	32~36	—	0.10 이하	—	0.50 이하	—	—	—	—	—	나머지	820~870
BCuZn-1	58~62	—	—	—	0.50 이하	0.01 이하	—	—	—	—	″	905~955
BCuZn-2	57~61	0.5~1.5	—	—	0.50 이하	0.02 이하	—	—	—	—	″	900~955
BCuZn-3	56~60	1.0 이하	0.25~1.25	1.0 이하	0.50 이하	0.01 이하	1.0 이하	—	—	0.25 이하	″	855~955
BCuZn-4	48~55	—	0.10 이하	—	0.50 이하	—	—	—	—	—	″	870~925

구리와 그 합금의 납땜에는 적합하지만 철이나 니켈을 함유한 금속의 납땜에는 적당하지 않다. 구리나 은의 납땜에는 납 중의 인이 탈산제(脫酸劑)가 되므로 용제의 사용은 필요하지 않다.

표 7·4 인 동 납

종 류	화 학 성 분 (%)				납땜 온도 (°C)
	P	Ag	기타 원소의 합계	Cu	
BCuP-1	4.8~5.3	—	0.2 이하	나머지	785~925
BCuP-2	6.4~7.5	—	0.2 이하	″	735~840
BCuP-3	5.8~6.7	4.7~6.3	0.2 이하	″	705~840
BCuP-4	6.8~7.7	4.7~6.3	0.2 이하	″	705~815
BCuP-5	4.8~5.3	14.5~15.5	0.2 이하	″	705~815

④ **알루미늄납 :** 알루미늄 경납은 표 7·5와 같은 것들을 주성분으로 하여 이것에 규소, 구리 등을 첨가한 것으로 용융점(溶融點)이 600°C 전후가 되어 모재의 융점에 가깝기 때문에 작업성은 대단히 나쁘다. 저융점의 땜납에는 아연

표 7·5 알루미늄납

종류	화 학 성 분 (%)									납땜온도 (°C)
	Si	Cu	Fe	Zn	Mg	Mn	Cr	Ti	Al	
BAl-0	9.5~10.5	3.5~4.5	0.80이하	9.5~105	—	—	—	—	나머지	560~580
BAl-1	4.0~6.0	0.30이하	0.80이하	0.10이하	0.05 이하	0.15 이하	—	0.20 이하	″	620~640
BAl-2	6.8~8.2	0.25이하	0.80이하	0.20이하	—	—	—	—	″	605~615
BAl-3	9.3~10.7	3.3~4.7	0.80이하	0.20이하	0.15 이하	0.15 이하	0.15 이하	—	″	570~640
BAl-4	11.0~13.0	0.30이하	0.80이하	0.20이하	0.10 이하	0.15 이하	—	—	″	585~640

또는 주석을 주성분으로 하여 이것에 구리 또는 알루미늄을 소량 첨가시켜 융점 400°C 이하로 되게 한 연납에 가까운 것도 있다.

⑤ **기타 땜납재 :** 금납은 단체(單體)여서 융점이 높고 가격이 비싸기 때문에 금, 은, 구리를 주성분으로 하여 아연, 카드뮴을 첨가한 것을 사용한다. 이 종류의 땜납재는 치과용, 장식용, 전자관(電子管)의 부품을 결합하는 데 사용된다. 융점은 983~1,020°C로 금 함유량이 많을수록 융점이 높다.

양은납은 구리(Cu) 47 %, 아연(Zn) 42 %, 니켈(Ni) 42 %의 합금으로 구리 및 동합금의 납땜에 쓰인다.

내열 합금용 납은 내열 재료(耐熱材料)의 납땜에 사용하는 것으로 은-망간계, 은-동계, 니켈-크롬계의 땜납재는 표 7·6과 같다.

표 7·6 내열 합금용 땜납

종 류	화학 성분	용해 온도(°C)		납땜 온도(°C)	용 도
		고 상	액 상		
BAgMn	Ag 84~86 Mn 14~16	960	971	970~1150	스테인레스강 니켈 합금강
BCuAu	Au 37.25 ~37.75 Cu 나머지	957	991	990~1090	전자관 부품용
BNiCr	Ni 65~75 Cr 13~20 B2.75~4.75 Fe+Si+C	1010	1065	1090~1180	스테인레스강 고급 내열 합금 제트 엔징 부품용

마그네슘(Mg)용 땜납재에는 소량의 알루미늄과 아연을 함유한 마그네슘 합금이 쓰인다. 이 땜납재를 써서 노내(爐內) 납땜을 하는 경우 마그네슘의 연소를 방지하기 위해서 베릴륨(Be)을 소량 가한 땜납재가 쓰인다.

이 밖에 아연, 주석, 납, 카드뮴 등의 염화물(鹽化物)을 납땜부에 뿌려 일정 온도까지 가열시켜서 모재와 반응시켜 납땜하는 반응 납땜이 있다. 즉, 염화아연($ZnCl_2$)과 알루미늄을 반응시키며 알루미늄의 납땜에서는 420°C 에서 반응이 일어나 납땜이 행해진다.

7·1·2 용 제(溶劑)

납땜에는 용융납과 모재와의 결합을 좋게 하기 위해 이음 부분에 용제(flux)

를 뿌리기도 하고 납땜용 가열로(加熱爐) 내에 분위기를 조정하기도 한다.

용제의 작용은 대단히 복잡하여 땜납재에 모재 표면의 산화물 등을 제거함과 동시에 이음 부분을 둘러싸 다시 산화하는 것을 방지하는 등의 역할을 하고 있다. 보통 용제는 액상(液狀)일 때에 산화물을 녹이는 능력이 크기 때문에 용제는 땜납재보다도 저온도에서 녹으며 가볍게 유동하기 쉬운 것이 좋다.

(1) 연납용 용제

이 용제에는 붕사 ($Na_2B_4O_7 \cdot 10\,H_2O$), 붕산($H_3BO_3$), 불화물, 염화물 등이 쓰이고 있다. 이와 같은 것은 단독으로도 사용되나, 용제의 작용을 우수하게 하기 위해 적당히 혼합시켜 사용하는 경우가 많다.

① **붕사** : 가장 일반적인 경납용 용제로서 산화를 방지하고 융점은 760°C 전후이며 식염, 붕산, 탄산소오다, 가성칼리 등을 혼합해서 사용하기도 한다.

② **붕산** : 산화물의 제거 작용이 우수하며, 고온에서의 유동성, 슬랙의 이탈성(離脫性)도 양호하다. 단독으로는 거의 사용하지 않고 붕사와 혼합해서 우수한 용제로서 널리 사용하고 있다.

③ **빙정석**(氷晶石, $3\,NaF \cdot AlF_3$) : 알루미늄, 나트륨의 불소 화합물(弗素化合物)로서 불순물의 용해력이 강해서 구리 납땜용의 용제로 우수하다.

④ **산화제일구리**(Cu_2O) : 탈산제(脫酸劑)로서의 작용이 있어 보통 붕사와 혼합시켜 주철의 경납땜에 쓰인다.

⑤ **소금**(NaCl) : 용융이 우수하고 부식성이 강하며 단독으로는 사용되지 않고 혼합제로서 소량 쓰이고 있다.

(2) 경금속용 용제

알루미늄, 마그네슘이나 이들 합금을 납땜할 때에 모재 표면(母材表面)의 산화막(酸化膜)이 대단히 견고하므로 이것에 쓰이는 용제는 산화물을 용해시켜 슬랙으로 제거해야 하기 때문에 강력한 산화물 제거 작용이 필요하다. 대표적인 용제의 성분으로는 염화리듐(LiCl), 염화나트륨(NaCl), 염화칼륨(KCl), 불화리듐(LiF), 염화아연($ZnCl_2$) 등이 있어 이것을 배합하여 사용한다.

미국 용접 협회(AWS)에서는 표 7·7과 같이 기본 용제와 모재와의 관계를 정했다.

표 7·7 용제와 모재와의 조합

AWS No.	모재의 종류	납	용제의 유효 온도 범위 (°C)	용제의 주성분	사 용 형 상	적 용 방 식
1	알루미늄 및 그 합금	BAlSi	371~642	불 화 물 염 화 물	분 말	1, 2, 3, 4
2	마그네슘과 그 합금	BMg	482~648	불 화 물 염 화 물	분 말	3, 4
3	구리와 그 합금 니켈과 그 합금 스테인레스강 탄소강 및 합금강 주철 기타 철계 합금 귀금속	BCu, BCuP BAg, BAgMn BAu, BCuZn BNi	371~1093	붕 산 붕 사 불 화 물 불화붕산염	분 말 풀모양 액 상	1, 2, 3
4	알루미늄 청동 알루미늄 황동	BAg, BCuZn BCuP	565~981	붕 산 염 불 화 물 염 화 물	분 말 풀모양	1, 2, 3
5	AWS No. 3과 같은 것, 혹은 금 은을 제하고	BCu, BCuP BAg, BAgMn BAu, BCuZn BNi	538~1204	붕 산 붕 사 붕 산 염	분 말 풀모양 액 상	1, 2, 3
6	티탄 및 지르코늄이 든 합금	BAg, BAgMn	371~871	불 화 물 염 화 물	분 말 풀모양	1, 2, 3

《참고》 1 : 분말을 이음부에 뿌린다. 2 : 땜납 봉 끝을 가열하여 용제 속에 넣는다. 3 : 물, 알코올 등과 혼합해서 쓴다. 4 : 침투 납땜법.

7·2 납땜 작업

7·2·1 납땜 전후의 처리

이음 부분에 용융된 납을 균일하게 더욱 완전히 접착시키기 위해서는 접합부(接合部)를 와이어 브러시, 줄(file) 등으로 깨끗이 하든가, 약품으로 청정(淸淨)해야 한다. 약품을 사용하는 경우에는 유지류(油脂類)도 완전히 제거되므로 대단히 효과적이다. 약품에는 사염화탄소, 도리크롤 에틸렌이나 인산소오다 등이 많이 쓰이고 있다. 청정 후에는 약품을 물로 깨끗이 씻어내어 완전히 제거해야 한다. 접합부의 청정 후는 될 수 있는 대로 조속히 납땜을 하는 것이 좋다. 용제는 주로 염화아연이 사용되지만 아연 도금 강판이나 아연판 등에는 청강수〔염산(HCl)에 아연(Zn)을 투입하여 포화 용액을 만들고 이것을 약 2～3배로 묽게 한 용액〕를 사용하는 편이 효과가 있다. 또한 강판에는 염화암모니아를 사용하는 등 납땜하는 재질(材質)에 따라서 용제를 선택하는 것이 중요한 문제이다. 그리고, 용제는 나무조각 또는 바늘 등으로 되도록 폭이 좁게 잘 바르는 것이 좋다.

납땜용 인두의 가열 온도(加熱溫度)가 너무 높거나 낮아도 원활한 작업이 불가능하다. 최저 200°C의 온도가 필요하므로 최저 온도보다 높게 하여도 무방하지만 최고 500°C를 초과하면 안 된다. 가열된 새로운 인두의 선단(先端)을 염화아연액(鹽化亞鉛液)을 바르면 산화막이 제거되어 깨끗하게 된다. 이 때에 납땜을 하면 납은 용해되어 광택이 있는 은백색이 되어서 붙는다. 그림 7·1은 납땜용 인두를 나타낸 것이다.

7·2·2 납땜의 가열 방법

납땜 작업을 할 때 여러 가지 조건을 충분히 검토하는 것도 중요하지만, 가장 알맞은 가열 방식(加熱方式)을 결정하는 것도 땜납재의 선택과 함께 중요하다. 연(軟)납땜이나 경(硬)납땜에 있어서 그 가열 방법을 분류하면 다음과 같다.

- 납땜 방법
  - 인두 납땜
    - 땜인두
    - 가스 인두
    - 전기 인두
  - 불꽃 납땜
    - 용접 토오치
    - 납땜 토오치
    - 특수 토오치
  - 침지 납땜
    - 금속 욕조
    - 화학 약품 욕조
  - 전기 납땜
    - 아아크 가열
    - 저항 가열
    - 고주파 유도 가열
  - 노중 납땜
    - 가스로
    - 경유로
    - 중유로
    - 전기로

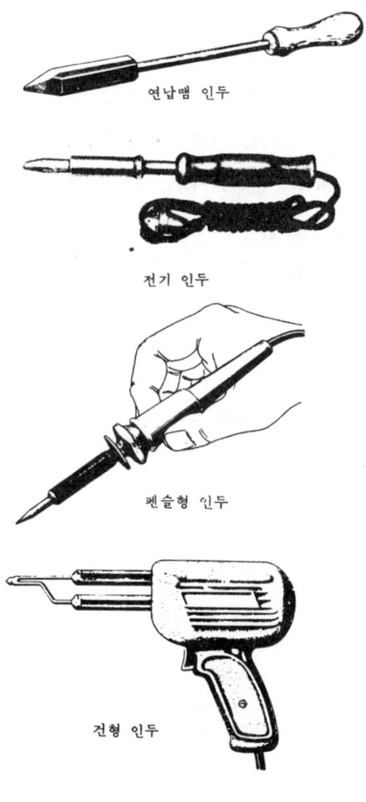

그림 7·1 납땜용 인두

(1) 인두 납땜(soldering iron brazing)

주로 연납땜을 하는 경우에 사용하는 것으로 구리 제품의 인두가 쓰이고 있다. 이 방법의 납땜 작업은 별로 능률적은 아니나 가열(加熱)이 국부적이어서 아주 세밀한 세공(細工)이 되는 특징이 있다. 또, 인두의 내식성을 양호하게 하기 위해서 니켈 도금을 하거나 베릴륨(Be, beryllium)을 첨가하는 경우도 있다.

(2) 가스 납땜(gas brazing)

토오치 램프(torch lamp), 알코올 램프(alcohol lamp), 산소 아세틸렌 불꽃, 산소 프로판 불꽃, 산소 수소 불꽃 등의 가스 불꽃으로 가열하여 작업하는 납땜법이다. 보통 가스 불꽃은 약간 환원성(還元性)의 것이 좋으며, 용제는 접합면과 땜납에 발라서 사용한다.

(3) 저항 납땜(resistance brazing)

납땜할 접합면에 용제를 발라 땜납재를 사이에 넣고 전극(電極) 사이에 끼워 가압(加壓)하면서 통전(通電)하여 저항열(抵抗熱)에 의해 행하는 납땜법이다. 이 방법에서는 점 용접기를 사용하여 능률적으로 작업할 수 있으며, 작은 물건이나 서로 다른 종류의 금속 납땜에 적합하다.

(4) 노내 납땜(furance brazing)

노내(爐內) 납땜은 노 안에 땜납이 들어 있는 제품을 넣어 가스 불꽃이나 전열(電熱) 등으로 가열시켜 납땜하는 방법이며, 노내는 일정한 온도를 유지하지 않으면 안 된다. 땜납과 용제는 미리 접합면에 삽입하여 노내에 넣는다. 이 방법은 비교적 작은 물품의 대량 생산에 적합하며 노내에 수소, 질소, 일산화탄소, 탄산가스, 아르곤가스 등을 불어넣어 보호 분위기에서 하는 납땜이나 노내를 진공 상태로 만들어 작업하는 진공 납땜법을 사용하면 용제(溶劑)가 불필요하다.

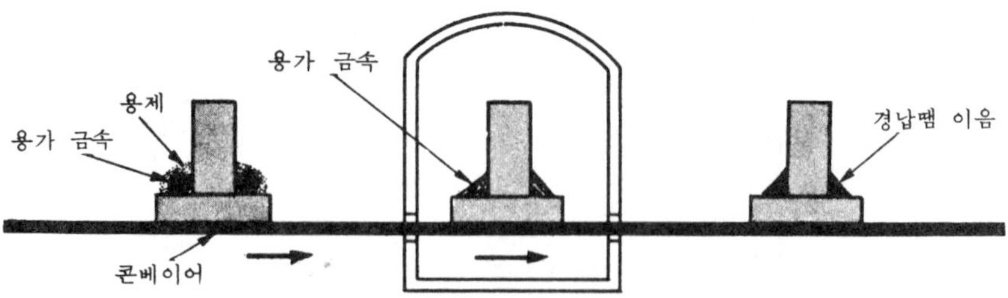

그림 7·2 노내 납땜

(5) 침투 납땜(dip brazing)

접합면에 납을 삽입하여 미리 가열된 화학 약품 속에 담가 침투시키는 방법과, 납땜할 부분을 용제가 들어 있는 용해된 땜납 속에 담가 납땜하는 금속용 납땜의 2가지 방법이 있다. 이 방법은 석유통, 통조림통 등의 납땜에 쓰이며 대량 생산에 적합하다.

(6) 아아크 납땜(arc brazing)

모재를 전극(電極) 또는 2개의 전극 사이에 발생하는 아아크열에 의해서 시공하는 납땜법이다. 이 방법에는 단극 탄소(單極炭素) 아아크법과 쌍극 탄소(雙極炭素) 아아크법이 있다.

(7) 유도 가열(誘導加熱) **납땜**

유도 가열 납땜은 가열 코일에 고주파 전류(高周波電流)를 통하여 가열하는 방법이다. 이 방법은 가열 시간이 짧기 때문에 모재의 변질이나 산화(酸化)가 적고, 소요 전력이 적게 드는 등의 잇점이 있으나 시설비가 비싸기 때문에 대량 생산에만 적합하다.

7·3 각종 금속의 납땜

7·3·1 탄소강, 합금강 및 주철의 납땜

강의 납땜에는 구리-아연계의 것, 즉 표 7·3에 나타낸 황동납 B CuZn-3이 보통 사용된다. 동납이나 황동납은 전단 강도(剪斷强度)와 인장 강도(引張強度)가 크므로 맞대기, 겹치기, T이음에 쓰인다. 이음의 간격이 불규칙한 경우에는 B CuZn-3, 6, 7이 적합하다.

납땜 온도를 낮게 하는 경우, 즉 강을 변태점 이하의 온도로 납땜하는 경우에는 표 7·2에 표시한 은납이 좋다. 그 중에서도 비교적 융점이 낮은 B Ag-1에서 B Ag-7이 좋다. 이음의 간격은 동납의 경우에는 유동이 쉬우므로 0.05 mm 이하로 하여 가볍게 누르는 것과 같이 한다.

고탄소강(高炭素鋼)이나 합금강으로 된 공구를 납땜하는 경우가 많은데 열처리 전에 납땜하는 경우에는 열처리 온도에 견디는 땜납이 필요하다. 즉, 탄소 공구강의 담금질 온도는 760~820°C이므로 납땜 온도 820°C 이상의 땜납이 필요하다. 납땜과 동시에 담금질하는 경우에는 담금질 온도 가까이나 그 이하의 응고 온도(凝固溫度)를 갖는 땜납을 쓴다.

7·3·2 주철의 납땜

주철의 경우 백주철(白鑄鐵)을 납땜하는 일은 거의 없다. 회주철은 흑연이 흡착을 방해하는 관계로 납땜이 어려우나, 가단 주철이나 구상(球狀) 흑연 주철(黑鉛鑄鐵)은 같은 종류의 것이든 다른 종류의 것이든 납땜에는 거의 문제가 없다. 땜납에는 니켈을 포함한 은납 B Ag-3, 4가 좋다. 동납, 황동납도 쓰이나 융점(融點)이 높다. 또 강이나 주철의 납땜에는 인을 포함한 땜납 즉 인동납을 사용하면 인과 철의 취약 화합물을 만들어 이음이 부스러지게 된다.

7·3·3 스테인레스강 납땜

스테인레스강의 납땜에는 보통 은납이나 황동납이 쓰인다. 특히 내식성을 요구하는 경우에는 니켈을 포함한 은납을 사용하는 것이 좋다. 고온에서 강도가 요구되는 때는 니켈-크롬계나 은-망간계 땜납재와 동납이 적합하다.

납땜 작업의 요령은 모재의 종류에 따라 크게 다르다. 즉, 보통 18-8스테인레스강(오오스테나이트계 스테인레스강)의 납땜에서는 모재(母材)를 500~800°C 정도로 가열하면 그 부분의 내식성이나 기계적 성질이 저하되는 수가 있다. 이 때는 가급적 빨리 가열, 냉각시켜서 약화를 막는다.

니켈을 함유하지 않고 크롬이 비교적 적은 스테인레스강, 즉 13크롬 스테인레스강(마르텐사이트계 스테인레스강)에서는 변태점(變態點) 이상의 온도에서 냉각하면 모재가 경화된다. 이 경우에는 융점(融點)이 낮은 땜납재를 택하며 급랭, 급열을 피한다.

이 밖에 스테인레스강은 보통 강재에 비해 팽창 계수가 크기 때문에 제품이 변형되기 쉽고, 납땜시의 팽창이나 수축에 의해 일어나는 내부 응력(內部應力)이나 모재가 부식되기 쉬운 것 등을 생각하여 제품의 보존 방법, 가열 방법 등을 연구할 필요가 있다.

7·3·4 구리 및 그 합금의 납땜

구리에는 산화물(酸化物)을 함유한 것과 함유하지 않은 것이 있다. 산화물을 함유하지 않은 것은 전기 전도율(電氣傳導率)은 떨어지지만 납땜은 만족할 수 있다. 땜납재에는 은납, 황동납, 인동납이 쓰인다. 인동 납땜 이음은 열이나 전기 전도율이 좋고 납땜시에 용제를 쓰지 않아서 좋으나, 황을 함유한 분위기에서 사용하는 제품에는 적합하지 않다.

7-3황동이나 6-4황동의 납땜에는 보통 인동납이나 은납을 사용한다. 아연

(亞鉛)이 적은 황동(Zn 20 % 이하)에는 황동납도 사용된다. 인을 함유한 청동에는 인동납과 은납이 좋다. 주석(朱錫)이 적은 경우에는 황동납도 사용된다. 또, 생산 가공한 그대로의 인청동 제품은 균열을 일으키기 쉬우므로 서서히 가열하여 작업을 진행하는 것이 좋다.

규소(硅素)를 함유한 청동도 황동납, 인동납, 은납을 쓰는 납땜이 되며 연납땜은 어렵다. 또, 이 종류의 합금은 고온에서도 부스러지기 쉬우므로 납땜 중 열응력(熱應力)이 일어나지 않게 서서히 가열함과 동시에 조립부를 지지하면서 작업을 진행할 필요가 있다.

납이 들어 있는 황동은 적당한 용제를 써서 인동납이나 은납으로 납땜을 한다. 알루미늄 청동도 적당한 용제(溶劑)를 사용하면 납땜이 된다. 표 7·4 에 동합금의 납땜에 잘 사용되는 인동납의 규격을 나타내고 있다.

7·3·5 알루미늄과 그 합금의 납땜

경납땜에는 표 7·5 에 표시한 알루미늄-규소계(硅素系)의 땜납이 사용된다. 납땜은 먼저 접합부를 충분히 깨끗이 청정(淸淨)한 뒤 강하게 작용하는 용제를 써서 납땜을 한다. 이 때 용제의 주성분으로서 각종의 염화물(鹽化物)이 쓰인다. 특히 염화리듐이 중요한 역할을 한다.

납땜에서 중요한 것은 온도의 조정이고, 토오치 납땜 이외는 자동적으로 온도 조정이 될 수 있도록 해야 한다. 온도 조정의 오차 범위(誤差範圍)는 ±5°C 로 되어 있다. 납땜 후 남아 있는 용제를 완전히 제거하지 않으면 부식의 원인이 된다.

7·3·6 그 밖의 금속의 납땜

니켈 및 그 합금에는 은납 BAg-1, 2 가 잘 쓰인다. BAg-7 은 균열되기 쉬우므로 내식성 재료에는 은 50 % 이상이 좋다. 또, 동납도 사용된다. 내열재의 경우에는 니켈-크롬계의 땜납이 우수하다. 인을 함유한 땜납은 이음을 취약하게 하므로 부적당하다.

텅스텐이나 몰리브덴의 납땜에는 은납이 쓰인다. 텅스텐용의 땜납에는 니켈, 니켈-구리, 구리, 금-구리 등의 합금도 쓰인다. 티탄에는 순은, 은납이 쓰이고 있다. 귀금속의 납땜, 즉 전기 접점(接點)을 작업대에 접합하는 경우에는 은납이 사용된다. 백금의 납땜에는 백금에 금을 합금시킨 땜납이 사용된다. 은의 납땜에는 소량의 아연을 첨가한 땜납이 쓰인다.

제 8 장

용접 설계(熔接設計)

용접 설계(welding design)는 용접 시공(熔接施工)의 중요한 일부분으로 어떤 구조물의 일부 또는 전체의 공작을 용접으로 작업할 때 적당한 재료와 이음 형상을 선택하여, 이것에 타당한 용접 방법과 용접 순서를 결정하고, 용접 후에 검사와 사후 처리의 방법을 선정하는 것이다. 그리고, 올바른 용접 설계를 하려면 용접 재료(熔接材料), 이음의 기계적 성질, 용접 시공법, 변형과 잔류 응력(殘留應力)의 발생, 용접 비용의 계산, 용접 검사법에 대한 정확한 지식이 필요하다.

8·1 용접 이음의 설계

8·1·1 용접 이음의 종류

(1) 모재의 배치에 의한 구분으로 그림 8·1 과 같이 ① 버트(butt) 이음, ② 덮개판(strap) 이음, ③ 랩(lap) 이음, ④ 티이(tee) 이음, ⑤ V 모서리(corner) 이음, ⑥ 변두리(edge) 이음이 있다.

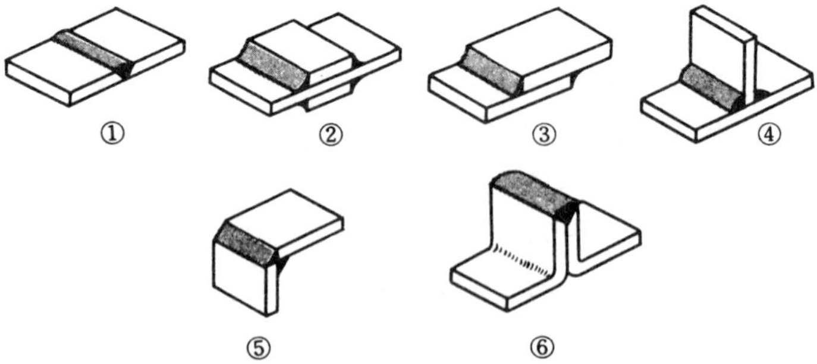

그림 8·1 용접 이음의 종류

(2) 용가재(溶加材)의 첨가 형태(添加形態)에 따른 구분으로 ① 버트 혹은 홈(butt or groove) 용접, ② 필릿(fillet) 용접, ③ 슬롯(slot) 혹은 플러그(plug) 용접 등이 있다.

(3) 용접부의 표면 현상(表面現狀)에 따라 그림 8·2와 같이 ① 납작(平)꼴 용접, ② 오목(凹)꼴 용접, ③ 볼록(凸)꼴 용접, ④ 연속(連續) 용접, ⑤ 단속(斷續) 용접 등이 있다.

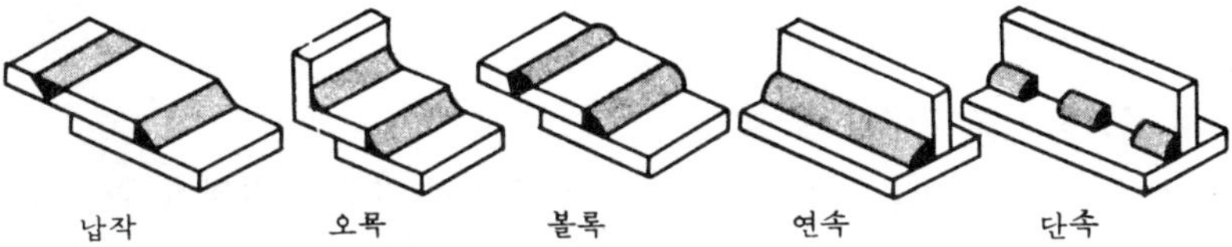

그림 8·2 표면 현상의 용접

(4) 모재 이음 형식은 접촉부(接觸部)의 홈 모양에 따라 그의 명칭을 그림 8·3과 같이 붙인다.

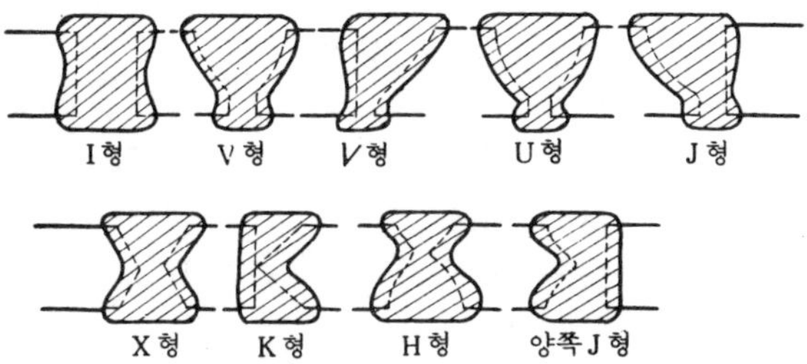

그림 8·3 홈 용접의 종류

8·1·2 용접 기호

표 8·1 용접 기호와 보조 기호

(a) 아아크 용접과 가스 용접						(b) 보 조 기 호			
용접 종류		기 호	용접 종류		기 호	구 분		기 호	비 고
버트 용접 및 그루우브 용접	I 형	‖	필릿 용접	연 속	◺	용접부의 표면형상	납작꼴	—	基線의 외부로 향해 기호를 붙인다
	V 형	∨		단 속	◺		볼록꼴	⌒	
	X 형	X		연 속 (병 렬)	◺		오목꼴	‿	
	U 형	Y		단 속 (병 렬)	◺	용접부의 다듬질 방법	치 핑	C	다듬질 방법을 특히 구별하지 않을 때는 F로 한다
	H 형	X					연 삭	G	
	V 형	*V*		단 속 (지그자그)	◺		절 삭	M	
	K 형	K	플러그 용접		▽	현 장 용 접		●	전둘레 용접이 확실할 때는 이것을 생략하여도 좋다
	J 형	*V*	비이드 용접		⌓	전 둘 레 용 접		○	
	양면 J 형	K	용입 용접		◠	전둘레현장용접		◉	
			덧살올림 용접		⌒⌒				

(c) 저 항 용 접

용 접 종 류	기 호	용 접 종 류	기 호	용 접 종 류	기 호	용 접 종 류	기 호
점 용 법	⋇	프로젝션 용접	╳	시 임 용 접	╳╳╳	플 러 시 및 오 프 셋 용 접	|

용접 기호(welding symbols)는 용접 구조물의 제작에 적응되는 용접의 종류, 홈 설계의 상세(詳細)와 용접 시공상의 주의 사항 등을 제작 도면(製作圖面)에 기입하고 그의 제작을 정확하고 신속하게 진행시키기 위하여 KS B0052 의 규격으로 정하고 있다.

8·1·3 용접 기호 기입 표준법

그림 8·4는 용접 기호 기입 표준 위치를 표시한 것으로 설명선(說明線)에는 화살, 지시선(指示線), 기선(基線), 꼬리를 구분하고 기본적인 용접 기호, 치수, 용접 보조 기호, 루우트의 간격, 홈 각도와 용접 시공 방법 등의 특기 사항을 기입할 수 있도록 되어 있다.

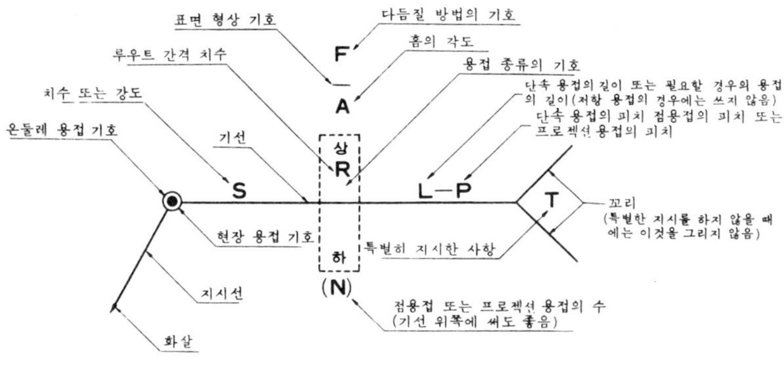

그림 8·4 용접을 하는 쪽이 화살표의 반대쪽일 때 용접 기호의 표시법

표 8·2와 8·3은 각종 용접 기호의 기입 방법과 그의 실제 모양을 표시하고 있다.

8·2 용접 이음의 선택

용접 이음은 용접부(熔接部)의 구조 및 판두께, 홈 용접법에 따라서 선정해야 하며, 용접 구조물에 대하여 정확한 이음의 선택을 하여야 한다. 즉, 공정수(工程數), 시간, 용접 시공법(施工法), 용접부의 구조와 하중(荷重)의 종류인 정적(靜的), 동적(動的), 반복(反復) 등에 대하여 충분한 검토를 하여야 한

표 8·2 각종 용접 기호 기입 예 (1)

[illegible]	[illegible]
화 살 쪽	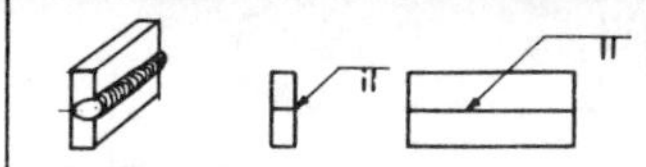
화살 반대쪽	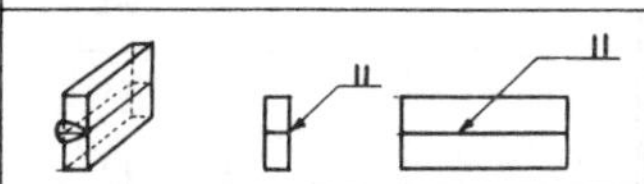
양 쪽	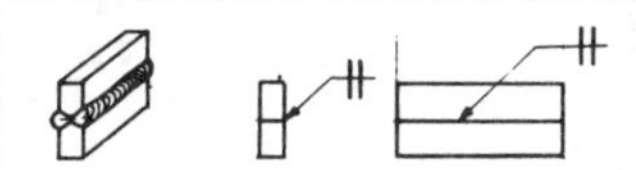
루우트 간격 2mm의 경우	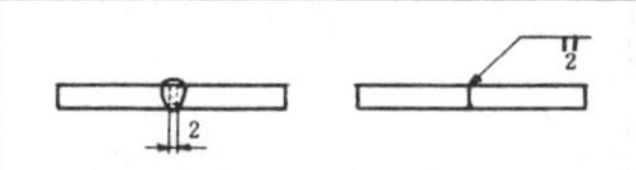
루우트 간격 2mm의 경우	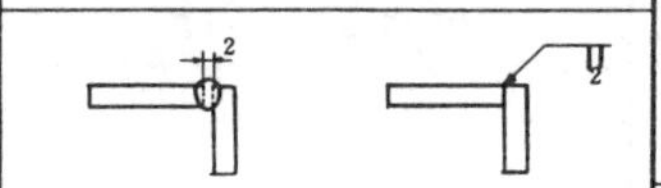
루우트 간격 0㎜의 경우	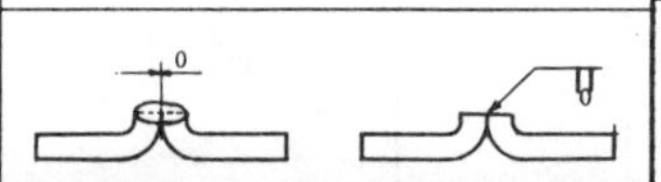
[illegible]	[illegible]
화 살 쪽	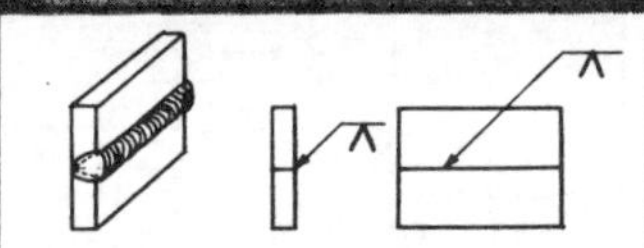
화살 반대쪽	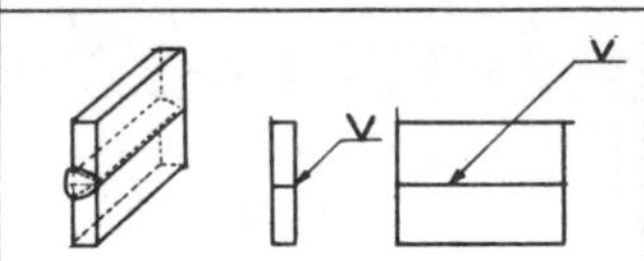
홈의 깊이 16mm 홈의 각도 60° 부우트 간격 2mm의 경우	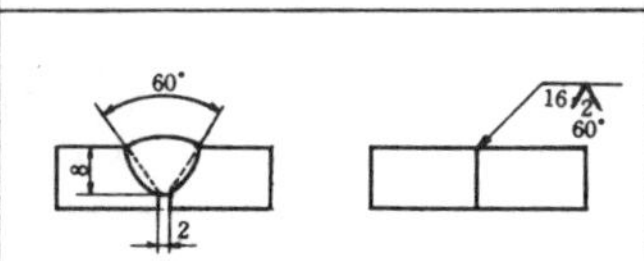
받침쇠를 사용 판재의 두께 12mm 홈의 각도 45° 루우트 간격 4.8mm 다듬질 방법이 절삭인 경우	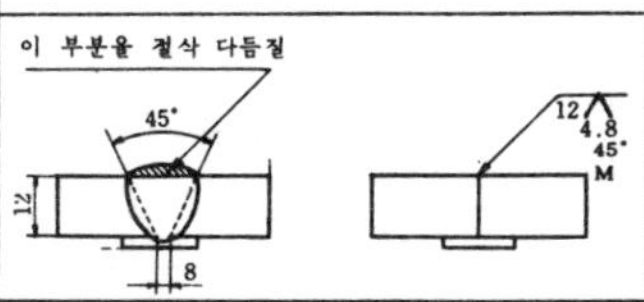

[illegible]	[illegible]
양 쪽	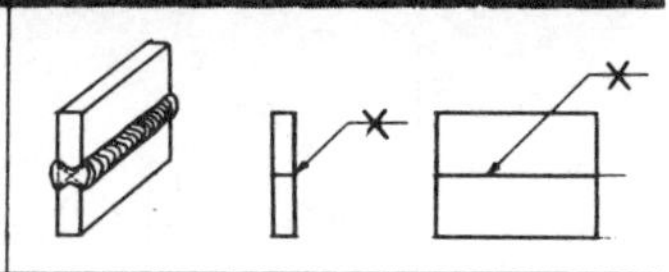
홈의 깊이 화살쪽 16mm, 화살 반대쪽 9mm, 홈의 각도 화살쪽 60° 화살 반대쪽 90° 루우트 간격 3mm의 경우	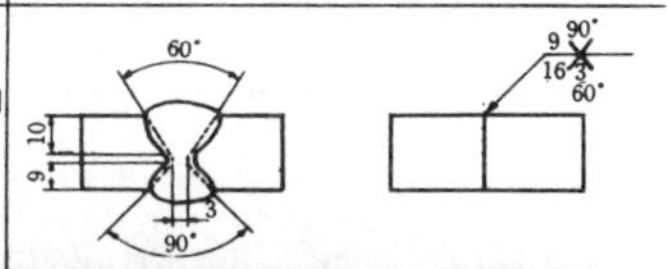
[illegible]	[illegible]
화 살 쪽	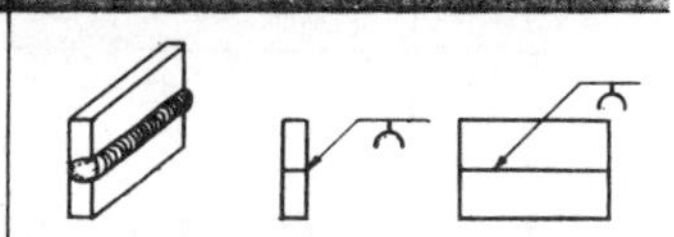
화살 반대쪽	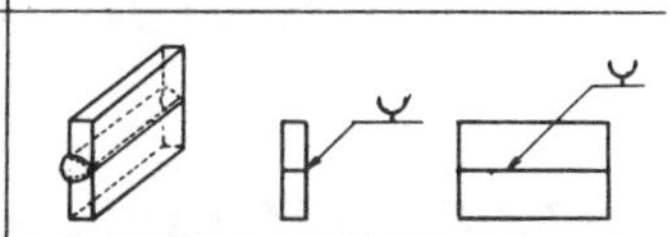
홈의 길이 27mm의 경우	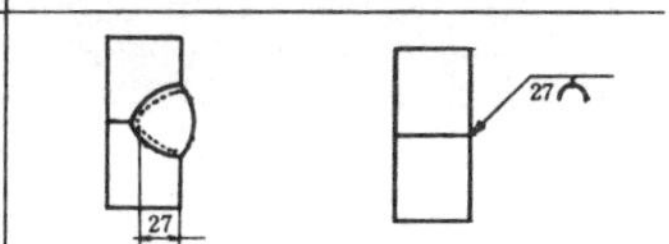
홈의 각도 25° 루우트 반지름 6mm 루우트 간격 0mm의 경우	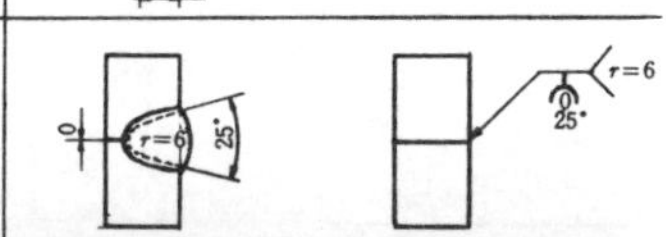
[illegible]	[illegible]
양 쪽	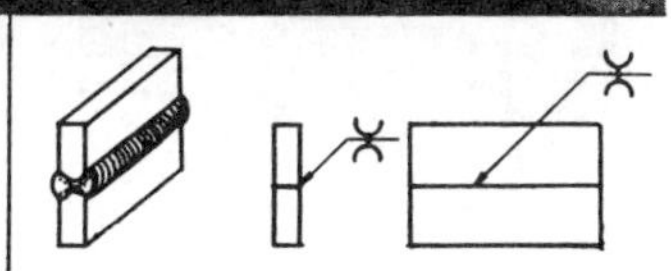
홈의 길이 2.5mm 홈의 각도 25° 루우트 반지름 6mm 루우트 간격 0mm의 경우	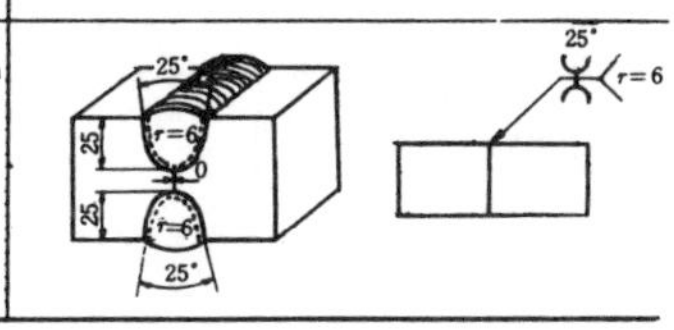

표 8·3　각종 용접 기호 기입 예 (2)

[illegible]	기호	[illegible]

용접부	실제 모양	도면 표시
화 살 쪽	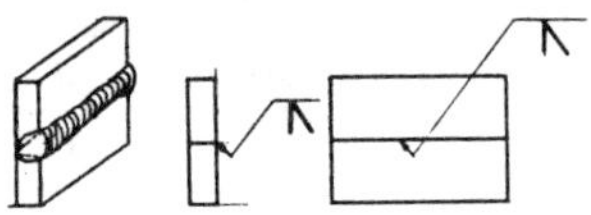	
화살 반대쪽	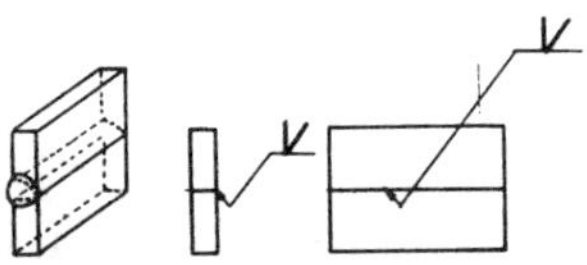	
T이음, 받침쇠를 사용한 홈의 각도 45°, 루우트 간격 6.4 mm의 경우	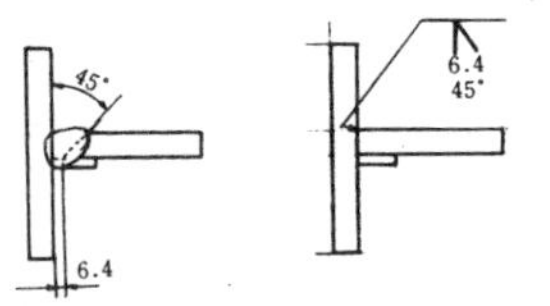	

K형 홈용접	기호	V형 홈용접 기호 표시의 대칭이다

용접부	실제 모양	도면 표시
양 쪽	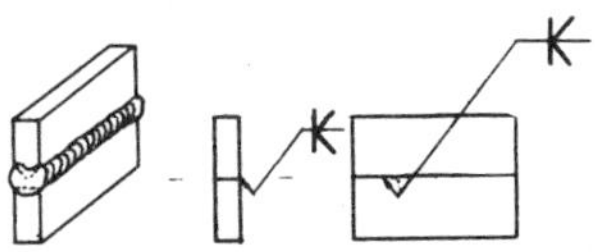	
화살쪽 홈의 깊이 16mm 홈의 각도 45° 화살 반대쪽 홈의 각도 45° 루우트 간격 2mm의 경우	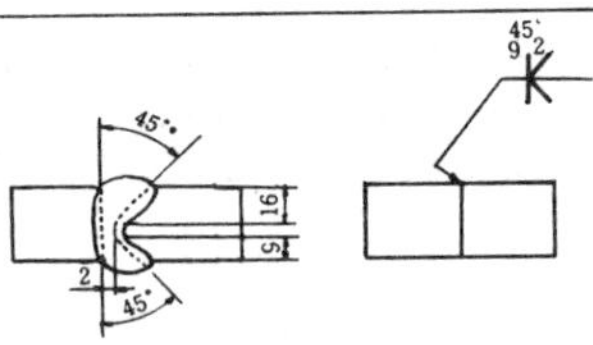	
T이음 홈의 깊이 10mm 홈의 각도 45° 루우트간격 2mm의 경우	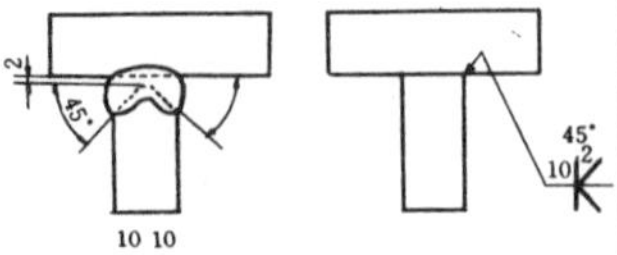	

J형 홈용접	기호	수직선과 1/4 원으로 그리고 원 바깥쪽의 곡선 부분은 반지름의 약 1/2

용접부	실제 모양	도면 표시
화 살 쪽		
화살 반대쪽	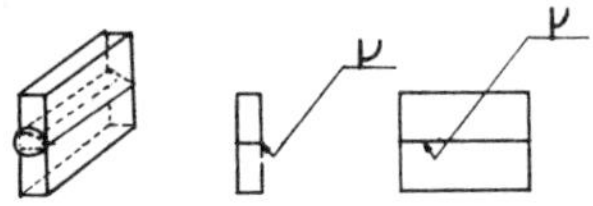	
홈의 깊이 28mm 홈의 각도 35° 루우트 반지름 13mm 루우트 간격 2mm의 경우	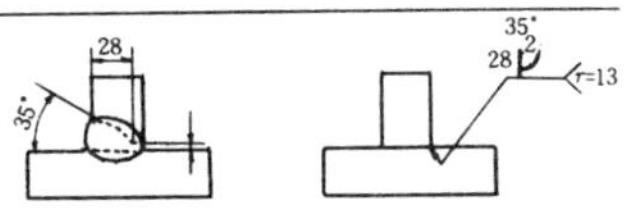	

양면 J형 홈용접	기호	J형 홈용접 기호 표시의 대칭이다

용접부	실제 모양	도면 표시
양 쪽	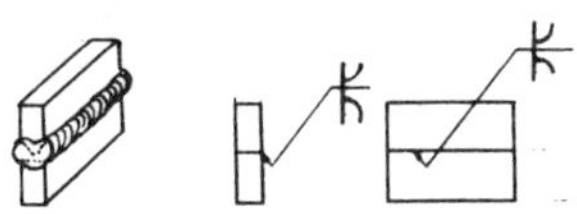	
홈의 깊이 24mm 홈의 각도 35° 루우트 반지름 13mm 루우트 간격 3mm의 경우	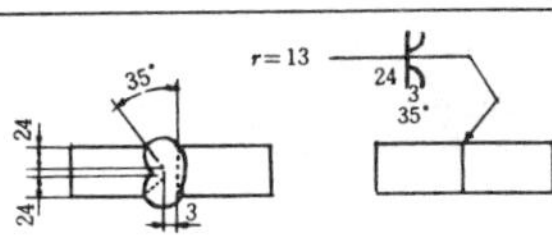	

플레어 V형 / 플레어 X형 홈용접	기호	플레어 V형은 2개의 1/4 원을 서로 등지게 그린다. 플레어 X형은 2개의 반원을 서로 등지게 그린다

용접부	실제 모양	도면 표시
화 살 쪽	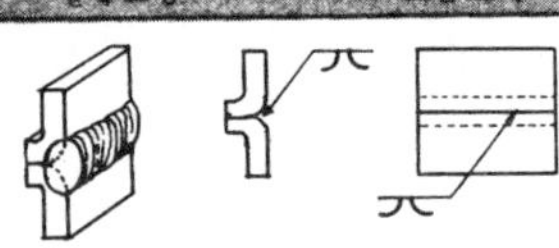	
화살 반대쪽	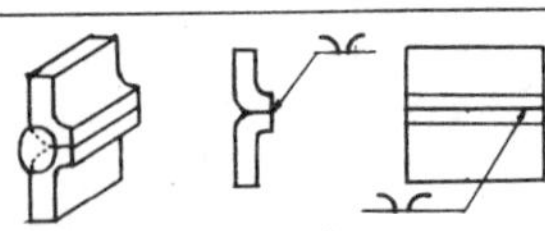	
양 쪽	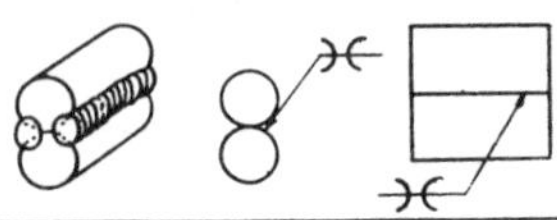	

다. 용접 이음의 설계를 할 때의 주의 사항은 다음과 같다.

(1) 아래보기 용접을 많이 하도록 한다.

(2) 용접 작업에 지장을 주지 않도록 공간을 두어야 한다.

(3) 맞대기 용접에는 뒷면 용접과 이파(裏波) 용접을 할 수 있도록 해서 용입 부족이 없도록 한다.

(4) 필릿 용접은 될 수 있는 대로 피하고 맞대기 용접을 하도록 한다.

(5) 판두께가 다를 때에는 용접 이음을 그림 8·5의 얇은쪽에서부터 경사 테이퍼 1/4로 단면 변화를 시키어 용접을 하도록 한다.

(6) 용접 이음을 한쪽으로 집중되게 접근하여 설계하지 않도록 한다.

(7) 용접선(熔接線)은 될 수 있는 한 교차하지 않도록 하고 만일 교차가 불가피하면 그 부분을 둥근 아아치(arch)형으로 설계한다.

(8) 충격과 반복 하중(反復荷重) 그리고, 저온과 인장 강도(引張強度) 등에 대한 이음의 설계를 하여야 한다.

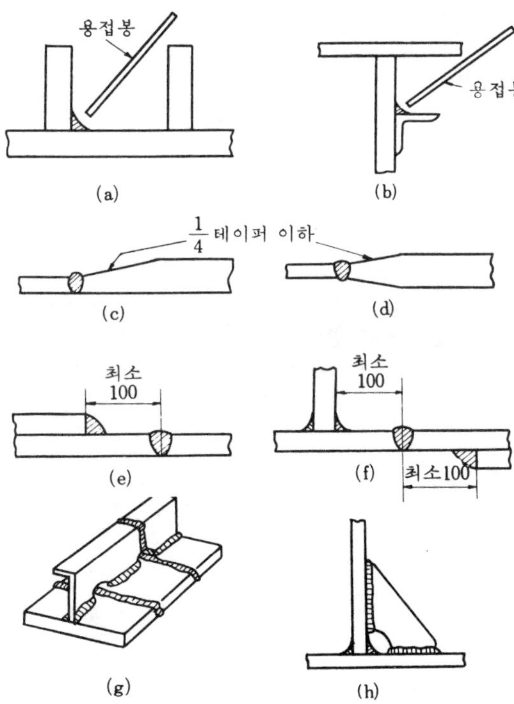

그림 8·5(A) 이음 설계의 주의할 곳

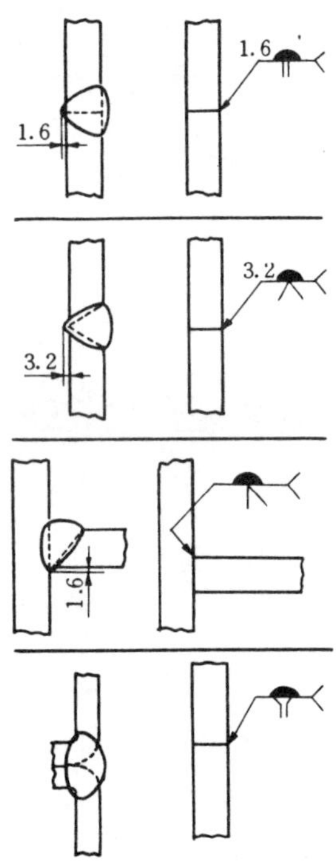

그림 8·5(B) 용입 용접 기입 사용 예

8·3 용접 이음의 강도 계산

8·3·1 허용 응력과 안정 계수

용접 구조물(構造物)을 설계할 때 실제로 가해지는 하중(荷重)을 계산하고 용접 이음의 형상과 치수를 안전상 허용되는 응력 범위에 들어올 수 있도록 결정하여야 한다. 이와 같은 σ_w = 허용 응력(allowable stress)은 용착 금속(溶着金屬)의 σ_u의 최저 인장 응력(引張應力)을 n = 안전율(safety factor)로 나누어서 얻을 수 있다.

$$\sigma_w = \frac{\sigma_u}{n} \tag{8·1}$$

표 8·4와 8·5는 용접 이음의 정적 응력(靜的應力)과 동적 응력(動的應力)의 값을 나타낸 것이다.

표 8·4 용접 이음의 정적 응력(靜的 應力) (kg/mm²)

종별 / 각국	맞대기 이음			필릿 이음	비 고
	인 장	압 축	전 단		
JIS	7.0~10.0	7.5~12.0	5.0~8.5	0.8×맞대기	SS 39 기준
AWS	14.2	14.2	9.2	7.0	
BIW	14.2	14.2	10.2	10.2	
DIN	10.0~11.2	12.6~14.0	7.7	9.1	ST 37 기준

표 8·5 용접 이음의 동적 응력(動的 應力) (kg/mm²)

하 중		인 장	압 축	전 단
권상동하중	안 전 계 수	6.0~8.0	6.0~8.0	6.0~8.0
	허 용 응 력	3.5~6.0	3.5~6.0	2.5~4.5
진 동 하 중	안 전 계 수	9.5~13.0	9.5~13.0	9.5~13.0
	허 용 응 력	2.0~3.5	2.0~13.5	1.5~3.0

8·3·2 평평한 맞대기 용접 이음

(1) 단순한 인장 압축(引張壓縮) 및 전단(剪斷)일 때

이들의 응력은 $\sigma = E\varepsilon$를 사용하여 계산할 수 있으며, 용접 이음의 횡단 면적(橫斷面積) A_w는 완전 용입(完全溶入)일 때 $A_w = tl$이고, 부분적 용입일 때는 $A_w = 2hl$이다〔그림 8·6 (a)〕.

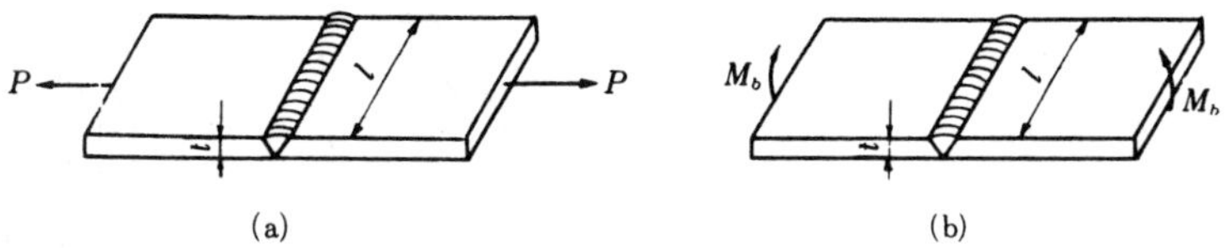

그림 8·6 평평한 맞대기 용접 이음

(2) **단순 굽힘**(simple bending)**일 때**

굽힘 응력은 $M_b = \sigma_b W_b$의 식을 사용하여 계산할 수 있으며〔그림 8·6 (b)〕 용접 이음의 굽힘 단면 계수(斷面係數) W_b는 그림 8·7에서

완전 용입일 때

$$W_b = \frac{t^2 l}{6} \tag{8·2}$$

부분적 용입일 때

$$W_b = \frac{hl(3t^2 - 6th + 4h^2)}{3t} \tag{8·3}$$

〔**예제 8·1**〕 부분적 용입인 양쪽 맞대기 용접 이음에서 그림 8·7 (b)와 같이 굽힘 모우멘트 $M_b = 9,800$ kg·cm가 일하고 있을 때, 최대 굽힘 응력을 구하라. 단, $l = 200$ mm, $t = 25$ mm, $h = 8$ mm로 한다.

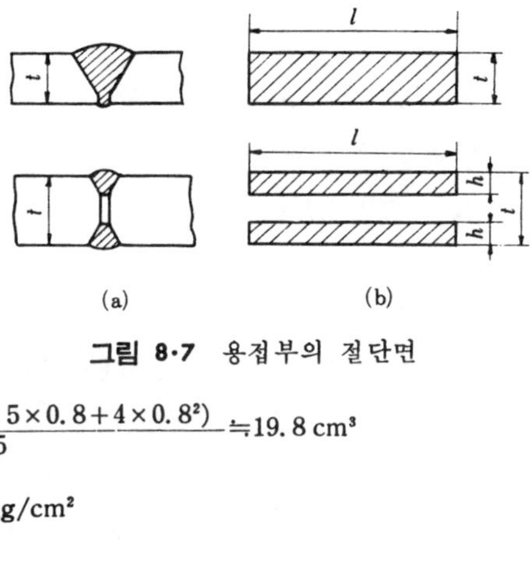

그림 8·7 용접부의 절단면

《**풀이**》 式 (8·3)을 이용

$$W_b = \frac{0.8 \times 20(3 \times 2.5^2 - 6 \times 2.5 \times 0.8 + 4 \times 0.8^2)}{3 \times 2.5} \fallingdotseq 19.8 \text{ cm}^3$$

$$\sigma_{max} = \frac{M_b}{W_b} = \frac{9800}{19.8} = 495 \text{ kg/cm}^2$$

8·3·3 단순 굽힘을 받는 T형 맞대기 용접 이음

굽힘 응력의 식과 전단 응력(剪斷應力)의 식을 사용하여 계산한다. 이 때 용접 이음의 횡단면에서의 굽힘 단면 계수(斷面係數) W_b와 단면적 A_w는 다음과 같이 계산한다.

(1) **완전 용입일 때**

그림 8·8(a)에서

$$W_b = \frac{t^2 l}{6} \quad A_w = tl \qquad (8\cdot4)$$

그림 8·8(b)에서

$$W_b = \frac{tl^2}{b} \quad A_w = tl \qquad (8\cdot5)$$

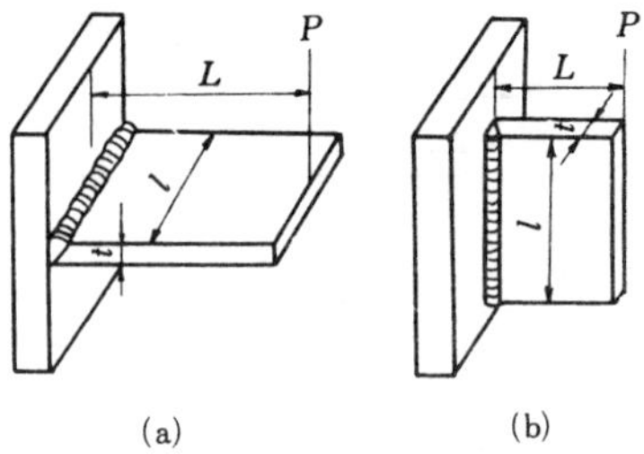

그림 8·8 굽힘을 받는 T형 맞대기 용접

(2) 부분적 용입일 때

그림 8·8(a)에서

$$W_b = \frac{hl(3t^2 - 6th + 4h^2)}{3t}$$

$$A_w = 2hl \qquad (8\cdot6)$$

그림 (8·8) (b)에서

$$W_b = \frac{hl^2}{3} \quad A_w = 2hl \qquad (8\cdot7)$$

(3) 전주(全周) 부분적 용입일 때

그림 8·8(a)에 대하여

$$W_b = \frac{t^3 l - (l-2h)(t-2h)^3}{6t}$$

$$A_w = 2h(t-2h+l) \qquad (8\cdot8)$$

그림 8·8(b)에 대하여

$$W_b = \frac{tl^3 - (l-2h)^3(t-2h)}{6l}$$

$$A_w = 2h(t-2h+l) \qquad (8\cdot9)$$

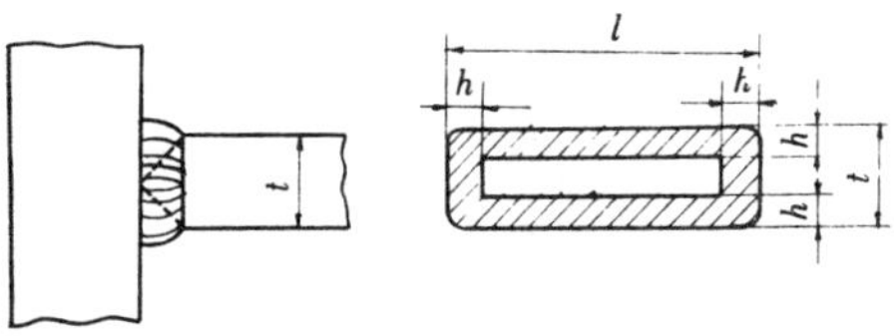

그림 8·9 전주 부분적 용입의 용접부

[**예제 8·2**] 전주 부분적 용입(全周部分的 溶入) T형 맞대기 용접 이음에 굽힘 모우멘트 $M_b = 12,000\ \text{kg·cm}$가 작용할 때 최대 굽힘 응력을 구하여라. 단, $t = 26\ \text{mm}$, $h = 8\ \text{mm}$, $l = 400\ \text{mm}$, $L = 400\ \text{mm}$이다.

《**풀이**》 (a) 그림 8·8(a)와 같을 때 식 (8·8)에서

$$W_b = \frac{2.6^3 \times 40 - (40 - 2\times0.8)(2.6 - 2\times0.8)^3}{6\times2.6} \fallingdotseq 42.8\ \text{cm}^3$$

$$\sigma_{b\max} = \frac{12000}{42.8} \fallingdotseq 280\ \text{kg/cm}^2$$

(b) 그림 8·8(b)와 같을 때 식 8·9에서

$$W_b = \frac{2.6\times40^3 - (40-2\times0.8)^3(2.6-2\times0.8)}{6\times40} \fallingdotseq 458\ \text{cm}^3$$

$$\sigma_{b\max} = \frac{12000}{458} = 26.2\ \text{kg/cm}^2$$

8·4 필릿 용접 이음의 치수

8·4·1 유효한 목 두께

맞대기 용접에서 접합하는 부재(部材)의 두께가 다를 때에는 엷은쪽 부재의 두께로 한다. 필릿 용접에서 그림 8·10에 표시하는 필릿의 크기는 h로 정하고 3각형의 높이는 목 두께 h_t로 한다.

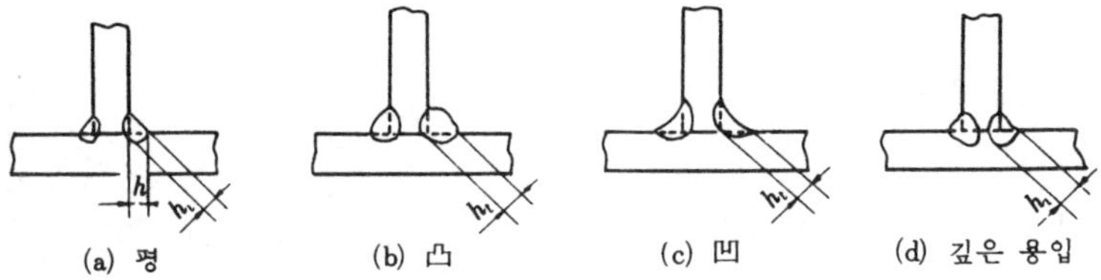

그림 8·10 각종 필릿 용접의 목 두께(h_t)

8·4·2 전면 필릿 용접

용접선이 응력(應力)의 방향과 대략 직각인 필릿 용접을 전면 필릿 용접(fillet weld in normal shear)이라 하고, 용접선과 응력의 방향이 평행인 필릿 용접을 측면 필릿 용접(fillet weld in parallel shear)이라 하며 그림 8·11과 같다. 필릿 용접 이음의 강도는 측면 목 두께를 기준으로 하여 횡단면(橫斷面) 내의 내접하는 2등변 3각형을 생각하여 약간의 파임을 무시하고 이음의 루우트 두 변의 교선(交線)에서 사변(斜邊)까지의 최단거리를 이론 목 두께(theoretical throat) h_t라 하고, 그림 8·12와 같이 약간의 파임을 무시하지 않고 루우트 두 변의 교점에서 필릿 용접 표면까지의 최단거리를 실제

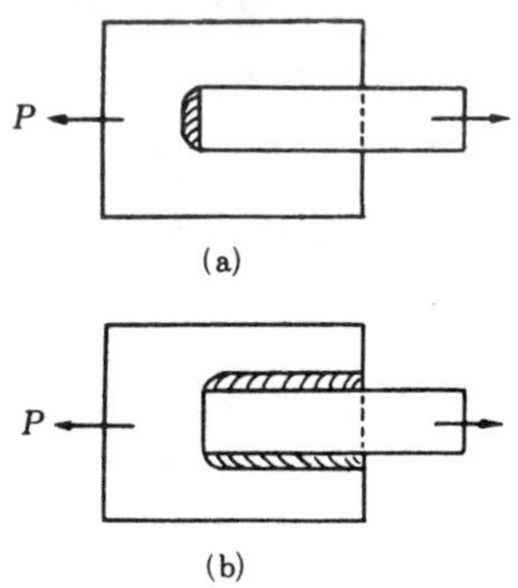

그림 8·11 전면 측면 필릿 용접

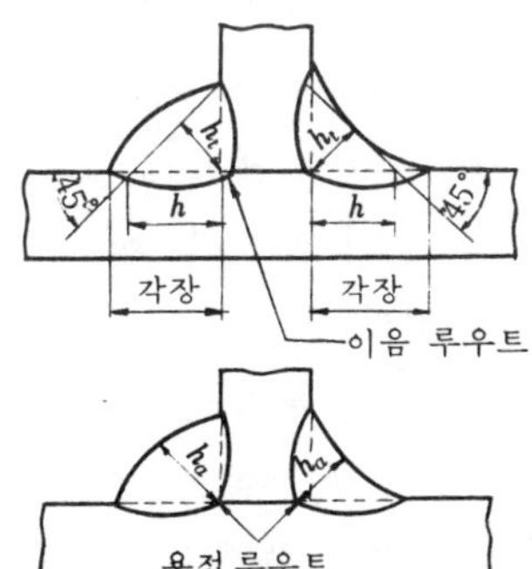

그림 8·12 필릿 용접의 치수

목(actual throat) 두께 h_a 라 하며 필릿의 크기(각장의 길이)를 h 라 하면,

$$h_t = h\cos 45° = 0.707\,h \tag{8·10}$$

가 된다.

8·4·3 측면 필릿 용접

측면 필릿 이음 파단 강도를 τ 라 하면,

$$\tau = \frac{P}{h_t l} = \frac{1.414P}{hl} \tag{8·11}$$

l 은 용접선의 길이, P 는 전체 길이 $l = l_1 + l_2$ 의 필릿이 담당하고 있는 하중(荷重)이다.

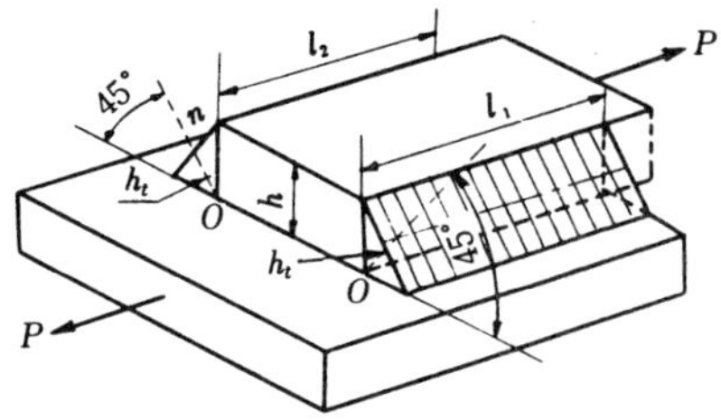

그림 8·13 필릿 용접

측면 필릿의 전단 응력(剪斷應力) τ 는 전면 필릿의 인장 강도(引張強度) σ_f 보다 약 10 % 약하다. 보통 사용하고 있는 E 4300 계통의 연강 용접봉의 용착 금속의 인장 강도에 의한 측면 필릿 전단 응력은 목 단면적에 대하여 약 32 kg/mm² 의 강도를 가지고 있는 것으로 계산한다(인장 강도의 약 70 %).

$$\tau = 0.70 \times \sigma_u \fallingdotseq 32\ \mathrm{kg/mm^2}$$

이 값은 필릿 용접의 방법, 용접봉 시공 조건(施工條件)에 의하여 다소 차이가 있으나 약 28~38 kg/mm² 의 전단 응력 범위로 취급하고 있다.

8·5 용접 치수를 결정하는 근사법

용접 치수는 용접부의 응력 계산(應力計算)으로 구하는 방법과 어떤 치수를 가정하고, 이것으로 계산한 응력의 값이 과대한가 또는 과소한가를 허용 응력(許容應力) 극선도(極線圖)에 맞추어서 용접 치수의 크기를 조정하는 방법 등이 있다. 그러나, 이들 방법에서 특히 필릿의 용접 치수를 결정할 때는 매우 어려운 점이 있다. 즉, 용접부의 성능(性能)인 단면 2차모우멘트를 결정하는 데 필요한 목 단면의 선정에 여러 가지 이론이 있다. 결국 응력은 여러 가지 종류의 하중(荷重)이 합성되어 조합 응력(組合應力)으로 되므로 하중의 종류 판정과 조합 응력을 결정하는 것이 번잡하므로, 여기서 기술하려는 근사법은 목 단면 대신에 용접부의 면적을 고려하지 않는 선을 사용하는 것이 특징

으로 되어 있다. 응력 대신에 용접선(熔接線)의 단위 길이당의 힘 Fkg/cm (耐力)을 구하고 이것을 용접부의 허용 응력(許容應力) σ_N kg/cm²로 나눈 값을 용접 치수로 한다.

$$h_t = \frac{F}{\sigma_N} \tag{8·12}$$

h_t는 유효 목 두께로 맞대기 용접에서는 모재와 같고 필릿 용접에서는 직각 2등변 3각형의 높이로 하였을 때 필릿 용접 치수의 크기를 h라 하면

$$h = 1.414\,h_t \tag{8·13}$$

이다. 이 방법을 사용할 때 용접선(熔接線)의 길이와 형상만을 생각하면 되므로 목 단면이 어떤 것인지 몰라도 F는 간단하게 계산할 수 있다.

8·5·1 수직 응력과 전단 응력을 받을 때

그림 8·14에서 P를 인장 압축(引張壓縮) 및 전단력(剪斷力)이라고 하면 용접부의 내력(耐力)은

$$F = P/l \quad \text{kg/cm} \tag{8·14}$$

여기서, l은 용접선(熔接線)의 전체 길이이다. 또, 용접부의 임의의 허용 응력 σ_N에 대한 용접부의 내력과 치수의 관계를 그림 8·15에서 구할 수 있다. 따라서, 필릿 용접의 내력(耐力) F를 알면 이 그림에서 주어진 허용 응력으로 내력 F에 대한 필릿 용접 치수 h를 직접 구할 수 있다.

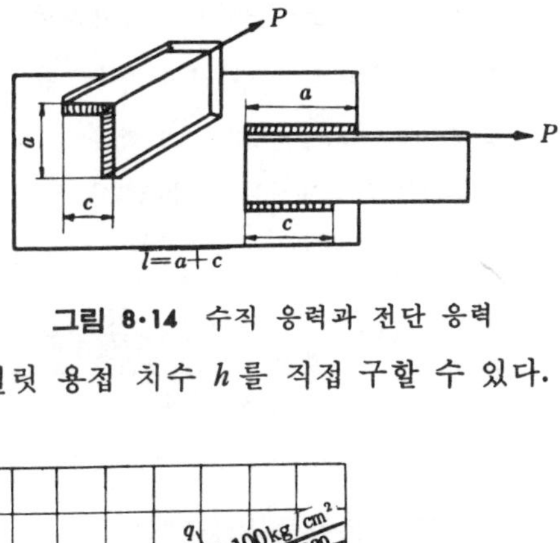

그림 8·14 수직 응력과 전단 응력

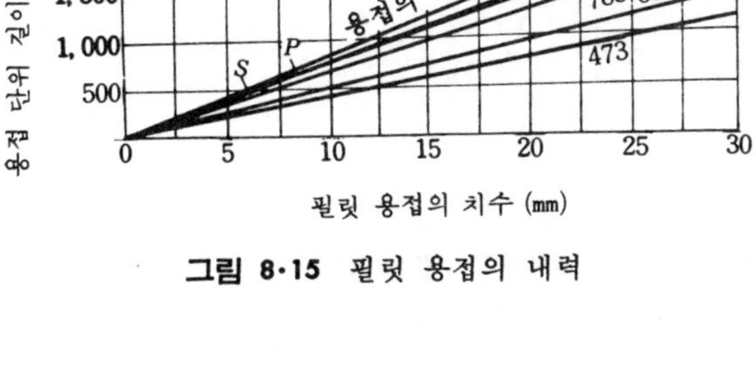

그림 8·15 필릿 용접의 내력

[**예제 8·3**] 1,700 kg/cm 의 내력이 필요하고 허용 응력(許容應力)이 1270 kg/cm² 이라면, 2 등변직각 3 각형의 필릿 용접 치수는 얼마로 하면 좋은가?

《**풀이**》 그림 8·15 의 종축(縱軸) 1,700 kg/cm 에서 그은 수평선과 1,020 kg/cm² 의 허용 응력선과의 교점 q 의 횡축(橫軸)의 값으로서 24 mm 가 구하려고 하는 용접 치수 h 인 것이다.

[**예제 8·4**] 인장(引張), 압축(壓縮)의 반복 하중(反復荷重) 30 ton 이 작용하는 폭 600 mm 의 두 장의 강판을 맞대기 용접을 하였을 때 두 강판의 두께를 구하려고 한다. 이 때, 강판의 두께는 얼마인가? 단, 허용 응력(許容應力) $\sigma_N = 630\ \text{kg/cm}^2$ 으로 한다.

《**풀이**》 폭 600 mm 에 작용하는 단위 길이당의 하중(荷重)은

$$F = \frac{30,000}{60} = 500\ \text{kg/cm}$$

$$h_t = \frac{F}{\sigma_N} = \frac{500}{630} \fallingdotseq 8\ \text{mm}$$

[**예제 8·5**] 그림 8·16과 같이 폭 50 mm, 두께 12.7 mm 의 강판을 38 mm 만을 겹쳐서 전주(全周) 필릿 용접을 한다. 여기에 9,000 kg 의 하중을 작용시킨다면 필릿 용접의 치수를 얼마로 하면 좋은가? 단, 용접의 허용 응력을 1,020 g/cm² 으로 한다.

《**풀이**》 용접부에 작용하는 내력(耐力) F 는

$$F = \frac{9,000}{2\times5+2\times3.8} = \frac{9,000}{17.6} \fallingdotseq 510\ \text{kg/cm}$$

$$h = 1.414\times\frac{F}{\sigma_N} = 1.414\times\frac{510}{1,020} \fallingdotseq 7\ \text{mm}$$

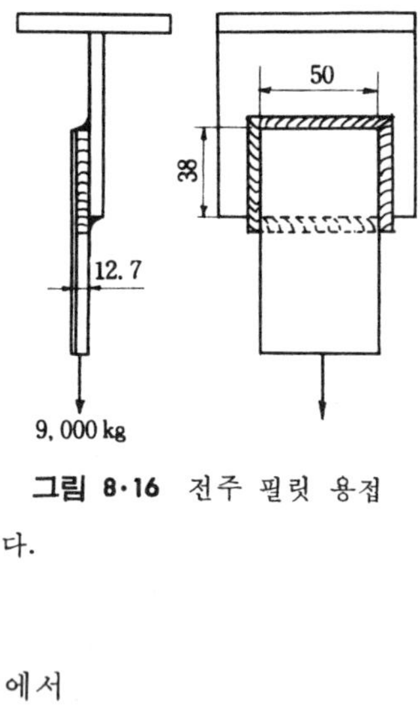

그림 8·16 전주 필릿 용접

또한, $F = 510$ kg/cm 를 사용하여 그림 8·15 의 P 점에서 필릿 용접 치수 $h = 7$ mm 를 찾아낼 수 있다.

8·5·2 굽힘 응력을 받을 때

굽힘 응력의 기본 공식은 재료 역학(材料力學)에서

$$\sigma_b = \frac{M\eta}{I} \tag{8·15}$$

식 (8·12)에서

$$F = \sigma_N h_t \tag{8·16}$$

따라서, 식 (8·16)에 (8·15)를 대입시킨나.

$\sigma_N = \sigma_b$ 이라 하면

$$F = \frac{M\eta h_t}{I} \text{ kg/cm}$$

또, 단위 목 두께에 대하여

$$F = \frac{M\eta}{I'} \text{ kg/cm} \tag{8·17}$$

여기서, $I' = \dfrac{I}{h_t}$ 로 단위 길이의 목 두께로 목 단면을 무시하고 용접부를 선으로 본 것이다. 이 선형(線形)의 중립축(中立軸)에 대한 단면 2차 모우멘트 I' 는 $h_t = 1$ 일 때의 단면 2차 모우멘트라고 생각하면 좋다. 따라서, 일반적으로 중립축에 평행하든가 수직인 선형의 중립축에 대한 단면 2차 모우멘트 I' 는 그림 8·17 과 같이 $t = 1$ 이 될 때 단면의 2차 모우멘트로 정한다. 따라서, 굽힘을 받는 용접부(熔接部)의 치수를 구하기 위해서는 먼저 용접부 선형의 중립축에 관한 단면 2차 모우멘트 I' 를 구하고 식 (8·17)의 내력(耐力) F 를 구한 다음에 다시 식 (8·12)와 그림 8·15 에서 필릿 용접 치수를 결정한다. 예를 들면 그림 8·18 에서 외팔보의 용접부의 단위 목 두께의 단면 2차모우멘트 I' 는

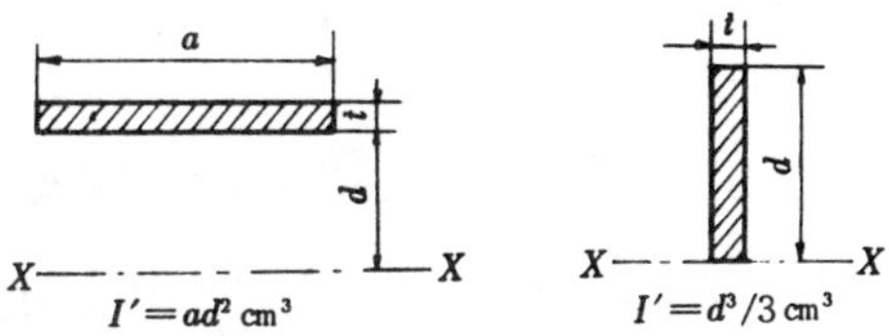

그림 8·17 단면 2차 모우멘트 I'

$$I' = a\left(\frac{d}{2}\right)^2 \times 2 = \frac{ad^2}{2} \text{ cm}^3 \tag{8·18}$$

그리고, 단위 목 두께의 단면 계수 W' 는

$$W' = \frac{ad^2}{2} \Big/ \frac{d}{2} = ad \text{ cm}^2 \tag{8·19}$$

이와 같은 방법에 의하여 용접부를 선으로 생각하였을 때 단면 성능(斷面性能)을 여러 가지 종류의 용접부 선형을 중립축 XX 에 대한 단면 계수(斷面係數)를 구하여 용접부의 계산을 하여야 한다.

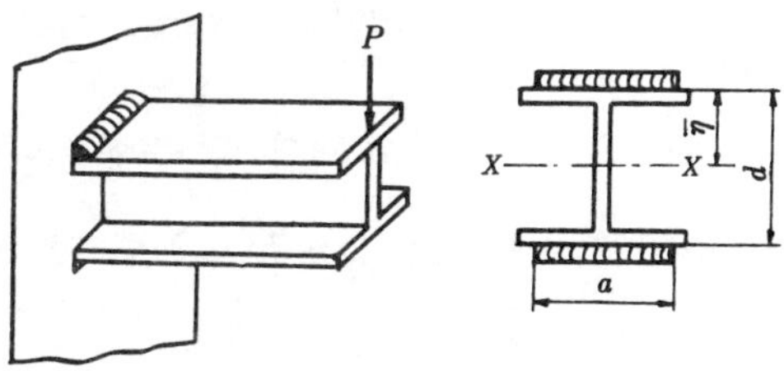

그림 8·18 외 팔 보

[**예제 8·6**] 직 4 각형 단면 (50×100 mm)의 외팔보 일단을 그림 8·19 와 같

이 전주 용접(全周熔接)하였을 때, 이 외팔보가 127,000 kg·cm의 굽힘 모우멘트에 견딜 수 있는 필릿 용접 치수를 구하여라. 단, 허용 응력(許容應力)은 1,020 kg/cm²이다.

《풀이》 용접선은 그림 8·19(b)와 같이 직4각형 모양으로 되므로 중립축 XX는 직4각형의 중심을 통한다. 중립축의 상하의 용접선 중에서 중립축에 평행한 선분 2차모우멘트 $I_1' = 2bd^2$이 되고, 수직인 성분의 단면 2차 모우멘트 $I_2' = 4\dfrac{d^3}{3}$이 된다. 그러므로, 전체 단면의 2차 모우멘트를 I'라면

$$I' = I_1' + I_2' = 2bd^2 + 4\frac{d^3}{3}$$

$$= 2\times5\times5^2 + 4\times\frac{5^3}{3} = 416.7\ \text{cm}^3$$

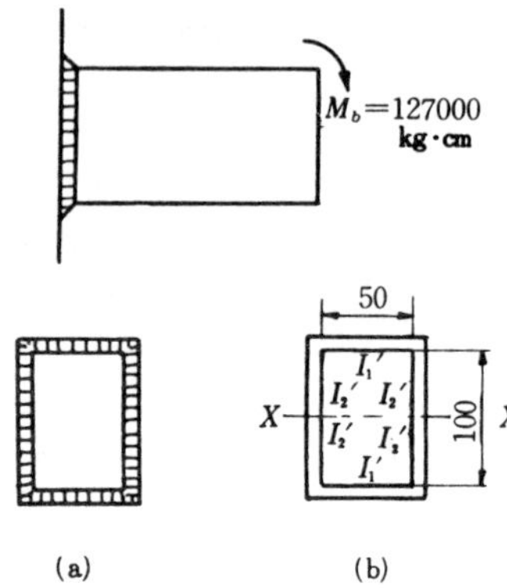

그림 8·19 윤상 필릿 용접의 굽힘

식 (8·17)에서

$$F = \frac{M}{I'}\eta = \frac{127000}{416.7}\times5 = 1524\ \text{kg·cm}$$

$$h = 1.414\frac{F}{\sigma_N} = \frac{1.414\times1524}{1020} = 21\ \text{mm}$$

8·5·3 비틀림 응력을 받을 때

여기에 편의상 원단면(圓斷面)의 비틀림 응력 계산식 $M_t = W_t\tau_{t\max}$을 적용한다. $\tau_{t\max}$은 최대 비틀림 응력

$$\tau_{t\max} = \frac{M_t r}{I_p}$$

여기서, M_t : 토오크, I_p : 단면 1차극 모우멘트, r : 회전 중심에서 용접부까지의 거리이며, 식 (8·16)의 허용 응력 σ_N과 최대 비틀림 응력($\tau_{t\max}$)과를 동등하다고 하여 식(8·16)에 대입하면

$$F = \frac{M_t r}{I_p}h_t \quad \text{혹은} \quad F = \frac{M_t r}{I_p'} \tag{8·20}$$

여기서, $I_p' = \dfrac{I_p}{h_t}$이고 단위 목 두께 $t = 1$ 그림 8·20에 대한 단면 2차극 모우멘트를 표시하면 다음과 같다.

$$I_p' = I_X' + I_Y' \tag{8·21}$$

그림 8·20에서 $\quad I_p' = bd^2 + \dfrac{b^3}{3} \quad$ (8·22)

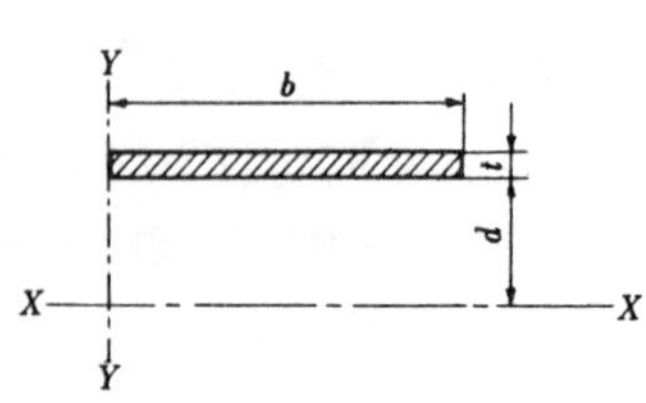

그림 8·20 단면 2차극 모우멘트

[**예제 8·7**] 프레스 가공으로 성형(成形)시킨 ⊏ 150×100×9.5 mm 의 ⊏형 형강을 벽면에 용접한다. 128,000 kg·cm 의 토오크에 견딜 수 있는 필릿 치수를 구하여라. 단, 허용 응력은 1,020 kg/cm² 로 한다.

《**풀이**》 용접선의 길이는 그림 8·21 에서 모서리와 끝을 적당히 잘라 버린다. 이것은 요구하는 목적에 대하여 대략 정확한 값이 되므로 굽힘 가공으로 만든 판을 취급할 때는 이와 같이 하여야 한다. 먼저 용접선형(熔接線形)의 중립축의 위치 $\overline{\eta}$를 그림 (b)에서 구하고 용접선의 전체의 길이의 대수화(代數和)를 계산한다.

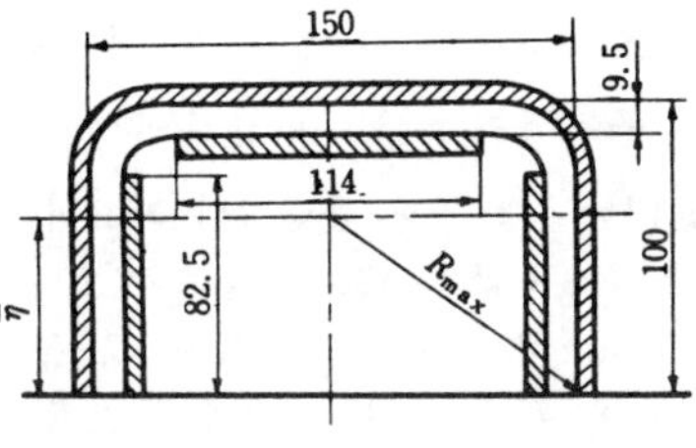

(a)

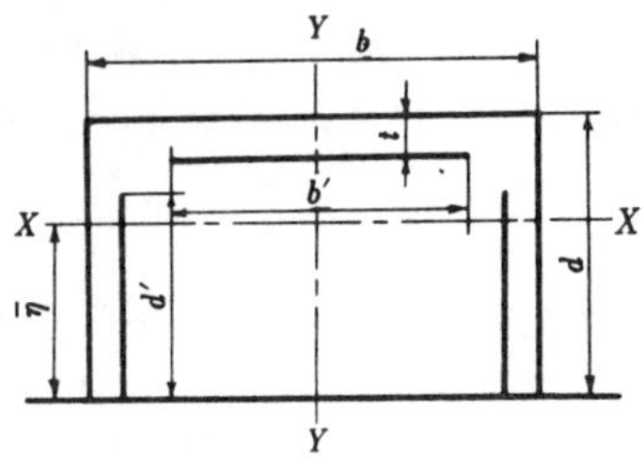

(b)

그림 8·21 용접선의 형상

$$\overline{\eta}=\frac{bd+2d\dfrac{d}{2}+b'(d-t)+2d'\dfrac{d'}{2}}{b+2d+b'+2d'}$$

$$=\frac{bd+d^2+b'd-b't+d'^2}{b+b'-2(d+d')}$$

이 곳에 치수를 대입하여 계산하면

$$\overline{\eta}=\frac{15.0\times10+10^2+11.4\times10-11.4\times0.95+8.25^2}{15+11.4+2(10+8.25)}$$

$$=6.7\ \text{cm}$$

다음에 용접선의 X축과 Y축에 관한 단면 2차 모우멘트를 구하면

$$I_X'=b(d-\overline{\eta})^2+b'(d-\overline{\eta}-t)^2+\frac{2}{3}(d-\overline{\eta})^3+\frac{2}{3}(d'-\overline{\eta})^3+\frac{4}{3}\overline{\eta}^3$$

$$I_Y'=\frac{b^3}{12}+\frac{b'^3}{12}+\frac{b^2d}{2}+\frac{d'(b-2t)^2}{2}$$

여기에 수치를 대입하여 계산하면

$$I_X'=15(10-6.7)^2+11.4(10-6.7-0.95)^2$$

$$+\frac{2}{3}(8.25-6.7)^3+\frac{2}{3}(10-6.7)^3+\frac{4}{3}\times(6.7)^3$$

$$=655.235\ \text{cm}^3$$

$$I_Y'=\frac{15^3}{12}+\frac{11.4^3}{12}+\frac{10\times15^2}{2}+\frac{8.25(15-2\times0.95)^2}{2}=2237.5\ \text{cm}^3$$

그러므로

$$I_P'=I_X'+I_Y'=655.235+2237.5=2892.735\ \text{cm}^3$$

$$R_{max}=\sqrt{7.5^2+6.7^2}\fallingdotseq10\ \text{cm}$$

$$F=\frac{M_tR_{max}}{I_P'}=\frac{128000\times10}{2892.735}=443\ \text{kg/cm}$$

따라서, 필릿 치수는 식 (8·16)에 의하여

$$h=\frac{F}{0.707\sigma_N}=\frac{443}{0.707\times1020}=6.17\text{ mm}$$

또한, 그림 8·15에서 s점의 $h=6.2$ mm로 된다.

[예제 8·8] 기둥의 면에 용접한 I형강 I 250×125×10의 외팔보의 일단에 33,000 kg·cm의 모우멘트를 받는 플랜지(flange)와 웨브(web)의 필릿 치수를 구하여라. 단, 용접부의 허용 응력은 1,020 kg/cm² 로 한다.

《풀이》 I형 강의 플랜지와 웨브의 두께는 KS I 250×125에 의하여 19 mm와 10 mm이고 두께가 다르다. 즉 부재(部材)의 두께가 다를 때에는 보통 필릿 치수는 두께 계수 S를 사용하여 두께에 비례할 수 있는 설계를 사용하여야 한다. 두께 계수 S는 플랜지와 웨브 두께의 비(比)이다. 그림 8·22에서

$$S=\frac{t_2}{t_1}=\frac{19}{10}=1.9$$

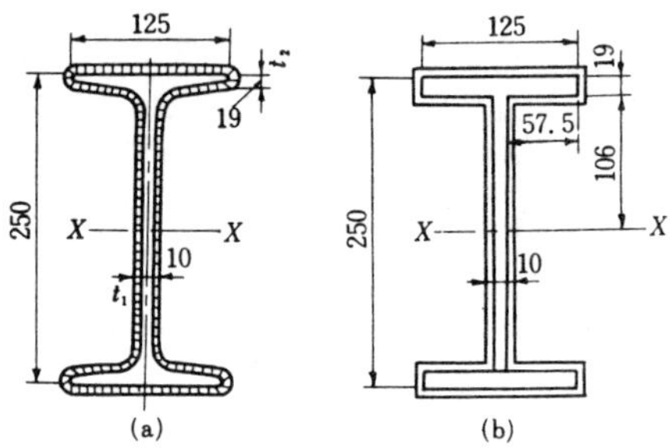

그림 8·22 용접선의 형상

용접선 단면형은 그림 (b)와 같이 표시하고 중립축 XX에 대한 단면 2차모우멘트 I'를 구한다.

$$I'=2\times125\left(\frac{25}{2}\right)^2+4\times5.75\times10.6^2+4\left(\frac{12.5^3}{3}-\frac{10.6^3}{3}\right)+4\frac{10.6^3}{3}$$

$$=3910+2610+2600\fallingdotseq9420\text{ cm}^3$$

식 (8·17)을 사용하여 최대 굽힘 내력 F를 계산한다.

$$F=\frac{M}{I'}\eta=\frac{330000\times12.5}{9420}=437.5\text{ kg/cm}$$

이 때, 플렌지의 내력을 F_f, 웨브의 용접부 내력을 F_w라 하면

$$F_f=SF_w$$

플랜지의 용접선 길이를 l_f, 웨브의 용접선 길이를 l_w라 하면

$$l_f=2(12.5+12.5-1.0+2\times1.9)=55.6\text{ cm}$$

$$l_w=2(25-2\times1.9)=42.4\text{ cm}$$

$$l=l_f+l_w=55.6+42.4=98\text{ cm}$$

이 때, 다음과 같은 항등식이 성립한다.

$$l_fF_f+l_wF_w=lF$$

$$l_fSF_w+l_wF_w=lF$$

$$F_w=\frac{lF}{Sl_f+l_w}$$

$$F_w=\frac{98\times437.5}{1.9\times55.6+42.4}\fallingdotseq289.6\text{ kg/cm}$$

$$F_f=SF_w=1.9\times289.6=550.24\text{ kg/cm}$$

플랜지와 웨브의 필릿 용접 치수는 각각 h_f와 h_w로 하여 다음과 같이 된다.

$$h_f = \frac{550.24}{1020 \times 0.707} \fallingdotseq 7.6\ \mathrm{mm}$$

$$h_t = \frac{289.6}{1020 \times 0.707} \fallingdotseq 4.0\ \mathrm{mm}$$

표 8·6 용접부를 선이라 할 때의 단면 성능(斷面性能)

	중 립 축 (cm)	단 면 계 수 W' (cm²)	단면 2차극 모우멘트 I_p' (cm³)
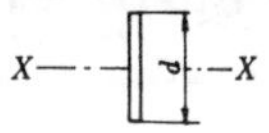		$\frac{d^2}{6}$	$\frac{d^3}{12}$
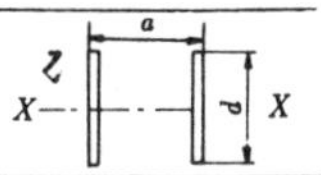		$\frac{d^2}{3}$	$\frac{d(3a^2+d^2)}{6}$
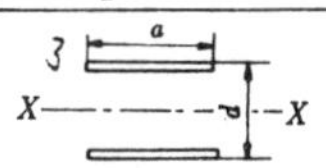		ad	$\frac{a^3+3ad^2}{6}$
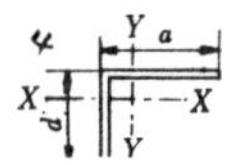	$N_X = \frac{d^2}{2(a+d)}$ $N_Y = \frac{a^2}{2(a+d)}$	윗부분 $\frac{4ad+d^2}{6}$, 밑부분 $\frac{d^2(4ad+d)}{6(2a+d)}$	$\frac{(a+d)^4-6a^2d^2}{12(a+d)}$
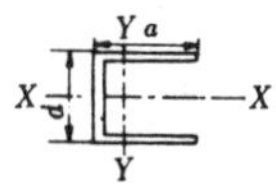	$N_Y = \frac{a^2}{2a+d}$	$ad+\frac{d^2}{6}$	$\frac{(2a+d)^3}{12}-\frac{a^2(a+d)^2}{(2a+d)}$
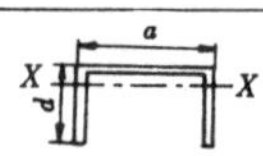	$N_X = \frac{d^2}{a+2d}$	윗부분 $\frac{2ad+d^2}{3}$, 밑부분 $\frac{d^2(2a+d)}{3(a+d)}$	$\frac{(a+2d)^3}{12}-\frac{d^2(a+d)^2}{(a+2d)}$
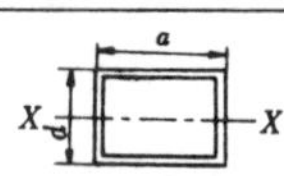		$ad+\frac{d^2}{3}$	$\frac{(a+d)^3}{6}$
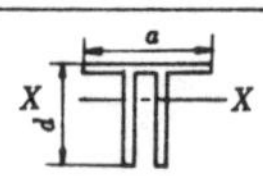	$N_X = \frac{d^2}{a+2d}$	윗부분 $\frac{2ad+d^2}{3}$, 밑부분 $\frac{d^2(2a+d)}{3(a+d)}$	$\frac{(a+2d)^3}{12}-\frac{d^2(a+d)^2}{(a+2d)}$
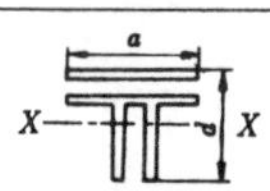	$N_X = \frac{d^2}{2(a+d)}$	윗부분 $\frac{4ad+d^2}{3}$, 밑부분 $\frac{4ad^2+d^3}{6a+3d}$	$\frac{d^3(4a+d)}{6(a+d)}+\frac{a^3}{6}$
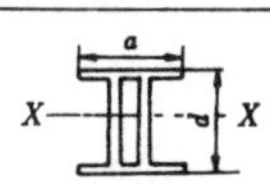		$ad+\frac{d^2}{3}$	$\frac{a^3+3ad^2+d^3}{6}$
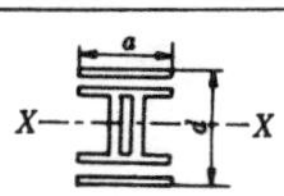		$2ad+\frac{d^2}{3}$	$\frac{2a^3+6ad^2+d^3}{6}$
		$\frac{\pi d^2}{4}$	$\frac{\pi d^3}{4}$

제 9 장

각종 금속의 용접

9·1 용접 시공

9·1·1 용접 시공 방법

용접 시공(welding procedure)은 적당한 계획서에 따라서 소요의 구조물(構造物)을 제작하는 방법으로 용접 설계(熔接設計)나 계획서 제작이 부적당하면 시공은 매우 곤란하고 훌륭한 용접 제품을 얻기가 어렵다. 따라서, 용접 설계자는 시공에 관한 충분한 이해를 가지고, 최신의 용접 기술과 시공 요령(施工要領)을 익히며, 각종 용접법의 용도와 재료에 따른 적용성을 비교 활용하고 용접 비용(熔接費用)에 대해서 신중히 고려해야 한다. 그리하여, 훌륭한 용접 제품을 만들기 위해 용접 전에 여러 가지 준비 사항이 필요하게 된다. 즉 재료, 용접공, 지그(jig), 조립과 가용접(假熔接), 홈 가공과 청소 작업 등이 있으며, 이들의 준비가 완전하면 용접은 90 % 성공했다고 할 수 있다.

9·1·2 모재의 재질(材質)

용접 작업은 극히 짧은 시간 안에 일어나는 야금(冶金, metallurgy), 정련(精鍊, training smelting)의 작업으로 인접 부분은 열처리를 한 것과 같은 작용을 받는 것이다. 또, 용접을 대상으로 하는 재료는 모든 금속에서 플라스틱(plastic)에 이르기까지 넓은 범위에 적용되므로 상대가 되는 모재(母材)의 재질에 주의하여 이것에 적당한 용접법을 결정하는 것이 용접 시공의 첫단계이다.

그리고, 가장 많이 사용되는 구조용 강재(構造用鋼材)에 KS 규격이 규정하고 있는 것만을 종류별로 구분하면 다음과 같다.

일반 구조용 5종 SS 34, 39, 41, 49, 50
기계 구조용 12종 S 10 C~S 55 C, S 9 CK~S 15 CK
보일러용 3종 SB 35 A~SB 46 C
용접 구조용 2종 SM 41 A~SM 50 C
용접 구조용 고장력강 9종 HW 36~HW 90

이와 같이 다수의 종류가 있으며, 외국의 각종 강재들을 생각하면 헤아릴 수 없을 만큼 종류가 많다. 그러므로, 이들 재료의 용접 적성(適性)을 찾아서 용접법을 결정해야 한다.

9·1·3 용접봉의 선택

모재의 재질(材質), 사용 목적, 용접 자세, 사용 전원(使用電源) 등에 의하여 가장 적당하다고 생각되는 용접봉을 선택해야 한다. 그런데 용접봉의 종류가 매우 많아서 결정하기가 대단히 어렵다. 여기서, 연강 용접봉(軟鋼熔接棒)에 대하여 생각하면 용접할 재료의 종류에 따라 사용할 용접봉이 달라지는 것이 당연하다. 보통 구조용강(構造用鋼)의 용접에서 구조물의 강도를 좌우하는 위치, 용접 자세, 필릿 맞대기 이음 등으로 용접봉을 결정하고 있다.

용접봉은 피복제(被覆劑)의 종류로 구분하고, 그들 계통에 따라서 작업성(作業性)과 기계적 성질이 달라진다. 예로서 동일 계통의 것이라도 피복제 성분의 함유량에 의하여 작업성이 아주 달라지는 것도 있다. 물론 용접봉의 첫째 조건은 기계적 성질이 좋고 신뢰도(信賴度)가 높아야 하고, 둘째 조건은 작업성이 좋아야 하며, 미숙련자라도 쉽게 사용할 수 있는 것이 요구된다.

9·1·4 용접 순서

용접 순서는 제품 조립(製品組立)이 매우 중요한 문제이므로 이것을 선택하는 기준을 다음과 같이 하는 것이 좋다.

(1) 조립 순서(組立順序)에 따라서 용접할 때, 순서가 틀리면 용접이 불가능하게 될 때도 있다. 혹은 불가능하지 않더라도 용접하기가 매우 어려워 공정수(工程數)가 쓸데없이 많이 필요하므로 미리 조립에 대한 충분한 검토를 해 둘 필요가 있다.

(2) 동일한 평면 내에 이음부가 많이 있을 때에는 작은 블록(block)으로 나누어서 대칭으로 용접하고, 점점 커다란 블록으로 만드는 방법을 사용한다.

(3) 수축(收縮)이 큰 이음은 될수록 먼저 용접하고 수축이 적은 이음은 나

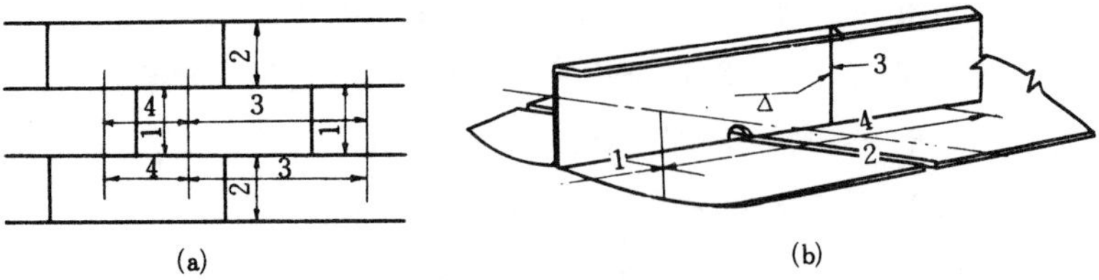

그림 9·1 용접 순서의 예 (1)

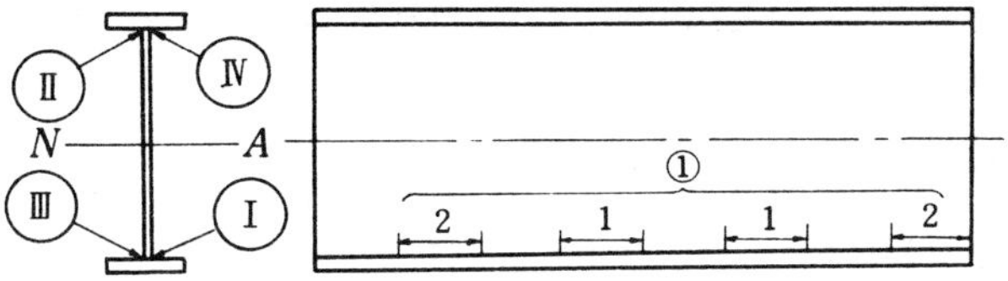

그림 9·2 용접 순서의 예 (2)

중에 용접한다.

(4) 피용접물(被熔接物)의 용접선에 대하여 직각 방향 단면의 중립축(中立軸)을 고려하여 그 중립축에 대하여 용접의 수축력에 모우멘트화가 0이 되도록 하는 용접 순서를 잡으면 용접선 방향에 대한 굽힘이 없어진다.

이와 같은 기준으로 용접 순서를 결정하는 것이다. 즉, 제작 공정수(製作工程數)와 잔류 응력(殘留應力)과 용접 변형(熔接變形)의 모든 관점에서 일괄된 용접 순서를 결정하는 것이 필요하다.

9·1·5 용접 조건

피복(被覆) 아아크 용접에 있어서 용접 전류와 아아크 전압의 적정값은 용접봉의 종류와 치수에 따라 다르며, 이들의 성분은 용접봉 카탈로그(catalogue)에 지시되고 있다. 용접 전류는 적성 범위 내에서 용접 자세, 홈 형상, 모재의 종류 등에 의해 조정되어 사용한다. 보통 아래보기 용접은 강전류(強電流)로 하고 위보기 용접은 아래보기의 10～20 % 감소하고, 수직 용접(垂直熔接)은 아래보기의 20～30 % 감소하여 비교적 약전류(弱電流)를 사용한다. 전류가 지나치게 클 때에는 언더컷, 기공, 슬랙의 잠입 등이 생기기 쉽고 비이드의 표면이 거칠어지며, 크레이터(crater)에 결함이 생길 위험성이 많다. 또한 전류가 너무 약할 때에는 용입(溶入)이 나쁘고 오우버랩이 생길 수 있으며, 슬랙의 섞임이 생겨 강도가 불안전하게 된다. 그러나, 용접 능률을 높이기 위하여 될수록 용접 입열(熔接入熱)을 크게 하는 것이다. 따라서 위에 말한 결함이 생기지 않는 범위에서 고전류 고속도 용접을 하는 것이 매우 좋다. 용접 속도는 홈 형상과 루우트(root) 간격의 대소, 모재와 용접봉의 재질 혹은 용접 전류의 값에 따라서 달라진다. 용입의 대소는 주로 용접 전류대 용접 속도의 비로써 결정된다. 대전류일 때에는 대략 전류에 비례하여 속도를 증대시킨다.

9·1·6 용접의 관리

표 9·1 용접 불량과 원인의 관계

불량 항목 \ 불량 요인	1 재료의 보관 청소	2 사용 재료의 재질	3 용접기의 관리	4 전원과 어어드	5 지그와 설비	6 용접공 교육 관리	7 용접봉의 선정	8 용접봉의 관리	9 설계	10 홈의 치수	11 조립 정밀도	12 용접 자세	13 용접 순서	14 용접 조건	15 용접 작업 기준	○의 수	△의 수	득점	%	순위
1. 언더컷	○		○	△	○	○	○	○	△	△	○	○		○	△	9	4	22	7.2	6
2. 오우버랩			○	△	△	○	○	△	△	△	△	△		○		4	7	15	4.9	11
3. 비이드불량	△		○	○	○	○	○	○	△	○	○	○		○	△	10	3	23	7.5	3
4. 균열		○	△			△	○	△	○	○	○		○	○	○	8	3	19	6.2	8
5. 슬랙잔류						○	△					△				1	2	4	1.3	19
6. 스패터부착	△		△	△		○	○	○				△		△		3	5	11	3.6	14
7. 페터링	○	△				△	○	○						△		3	3	9	2.9	16
8. 기공	○	△	○	△	○	○	○	○	○	○	○	○		○	△	11	3	25	8.2	1
9. 슬랙잠입			○	○	○	○	○	○	○	○	○	○		○	△	11	1	23	7.5	3
10. 용입불량			○	○	△	○	○	△	○	○	○	△	△	○	△	8	5	21	6.8	7
11. 변형치수불량					○	○	△		○	○	○	△	○	○	○	8	2	18	5.9	9
12. 잔류응력						△	△		○	○	○	△	○	○	○	6	3	15	4.9	11
13. 접합부파괴		○				○	○	△	○	○	○	△		○	△	7	3	17	5.5	10
14. 부식	△	○					○		○					△	○	4	2	10	3.3	15
15. 용접치수불량						○			○		△				○	3	1	7	2.3	17
16. 용접위치불량						△			○		○				○	3	1	7	2.3	17
17. 불안전			○	○	△	○	○	△	△			△			△	4	5	13	4.2	13
18. 공임증대	△	△	○	△	○	○	○	△	○	○	○	○	△	○	○	10	5	25	8.2	1
19. 재료비증대			△	△	○	○	○	○	○	○	○	○	△	○	○	10	3	23	7.5	3
○의 수	3	3	8	4	7	14	14	7	12	10	12	6	3	12	8	123				
△의 수	4	3	3	6	3	4	3	6	4	2	2	8	3	3	7		61			
득점	10	9	19	14	17	32	31	20	28	22	26	20	9	27	23			307		
%	3.3	2.9	6.2	4.6	5.5	10.4	10.1	6.5	9.1	7.2	8.5	6.5	2.9	8.8	7.5				100	
순위	13	14	10	12	11	1	2	8	3	7	5	8	14	4	6					

(○: 관계 깊은 것 △: 관계 적은 것)

용접 제품의 품질을 안정화하고 용접 능률을 향상시켜 원가(原價)의 감소를 하기 위하여 용접 기술의 적당한 관리(control)가 필요하다. 표 9·1 은 순조로운 공정(工程)을 저해하는 인자(因子)로 그 중용성을 순위별로 나타낸 것이다. 즉 용접공의 교육, 용접봉의 선정, 설계, 용접 조건, 조립의 정밀도, 용접 작업 기준, 홈의 치수, 용접 자세, 용접봉의 관리 등이 중요하다. 이들 중에 관리 대상이 되는 항목 즉 용접 설계, 설비와 지그, 용접사, 용접봉, 용접 작업(홈 치수, 용접 전류, 비이드 외관, X 선 투과 사진), 용접 능률 등에 대하여 관리 기준(管理基準)을 만들어 상세한 관리를 한다.

9·2 각종 금속의 용접

오늘날 용접 기술의 진보로 말미암아 대부분의 금속 재료는 용접할 수 있게 되었으나, 그 재료는 각각 성질이 다르기 때문에 용접 방식이 다르다. 예

표 9·2. 각종 금속 재료의 용접 난이(難易) 일람표

용접법 \ 재료	용접							압접		땜
	가스 용접	아크 용접	서브머지드 아크 용접	탄산가스 아크 용접	불활성가스 아크 용접	엘레트로 슬래그 용접	전자 비임 용접	점 시임 용접	플래시 버트 용접	브레이징
주　　철 (cast iron)	A	A	C	D	B	B	C	D	D	C
주　　강 (cast steel)	A	A	A	B	B	A	B	B	B	B
저 탄 소 강 (low carbon steel)	A	A	A	A	B	A	A	A	A	A
고 탄 소 강 (high carbon steel)	A	A	B	C	B	B	A	B	A	A
저 합 금 강 (low alloy steel)	B	A	A	B	B	B	A	A	A	A
스테인레스강 (stainless steel)	A	A	B	B	A	C	A	A	A	A
내열초합금 (heat resisting alloy)	B	A	B	C	A	D	A	B	B	A
고니켈합금 (high nickel alloy)	A	A	B	C	A	D	A	A	B	A
구 리 합 금 (bronze alloy)	B	A	C	C	A	D	B	C	C	A
알 루 미 늄 (aluminum)	B	C	C	D	A	D	A	A	A	B
듀 랄 루 민 (duralumin)	C	D	D	D	B	D	A	A	A	C
마 그 네 슘 (magnesium)	D	D	D	D	A	D	B	A	A	C
티　　탄 (titanium)	D	D	D	D	A	D	A	B	C	B
티 탄 합 금 (titanium alloy)	D	D	D	D	A	D	A	C	C	B
지 르 코 늄 (zirconium)	D	D	D	D	A	D	A	C	C	C
몰 리 브 덴 (molybdenum)	D	D	D	D	A	D	A	D	C	D

(A : 보통 사용, B : 가끔 사용, C : 드물게 사용, D : 사용하지 않음)

를 들면, 피복 아아크 용접은 강의 용접에 적합하지만 알루미늄 용접에는 적당하지 않다. 표 9·2는 각종 금속의 용접 난이를 표시한다.

9·3 철과 탄소강의 용접

9·3·1 철(鐵)

철은 탄소 함유량이 매우 적어서 소입 경화(燒入硬化)를 받지 않는다. 그러므로 저탄소강(低炭素鋼)보다는 대단히 쉬운 여러 가지 방법으로 용접할 수 있다. 공업용의 중요한 철로는 연철(鍊鐵, wrought iron)과 용제철(鎔製鐵, ingot iron) 이 있다.

9·3·2 탄소강(炭素鋼)

탄소강은 주로 탄소(C) 함유량으로써 강도가 좌우되며, 용접성도 탄소량으로 정하여진다. 일반적으로 연강(軟鋼, mild steel or soft steel)이라고 하는 저탄소강(C<0.30 %)은 용접성이 좋으므로 가장 많이 사용된다. 탈산(脫酸)이 강한 순서로는 진정강(killed steel), 반진정강(semikilled steel), 림드강(rimmed steel) 등으로 구분하고 중요한 부품에는 진정강을 사용한다. 중탄소강(C = 0.30~0.50 %)은 용접이 좀 곤란하고, 또 고탄소강(C = 0.45~2.00 %)은 균열이나 기공(氣孔)이 많아져서 용접이 매우 곤란하게 된다. 이들의 용접은 경화(硬化)를 연하게 하고 균열을 방지할 목적으로 높은 예열(豫熱)이나 후열을 상용하여야 한다.

9·4 주철의 용접

주철은 Fe—C 계 평형 상태도(平衡狀態度)에서 C = 2.0~6.7 % 의 Fe—C 합금인데 보통 C = 1.7~3.5 %, Si = 0.6~2.5 %, Mn = 0.2~1.2 %, P≦0.5 %, S≦0.1 % 의 조성(組成)을 가지고 있으며, 이 밖에도 Ni, Cr, Mo 등을 포함하고 있다. 주철은 강(鋼)에 비하여 용융점(溶融點)이 낮으며(약 1,150°C) 탕류(湯流)가 좋으므로 주물을 만들기 쉽고, 가격이 낮으므로 대소 각종의 주물을 만드는 데 사용된다.

그러나, 주조 그대로는 가단성(可鍛性)이 없고 또한 실온에서 대부분 연성(軟性)이 없는 것이 보통이다. 주철의 용접은 주로 주물의 결함 부분의 보수와 파괴된 주물의 수리인 것이다. 그리고 주물은 취성 재료이므로 용접이 매우 곤란하다. 주물 용접을 하려면 우선 주철의 특성을 잘 알아서 처리하도록 하여야 한다.

9·5 고장력강의 용접

고장력강(高張力鋼, high tension steel)은 보통 하이텐(high tensile, HT)이라 한다. 이 종류의 강은 인장 강도(引張強度)를 높이기 위해서 Mn, Si 기타 Ni, Cr, Mo, V, Ti 등을 첨가한 것으로 인장 강도에 따라 50 HT, 60 HT 등으로 사용하고 있다. 고장력강의 종류는 인장 강도 50～55 kg/mm² 정도의 것에서 100 kg/mm² 정도까지를 들 수 있다. 100 kg/mm² 이상의 것을 특히 초고장력강(超高張力鋼)이라고 한다.

고장력강의 용접은 연강(軟鋼)에 사용되는 각종 용접법이 그대로 이용된다. 그러나, 연강에 비하여 열영향부의 경화(硬化)가 현저하므로 이 점에 대하여 주의할 필요가 있으며, 예열(豫熱)과 후열을 병합하여야 한다. 고장력강의 피복(被覆) 아아크 용접 조건에서 이음 현상은 연강과 동일하며, 냉간 균열을 방지하기 위하여 또한 용접부의 연성(延性)을 확보하기 위하여 열영향부의 최고 경도가 위험값을 넘지 않기 위한 용접 조건을 선정하여야 한다. 냉간(冷間) 균열을 방지할 목적으로 보통 저수소계 용접봉(低水素系熔接棒)을 사용한다. 이것은 피복제(被覆劑)의 성분에 유기물(有機物)의 사용을 피하고 아아크 분위기 중의 수소량을 특히 적게 한 용접봉으로 그 용착 금속(溶着金屬)은 취성과 연성을 좋게 하고 있다.

그러나, 작업성이 조금 떨어지며 시작점에 기공(氣孔)이 발생할 위험성이 있어서 이것을 막기 위해 용접봉의 선단 형상(先端形狀)을 잘 연구하여 실시하며, 아아크 시작점을 크레이터(crater)보다 조금 앞쪽에서 발생시켜 크레이터쪽으로 뒤돌리든가 2중 피복을 하든가 용접기를 특수하게 아아크 발생시에 단시간만 대전류(大電流)를 사용할 수 있는 호트 스타아트(hot start) 등이 이용되고 있다. 저수소계 용접봉의 피복제의 흡습량(吸濕量)은 250～300° C로 건조시킨 상태에서는 피복제 중량의 0.2～0.5 % 정도까지 저하시키지만 이 정도는 아직 불충분하여 470° C에서 1시간 소성(燒成)시켜 흡습량(吸濕量)을 0.1 % 이하로 내리면 예열(豫熱)이 없어도 용착강(溶着鋼)의 균열이 현저히 작아진다. 균열을 완전히 소실시키려면 예열을 병용하여야 한다. 그리고 모재의 홈 부분이나 공기 중의 습기에서도 용접부에 수소(水素)가 들어오므로 습도 90 % 이상에서의 용접을 피하는 것이 좋다.

9·6 스테인레스강의 용접

스테인레스강(stainless steel)은 철에 크롬 등을 첨가시킨 합금강(合金鋼)으로 보통 녹이 슬지 않는 강이라고만 알아 왔다. 그러나 내식성(耐蝕性) 이외에 내산성(耐酸性), 내열성(耐熱性) 및 우수한 기계적 강도를 가지고 있으므로 이것을 이용하여 현재 여러 방면에 많이 사용되고 있다.

스테인레스강에는 여러 가지 종류가 있는데 어느 것이나 크롬(Cr) 12 % 이상을 함유하고 있다. 크롬 이외의 니켈을 첨가해서 내식성 등을 개선한 것이나 몰리브덴, 구리 등을 첨가해서 내식성이나 고온 강도 등을 한층 좋게 한 것도 있다. 스테인레스강을 분류하면 오오스테나이트(austenite)계 스테인레스강, 페라이트(ferrite)계 스테인레스강, 마르텐사이트(martensite)계 스테인레스강의 3종류로 크게 나눈다.

오오스테나이트계 스테인레스강은 스테인레스강 중에서도 가장 널리 사용되는 것이며, 금속 조직(金屬組織)은 오오스테나이트 조직을 나타내는 것으로 잘 알려져 있는 18-8스테인레스강(18 Cr-8 Ni)이 이 계통이다. 페라이트계 스테인레스강은 13크롬강이 대표적이다. 이 종류의 강은 일정 온도로 가열한 뒤 방냉하면 조직이 마르텐사이트로 되어 대단히 단단하게 된다. 스테인레스강은 특수강 중에서 비교적 용접하기 쉬운 합금강으로 연강(軟鋼)용접에 쓰이는 용접법인 피복(被覆) 아아크 용접, 서브머어지드 아아크 용접, 불활성가스 아아크 용접과 저항 용접 등이 이용되고 있다.

스테인레스강의 용접에는 피복 아아크 용접이 가장 일반적이며 용접봉은 원칙적으로 모재와 같은 재질의 것을 사용한다. 스테인레스강의 용접에서는 연강에 비해 약간 낮은 전류를 사용한다. 또, 변형을 막기 위해 얇은 판에서는 적당한 지그나 고정구를 써야 한다. 가접(假接)도 여러 번 하면 좋다. 예열(豫熱)이 불필요하며 후열은 생략하여도 좋으나 후열 처리(後熱處理)를 하는 것이 좋다. 그리고, 불활성(不活性)가스 아아크 용접인 티그(TIG) 용접이나 미그(MIG) 용접도 이용된다. MIG 용접에서는 아르곤 또는 아르곤과 산소의 혼합 가스를 사용하며, 전원(電源)은 직류 용접일 때 봉 +인 직류 역극성

(DCRP)으로 한다. TIG 용접에서는 아르곤 가스를 사용하여 직류 용접일 때 봉 -인 직류 정극성(DCSP)으로 한다.

9·7 알루미늄과 그 합금의 용접

9·7·1 모 재(母材)

알루미늄과 그 합금은 내식성(耐蝕性)이 좋고 강도도 좋으며, 비중(比重)은 약 2.7로 연강의 약 1/3정도 가벼운 합금(light alloy)이다. 알루미늄 합금은 전신재(展伸材, wrought alloys)와 주조재(鑄造材, cast alloys)로 대별되고 상세한 분류는 미국 알루미늄 협회의 AA 방식 혹은 알코아사(Alcoa Co.)의 방식이 있다. AA 방식은 네 자리 숫자를 사용하는 방식으로 첫째의 숫자는 주요 원소(元素)의 종류를 의미한다. 1은 순알루미늄, 2는 Cu, 3은 Mn, 4는

표 9·3 알루미늄 합금판의 각종 기호의 대조표

<table>
<tr><th colspan="2">특 성 별</th><th>합금계별</th><th>JIS 기호</th><th>ALCOA</th><th>미국 알루미늄 협회(AA)</th><th>기타의 명칭</th></tr>
<tr><td rowspan="5">비열처리성</td><td>공업용 순알루미늄</td><td>Al</td><td>A 1 P 1
A 1 P 3</td><td>ADIS
2 S</td><td>1050
1100</td><td>알루미늄</td></tr>
<tr><td rowspan="4">내식 알루미늄 합금</td><td>Al-Mn</td><td>A 2 P 3</td><td>3 S</td><td>3003</td><td>알만</td></tr>
<tr><td>Al-Mg</td><td>A 2 P 1
A 2 P 2</td><td>52 S
56 S</td><td>5052
5056</td><td>페라루만</td></tr>
<tr><td>Al-Mg-Mn</td><td>A 2 P 7</td><td>—</td><td>5083
5086</td><td>NP 5/6</td></tr>
<tr><td>Al-Mg-Si</td><td>A 2 P 4
A 2 P 5
A 2 P 6</td><td>61 S
63 S
A 51 S
53 S</td><td>6061
6063
6151
6053</td><td>안티코울타르</td></tr>
<tr><td rowspan="5">열처리성</td><td rowspan="3">고력 알루미늄 합금</td><td>Al-Cu</td><td>A 3 P 5</td><td>25 S</td><td>2025</td><td></td></tr>
<tr><td>Al-Cu-Mg</td><td>A 3 P 2
A 3 P 4</td><td>17 S
24 S</td><td>2017
2024</td><td>듀랄루민
초듀랄루민</td></tr>
<tr><td>Al-Zn-Mg-Cu</td><td>A 3 P 6</td><td>75 S</td><td>7075</td><td>극초듀랄루민</td></tr>
<tr><td rowspan="2">내열 알루미늄 합금</td><td>Al-Cu-Ni</td><td>A 4 P 1</td><td>18 S</td><td>2018</td><td>Y 합금</td></tr>
<tr><td>Al-Si-Ni</td><td>A 4 P 5</td><td>32 S</td><td>4032</td><td></td></tr>
</table>

(기호 중 P는 판을 의미하고, B는 봉, S는 형재, F는 단조재로 한다).

Si, 5는 Mg, 6은 Mg+Si, 7은 Zn, 8은 그 밖의 원소를 말한다. JIS에서는 공업용 순알루미늄판, 내식(耐蝕) 알루미늄 합금판, 고력(高力) 알루미늄 합금판과 내열(耐熱) 알루미늄 합금판 등이 있다. 표 9·3은 알루미늄 합금 계열의 각종 기호와 명칭을 표시한 것이다.

그리고, 알클래드재(Alclad 材)는 판의 표면에 순알루미늄 박판(薄板)을 압연(壓延)에 의하여 합판을 만들어 내식성(耐蝕性)을 향상시킨 것이다. 알루미늄 합금은 열처리에 의하여 강력하게 되지 않는 비열처리 합금(non heat treatable alloy)과 강력하게 되는 열처리 합금(heat treatable alloy)으로 나눌 수 있으며, 비열처리 합금의 대표적인 것은 1100(2S) 공업용 순알루미늄이 있다.

9·7·2 용가재(溶加材)

용접봉 즉 용가재의 재질은 내식성(耐蝕性)을 상하게 하지 않기 위하여 모재와 동일한 금속이 좋으나 많은 합금에 공통으로 사용할 수 있는 재질로서 1100, 4043(Al-5 % Si)이 있다. 1100은 순알루미늄과 3003(Al-1 % Mn)에 사용하고, 4043은 그 밖의 합금에 공통으로 사용된다. 4043은 저융점(低融點)으로 특히 용착 균열이 적고 연성(延性)이 없다. 내식성 Al-Mg 합금 5052, 5083, 5056에는 5083, 5056 혹은 A 2 P 7의 조성(組成)인 용가재가 사용된다. 또 2024, 7075에는 4043 혹은 Al-8, Mg-0.5, Si-0.2, Ti가 좋다. 주물의 보수에는 모재와 같은 재질의 용가봉이 사용된다. 어떤 경우에도 나봉(裸棒)의 용가재에는 유지가 부착되어서는 안 된다.

9·7·3 용 제(溶劑)

산화막(酸化膜) 제거의 목적으로 용제를 사용하며 보통 분말상(粉末狀)의 용제를 물로 개어 풀 모양으로 만들어 용접 이음이나 용접봉에 바르든가 뿜어서 사용한다. 실제의 용제는 염화물이나 불화물을 포함하는 것으로 LiCl 0~30 %, KF 5~15 %, KCl 0~60 %, NaCl 나머지 양과 같은 성분으로 하여 사용하며 용접 후 잔류하면 습기를 받아서 모재가 부식된다. 작은 것이면 끓은 물에 넣어 섬유 브러시로 씻고, 큰 것이면 용접부에 물을 주면서 브러시로 마찰시키면서 씻어 낸다. 그리고, 아르곤 아아크 용접일 때에는 용제가 아르곤이므로 간단하다.

9·7·4 이음부의 청소

용융 용접(溶融熔接), 저항 용접(抵抗熔接), 납땜 그 밖의 어떤 용접에 있어서도 알루미늄과 그 합금의 이음 부분을 잘 청소하지 않으면 좋은 용접을 얻을 수 없다.

즉, 표면에 이물(異物), 기름, 그리이스, 페인트, 먼지와 내화성(耐火性)의 산화막 등을 적당한 방법으로 용접 전에 제거하여야 한다. 청소를 하는 방법은 기계적 처리와 약품에 의한 화학적 처리가 있으며, 보통 트리클로로에틸렌(trichloroethylene), 가솔린(gasoline), 벤젠(benzene), 신나(sinna) 등으로 탈지(脫脂)한 후에 다음과 같은 방법으로 산화막을 제거한다. 기계적 방법으로는 세모(細毛)의 쇠브러시로 강력한 저항을 느낄 때까지 표면을 마찰시킨다. 화학적 방법으로 5 % 의 가성소오다액(70°C)에 약 1 분간 침지(浸漬)하고 물에 씻은 후 약 15 % 의 초산액(硝酸液) 실온 상태에서 1~5 분 동안 담근 다음, 냉수로 세척을 하여 다시 열탕(熱湯)에서 세척하고 충분히 건조시킨다(불활성가스 아아크 용접용의 모재는 보통 이 방법으로 화학적 세척을 한다).

9·7·5 용접성(weldability)

알루미늄 합금은 불활성가스 아아크 용접을 사용하면 비교적 쉽게 용접할 수 있으나 용접 금속 내의 기공(氣孔)의 발생, 슬랙의 섞임 혹은 텅스텐 섞임, 용접 균열, 열영향부의 연화와 내식성(耐蝕性)의 저하 등 여러 가지의 결함을 유발시킬 수 있으므로 세심한 주의가 필요하다.

9·8 구리와 그 합금의 용접

9·8·1 종 류

구리(銅, copper)는 전기 및 열의 양도체(良導體)이기 때문에 전기 재료로서 많이 사용되고 있으며, 공기나 바닷물에 대한 내식성(耐蝕性)이 우수하기 때문에 옛날부터 다방면의 내식성 물품에 이용되어 왔다.

순동(純銅)에는 전해 정련(電解精鍊)을 하는 상태에서 약간의 산소를 함유한 타후피치동(tough pitch copper)과 산소를 거의 함유하지 않는 고도전율의 무산소동(無酸素銅, oxygen free high conductivity copper OFHC)이 있으며, 타후피치동을 강인동(強靭銅)이라 하여 전기 계통의 재료에 많이 사용하고 $O_2 \fallingdotseq 0.03$ % 를 함유하므로 Cu ≒ 99.96 % 의 순도를 가지고 있다. 무산소동은 O_2=0.002~0.010 %를 함유하고 있으므로 저산소동(低酸素銅) 혹은 탈산동(脫酸銅, oxygen free copper)이라고도 한다.

동합금(銅合金)에는 순구리에 비해 열이나 전기 전도성이 낮으나 강도가 높으며, 첨가 합금 원소의 종류에 따라 여러 가지의 우수한 특성을 가지고 있으므로 압연재(壓延材), 또는 주조재(鑄造材)는 그 이용 범위가 대단히 넓다. 동합금은 첨가되는 주요 원소에 따라 다음과 같이 분류한다.

(1) **황동**(brass) Cu-Zn계 합금

아연(亞鉛)을 10~45 % 정도 함유한 것이며, 그 밖의 원소인 Sn, Mn, Si 등을 소량 첨가한 모넬(monel) 황동, 규소 황동, 망간 황동 등이 있다.

(2) **인청동**(phosphor bronze) Cu-Sn계 합금

주석(朱錫)을 5~10 % 첨가한 것으로 청동계 합금(bronze)의 대표적인 것이다.

(3) **규소 청동**(silicon bronze) Cu-Si계 합금

규소(硅素)를 1.5~3.25 % 첨가한 것이며, 그 밖의 원소인 Mn, Zn, Sn 또는 Fe 등을 함유하고 있다.

(4) **알루미늄 청동**(aluminium bronze) Cu-Al계 합금

알루미늄 4~11 %를 함유한 것으로 그 밖의 원소인 Zn, Fe, Si 또는 Mn 등을 함유하고 있다.

(5) **니켈 청동**(nickel bronze) Cu-Ni계 합금

니켈을 10~30 % 정도 함유하며, 그 밖의 원소인 Zn, Sn 등을 함유하고 있다.

9·8·2 동합금의 용접성

순동의 용점(融點)은 1084°C 이므로 알루미늄(660°C)과 강철(1500°C)의 중간이고, 비열(比熱)은 연강보다 약간 낮으며 융해열은 거의 같다. 순동의 열전도도(熱傳導度)는 연강의 8배 이상이고 알루미늄의 약 2배이므로 용접부의 열은 급속히 방산(放散)되기 때문에 가스 용접과 전기 아아크 용접으로 좋은 용입을 얻기 위해서는 반드시 예열이 필요하고 열 영향부의 넓이가 연강보다 현저히 크게 된다.

구리에 합금 원소가 첨가되면 보통 전기 전도도(電氣傳導度)가 약간 저하되는 경향이 있으나 이 때문에 동합금은 순동(純銅)에 비해 대체로 용접이 용이하다.

(1) 황동의 용접

황동은 구리와 아연의 합금으로 그 배합 비율에 의해 7-3 황동(cartridge brass, Cu 70 %, Zn 30 %)과 6-4 황동(muntz metal Cu 60 %, Zn 40 %)이 있다. 불활성가스 아아크 용접에서는 용접봉에 규소 청동(1.5~3.0 %)을 쓴다. 황동에는 Zn이 다량 함유되어 있어 그 증발에 의해(약 900°C에서) 기포(氣泡)가 되기 쉬우므로 특히 주의를 요한다. 피복(被覆) 아아크 용접은 규소 청동(硅素青銅) 및 인청동(燐青銅)의 용접봉이 쓰인다. 그리고 아연의 증발이 있으므로 작업하기가 어렵다. 예열(豫熱)은 250~350°C 정도로 하는 것이 보통이다. 가스 용접으로 할 때는 같은 재료의 용접봉이나 아연이 많이 함유된 것을 사용한다. 또, 내식성(耐蝕性)을 요구하는 것에는 규소(Si) 1.5 %를 함유한 것이 사용된다.

가스 용접에서 주의를 요하는 것은 아연의 증발로 산화 아연이 백색 연기로 되어 비이드가 보이지 않게 되어 작업이 곤란할 뿐 아니라 기포(氣泡)의 원인이 된다. 이것을 방지하는 데는 산화 불꽃을 써서 황동 표면에 산화 아연(酸化亞鉛)의 보호막을 만들어 용융 금속으로부터 아연이 증발되지 않도록 한다. 황동의 용접에는 가스 용접이 많이 쓰인다.

(2) 인청동의 용접

Cu 95 %, Sn 5 %, P 0.3~0.5 % 정도 함유된 것이 인청동이다. 인청동은 열간 취성의 경향이 있고 용융점이 낮은 성분이 있는 관계로 편석이 있으므로 균열을 발생하기 쉽다. 이 합금은 재빨리 용접하는 것이 필요하며, 피복(被覆) 아아크 용접봉을 써서 직선 비이드(straight bead)로 용접하는 것이 좋다. 용접봉은 인청동(燐青銅) 용접봉이 쓰인다.

용접기는 직류 역극성(逆極性)이나 교류를 쓰며 예열은 100~180°C 정도로 하고 층 사이도 그 온도로 하는 것이 좋다. 또, 쇼트 피이닝(shot peening) 하는 일에 의해 미세한 조직으로 만들어 기계적 성질을 향상시킨다. 이 밖에 인청동의 용접은 MIG 용접이 적합하며 가스 용접은 별로 쓰이지 않는다.

(3) 알루미늄 청동의 용접

알루미늄 4~10 %에 소량의 Ni, Fe, Si, Mn 등을 함유한 동합금이다. 이 합금의 용접은 불활성가스 아아크 용접이 알맞아 가장 많이 쓰인다. 피복 아아크 용접에서는 알루미늄 청동 용접봉이 쓰이며, 알루미늄 청동은 열간(熱

間)에서 강도나 연성(延性)이 우수하므로 위이빙 비이드와 직선 비이드 어느 것이나 기계적 성질에는 별 영향이 없다.

가스 용접에서는 산화물(酸化物)의 처리가 곤란하기 때문에 별로 쓰이지 않는다.

(4) 니켈 청동의 용접

Ni 10, 20, 30 % 를 함유한 3 가지의 동합금이 있다. 피복 아아크 용접에서는 니켈 및 모넬(monel)의 용접봉이 쓰이며, 직류 역극성(直流逆極性)에서는 과열을 피하고 직선 비이드로 재빨리 얇은 층을 다듬질하는 것이 좋다.

가스 용접에서는 환원(還元) 불꽃을 쓰며 용접봉은 탈산제(脫酸劑)로서 Mn, Si 를 함유한 것이 좋다. 가스 용접에서는 용제를 사용하는데 이는 내화성(耐火性) 산화니켈의 생성 방지와 기포(氣泡)의 발생을 피하기 위해서이다. 니켈 청동에 대해서도 불활성가스 아아크 용접이 쓰이고 있다. 이 밖의 동합금에는 베릴륨구리, 규소 청동 등이 있으며, 베릴륨은 불활성가스 아아크 용접, 피복 아아크 용접, 가스 용접의 어느 것에나 쓰이며, 비교적 용접이 용이하다. 예열(豫熱)은 하지 않고 층간(層間) 온도는 60～70°C 로 유지하여 과열을 피하지 않으면 안 된다.

9·8·3 용접봉(熔接棒)

(1) 타후피치 청동봉

구리 60 %, 아연 30 %, 주석 1 % 의 합금으로 용융점(溶融點)이 885°C 이고 인장 강도(引張強度)가 36 kg/mm² 이다. 각종 동합금에 많이 쓰인다.

(2) 규소 청동봉

구리 58～60 %, 아연 40～30 %, 규소 0.1～0.25 % 이 밖에 소량의 철, 망간을 함유한다. 보통 규소가 들어 있으면 탈산 효과(脫酸效果)가 좋고, 신연율(伸延率)을 손상시키는 일이 없이 강도를 증가시키고 내식성도 양호하다.

(3) 인청동봉

구리 90～96 %, 주석 2～7 %, 인 0.25～0.4 % 이다. 보통 인(燐)이 첨가되면 구리의 산화를 방지, 금속 표면의 융합을 쉽게 하는 용제 작용이 풍부하고 유동성도 양호하다.

(4) 에버듀르(everdur)봉

구리 94～96 %, 규소 4～5 %, 망간 1～1.2 % 를 함유한 것으로 그 융점이

1,020°C 이며 용접성이 양호하고 우수한 내식성을 가진다.

9·8·4 용 제

용제는 용융 금속의 산화, 합금 원소의 이산(離散)을 방지, 유동성을 좋게 한다. 용제로는 무수 붕사, 붕산, 규산소오다, 규석, 식염, 칼리, 장석, 인산소오다, 빙정석, 석회, 탄산소오다 등을 단독 또는 혼합해서 사용한다. 표 9·4는 각종 동합금을 용접할 때 용접봉 및 예열 온도(豫熱溫度)를 나타낸 것이다.

표 9·4 동합금에 있어서 사용되는 용접봉 및 예열 온도

(a) **동합금강의 용접**

합금의조합	Cu-Be	Cu-Ni	Cu-Al	Cu-Si	Cu-Sn	Cu-Zn	Cu
Cu(순동)	2 *F*	5, 2 *F*	2, 3 *F*	3 *F*	2, 3 *F*	2, 3 *F*	1, 2, 3 *F*
Cu-Zn(황동)	2, 4 *E*	5, 4 *D*	2, 4 *D*	2, 3 *D*	2, 3 *D*	2, 3, 4 *D*	
Cu-Sn(인청동)	2, 3 *E*	2, 5 *C*	2	2, 3 *C*	2 *C*		
Cu-Si(규소 청동)	3, 4 *E*	3, 5 *D*	3, 4 *A*	3 *A*			
Cu-Al(알루미늄 청동)	4 *E*	4, 5 *C*	4 *C*				
Cu-Ni(니켈 청동)	4, 5 *E*	5 *A*					
Cu-Be(베릴륨 청동)	6, 4 *E*						

(b) **동합금과 철강의 용접**

모재의 조합	저 Ni 강	Mn 강	공구강	스테인레스강	주철	탄소강
Cu	2 *F*	2 *F*	2 *F*	2 *F*	2 *F*	2 *F*
Cu-Zn	2, 4 *D*	2, 4 *D*	2, 4 *E*	2, 4 *D*	2, 4 *D*	2, 4 *D*
Cu-Sn	2 *C*	2 *C*	2 *E*	2 *C*	2 *C*	2 *C*
Cu-Si	3, 2, 4 *A*	3, 2, 4 *A*	3, 2, 4 *E*	3, 2, 4 *A*	3, 2, 4 *C*	3, 2, 4 *A*
Cu-Al	4 *C*	4 *C*	4 *E*	4 *C*	4, 2 *D*	4 *C*
Cu-Ni	5, 4 *A*	5, 4 *A*	5, 4 *E*	5, 4 *E*	5, 4 *C*	5, 4 *A*
Cu-Be	4, 2 *E*	4, 2 *E*	4, 2 *E*	4, 2 *E*	2, 4 *E*	4, 2 *E*

용접봉	용접봉	예열 온도	예열 온도
1=Cu	4=Cu-Al	*A*=70°C(예열 없음)	*D*=260°C
2=Cu-Sn	5=Cu-Ni	*B*=150°C	*E*=370°C
3=Cu-Si	6=Cu-Be	*C*=200°C	*F*=400～500°C

제 10 장

용접부(熔接部)의 시험과 검사

10·1 개 요

용접은 조심하지 않고 시공하면 여러 가지의 용접 결함(熔接缺陷)을 유발하게 된다. 즉, 용접열에 의한 모재의 변질, 변형과 수축, 잔류 응력(殘留應力)의 발생이라든가, 용접부 내의 화학 성분(化學成分)과 조직의 변화를 어느 정도 피할 수 없기 때문에 용접물의 용접 결과를 소요의 성능으로 표시할 수 있는 한계로 정하고 있다. 보통 용접부의 안전성(soundness)과 신뢰성(信賴性)을 조사하려면 여러 가지 방법이 있는데 크게 나누어 보면, 작업 검사(作業檢査, procedure inspection)와 완성 검사(完成檢査, acceptance inspection)로 나눌 수 있으며, 작업 검사는 좋은 용접 결과를 얻기 위한 것이므로 용접 전이나 용접 도중에 혹은 용접 후에 하는 검사로서 용접공의 기능, 용접 재료, 용접 설비, 용접 시공 상황, 용접 후 열처리 등의 적부를 검사하는 것을 말한다.

완성 검사는 용접 후에 용접 제품이 요구하였던 모든 조건에 만족되었는가를 검사하는 것으로, 완성 검사에 이용되는 방법은 표 10·1 과 같이 파괴 시험법(destructive testing)과 비파괴 시험법(non destructive testing)으로 대별되고, 파괴 시험법은 피검사부를 절단(切斷), 굽힘, 인장(引張) 혹은 소성 변형(塑性變形)을 주어 시험하는 방법이고, 비파괴 시험법은 피용접물을 파괴하지 않고 검사하는 방법이다.

표 10·1 용접부 검사 방법의 분류

- 용접부의 시험
  - 파괴 시험
    - 기계적 시험
      - 인장 시험(tension test) — 정적
      - 굽힘 시험(bending test) — 정적
      - 경도 시험(hardness test) — 정적
      - 충격 시험(impact test) — 동적
      - 피로 시험(fatigue test) — 동적
      - 그 밖의 시험(고온 및 저온 시험)
    - 물리적 시험
      - 물성 시험(비중, 점성, 표면 장력, 탄성 등)
      - 열특성 시험(팽창, 비열, 열전도 등)
      - 전기, 자기 특성 시험(저항, 기전력, 투자율 등)
      - 그 밖의 시험
    - 화학적 시험
      - 화학 분석 시험
      - 부식 시험(corrosion test)
      - 함유 수소 시험(hydrogen test)
    - 야금학적시험
      - 육안 조직 시험(macrography test)
      - 현미경 조직 시험(micrography test)
      - 파면 시험(fracture test)
      - 설퍼 프린트 시험(sulfur print test)
    - 용접성 시험
      - 노치 취성 시험(notch brittleness test)
      - 용접 경화성 시험
      - 용접 연성 시험(weld ductility test)
      - 용접 균열 시험(weld cracking test)
    - 그 밖의 시험
      - 내압 시험
      - 낙중 시험
  - 비파괴 시험
    - 외관 시험
    - 누출 시험
    - 침투 시험
    - 형광 시험
    - 음향 시험
    - 초음파 시험
    - 자기적 시험
    - 와류 시험
    - 방사선 투과 시험
      - X선 투과 시험
      - γ선 투과 시험
    - 천공 시험
    - 그 밖의 시험

10·2 용접 결함의 검사

용접 검사의 대상이 되는 용접 결함의 검사는 표 10·2와 같이 3가지로 구분할 수 있다.

표 10·2 용접 결함에 대한 시험과 검사법

용접결함	결 함 종 류	시 험 및 검 사
치수상 결 함	변 형	적당한 게이지를 사용하여 외관 육안 검사
	용접부의 크기가 부적당	용착 금속 측정용 게이지를 사용하여 육안 검사
	용접부의 형상이 부적당	〃
구조상 결 함	기 공	방사선 검사, 자기 검사, 와류 검사, 초음파 검사 파단 검사, 현미경 검사, 마이크로 조직 검사
	슬 랙 섞 임	〃
	용 합 불 량	〃
	용 입 불 량	외관 육안 검사, 방사선 검사, 굽힘 시험
	언 더 컷	외관 육안 검사, 방사선 검사, 초음파 검사, 현미경 검사
	용 접 균 열	마이크로 조직 검사, 자기 검사, 침투 검사, 형광검사, 굽힘 시험
	표 면 결 함	외관 검사
성질상 결 함	인 장 강 도 부 족	기계적 시험
	항 복 강 도 부 족	〃
	연 성 부 족	〃
	경 도 부 족	〃
	피 로 강 도 부 족	〃
	충 격 에 의 한 파 괴	〃
	화 학 성 분 부 적 당	화학 분석 시험
	내 식 성 불 량	부식 시험

10·2·1 치수상 결함

용접은 국부적으로 급격히 가열하여 강철이 용융점(약 1,500°C) 전후까지 도달하였다가 바로 주위의 모재에 열을 전도시키고 단시간에 실온(室溫) 부근까지 냉각되므로, 용접부를 중심으로 하여 부분적으로 큰 온도 구배(勾配)를 가지게 된다. 이것은 열에 의한 팽창, 수축이 장소와 시간에 따라 큰 차이를 발생하기 때문이다. 그러므로, 변형과 잔류 응력(殘留應力)의 양은 용접부에 주어진 열량에 비례하므로 이것을 최소로 하려면 용접 설계와 용접 시공법을 잘 연구 조정하면 된다.

그림 10·1 은 용접 이음부에 발생하는 열변형(熱變形)을 나타내고 있다.

10·2·2 구조상 결함

구조상 용접 결함은 용접물의 안전성을 저해하는 중요한 인자(因子)로 결함이 발생하는 장소에 따라서 용접 금속의 균열과 모재의 균열이 있으며, 아아

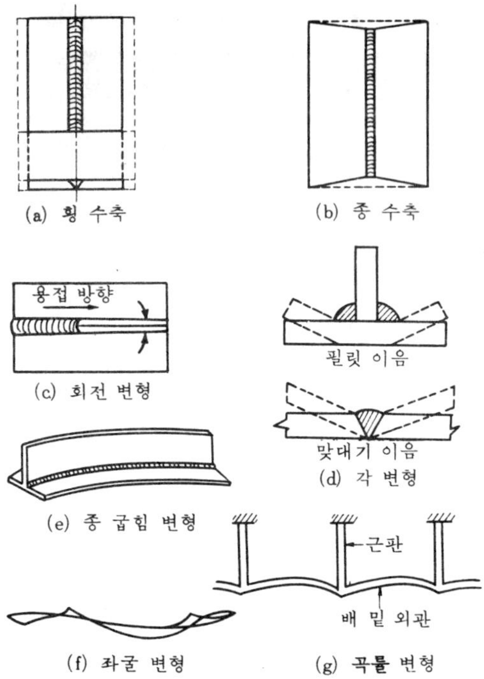

그림 10·1 치수상 결함

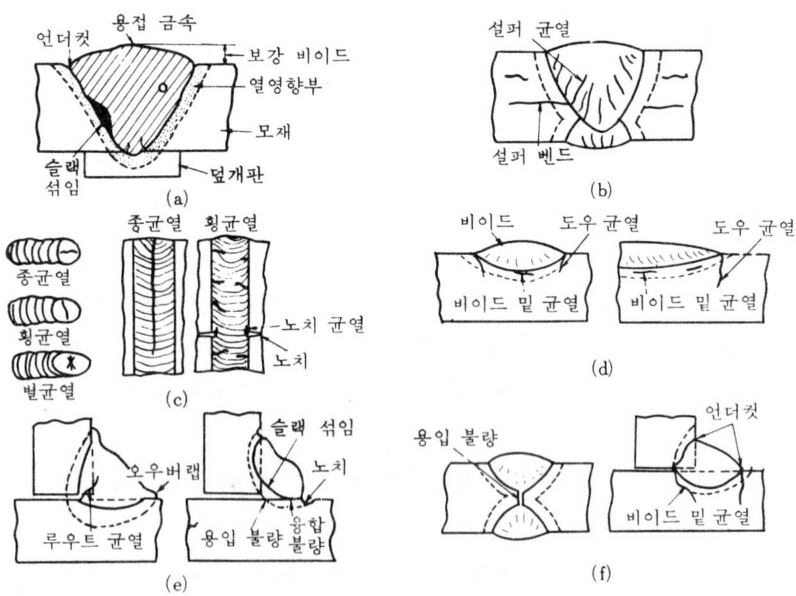

그림 10·2 용접 결함과 균열

크 발생 온도에 따라 고온 균열과 저온 균열이 있다. 그리고, 균열의 대소는 마크로(macro) 균열과 마이크로(micro) 균열 등이 있다. 그림 10·2는 여러 가지의 용접 결함과 균열을 나타내고 있다.

10·2·3 성질상 결함

용접부는 국부적인 가열에 의하여 융합하는 이음 형식이기 때문에 모재와 같은 성질이 되기 어렵다. 용접 구조물(構造物)은 어느 것이나 사용 목적에 따라 기계적, 물리적, 화학적인 성질에 대하여 정하여진 요구 조건이 있는데, 이것을 만족시키지 못하는 것을 성질상 결함이라 한다.

10·3 기계적 시험

기계적 시험법은 모재와 용접 이음의 강도를 시험하고 연성(軟性)과 결함을 조사하는 것으로, 보통 재료 시험법(材料試驗法)과 같다.

10·3·1 인장 시험

인장 시험(tension test)은 판상(板狀), 관상(管狀) 혹은 봉상(棒狀)의 시험편을 인장 시험기로 인장하여 그 강도 및 연성(ductility)을 측정하는 방법이다. 연강의 인장 시험에서 하중(荷重)을 P kg, 시험편의 최초 단면적을 A(mm²) 이라고 하면, 응력(stress) σ는 아래와 같다.

$$\sigma = \frac{P}{A} \text{(kg/mm}^2\text{)}$$

그리고, 시험편의 파단 후의 거리를 l(mm), 최초의 길이를 l_o라 하면 변형률(strain) ε은

$$\varepsilon = \frac{l - l_o}{l_o} \times 100$$

와 같이 되고, 판단 후의 시험편의 단면적을 A'(mm²), 최초의 원 단면적을 A(mm²)라 하면 단면 수축률(收縮率) φ는 다음과 같다.

$$\varphi = \frac{A - A'}{A} \times 100$$

그림 10·3은 응력(應力)과 변형도(變形圖)의 선도(線圖)이며 C점에 해당하는 응력의 하중은 증가하지 않고 변형만 하는데, 이 때 최대 하중(kg)을 원 단면적(mm²)으로 나눈 값을 항복 응력(降伏應力) kg/mm²이라 한다. 그러나 스테인레스강, 황동과 같이 항복점(yielding point)이 나타나지 않는 재료에

있어서는 항복점에 대응되는 내력(耐力)을 측정한다. 즉, 보통 많이 사용되고 있는 0.2% 내력은 곡선 2에서 표시된 바와 같이, 변율 축상(軸上) 0.2% 변율인 점에서 직선 부분에 평행선을 그어 하중-변율 곡선과 만나는 *G* 점의 하중을 원 단면적으로 나눈 값을 말하는데 이것을 영구 변형(permanentset or plastic strain)의 0.2%에 대한 응력으로 0.2% 항복 응력(降伏應力) 혹은 내력(yield stress)이라 부르며, 이런 방법을 오프셋(offset)법이라 한다.

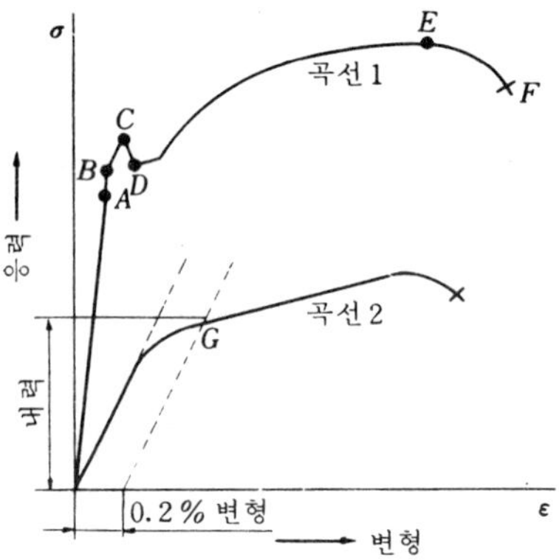

그림 10·3 응력과 변형도 선도

항복점에서 하중을 증가시키면 변율이 증가되어 최후에는 파단하게 된다. 이 때, 발생한 최대 하중을 원 단면적으로 나눈 값을 인장 강도(tensile strength) 혹은 항장력(抗張力; *E* 점) 이라고 한다. 하중과 변형률이 비례 관계를 가질 수 있는 최대 하중을 비례 한도(proportional limit)라 말하며(곡선 1의 *A* 점), 하중을 완전히 제거하였을 때 재료가 영구 변형을 남기지 않고 원위치로 돌아가는 최대 응력(最大應力)을 탄성 한도(elastic limit)라고 한다. 그러나, 측정 정밀도(精密度)에 관계가 있으므로 보통 영구 변형률(permanent set)의 값을 0.001~0.05%로 규정하고 있는데, 우리 나라 KS에서는 0.02%로 규정하고 있다(*B* 점).

10·3·2 용착 금속의 인장 시험

용착 금속(deposited metal)의 인장 시험편은 그림 10·4와 같이 뒤 덮개판을 붙인 넓은 V형 홈 내에서 채취한다.

표 10·3 용착 금속 인장 시험편의 형상과 구분

[illegible]	A 1호	A 2호	A 3호
지 름 (D)	12.5	6	3
표 점 거 리 (l)	50	24	12
평행부의 길이 (P)	60	32	18
[illegible] (R)	15 이상	6 이상	3 이상

시험편은 원칙적으로 표 10·3에서 아아크 용접일 때 A 1호 시험편, 가스 용접일 때 A 2호 시험편으로 하지만, 이 시험편이 채취 곤란할 때 A 2호와 A 3호의 시험편을 사용하기도 한다.

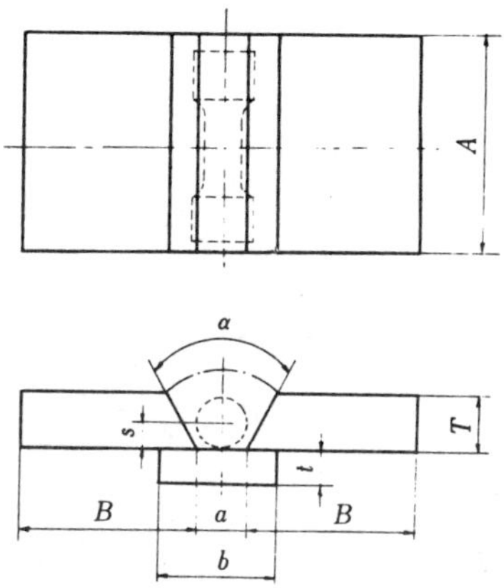

그림 10·4 용착 금속에서 인장 시험재의 채취 형상

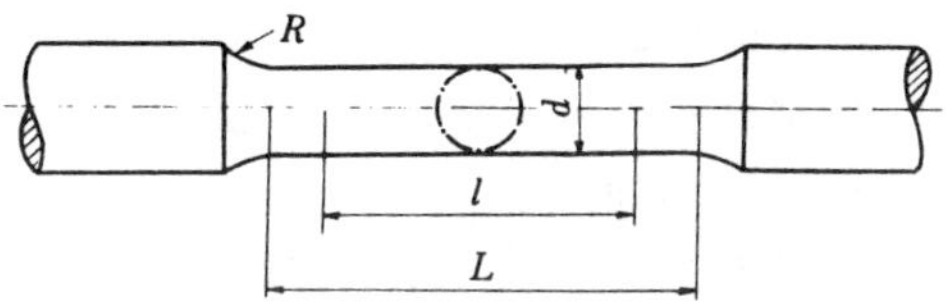

그림 10·5 인장 시험편 형상

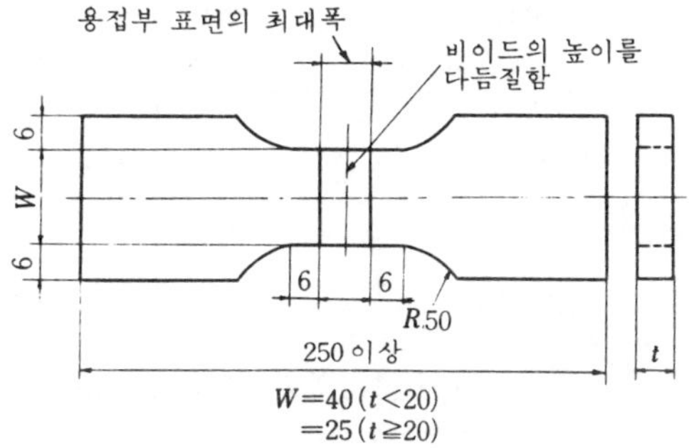

그림 10·6 맞대기 용접 이음의 인장 시험편

10·3·3 굽힘 시험

용접부의 연성(延性)과 안전성을 조사하기 위하여 사용되는 시험법으로 용접공의 기능 검정에도 채용하고 있으며, 굽힘 방법에는 자유 굽힘(free bend), 로울러 굽힘(roller bend)과 형틀 굽힘(guide bend)이 있으며, 보통 180°까지 굽힌다. 또, 시험하는 표면의 상태에 따라서 표면 굽힘 시험(surface bend test), 이면 굽힘 시험(root bend test), 측면 굽힘 시험(side bend test)의 3가지 방법이 있으며 굽힘 시험 방법은 그림 10·7과 같다.

이와 같이 하여 시험한 결과를 판정하는 기준은 다음과 같이 정한다.

그림 10·7 굽힘 시험 방법

표 10·4 각국의 굽힘 시험 결과의 판정 기준

국제 적용 범위		사용 조건		굽힘 시험	
		용도	모재 종류	내반경 각도	판정 기준
일본	형틀 굽힘 시험	보통	— 형틀굽힘	$2t$ 180°	—
	자유 굽힘 시험	보통	— 자유굽힘	—균열 발생까지	변율 계측
	로울러굽힘시험	보통	— 로울러굽힘	$2t$ 180°	—
	기술 검정 시험	기능공 검정	연강 형틀굽힘	$2t$ 180°	결함 3.2 mm 이하
미국	AWWAC	수도관	연강 자유굽힘	— —	변율 20 % 이상
	ASME	보일러내압용기	연강 형틀굽힘	$2t$ 180°	—
	기술 검정	선박	연강 형틀굽힘	$2t$ 180°	결함 3.2 mm 이하
영국	BS-1500	압력 용기	연강 로울러굽힘	$1.5t$ 180°	깊이 방향 결함 3.2 mm 이하 횡 방향 결함 1.6 mm 이하
	BS-639	용접봉	연강 로울러굽힘	$1.5t$ 180°	깊이 방향 결함 1.6 mm 이하 횡 방향 결함 3.2 mm 이하
	LR (1952)	압력 용기	연강 로울러굽힘	$1.5t$ 180°	균열 없음

① 3.2 mm 를 넘는 균열이 용접 방향에 관계 없이 없을 것, 언더컷 내의 균열이 기공(氣孔)과 연속되고 있을 때, 이 전체를 균열의 길이로 한다. 단, 열영향부의 균열은 불문으로 한다.

② 3.2 mm 이하일 때는 합계의 길이가 7.0 mm 를 넘지 않을 것, 또한 기공과 균열의 수가 10 개를 넘지 않을 것

③ 언더컷, 슬랙의 섞임, 파임 깊이(溶入)의 결함이 없을 것 등이다.

(1) 형틀 굽힘 시험

형틀 굽힘 시험은 시험편을 보통 180° 까지 굽히며, 형틀 굽힘 시험편의 형

표 10·5 형틀 굽힘 시험편의 치수

시험편	1 호	2 호	3 호
판 두 께 (t)	3.0~3.5	5.5~6.5	8.5~9.5
길 이 (L)	약 150	약 200	약 250
폭 (W)	19—38	19—38	19—38
측면 라운딩 (R)	<0.5	<1.0	<1.5

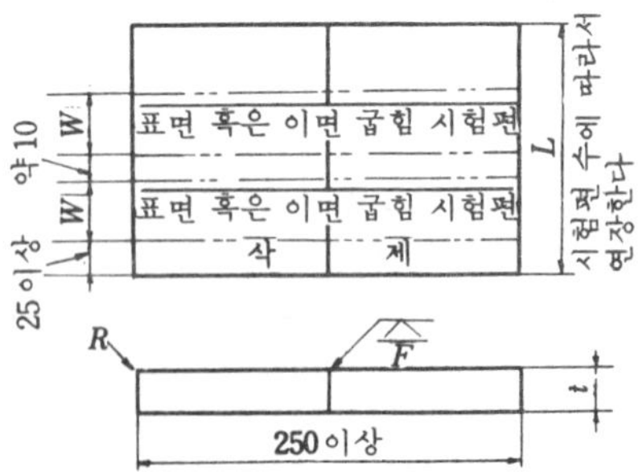

그림 10·8 형틀 굽힘 시험편

표 10·6 시험용 지그의 치수

지그 치수	A 1 형	A 2 형	A 3 형
R	7	13	19
S	38	68	98
A	100	140	170
B	14	26	38
C	60	85	110
D	50	50	50
E	52	94	136
R	12	21	30
사용 시험편	1 호	2 호	3 호

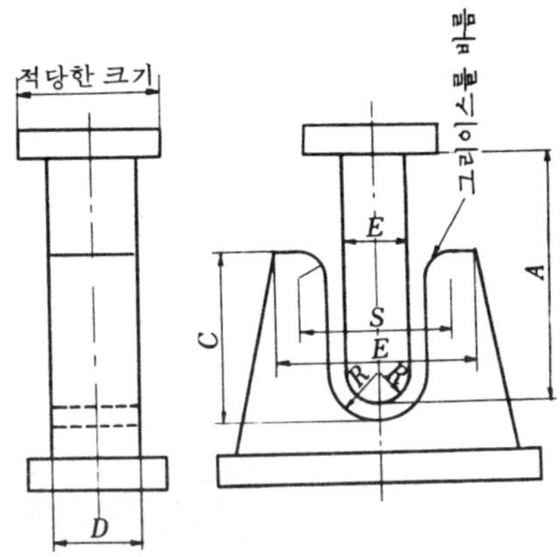

그림 10·9 형틀의 형상

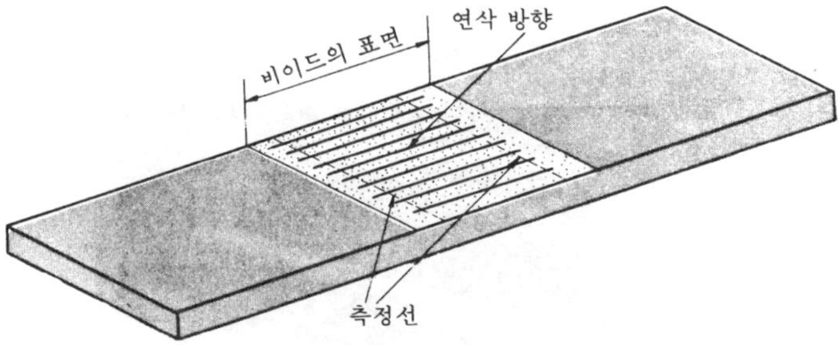

그림 10·10 굽힘 시험편의 표면 가공

그림 10·11 형틀 굽힘의 외관

상과 크기는 표 10·5와 그림 10·8과 같이 하고, 시험용 형틀(jig)의 치수와 형상은 그림 10·9와 표 10·6과 같다.

(2) **자유 굽힘 시험**

금속 재료의 판과 관(管)을 아아크 용접과 가스 용접에 의하여 맞대기 용접 이음을 하여 용접 금속의 안전성과 연성(延性)을 시험하는 것이다.

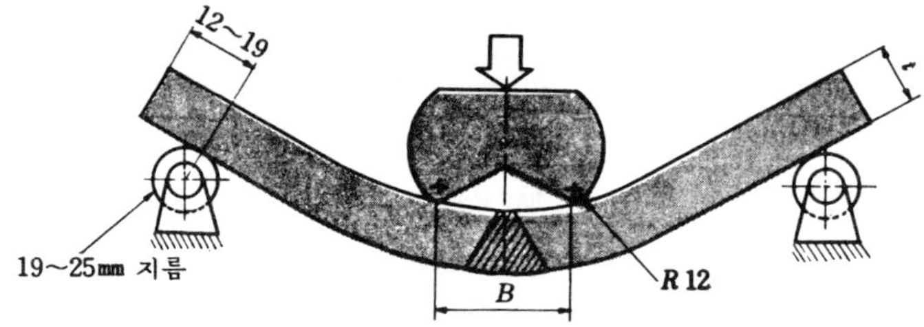

(a) 로울러 받침

(b) 외관

그림 10·12 자유 굽힘 시험

그림 10·12의 (a)와 같이 중앙 부분에서 가압을 하고, 적당한 방법으로 서서히 표준선간의 표면에 규정된 크기의 균열부가 발생할 때까지 가압을 한다. 결함이 나타나지 않으면 밀착될 때까지 굽힌다.

완전히 구부린 후에 표면을 따라 표준선간의 거리를 측정하여 변형률 δ_b를 계산한다.

l : 최초 표준선간의 거리

Δl : 시험 전후의 표준선간의 거리 차라 하면, 다음과 같이 된다.

$$\delta_b(\%) = \Delta l / l \times 100$$

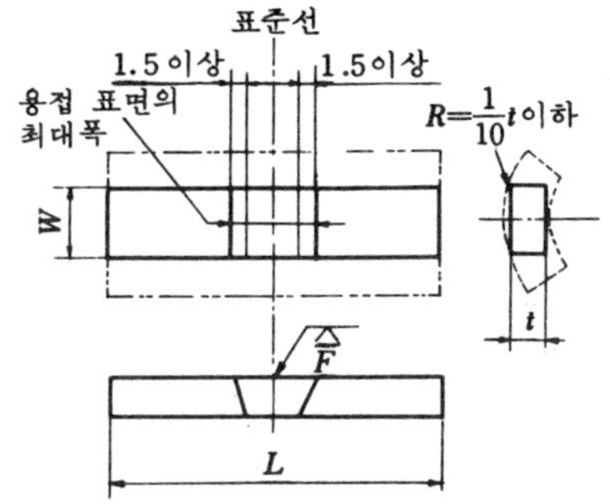

그림 10·13 자유 굽힘 시험편의 형상

표 10·7 자유 굽힘 시험편의 크기

판 두께 (t)	6	9	12	16
폭 (W)	9	14	18	24
길 이 (L)	150	200	230	250
하중대 (B)	35	35	50	50

(3) **로울러 굽힘 시험**(roller bend test)

로울러 굽힘은 시험용 지그가 필요 없이 3~19 mm 두께의 시험편을 그대로 굽힐 수 있으며, 굽힘 방법은 자유 굽힘 방법과 같으므로 용접 금속과 모재의 경도(硬度)가 너무나 차이가 있는 것은 시험에 부적당하다. 영국에서는 굽힘 시험을 이 로울러 굽힘 시험만을 사용하고 있다. 시험편의 형상과 치수는 시험편의 폭 19~38 mm, 길이 250 mm 이상(16 t+100 mm)으로 하고, 시험재와 시험편의 채취 방법은 형틀 굽힘과 자유 굽힘 시험인 경우의 요령과 같다. 굽힘 지그는 그림 10·14의 로울러와 펀치를 사용하고 펀치의 반경 R은 시험편 두께 t의 2배(형틀 굽힘과 같음), 로울러의 간격 S는 $(5R+3)$ mm로 한다. 시험편은 용접부가 정확히 로울러의 중앙에 오도록 하며 굽혀진 표면에서 결함을 조사한다.

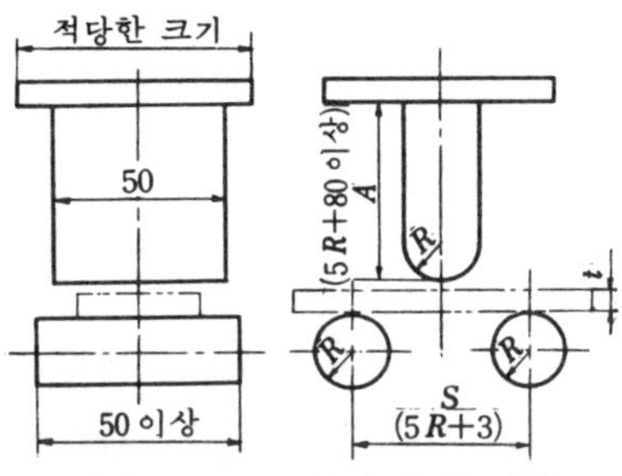

그림 10·14 로울러 굽힘 시험

10·3·4 경도 시험

브리넬(Brinell) 경도, 로크웰(Rockwell) 경도, 비커스(Vickers) 경도 시험기는 압입 자국으로 경도를 표시한다. 압입체인 다이아몬드 또는 강구로 눌렀을 때, 재료에 생기는 소성 변형(塑性變形)에 대한 자국으로 경도를 계산하고 있다. 쇼어(Shores) 경도 시험은 낙하-반발 형식으로 재료의 탄성 변형(彈性變形)에 대한 저항으로써 경도를 표시한다.

10·3·5 충격 시험

충격 시험(impact test)은 재료가 파괴될 때 재료의 성질인 인성(toughness)

시험편인 표준 샤르피(charpy) 시험편 그림 10·15를 가지고 그림 10·16 충격과 취성(brittleness)을 시험하는 것이다. 용착 금속의 충격 시험은 충격 굽힘 시험기에서 흡수 에너지와 충격치를 구한다.

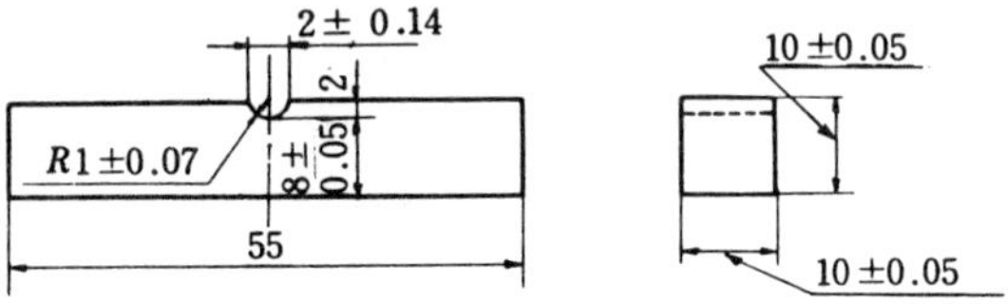

그림 10·15 표준 샤르피 시험편

충격 시험 온도는 지정된 온도에서 ±1°의 허용차(許容差)를 가지고 있는 액체 속에 10분간 담갔다가 5초 이내에 시험을 완료하여야 한다. 충격치는 충격 온도에 큰 영향을 가지고 있기 때문이며, 다음과 같이 구한다. 시험편에 흡수된 에너지 E는

$$E = WR(\cos\beta - \cos\alpha)\ (\text{kg}\cdot\text{m})$$

충격치 U는 흡수 에너지를 시험편의 단면적으로 나눈 값이다.

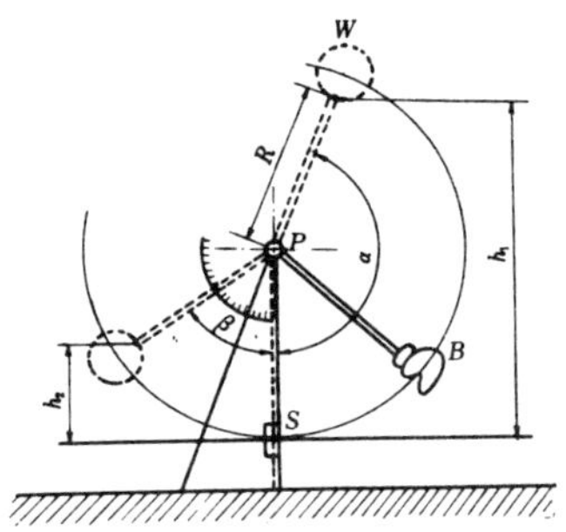

그림 10·16 샤르피 펜듈럼 충격 시험기

$$U = \frac{E}{A} = \frac{WR(\cos\beta - \cos\alpha)}{A}\ (\text{kg}\cdot\text{m/cm}^2)$$

W : 펜듈럼 해머의 중량(kg)

R : 회전축 중심(中心)에서 해머 중심(重心)까지의 거리(m)

β : 해머의 처음 높이 h_1에 대한 각도

α : 해머의 2차 높이 h_2에 대한 각도

시험편의 파단(破斷)에 필요한 흡수 에너지가 크면 클수록 인성(靭性)이 큰 재료가 되며 작으면 작을 수록 취성(脆性)이 큰 재료가 된다.

이 밖의 충격 시험 방법은 충격 인장(引張), 충격 압축(壓縮), 반복 충격(反復衝擊) 시험 등이 있는데, 이들의 시험은 재료 시험법에 따르면 된다.

10·3·6 피로 시험

시험법 재료에 반복 하중을 작용시키면 그 응력이 재료의 항복점(降伏點) 이하의 응력이더라도 판단되는 수가 있다. 이 현상을 재료의 피로라 한다. 반

복 하중의 응력이 클수록 판단되기까지의 수명이 짧다. 즉, 피로 시험은 재료의 피로 한도(疲勞限度) 혹은 내구 한도(耐久限度)로 시험하며, 시간 강도(어떤 횟수의 반복 하중에 견디는 응력의 극한치)를 구하는 방법이다. 철강 재료는 특별한 목적이 없을 때 반복 횟수는 10^7회까지 시험하면 피로 한도가 구하여진다. 그리고, 시험편의 형상(形狀), 응력의 작용 방법, 응력 상태(應力狀態)의 변동 등은 시험 목적에 따라 변경된다.

10·3·7 그 밖의 시험

그 밖의 기계적 시험으로 크리이프 시험(creep test), 마모 시험(wear test), 비틀림 시험(torsion test), 전단 시험(shearing test) 등이 있으나, 이 중에 크리이프 시험은 고온 강도(高溫強度)를 조사하는 것으로 매우 중요하다.

10·4 화학적 및 야금학적 시험

이 시험법의 종류와 방법에 대하여 표 10·8과 같이 구분하여 설명한다.

표 10·8 화학적 및 야금학적 시험법

종 류		목 적	방 법
화학적 시험법	화학 분석	① 용접봉과 심선, 모재, 용착 금속의 화학 조성 분석 ② 불순물의 함유량 조사	화학 분석
	부식 시험	용접 구조물의 내식성 조사	부식성 분위기를 만들어 시험
	수소 시험	수소량 측정	① 확산성 수소량 측정법 ② 진공 추출법
야금학적 시험법	파면 시험	용접 금속과 모재의 파면 검사	육안 혹은 낮은 배율의 확대경을 사용
	육안 조직 시험	용접부의 용입 상태, 열영향부의 범위, 결함의 분포 상황 등을 조사	조직 시험 시험편을 만들어 육안으로 검사
	현미경 조직 검사	〃	조직 시험편을 만들어 약 50~2,000배 현미경으로 검사
	설퍼 프린트 시험	유화물의 함유량과 분포 상태를 검출	묽은 황산에 담근 사진용 인화지를 시험편 단면에 밀착시킨 후 정착액으로 정착시킨다.

10·5 용접성 시험

용접성(熔接性, weldability)은 주어진 공작 조건하에서 적당히 설계된 구조물을 용접할 때, 재료의 접합 성능(joinability)과 용접 구조물의 사용 성능(performance)에 대하여 어느 정도 만족시킬 수 있는가 하는 정도를 표시하기 위하여 사용된다. 용접성 판정 시험(判定試驗)에는 주어진 용접법을 이용하여 주어진 용접 구조물의 공작을 할 때, 어떤 금속 재료가 그 목적에 사용될 수 있는가 하는 판정 시험으로 다음과 같은 항목으로 종합 시험을 한다.

(1) 기초 시험

① 모재의 화학 조성(분석 시험)

② 모재의 기계적 성질(인장, 굽힘, 충격, 피로 시험)

③ 모재의 결함(육안 조직, 비파괴 검사)

(2) 주요 용접성

① 노치 취성 시험(notch brittless test)

② 용접부의 연성(종 비이드 굽힘 시험, 경도 시험, 조직 시험)

③ 모재와 용접 금속의 균열 시험

(3) 이음부 시험

① 이음의 안전성(비파괴 시험, 파단면 시험)

② 이음의 기계적 성질(인장, 굽힘, 충격, 피로 시험)

(4) 특수 시험

사용 목적을 위한 모재와 용접부의 내식성(耐蝕性), 열적 성질, 전자기적 성질, 고온 성능, 가공성과 특수 성능 시험 등으로 구분하여 시험을 한다.

이상의 시험은 용접 시공법과 용접 구조물의 사용 조건에 따라서 큰 영향을 받고 있으며, 그 밖에 여러 가지 성질인 예열(豫熱), 후열(後熱), 열처리, 시효, 저온, 고온 등의 변수를 가미하여 시험을 하여야 한다.

10·6 비파괴 시험

시험 재료 혹은 제품의 재질(材質)과 형상 치수에 변화를 주지 않고 그 재료의 안전성을 조사하는 방법을 비파괴 검사(non destructive testing or inspection: 약칭 NDT 혹은 NDI)라 하고, 압연 재료(壓延材料), 주조품(鑄造

品), 용접물 등에 널리 이용되고 있다. 이것에 대한 종류와 방법은 표 10·9 와 같이 구분하여 설명한다.

표 10·9 비파괴 검사의 종류와 방법

종 류	목 적	방 법
외관 검사	① 작은 결함 검사 ② 수치의 적부 검사	렌즈, 반사경, 현미경 또는 게이지로 검사
누출 검사	기밀, 수밀 검사	정수압, 공기압에 의한 방법
침투 검사	작은 균열과 작은 구멍의 흠집 검사	① 형광 침투 검사 ② 염료 침투 검사
초음파 검사	내부의 결함 또는 불균형층의 검사	진동수 0.5~15 MHz 를 사용하여 ① 투과법 ② 펄스 반사법 ③ 공진법
자기 검사	자성체의 결함 검사	자화 전류 500~5000 A 를 사용
와류 검사	금속의 표면이나 표면에 가까운 내부 결함의 검사	금속내에 유기되는 와류 전류 (eddy current)의 작용을 이용
방사선 투과 검사	내부 결함 검사	① X 선 투과 검사 ② γ 선 투과 검사

10·6·1 초음파 검사와 방사선 투가 검사

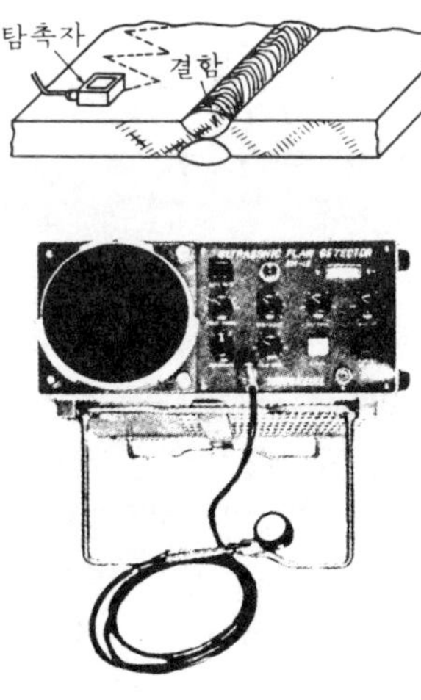

그림 10·17 초음파 탐상기의 외관

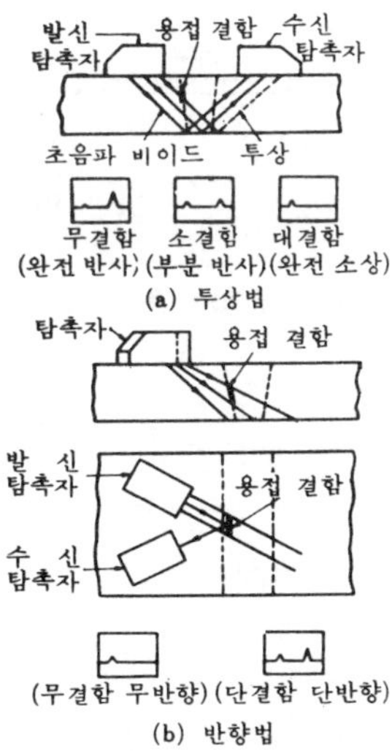

그림 10·18 초음파 탐상법의 종류

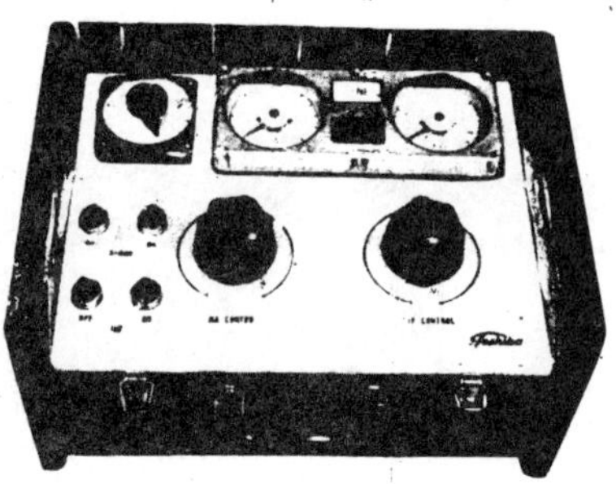

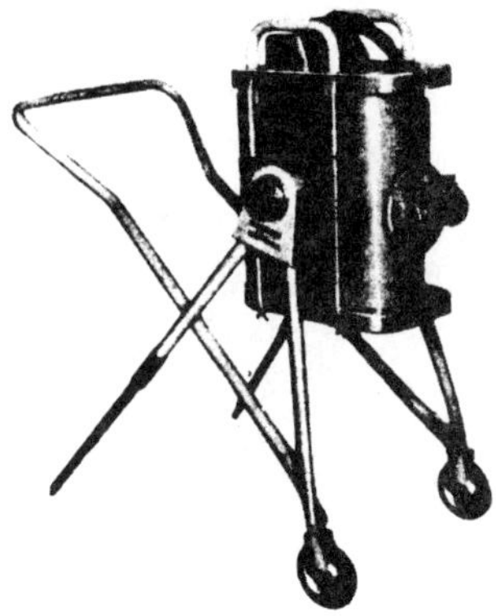

a. 전원 개폐 스위치 *b*. X선관 전압 조정기 *c*. X선관 전류 조정기
d. X선 개폐 스위치 *e*. X선관 전압계 *f*. X선관 전류계
g. 타이머 *h*. 전원 표시등 *i*. X선 표시등

(a) X선 제어기 (b) X선 발생기

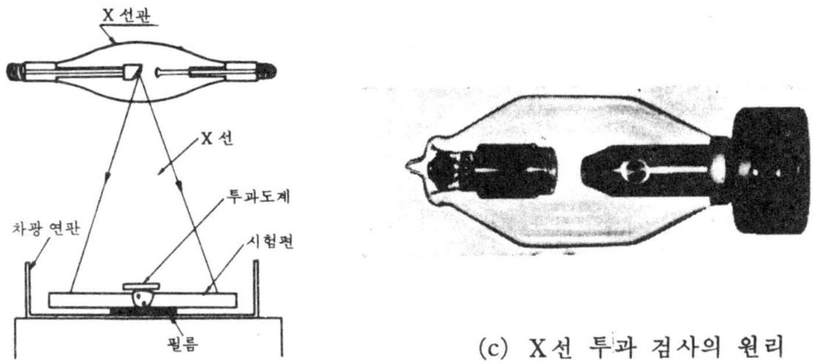

(c) X선 투과 검사의 원리

그림 10·19 X선 투과 검사의 원리와 외관

10·6·2 투과도계 (Penetrameter)

표준 규격으로는 판 두께의 2% 이상의 결함이 검출되어야 한다. 이것을 확인하기 위하여 피검사물 표면에 투과도계(透過度計)를 놓고 그 상(像)을 동시에 촬영한다. 투과도계는 가는 철사줄로 지름이 약간씩 다른 7~10개를 같은 간격으로 나란하게 배열하여 만든 게이지이다. 예를 들면 판 두께 5~50㎜의 시험 재료에 대하여 선지름 0.1, 0.2, 0.3,……1.0㎜인 가는 철사줄 10 개가 사용되며 판 두께 2%에 해당되는 지름의 철사줄이 필름에 나타나는 것으로서 X선 검사의 결함 검출 기준으로 한다. 검사 조건이 좋으면 1% 이고 베타토론일 때는 0.3% 정도를 검출 기준으로 한다.

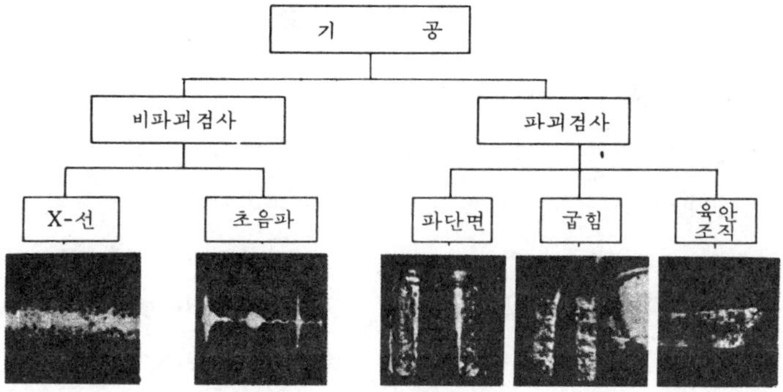

그림 10·20 기공의 검사 방법

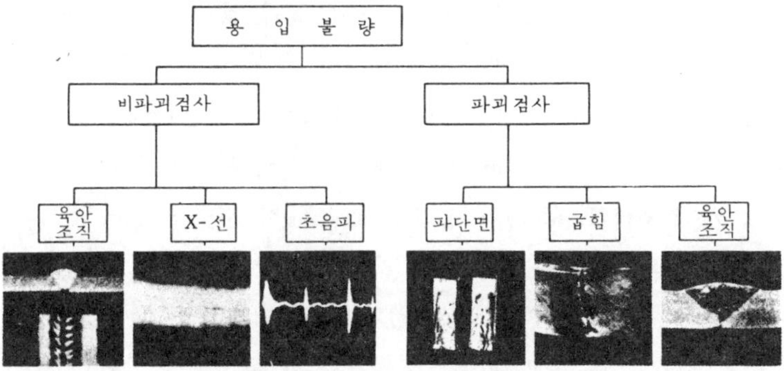

그림 10·21 용입 부족의 검사 방법

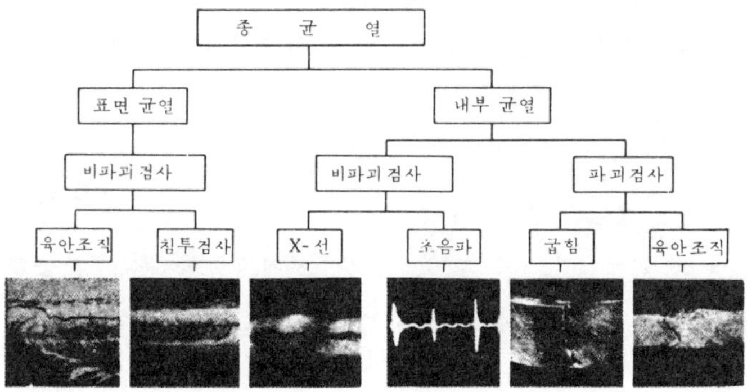

그림 10·22 종 방향 균열의 분류와 검사 방법

10·6·3 방사선 투과 시험 규격

방사선 투과 시험에 의해 결정되는 강철의 용접부에 대한 등급은 표 10·10에 표시하는 바와 같다.

10·7 안전 작업

10·7·1 아아크 용접의 안전 작업

아아크 용접 작업자는 눈에 대한 장해(障害), 화상(火傷), 감전(感電) 등의 재해를 받기가 아주 쉽다. 재해 요소로서는 다음과 같은 것들이 있다.

(1) 감전에 의한 것
(2) 아아크 광선(光線)에 의한 것
(3) 스패터링과 슬랙의 비산(飛散)
(4) 중독성(中毒性) 가스에 의한 것
(5) 폭발성(爆發性) 가스에 의한 것
(6) 화재 그 밖에 의한 것 등

감전에 의한 재해는 다른 재해보다도 사망률이 높다. 특히 몸에 땀이 흐를 때, 의복에 빗물이 젖어 있을 때, 발 아래 물이 있을 때, 손잡이의 통전 부분(通電部分)이 노출해 있을 때, 용접봉의 한 부분이 몸에 접촉되었을 때, 케이블(cable)의 일부가 노출되어 있을 때, 용접기의 절연(絶緣)이 불량할 때, 전원(電源)의 스위치를 개폐(開閉)할 때에 위험하다. 용접기에 의한 사망 사고 중 95 % 가 호울더(holder)의 통전부(通電部)에 접촉된 것이다. 그러므로, 현재는 도체가 외부에 노출되어 있지 않은 안전한 호울더를 사용하도록 되어 있다. 아아크는 다량의 자외선(紫外線)과 소량의 적외선(赤外線)을 가지고 있으므로 이것이 직접 혹은 반사하여 눈에 비치면 전광성 안염(電光性眼炎), 혹은 전안염(電眼炎)이란 장해를 일으킨다. 급성인 것은 아아크 광선을 받은 후 4~8 시간 안에 일어나고 24~48 시간만에 회복되지만 비친 시간이 길면 만성 결막염(慢性結膜炎)을 일으킨다.

10·7·2 가스 용접의 안전 작업

가스 용접의 재해(災害)는 폭발, 화재, 화상, 중독 등이 있는데 이 중에서 가장 위험한 것은 폭발이 제일 많이 발생하므로 주의를 하여야 한다.

(1) 폭발 위험

아세틸렌 가스는 공기 또는 산소와 혼합해서 매우 위험한 폭발성 혼합 가스를 만든다. 이 때문에 사용 중에 여러 가지 원인으로 폭발이 일어나기 쉽다. 아세틸렌 발생기에 혼입(混入)된 공기 또는 산소에 의해 아세틸렌 가스의 산화 폭발(酸化爆發)로 안전기(安全器)가 구조상 결함이 있든지 또는 토오치의 취급 부주의로 인한 역류(逆流), 인화(引火), 역화(逆火) 때문에 폭발하든지 카아바이드 발생기의 이동이나 충격에 의한 폭발, 발생기의 수리 및 가공할 때 남은 가스의 폭발 등이 있다. 폭발하기 쉬운 발생기의 종류는 기종(氣鐘) 내에 폭발성 혼합 가스가 이루어지기 쉬운 무기종형 침지식이다. 그리고, 카아바이드 용기의 운반 취급에는 특별한 주의를 하여야 한다.

(2) 화재의 위험

용접 또는 절단 작업(切斷作業)을 할 때 고열의 산소 아세틸렌 불꽃이나 용융 금속(溶融金屬)이 비산하므로 작업장 부근의 가연성 물질(可燃性物質)에 착화하여 화재가 발생하는 일이 많다. 주위에 가연성 물질이 없는 곳에서 작업하든가 그렇지 않으면 주위를 깨끗이 청소해서 사고가 없도록 한다.

또한, 카아바이드의 저장이 불량하여 물이 들어가서 카아바이드가 자연 폭발하는 경우가 있다.

(3) 화상 위험

토오치의 점화 작업중의 불꽃 및 용융 금속(溶融金屬)으로 화상을 당하기 쉽다. 또, 토오치와 호오스의 접속 불량(接續不良), 압력 조정기(壓力調整器)나 밸브의 불량으로 피해를 받는 일이 있다.

(4) 중독 위험

납과 아연 합금 또는 이것으로 도금한 재료를 용접 또는 절단할 때 납과 아연 가스의 중독이 발생한다. 또, 알루미늄 용제(溶劑) 중에 불화물(弗化物)이나 산화질소, 일산화탄소, 탄산가스로 인한 중독도 있다.

그러므로, 작업할 때 환기(換氣)가 잘 되도록 해야 하며 특히 용기(容器) 속에서 작업을 할 때에는 특별한 주의를 하여야 한다.

제 11 장

용접사 기능 검정 예상 문제

11·1 아아크 용접의 일반

1 압접(壓接)이란 어떤 것인가?

A. 금속을 녹여서 결합시키는 것

B. 기계적 접합법에 의하여 결합시키는 것

C. 금속간의 자력에 의해서 결합되는 것

D. 접합할 금속을 서로 충분히 접근시켜 원자간의 인력으로 접합시키는 것

2 용접의 종류를 크게 나누면 다음과 같다. 이에 속하지 않은 것은 어느 것인가?

A. 융접　　B. 압접　　C. 납땜　　D. 역접

3 다음 용접의 종류 중 압접에 속하지 않은 것은?

A. 마찰 용접　　B. 단접

C. 업셋 용접　　D. 레이저 용접

4 모재를 녹이지 않고 용접하는 것은?

A. 전자 비임 용접　　B. 납땜법

C. 시임 용접　　D. 엘렉트로 슬랙 용접

5 용접 이음이 리벳 이음에 비하여 우수한 점이 아닌 것은?

A. 기밀과 수밀이 용이하다.　　　B. 공정수가 감소된다.

C. 기술을 요하지 않는다.　　　D. 우수한 자재가 절약된다.

6 다음 중 용접의 결점이라고 할 수 없는 것은 어느 것인가?

A. 잔류 응력의 증가　　　B. 열영향에 의한 변질

C. 응력의 집중　　　D. 품질 검사의 곤란

7 아아크 용접의 특색이 아닌 것은 어느 것인가?

A. 용접 작업중 높은 소리가 발생하고 후판의 용접이 곤란하다.

B. 제품의 중량을 가볍게 한다.

C. 작업중에 위험성이 다분히 있다.

D. 수밀이나 기밀품(氣密品)을 비교적 간단히 만들 수 있다.

8 용접 작업을 하기 전에 필요한 준비에 대하여 다음 사항들을 옳은 순서로 하여라.

A. 조립과 가조립의 구분　B. 홈 가공　C. 청소　D. 기계 기구 선택

E. 용접봉 선정　　F. 모재의 재질　　G. 용접 시공

9 용접봉을 선정하는 데 필요한 조건에 알맞은 것은 어느 것인가?

A. 사용하는 모재의 재질　　　B. 용접 작업장

C. 용접사의 기량　　　D. 탄소량이 80~100 % 함유한 재질

10 용접 지그(jig)의 역할 중 틀린 것은?

A. 작업을 용이하게 한다.

B. 제품의 치수를 정확하게 한다.

C. 대량 생산을 하기 위해서 사용한다.

D. 제품을 고정하기 위해서이다.

11 조립과 가조립의 필요성에 대하여 옳은 것은?

A. 용접 제품을 올바른 치수로 다듬질하지 않기 위해서

B. 아래보기, 위보기, 수직 자세를 일정하게 하기 위해서

C. 용접중에 변형을 방지하기 위해서

D. 필릿 용접의 결함을 작게 하기 위해서

12 쇼트 피이닝(shot peening)의 목적에 대하여 옳은 것은?

A. 도료를 떨어낸다.

B. 용접 후의 표면 처리 방법으로 변형을 방지한다.

C. 응력을 강하게 하고 변형을 얻는다.

D. 모재의 재질을 검사한다.

13 용접 접합면에 홈을 만드는 이유 중 잘못된 것은 어느 것인가?

A. 용접 변형을 작게 하기 위해서

B. 접합부를 강하게 하기 위해서

C. 용접 치수를 조정하기 위해서

D. 용착 금속이 잘 녹아 들어갈 수 없게 하기 위해서

14 용접부에 생기는 잔류 응력을 제거하려면 다음 중 어떤 처리를 하면 좋은가?

A. 뜨임을 한다. B. 불림을 한다.

C. 담금질을 한다. D. 풀림을 한다.

15 용접 작업중 아아크가 불안정하게 되는 원인은 다음 중 어느 것인가?

A. 접지(接地)가 멀리 떨어져 있다.

B. 호울더의 접속 점이 충분하다.

C. 역변형의 용접을 하였기 때문이다.

D. 접지의 접속 불량이 되었기 때문이다.

16 테르밋 용접에서 테르밋은 무엇을 혼합한 것인가?

A. 붕사와 붕산의 분말 B. 알루미늄과 산화철의 분말

C. 알루미늄과 마그네슘의 분말 D. 규소와 납의 분말

17 불활성 가스 용접의 설명 중 틀린 것은?

A. 티그 용접 토오치의 냉각 방식에는 공랭식과 수냉식이 있다.

B. 티그 용접은 미그 용접보다 두꺼운 판의 용접에 사용한다.

C. 미그 용접 장치에는 자동식과 반자동식이 있다.

D. 불활성 가스는 산화와 질화를 방지하므로 경합금의 용접에 적합하다

18 불활성 가스 용접에 적합하지 않은 것은?

A. 알루미늄　　B. 스테인레스강

C. 동과 그의 합금　　D. 주강

19 다음 용접법 중 불가시(不可視) 아아크 용접은?

A. 불활성 가스 아아크 용접　　B. 가스 용접

C. 서브머어지드 아아크 용접　　D. 금속 아아크 용접

20 탄산가스 아아크 용접은 어떤 금속에 적합한가?

A. 연강　　B. 알루미늄

C. 스테인레스강　　D. 동과 그의 합금

11·2 아아크 용접봉

1 다음 중 피복제의 작용이 아닌 것은?

A. 산화 방지　　B. 산화물 제거

C. 아아크의 안정　　D. 아아크의 세기

2 용접봉의 피복제에 대하여 틀린 말은 어느 것인가?

A. 피복제는 산화물, 탄산염, 규산염, 유기물, 철합금, 그 밖의 혼합물이다.

B. 피복제는 아아크의 전도를 약하게 하고 운봉을 향상시키고 있다.

C. 아아크의 안정과 그 밖의 효과는 심선에 피복되어 있는 용제 때문이다.

D. 일루미나이트계의 피복제는 가스를 발생하므로 작업성이 좋다.

3 용접 작업중 피복이 탈락되어 아아크가 불안정하게 되는 원인 중 옳은 것은 어느 것인가?

A. 피복이 균열되어 있다.

B. 피복의 건조가 완전하지 않다.

C. 피복이 편심되어 있기 때문이다.

D. 피복이 잘 되어 있다.

4 피복 용접봉 E 4301 의 43 이 다음과 같을 때 옳은 것은 어느 것인가?

A. 피복제의 종류 B. 피복제의 종류와 용접 자세
C. 아아크 용접시의 사용 전류 D. 용착 금속의 최저 인장 강도

5 피복 용접봉 E 4316 은 무엇을 뜻하는가?

A. 일루미나이트계 B. 고산화 티탄계
C. 저수소계 D. 철분 산화철계

6 피복제에 습기가 있을 때 용접을 하면 어떤 현상이 일어나는가?

A. 용접부에 기공이 생긴다. B. 크레이터가 생긴다.
C. 오우버랩 현상이 일어난다. D. 언더컷 현상이 일어난다.

7 피복제의 역할에 대하여 틀린 것은?

A. 용착 금속의 보호 B. 용착 금속의 탈산 정련 작용
C. 용이한 아아크 발생과 아아크 안정 D. 용착 금속의 수소 공급

8 용접부에 생기는 가장 해로운 원소는 어느 것인가?

A. 규소 B. 구리 C. 망간 D. 황

9 저수소 용접봉에 습기가 차 있을 때 몇 도에서 한 시간 건조하면 좋은가?

A. 150～200°C B. 200～250°C
C. 250～300°C D. 300～350°C

10 피복 용접봉을 사용하는 이유는 어느 것인가?

A. 전력 소비를 적게 한다. B. 용접봉의 소모량을 적게 한다.
C. 용접기의 수명을 길게 한다. D. 용접 금속을 양호하게 한다.

11 아아크 용접봉에서 피복제의 계통과 그 용도를 나타낸 것 중 틀린 것은 어느 것인가?

A. 저수소계―고탄소강의 용접에 쓰인다.
B. 일미나이트계―판두께 3 mm 이상의 연강 구조물의 일반 용접에 쓰인다.

C. 고산화철계—후강판의 아래보기 필릿 용접에 쓰인다.

D. 라임 티탄계—후강판의 필릿 용접에 쓰인다.

12 연강용 피복 용접봉의 KS 규격 E43△□의 설명 중 틀린 것은?

A. E는 전극봉의 첫글자
B. 43은 용착 금속의 최저 인장 강도
C. △은 용접 자세를 표시한다.
D. □은 용접 전원의 표시이다.

13 아아크 용접용의 연강용 피복 용접봉에 대한 설명 중 틀린 것은 어느 것인가?

A. 연강용 용접봉의 심선의 성분은 탄소가 들어 있지 않다.
B. 피복 용접봉의 심선에는 인(P) 0.02 %, 황(S) 0.02 %의 성분이 들어 있다.
C. 심선의 성분은 탄소 0.10 %, 규소, 인, 황이 각각 0.02 %, 망간(Mn) 0.50 %가 들어 있다.
D. 심선의 성분은 탄소, 규소, 망간, 인, 황과 동이 들어 있다.

14 연강용 피복 아아크, 용접봉 KS규격 번호와 그의 종류를 연결하여라.

A. E 4301 ① 저수소계
B. E 4311 ② 일루미나이트계
C. E 4313 ③ 고셀룰로우스계
D. E 4316 ④ 고산화티탄계

15 연강용 피복 아아크 용접봉의 심선재의 재료는 다음 중 어느 것인가?

A. 주강
B. 합금강
C. 저탄소강
D. 특수강

16 아아크 용접봉의 지름이 3.2 mm일 때 아아크의 길이는 얼마가 적당한가?

A. 1.6 mm B. 3.2 mm C. 4.0 mm D. 6.4 mm

17 연강용 피복 아아크 용접봉에서 피복제의 편심률이 몇 % 이내이어야 하는가?

A. 3 % B. 10 % C. 15 % D. 20 %

11·3 아아크 용접기

1 용접기의 AW-300 이란 표시가 있다. 300 이란 무엇을 의미하는가?

A. 2차 최대 전류　　B. 정격 2차 전류
C. 최고 2차 무부하 전압　　D. 정격 사용률

2 다음의 용어 설명 중 틀린 것은 어느 것인가?

A. 전력은 단위 시간내에 도체 기기내에 소비되는 전기 에너지의 양이다.
B. 암페어(A)는 전류의 크기에 대한 단위이다.
C. 볼트(V)는 전압의 크기를 표시하는 단위이다.
D. 주파수는 교류에서 전압 전류가 1분간에 교대하는 수이다.

3 교류 아아크 용접기에 대한 설명 중 옳은 것은 어느 것인가?

A. 전원 전압이 높아져도 2차 전류(용접 전류)는 증가하지 않는다.
B. 교류는 직류 용접기에 비하여 아아크가 불안정하다.
C. 아아크의 길이가 변해도 아아크 전압은 변화하지 않는다.
D. 전원 전압이 높아지면 2차 무부하 전압도 높아진다.

4 교류 용접기의 개로 전압(2차 무부하 전압)은 다음 중 어느 것이 옳은가?

A. 약 60 V　　B. 약 70 V
C. 약 80 V　　D. 약 100 V

5 교류와 직류의 용접기에 대한 설명 중 옳은 것은?

A. 교류 용접기는 취급하기가 어렵다.
B. 직류는 교류보다 가격이 싸다.
C. 교류는 직류보다 고장이 잘 난다.
D. 직류 용접기는 교류보다도 아아크가 안정되어 있다.

6 직류 아아크 용접에서 모재를 양극(+), 용접봉을 음극(−)에 연결한 것은 다음 중 어느 것인가?

A. 정극성　　　　　B. 역극성
C. 용극성　　　　　D. 비용극식

7 다음 중 직류 용접기가 아닌 것은?

A. 가동 철심형　　　　　B. 전동 발전형
C. 엔진 구동형　　　　　D. 정류기형

8 아아크 용접기의 취급상 주의 사항 중 틀린 것은?

A. 정격 이상의 높은 사용률로 사용하지 말 것
B. 탭 전환은 반드시 아아크를 발생시키면서 할 것
C. 먼지 쇳가루 등을 용접기에서 제거할 것
D. 그늘진 곳에 둘 것

9 용접기의 전기 도선(導線)에 대한 설명 중 틀린 것은?

A. 전류 용량이 적은 것을 사용할 때 아아크가 불안정하게 되는 것은 전압이 저하하기 때문이다.
B. 도선이 열을 가지고 있는 것은 전기 용량이 적기 때문이며 이것이 심하면 타버린다.
C. 전기 용량이 큰 도선을 사용할 때는 열을 가지게 되고 아아크가 불안정하게 되므로 전압이 내려간다.

10 용접기의 전기 도선으로 전기 용량이 적은 것을 사용할 때 나쁜 결과를 가져온다. 다음 중 옳은 것은?

A. 전원의 퓨우즈가 끊어져 용접이 되지 않는다.
B. 호울더가 과열되어 소손되는 경우가 있다.
C. 전압이 낮아져 아아크가 불안정되고 도선에서 열이 난다.
D. 모재가 경화되어 용접부가 경화된다.

11 직류 아아크 용접기의 장점이 아닌 것은?

A. 아아크가 안정된다.　　　　　B. 감전의 위험이 적다.
C. 극성의 변화가 쉽다.　　　　　D. 자기 불림이 적다.

12 교류 용접기의 역률을 나타내는 식은 다음 중 어느 것인가?

A. 무부하 전압×아아크 전류　　B. 아아크 전압×전류

C. (소비 전력÷전원 입력)×100　　D. (소비 전력÷아아크 출력)×100

13 용접기에서 효율을 나타내는 식은?

A. (아아크 출력÷소비 전력)×100　　B. (소비 전력÷아아크 출력)×100

C. (소비 전력÷전원 입력)×100　　D. (아아크 출력÷전원 입력)×100

14 AW-200 무부하 전압 80 V, 아아크 전압 30 V인 교류 용접기를 사용할 때, 역률과 효율이 다음과 같을 때는 어느 것이 옳은가? 단, 내부 손실은 4 kW 이다.

A. 역률 62.5 %, 효율 60 %　　B. 역률 30 %, 효율 25 %

C. 역률 80 %, 효율 90 %　　D. 역률 84.5 %, 효율 75 %

15 전원 스위치의 퓨우즈(fuse)로 동선을 사용하는 데 대한 설명 중 옳은 것은?

A. 용접기를 소손(燒損)한다. 왜냐 하면 과도한 전류가 흘렀을 때 퓨우즈는 잘 녹아내려 전원이 끊어지지만 구리선은 쉽게 녹지 않기 때문이다.

B. 용접 작업에 지장은 없다. 용접기는 약 80 V의 전류가 흐르기 때문에 퓨우즈는 튼튼한 것일수록 좋다.

C. 교류 용접기이면 동선을 사용해도 좋다.

11·4 아아크 용접 시공

1 아아크 용접에 대한 설명 중 틀린 것은?

A. 아아크 용접은 가스 용접보다 두꺼운 판의 용접에 사용한다.

B. 아아크 용접에서 교류보다 직류 아아크가 안정되어 있다.

C. 직류 전류에서 60∼75 %가 음극에서 열이 발생한다.

D. 아아크 용접이 가스 용접보다 온도가 높다.

2 아아크 용접 작업 기구 중에서 성질이 다른 것은 어느 것인가?

A. 헬멧　　B. 용접용 장갑
C. 앞치마　　D. 용접용 호울더

3 아아크 용접에서 전류의 세기와 관계 없는 것은?
A. 스패터　　B. 언더컷
C. 슬랙　　D. 오우버랩

4 아아크 용접에서 아아크의 길이가 적당한 것은?
A. 0.5 mm　　B. 3 mm　　C. 7 mm　　D. 15 mm

5 아아크 용접중 오우버랩 현상의 원인과 관계가 없는 것은?
A. 용접 전류가 낮을 때　　B. 용접 속도가 낮을 때
C. 극성의 연결을 잘못했을 때　　D. 모재가 과열되었을 때

6 아아크 용접중 언더컷 현상이 일어나는 원인은 어느 것인가?
A. 운봉 속도가 느릴 때　　B. 용접 전류가 낮을 때
C. 모재가 과열되었을 때　　D. 용입이 안 될 때

7 아아크 용접에 대한 설명 중 옳은 것은?
A. 피복 아아크 용접봉에서 피복제는 심선의 녹을 막기 위해서 입힌 것이다.
B. 아아크를 되도록 길게 하는 것이 용접 결과가 좋다.
C. 두꺼운 판의 용접에는 직류 정극성을 사용한다.
D. 교류 용접기는 얇은 판 용접에 사용한다.

8 아아크 용접에서 아아크를 계속 일으키는 데 필요한 전압은?
A. 10～20 V　　B. 20～30 V
C. 50～80 V　　D. 70～130 V

9 수하 특성(垂下特性)의 용접기에서 아아크의 길이가 길어지면 아아크 전압은 어떻게 되는 것이 옳은가?
A. 낮아진다.　　B. 높아진다.
C. 변동이 없다.　　D. 높아졌다 낮아진다.

10 아아크 용접에서 아아크 길이의 적부는 무엇으로 판정하는가?

A. 아아크의 불꽃을 보고 판단　　B. 아아크의 모양으로 판단

C. 아아크의 발생음으로 판단　　D. 용접중 손의 움직임으로써 판단

11 피복 전기 아아크 용접의 직류 정극성으로 용접하면 모재의 용입은 어떻게 되는가?

A. 직류 역극성과 같다.　　B. 직류 역극성보다 깊다.

C. 직류 역극성보다 얇다.　　D. 교류 용접의 용입과 같다.

12 아아크 용접에서 어떤 경우에 크레이터가 생기는가?

A. 용접 전류를 세게 했을 때　　B. 용접 전압을 높게 했을 때

C. 아아크를 중단시킬 때　　D. 용접 속도가 느릴 때

13 아아크 용접에서 약간 낮은 전류를 사용하는 것이 아닌 것은?

A. 박판 용접　　B. 수직 용접

C. 필릿 용접　　D. 위보기 용접

14 아아크 용접에서 용입 부족의 원인이 될 수 없는 것은?

A. 용접 속도가 빠를 때　　B. 용접 전류가 낮을 때

C. 홈의 각도가 작을 때　　D. 모재가 과열되었을 때

15 아아크 용접의 용접부에 기공이 생기는 원인이 아닌 것은?

A. 아아크에 수소 또는 일산화탄소가 너무 많을 때

B. 용착부가 급랭될 때

C. 용접봉에 습기가 많을 때

D. 이음의 친화성이 나쁠 때

11·5 아아크 용접의 안전 작업

1 용접 작업중에 일어나기 쉬운 재해 중 옳지 않은 것은 어느 것인가?

A. 아아크 불꽃은 눈과 피부에 재해를 준다.

B. 감전의 재해를 받는다.

C. 중독성 가스에 의한 재해를 받는다.

D. 스패터와 슬랙에 의해서는 화상이나 화재의 재해를 받지 않는다.

2 감전 방지에는 어떠한 주의가 필요한가, 옳지 않은 것은?

A. 전격 방지기를 사용하지 말 것

B. 신체, 의복 등에 습기가 없도록 할 것

C. 호울더, 케이블, 용접기의 절연과 접속을 완전히 할 것

D. 절연이 좋은 장갑과 신발, 그리고 작업복을 사용할 것

3 아아크 용접 작업중 주의 사항에 관한 설명 중 옳은 것은 어느 것인가?

A. 용접기의 바깥 상자는 접지(接地)하는 것이 필요하지 않다.

B. 작업이 끝났을 때, 또는 작업을 하지 않을 때는 전원 스위치를 반드시 꺼두는 것이 가장 중요하다.

C. 자동 전격기를 사용하면 2차측 전압은 항상 30 V 이하로 유지되고 있으므로 위험성이 없다.

D. 될 수 있으면 2차 전압은 높게 하여 용접기를 사용하는 것이 필요하다.

4 다음은 용접중에 발생하는 아아크 불꽃에 대하여 설명한 것인데 이 중 틀린 것은 어느 것인가?

A. 아아크의 빛은 적외선(赤外線)과 자외선(紫外線)을 가지고 있으므로 화상의 위험성이 많다.

B. 아아크의 빛을 직시하면 눈이 아픈데 이것은 적외선과 자외선 때문이다.

C. 시신경을 아프게 하고 색맹(色盲)으로 되는 것은 아아크의 빛을 직접 보았기 때문이다.

D. 발한(發汗) 상태가 정지하고 피로가 쉽게 오는 것은 아아크의 빛에 포함된 자외선 때문에 피부가 자극을 받고 있기 때문이다.

5 용접 작업중에 발생하는 유독 가스에 대한 설명 중 옳은 것은 어느 것인가?

A. 용접봉의 피복제 내에 포함되고 있는 성분은 고열에 의하여 발산되지 못하므로 가스로 된다.

B. 피복제 내에 포함되고 있는 여러 가지 성분은 아아크 열 때문에 가스

로 변화된다. 알루미늄의 경우는 가스가 발생하지 않는다.

C. 특수강, 주철, 알루미늄과 스테인레스강 등의 용접은 불화물이 발산할 위험성이 있다.

6 인화될 위험성이 있는 기름통을 수리 용접할 때의 다음 설명 중 옳은 것은 어느 것인가?

A. 유류를 완전히 제거하고 통기(通氣)를 잘한 후에 용접한다.

B. 유류를 완전히 제거하고 용접한다.

C. 기름통의 통기를 잘하고 용접한다.

D. 기름통의 수리할 곳을 직접 보수한다.

7 아아크의 빛에 대한 재해 중 자외선에 관계가 깊은 것은 어느 것인가?

A. 망막을 아프게 한다.

B. 난시가 된다.

C. 근시안이 된다.

D. 트라호옴이 된다.

8 아아크의 빛에 대한 재해 중 적외선에 관계가 깊은 것은 어느 것인가?

A. 망막을 아프게 한다.

B. 전기성 안염(眼炎)이 된다.

C. 각막부(角膜部)가 아프다.

D. 트라호옴이 된다.

9 아아크 용접 작업중 주의할 점에 대한 설명 중 틀린 것은?

A. 눈과 피부를 노출하지 말 것

B. 우천시 옥외 작업을 금할 것

C. 슬랙을 떨어낼 때는 보안경을 쓸 것

D. 용접중 가열된 용접봉 호울더를 물에 넣어 냉각시킨다.

10 아아크 용접중 아아크 빛으로 인해 혈안이 되고 눈이 붓는 수가 있으며, 눈병이 생길 때 우선 취해야 할 일은 무엇인가?

A. 안약을 넣고 계속 작업을 한다.

B. 냉습포를 눈 위에 얹고 안정을 취한다.

C. 먼 산을 바라본다.

D. 소금물을 눈에 넣고 작업한다.

11 아아크 용접중 방독 마스크를 쓰는 경우가 있다. 안 써도 무방한 때는?

A. 아연 도금판 용접 때　　B. 연강 용접 때

C. 황동 용접 때　　D. 카드뮴 합금 용접 때

12 전격에 의하여 실신한 사람을 도와줄 때의 처치로 가장 옳은 방법은?

A. 바로 의사를 부르러 간다.

B. 바로 전원을 끄고 의사가 있는 곳으로 운반해 간다.

C. 바로 전원을 끄고 물로 머리를 식힌다.

D. 바로 전원을 끄며 안정을 취하고 인공 호흡을 시키면서 의사가 올 때까지 기다린다.

13 높은 곳에서 용접 작업을 할 때 다음 사항 중 가장 주의할 것은?

A. 가까운 곳에 있는 가연물과 인화성의 물건들은 미리 치운다.

B. 안전 호울더를 사용하고 주위에 대하여 충분한 주의를 한다.

C. 추락의 재해를 방지하기 위해 충분한 넓이의 발판을 사용하고 아래에 명망(命網)을 치고 작업한다.

D. 보호구를 완전히 착용하고 한다.

11·6 가스 용접의 산소 아세틸렌 카아바이드

1 산소 제법에 대한 설명 중 옳은 것은 어느 것인가?

A. 물에 소량의 산 혹은 염기를 가하고 전해조(槽)에 넣어 직류 전류를 통하면 양극에 산소, 음극에 수소가 발생한다.

B. 액체 증기를 분류함으로써 산소를 정제한다.

C. 질소와 아르곤, 탄산가스를 혼합하면 액체 산소를 얻을 수 있다.

D. 카아바이드에 다량의 물을 작용하면 산소가 발생한다.

2 산소의 성질에 대한 다음 글 중 옳은 것은?

A. 엷은 푸른 색이고 강한 냄새가 나며 맛은 없다.

B. 고온에서 연소하고 공기보다 무거우며 물에 녹기 어려운 성질이 있다.

C. 많은 원소와 화합하고 산화, 연소 혹은 폭발한다.

D. 지연성(支燃性)이 있으므로 분해하기는 쉬우나 압축할 수는 없다.

3 산소에 대한 설명 중 틀린 것은 어느 것인가?

A. 산소는 강제(鋼製)의 고압 용기에 채워져 있다.

B. 산소 용기는 수압 250(kg/cm²)에 견디는 것으로 약 6,500 l의 산소가 채워져 있다.

C. 산소는 공기보다 가볍고 물에 녹지 않으므로 액체 산소는 없다.

D. 산소 용기는 충격을 가하거나 가압(加壓) 가열을 피하여야 한다.

4 산소의 압력 조정기에 대한 설명 중 옳은 것은 어느 것인가?

A. 압력 조정기는 내부 압력과 사용 압력을 표시하는 게이지가 한덩어리로 되어 있다.

B. 조정기의 고압 게이지는 250 kg/cm² 이상, 저압 게이지는 30 kg/cm² 이상의 압력을 지시한다.

C. 독일식 압력 조정기는 고압 산소 용기에, 프랑스식 압력 조정기는 저압 산소 용기에 부착한다.

D. 조정기는 그리이스(grease)를 발라서 사용한다.

5 산소 용기의 나사부와 도관(導管)에 유지(油脂)가 묻어 있으면 안 되는 이유 중 가장 옳은 것은?

A. 산에 유지가 들어가면 불꽃이 작아진다.

B. 산소의 순도가 저하된다.

C. 모재의 재질이 취성을 가지게 된다.

D. 산소가 유지에 닿으면 산화하여 발화될 위험성이 있다.

6 아세틸렌의 설명 중 옳지 않은 것은?

A. 공기보다 무겁다.

B. 여러 가지 액체에 잘 용해한다.

C. 폭발 위험성이 있다.

D. 무색 무취이다.

7 아세틸렌이 가장 많이 용해되는 것은?

A. 물

B. 석유

C. 벤젠

D. 아세톤

8 아세틸렌 발생기에서 물의 온도가 몇 도 이상이면 가장 위험한가?

A. 10°C B. 20°C C. 40°C D. 60°C

9 안전기의 설명 중 틀린 것은?

A. 토오치와 발생기 사이에 설치되어 있다.

B. 아세틸렌의 압력을 조정한다.

C. 하루에 1회 이상 수위(水位)를 점검한다.

D. 얼었을 때에는 따뜻한 물이나 증기로 녹인다.

10 아세틸렌 병 속에 들어 있지 않은 것은?

A. 카아바이드 B. 규조토

C. 아세톤 D. 아세틸렌

11 용해 아세틸렌이 발생기 아세틸렌보다 좋은 점이 될 수 없는 것은?

A. 순도가 높다. B. 가격이 싸다.

C. 운반이 편리하다. D. 폭발의 위험도가 적다.

12 용해 아세틸렌을 몇 기압으로 사용하는 것이 안전한가?

A. 2기압 B. 1.5기압

C. 1.3기압 D. 2.5기압

13 다음에서 아세틸렌 가스 공급용의 도관 이음부에 사용할 수 있는 재료는?

A. 구리 B. 수은

C. 황동 D. 철

14 아세틸렌의 물리적 성질에 대한 설명 중 옳은 것은?

A. 아세틸렌은 카아바이드를 물과 작용시켜 얻어진 기체(氣體)로 냄새가 없다.

B. 아세틸렌은 상온 상압에서 무색의 약한 에테르(ether)상의 향기가 있는 기체이다.

C. 아세틸렌은 공기보다 무거운 기체로 액체에는 녹지 않는다.

D. 아세틸렌은 아세톤에는 녹지 않으나 식염수나 염화마그네슘 용액에는 잘 녹는다.

15 카아바이드의 원료가 아닌 것은?

A. 석회석 B. 코우크스

C. 석탄 D. 광석

16 카아바이드에 대한 설명 중 틀린 것은?

A. 카아바이드에 다량의 물을 작용하면 생석회로 변화한다.

B. 카아바이드 품질의 양부는 아세틸렌의 발생량에 의하여 정해진다.

C. 1 호품의 카아바이드 1 kg 에서 아세틸렌 가스 290 *l* 가 발생한다.

D. 카아바이드는 습기로 풍화(風化)되며 암석(岩石)과 같은 정도의 경도로 된다.

17 카아바이드의 취급에 관한 설명 중 틀린 것은?

A. 용기를 밀폐하여 공기와 닿지 않도록 할 것

B. 용기 안에 남아 있는 카아바이드는 별로 염려할 것 없으므로 그대로 두었다.

C. 카아바이드의 저장소는 통풍을 잘해 두어야 한다.

D. 저장한 곳에는 물 또는 습기가 침입하지 않도록 하였다.

18 카아바이드에 물을 작용하였을 때에 대한 설명 중 옳은 것은?

A. 아세틸렌 가스가 발생함과 동시에 열량은 저하한다.

B. 물이 적고 카아바이드가 많을 때는 카아바이드가 굳어진다.

C. 물이 적고 고온으로 되면 생성된 소석회는 분리되어 물을 방출한다.

D. 중합(重合) 작용이 일어나게 되면 아세틸렌 가스 발생량이 증가된다.

19 카아바이드 저장에 대한 설명 중 틀린 것은?

A. 카아바이드의 저장소에 관해서는 소방법으로 정해져 있으며, 지붕을 내폭 구조(耐爆構造)로 하고 폭발시의 세력을 상부에서 억누르도록 되어 있다.

B. 가스가 발생하여도 체류하지 않도록 환기를 양호하게 하였다.

C. 카아바이드 저장소에는 절대로 화기를 가까이 하면 안 된다.

D. 카아바이드 용기를 열 때에는 충격, 진동 등을 피하고 가열물의 근처에는 카아바이드를 저장하지 않아야 한다.

20 아세틸렌의 불순물 영향에 대한 설명 중 틀린 것은?

A. 인화(燐化)수소 0.02% 이상에서는 자연 발화의 가능성이 있다.

B. 인산이나 아황산(亞黃酸)의 발생에 의한 위생상의 해를 들 수가 있다.

C. 용접부가 취성이 되는 원인은 인과 황에 의한 것이다.

D. 도관의 부식은 산소와 카아바이드의 혼합이 부적당하기 때문이다.

21 아세틸렌 발생기의 취급에 대하여 틀린 것은?

A. 발생기에는 화기를 가까이 하지 말 것

B. 수실(水室)의 물이 얼지 않도록 소금물을 사용할 것

C. 가스가 새는 것을 조사할 때에는 비눗물을 사용할 것

D. 작업중에는 발생기의 물이 부족하지 않도록 주의할 것

11·7 가스 용접 기기

1 산소 아세틸렌 용접에서 사용하는 고무 호오스에서 아세틸렌 호오스의 색은?

A. 백색　　B. 적색　　C. 녹색　　D. 흑색

2 가스 용접 토오치의 팁 번호를 나타낸 설명 중 옳은 것은?

A. B형이란 1분간의 산소 소비량을 나타낸 것이다.

B. B형이란 1시간당 아세틸렌 가스 소비량을 나타낸 것이다.

C. A형이란 팁의 구멍을 지름으로 표시한다.

D. A형이란 팁의 순번을 나타낸 번호이다.

3 산소 사용시에는 산소 용기가 최소한 몇 m 이상 화기에서 떨어져야 좋은가?

A. 2m 이상　　B. 3m 이상

C. 4m 이상　　D. 5m 이상

4 아세틸렌 발생기의 종류가 아닌 것은?

A. 침지식 B. 투입식 C. 주수식 D. 발생식

5 안전기(安全器)의 점검 방식 중 틀린 것은?

A. 설치 위치는 반드시 보기 쉽게 기울여 놓아야 한다.

B. 물은 반드시 점수 콕 밑에까지 넣는다.

C. 배기관이 막혀 있으면 안 된다.

D. 가스가 새는 곳이 없나 검사한다.

6 용기에 아세틸렌을 넣으려 한다. 옳은 방법은?

A. 용기에 압력기로 압력을 주면서 넣는다.

B. 용기에 해면 모양의 것을 넣고 거기에 아세톤을 흡수시키어 이에 아세틸렌을 압축 흡수시킨다.

C. 용기에 물이 들어가지 않도록 거꾸로 하여 물 속에 넣고 거기에 아세틸렌의 관을 삽입하여 조용히 넣는다.

D. 아세틸렌 청정기에서 용기에 직접 넣는다.

7 발생기의 기종(氣鐘) 중의 혼합 가스를 배출시키고 작업을 하는 이유에 대한 설명 중 가장 옳은 것은?

A. 토오치의 불꽃 온도가 낮아지는 것을 방지하기 위해서

B. 혼합 가스는 폭발하기 쉽기 때문에

C. 공기가 혼합된 가스는 산소를 사용할 수 없기 때문에

D. 기종이 부식하는 것을 방지하기 위해서

8 아세틸렌 발생기를 취급할 때의 주의 사항에 대하여 옳은 것은?

A. 발생기의 온도가 125°C가 되면 혼합 가스를 배제(排除)해서는 안 된다.

B. 아세틸렌과 공기의 혼합 가스를 배제한 다음에 작업을 하여야 한다.

C. 가스의 누출을 조사하는 데는 오일(oil)과 가성 소오다(soda)를 혼합하여 사용하는 것이 좋다.

D. 침지식의 발생기는 수실 내의 물을 수시로 바꾸어 주면 가스의 발생이 나빠진다.

9 아세틸렌 발생 장치에 동(銅)을 사용하면 안 되는 이유에 대한 설명 중 옳은 것은?

A. 발생기, 안전기, 청정기, 도관 등에 아세틸렌과 접촉되는 부분에 동을 사용하여서는 안 되나 카아바이드의 가스 용기는 사용해도 좋다.

B. 동과 동이 90% 이상 함유하는 합금을 사용하지 말 것

C. 동과 동이 70% 이상 함유하고 있는 합금을 사용하지 않는 이유는 아세틸렌동이라는 폭발성 화합물을 만들어 위험하기 때문이다.

D. 발생기와 가스 용기 등에 동과 그의 합금을 사용하면 아세틸렌과 화합하여 이상한 가스를 발생하므로 사용을 금한다.

10 도관에 대한 설명 중 옳은 것은?

A. 산소와 아세틸렌 도관은 명확한 구분이 되도록 색칠을 하여 잘못하여 혼동이 되지 않도록 한다.

B. 도관과 호오스를 연결할 때에는 기름이나 그리이스를 엷게 발라서 가스가 새는 것을 방지하도록 한다.

C. 도관의 내부를 청소할 때는 압축 산소를 충분히 불어넣어서 한다.

D. 역화(逆火)를 하여도 도관을 청소할 필요는 없으나 안정기는 내부를 충분히 청소를 한 후에 사용한다.

11 발생기의 폭발 사고의 직접 원인에 대한 설명 중 옳은 것은?

A. 발생기를 습기가 많은 장소에서 사용하였기 때문에

B. 발생기를 아침부터 밤 늦게까지 사용하였기 때문에

C. 발생기를 10년 이상 사용하였기 때문에

D. 공기와 아세틸렌의 혼합 가스를 배제하지 않고 사용하였기 때문에

12 발생기에서 나온 아세틸렌의 불순물을 확인하는 방법에 대한 설명 중 옳은 것은?

A. 가스의 색깔로 알아낸다.

B. 냄새로 알아낸다.

C. 10% 초산은 용액을 백지에 올린 것으로 알아낸다.

D. 10% 염산은 용액을 백지에 올린 것으로 알아낸다.

13 토오치에 대한 설명 중 옳은 것은?

A. 토오치를 분류하면 가열용으로서 저압 토오치는 아세틸렌에 사용하고, 중압 토오치는 산소에 사용한다.

B. 저압 가변 토오치는 독일식이라 부르며, 팁 번호는 판두께(mm)로 결정된다.

C. 중압 토오치는 압력 0.01 kg/cm² 에서 13 kg/cm² 까지 사용하는 것으로 저압 아세틸렌에는 사용하지 않는다.

D. 저압 토오치는 0.07 kg/cm² 미만의 아세틸렌을 사용하고 가변압식과 불변압식이 있다.

14 절단용(切斷用) 토오치에 관한 다음의 설명 중 옳은 것은?

A. 압력에 따라 분류하면 저압식(저압 아세틸렌 사용)은 동심형(同心型)과 이심형(異心型)이 있다.

B. 중압식은 저압과 중압의 아세틸렌을 사용하고 동심 혼기형(混氣型)과 불꽃형으로 분류한다.

C. 동심형은 독일식이고 이심형은 프랑스식이다.

D. 예열염의 중심에서 절단 산소가 나오는 토오치를 중압 프랑스식이라 하며, 이는 취급하기가 복잡하여 이용도가 적다.

15 절단용 토오치를 용도별로 분류하여 설명한 것 중 틀린 것은?

A. 절단용은 보통 절단에 사용하고 저압, 중압 어느 것이나 사용한다.

B. 가우징(gouging)용은 홈을 깎아내든가 홈파기 등에 사용하고, 소량의 산소와 아세틸렌으로 작업하므로 경제적이다.

C. 스카아핑(scarping)용은 잉곳(ingot) 등의 표면의 흠을 없애는 데에 사용하고 대량의 산소와 아세틸렌이 필요하다.

D. 분말 절단(粉末切斷)은 산소의 절단 기류 속에 철의 분말을 넣어서 사용한다.

16 토오치 취급에 주의할 점의 설명 중 옳은 것은?

A. 안전상 특히 주의해야 할 것은 안전기쪽으로 역화와 역류가 동시에 일어나는 것이다.

B. 팁이 막혀 역류하면 그 원인은 산소의 순도가 낮기 때문이라고 생각된다.

C. 아세틸렌의 불순물이 축적, 슬랙, 산화철 등에 의해서 팁이 막히면 역류하는 것은 당연하다.

D. 팁이 과열할 때에는 자연 냉각을 기다리기보다는 기름에 넣어서 급랭한다.

17 가스 용접에서 산소 압력 조정기의 압력 조정 나사를 오른쪽으로 돌리면, 밸브는 어떻게 되는가?

A. 고정된다. B. 잠겨진다.

C. 열리게 된다. D. 중립 상태로 된다.

18 산소 용기는 직사 일광(直射日光)을 받는 곳에 두어서는 안 되는 이유 중 옳은 것은?

A. 산소가 변질해서 내압(內壓)이 약해진다.

B. 압력이 상승하여 용기의 상부에 있는 안전 밸브가 날아가 버린다.

C. 산소가 급히 팽창하여 압력이 저하한다.

D. 태양의 직사열로 자외선을 받아 용기가 변형될 우려가 있다.

19 강제 용기는 내용물에 따라 색깔로 구분할 수 있도록 고압 가스, 안전 관리 법규에 규정되어 있다. 다음의 물질과 색깔의 관계를 연결지어라.

A. 산소 ① 갈색

B. 수소 ② 흑색

C. 액화 탄산가스 ③ 적색

D. 액화 암모니아 ④ 녹색

E. 액화 염소 ⑤ 백색

F. 아세틸렌가스 ⑥ 주황색

20 산소와 아세틸렌의 혼합 비율(%)이 어떻게 되었을 때 폭발 위험이 큰가?

A. 50 : 50 B. 60 : 40

C. 30 : 70 D. 85 : 15

11·8 가스 용접 시공

1 이론적으로 아세틸렌을 완전 연소시키려면 아세틸렌과 산소의 혼합 비율은 다음 설명 중 어느 것이 옳은가?

A. 2 : 1　　B. 1 : 1
C. 1 : 2.5　　D. 2 : 3

2 용접 작업중 역화(逆火)의 원인으로 될 수 있는 것은 어느 것인가?

A. 토오치의 성능이 불량할 때
B. 아세틸렌의 공급이 너무 많을 때
C. 팁이 막혀서 청소를 하였을 때
D. 안전기를 붙여서 작업을 할 때

3 가스 불꽃의 종류와 이에 적합한 용접 재료를 서로 선을 그어라.

	① 연강
A. 탄화염	② 주강
	③ 망간강
B. 중성염	④ 황동
	⑤ 고탄소강
C. 산화염	⑥ 청동
	⑦ 표면 경화

4 가스 용접 작업의 다음 설명 중 옳은 것은?

A. 팁의 불구멍이 막히면 황동 철사와 가는 부드러운 철사로 뚫는다.
B. 팁의 불구멍이 과열되었을 때는 아세틸렌을 조금씩 내면서 물 속에 넣어 냉각한다.
C. 조정기의 나사에 기름을 주어 가볍게 움직이도록 한다.
D. 아세틸렌 청정기를 사용할 때는 팁의 청소가 필요없다.

5 용적이 40 l 인 산소 용기의 고압력계에 90 기압이 나타났다면 프랑스식 팁 300 번의 팁으로는 몇 시간 용접할 수 있는가? 산소와 아세틸렌의 혼합비는 1 : 1 이다.

A. 7.5 시간　　B. 3.5 시간
C. 12 시간　　D. 20 시간

6 가스 용접에서 중성 불꽃의 백심은 어떤 색인가?

A. 청색　　B. 황색
C. 적색　　D. 백색

7 가스 용접에서 용접봉의 지름 D 와 모재의 두께 t 와는 어떤 관계가 있는가?

A. $D=\frac{t}{2}$　　B. $D=\frac{t}{2}+1$
C. $D=\frac{t}{2}-1$　　D. $D=\frac{t}{2}+2$

8 가스 용접 작업에 대한 설명 중 틀린 것은?

A. 점화는 성냥불로 직접 하지 않아야 한다.
B. 점화시 아세틸렌 밸브를 먼저 열고 점화한 후에 산소 밸브를 연다.
C. 불을 끌 때에는 아세틸렌을 먼저 잠근 후 산소 밸브를 잠근다.
D. 작업 전 호오스를 물 속에 담가서 가스의 누출 유무를 확인한다.

9 가스 토오치 안에서 역화를 일으켰을 때 긴급 조치에 대한 설명 중 틀린 것은?

A. 우선 아세틸렌 콕을 막는다.
B. 산소 콕을 우선 막는다.
C. 긴급 조치를 한 후 산소를 분출시키면서 물 속에 팁 끝을 넣어 냉각시킨다.
D. 긴급 조치를 한 후 역화 원인을 조사하고 팁의 소제와 죔의 정도를 검사한다.

10 가스 용접에서 용제를 사용하는 이유에 대한 설명 중 옳은 것은?

A. 모재의 용융 온도를 낮게 하기 위해서

B. 용접중 산화물 등의 유해물을 제거하기 위해서

C. 침탄이나 질화 작용을 돕기 위해서

D. 용접봉의 용융 속도를 느리게 하기 위해서

11 가스 용접 작업중 불꽃에 산소의 양이 많게 되면 어떤 결과를 가져 오는가?

A. 용접부에 기공이 생긴다. B. 아세틸렌의 소비가 많아진다.

C. 용접봉의 소비가 많아진다. D. 용제의 사용이 필요 없게 된다.

12 아세틸렌의 압력은 산소의 압력에 대하여 어느 정도로 하는 것이 좋은가?

A. $\frac{1}{1}$ B. $\frac{1}{2}$ C. $\frac{2}{1}$ D. $\frac{1}{10}$

13 가스 용접에서 용제를 사용하지 않아도 좋은 것은 어느 것인가?

A. 연강 B. 주철

C. 동 D. 알루미늄

14 가스 용접봉의 지름으로 KS 규격에 없는 것은 어느 것인가?

A. 1.6 mm B. 3.2 mm

C. 5.2 mm D. 6 mm

15 가스 용접에서 모재와 불꽃과의 거리를 대략 어느 정도로 하는 것이 좋은가?

A. 0～1 mm B. 2～3 mm C. 5～7 mm D. 10～15 mm

16 가스 용접의 용접봉에 대한 설명 중 옳은 것은?

A. 연강용 용접봉은 인 0.04 %, 황 0.04 %, 동 0.3 % 로 한정되어 있다.

B. 가스 용접봉은 피복제를 입혀서 사용하지 않는다.

C. 주철과 니켈을 용접할 때 용제를 사용하면 모재에 취성이 생길 우려가 있다.

D. 레일(rail)용 용접봉은 용제가 입혀 있어서 가스 용접에 사용할 수 없다.

17 붕사 1에 물유리 1의 비율로 혼합한 용제를 사용하여 용접하는 모재는 다음 중 어느 것인가?

A. 동과 그 합금
B. 알루미늄
C. 스테인레스강
D. 주철

18 동과 황동에는 어떤 불꽃이 사용되는가?

A. 중성 불꽃
B. 산화 불꽃
C. 탄화 불꽃
D. 어느 것이나 좋다.

19 산소 아세틸렌 가스로 가장 잘 절단할 수 있는 금속은 다음 중 어느 것인가?

A. 연강
B. 알루미늄
C. 스테인레스강
D. 동

20 가스 절단에서 구비할 조건이 아닌 것은?

A. 산화물의 용점이 모재의 용점보다 높을 것
B. 산화물이 유동성이 좋을 것
C. 모재의 성분 중에 비연소물이 적을 것
D. 절단부가 용이하게 연소 개시 온도에 도달해야 한다.

21 보통 가스 절단 속도에 영향을 주지 않는 것은 어느 것인가?

A. 산소 압력(저압 게이지의 압력)
B. 팁 구멍의 모양
C. 산소의 순도
D. 용기 내의 가스 압력

22 가스 절단에 대한 설명 중 틀린 것은?

A. 예열하는 불꽃은 표준 불꽃을 사용한다.
B. 팁 구멍의 아래면은 강철재의 표면보다 3 mm 정도 떨어지게 한다.
C. 예열한 곳이 녹기 시작하면 고압의 절단 밸브를 열고 산소를 분출시킨다.
D. 연강재 이외에는 가스 절단이 곤란하거나 불가능하다.

23 가스 절단을 할 때 주의할 사항 중 적당하지 않은 것은?

A. 절단 속도가 빠르면 팁이 과열되고 모재의 위 가장자리가 용해되어 절단면이 더러워진다.

B. 모재의 표면이 적열될 때 고압 산소를 분출시켜 절단을 한다.

C. 팁을 모재에서 멀리하면 절단이 되지 않는다.

D. 박판 절단(薄板切斷)의 경우는 팁을 진행 방향으로 경사시켜 빨리 진행하는 것이 좋다.

24 용접 작업을 개시하기 전에 점검할 사항 중 안전상 특히 중요한 것은?

A. 토오치의 각부에 접속 불량을 검사한다.

B. 아세틸렌의 순도와 발생량을 점검한다.

C. 안전기의 수위(水位)를 점검해야 한다.

D. 산소 용기의 위치와 조정기를 점검한다.

25 가스 용접 작업에 필요한 보호구에 대한 설명 중 틀린 것은?

A. 보호 안경은 적외선, 자외선, 강렬한 가시 광선(可視光線)과 비산되는 불꽃에서 눈을 보호한다.

B. 보호 장갑은 화상 방지를 위하여 필요하다.

C. 작업복과 앞치마를 입으면 작업하기가 힘들어서 안정을 해치게 된다.

D. 유해 가스가 발생할 염려가 있을 때에는 방독면(防毒面)을 사용한다.

問題 解答

11·1 아아크 용접의 일반

1. D **2.** D **3.** D **4.** B **5.** C **6.** D **7.** A **8.** F—D—A—B—C—E—G **9.** A **10.** D **11.** C **12.** B **13.** D **14.** D **15.** D **16.** B **17.** B **18.** D **19.** C **20.** A

11·2 아아크 용접봉

1. D **2.** B **3.** A **4.** D **5.** C **6.** A **7.** D **8.** D **9.** D **10.** D **11.** D **12.** D **13.** A **14.** A—② B—③ C—④ D—① **15.** C **16.** B **17.** A

11·3 아아크 용접기

1. B **2.** D **3.** B **4.** C **5.** D **6.** A **7.** A **8.** B **9.** C **10.** C **11.** D **12.** C **13.** A **14.** A

풀이 아아크 출력 = 30 V×200 A = 6 kW, 전원 입력 = 80 V×200 A=16 kVA

$$\text{역률} = \frac{\text{소비 전력(kW)}}{\text{전원 입력(kVA)}} \times 100 = \frac{6+4}{16} \times 1000 = 62.5\ \%,$$

$$\text{효율} = \frac{\text{아아크 출력(kW)}}{\text{소비 전력(kVA)}} \times 100 = \frac{6}{6+4} \times 100 = 60\ \%$$

15. A (내부 손실의 동선, 철손, 그 밖의 손의 합이 4 kW)

11·4 아아크 용접 시공

1. C **2.** D **3.** C **4.** B **5.** D **6.** C **7.** C **8.** B **9.** B **10.** C **11.** B **12.** C **13.** C **14.** D **15.** D

11·5 아아크 용접의 안전 작업

1. D **2.** A **3.** C **4.** C **5.** C **6.** A **7.** A **8.** C **9.** D **10.** B **11.** B **12.** D **13.** C

11·6 가스 용접의 산소 아세틸렌 카아바이드

1. A **2.** C **3.** C **4.** A **5.** D **6.** A **7.** D **8.** D **9.** B **10.** A **11.** B **12.** C **13.** D **14.** B **15.** D **16.** A **17.** B **18.** C **19.** A **20.** D **21.** B

11·7 가스 용접 기기

1. B **2.** B **3.** C **4.** D **5.** A **6.** B **7.** B **8.** B **9.** C **10.** A **11.** D **12.** C **13.** D **14.** A **15.** B **16.** C **17.** C **18.** B **19.** A—② B—③ C—④ D—⑤ E—⑥ F—① **20.** D

11·8 가스 용접 시공

1. B **2.** A **3.** A—⑤, ⑦, ② B—① C—③, ④, ⑥ **4.** A **5.** C **풀이** 40×90=3600 *l* 3600÷300=12 시간 **6.** D **7.** B **8.** D **9.** B **10.** B **11.** A **12.** D **13.** A **14.** C **참고** 가스 용접봉의 지름은 1.0 1.6 2.0 2.6 3.2 4.0 5.0 6.0 8.0 mm 인데 2 2.6 3.2 4.0을 많이 사용한다. **15.** B **16.** A **17.** C **18.** B **19.** A **20.** A **21.** D **22.** C **23.** A **24.** C **25.** C

부　　록

용접 용어

가단 주물(malleable cast iron)　주조성이 좋은 주물을 이용하여 세멘타이트를 흑연화하든지, 표면으로부터 탈탄하여 강과 비슷한 성질을 가지게 한 주물

가스 가우징(gas gouging)　가스 불꽃과 산소로 홈을 파는 방법

가스 경납땜(gas brazing)　가스 불꽃으로 가열하여 땜질하는 경납땜

가스 시일드(gas shield)　중성 또는 환원성 가스로 대기 중의 산소, 질소의 침입을 막고 용착 금속을 보호하는 작용

가스 압접(gas pressure welding)　가스 불꽃의 열을 이용하는 압접

가스 용접(gas welding)　가스 불꽃의 열을 이용한 용접 방법

가스 절단(gas cutting)　가스 불꽃으로 가열하고 금속과 산소의 급격한 화학반응을 이용하여 절단하는 것

가압력(welding force)　접착시키기 위하여 용접 부분에 가하는 압력

가압 테르밋 용접(pressure thermit welding)　테르밋 반응열을 이용하며, 또 압력을 가하여 접합하는 용접법이다. 이 반응으로 나타난 용융 금속은 용가재로 쓰이지 않는다.

가접(tack welding)　본용접을 하기 전에 정한 위치에 용접물의 부재를 유지하기 위한 용접

개로 전압(open circuit voltage)　피복 아아크 용접은 비교적 저압력으로 강전류에 의해 이루어지는데, 처음 아아크 발생에 필요한 어느 정도 높은 무부하 전압을 말한다.

겹치기 이음(lap joint)　두 부재의 일부를 겹쳐 부재의 표면과 두께 면에서 필릿 용접을 하는 이음

겹치기 저항 용접(lap resistance welding)　점 용접, 돌기 용접, 이음매 용접 등과 같이 겹친 이음의 양쪽에서 압력을 가하며 접합하는 저항 용접

경납(brazing filler)　450℃보다 높은 용융점을 가진 경납땜에 쓰이는 용

가재

경납땜(brazing) 450℃보다 높은 용융점을 가진 경납을 사용하여 모재를 용융시키지 않고 땜을 하는 것

경도(hardness) 금속의 기계적 성질의 한 가지로 표면의 단단한 정도

경화 덧붙임(hard facing) 표면 경화

고산화티탄계(high titanium dioxide type) 피복 계통의 하나

고상 용접(solid phase welding) 접합부를 용융시키지 않고 고상면에서 하는 용접

고셀룰로오스계(high cellulose type) 피복재 계통의 하나로 셀룰로오스가 많이 들어 있음.

고온 균열(hot crack) 응고 직후 아직 연성이 부족한 용착 금속이 수축 응력의 당기는 힘으로 갈라지는 현상. 이것은 필릿 용접부 및 크레이터에 많이 생긴다.

고장력강(high tensile steel) 연강에 비해 다량의 합금 원소를 함유하여 항복점 약 32kg/mm² 이상, 인장 강도 약 49kg/mm² 이상인 강

고주파 유도 용접(high frequency induction welding) 용접부를 가압하며, 고주파 유도열을 이용하여 접합하는 맞대기 용접법 또는 시임 용접법

고주파 저항 용접(high frequency resistance welding) 용접부를 가압하며, 고주파 전류를 직접 모재에 공급하여 접합하는 저항 가열 용접법

고탄소강(high carbon steel) 탄소 함유량 0.45～2.00%인 강으로 저탄소강보다 특히 열영향부의 경화가 큼.

고합금강(high alloy steel) 강철에 탄소만으로 강도를 높이면 재질적으로 불량하므로, Mn, Si, Ni, Cr, Mo, Cu, V, Ti, B 등(1% 이상 또는 합금 원소의 총량 수 % 이상)을 첨가하여 만든 강

교류 아아크 용접(AC arc welding) 교류 아아크를 사용하는 용접

교호법 용접 순서의 한 가지

귀(flash, burr) 맞대기 저항 용접을 할 때 용융 금속이 압력의 작용으로 눌려 밀려나와 용착부 둘레에 응고한 것.

균열(crack) 용착 금속 또는 모재에 금이 가서 생기는 결함

균열 감수성(crack sensitivity) 균열을 일으키기 쉬운 성질

금속 아아크 용접(metal arc welding)　용착 금속이 될 금속봉과 모재를 두 극으로 하는 아아크 용접법

기계적 성질(mechanical property)　금속의 인장 강도, 항복점, 연신율, 경도, 충격값 등을 말함.

기공(blow-hole)　용착 금속 중에 가스에 의하여 생기는 빈자리

깊이 녹임 용접(deep penetration welding)　깊이 녹이고자 하는 연강용 피복 아아크 용접으로, 후피복계가 있으며, 대전류 사용에 견디고 용입은 용접봉의 지름보다 큰 것이 보통이며, 용융 속도가 빠르므로 용착 효율이 큼.

끝 가공(edge preparation)　용접하기 위하여 모재의 가장자리를 적당한 경사각으로 가공하는 것

내열강(heat resistant alloy)　스테인레스강과 같이 고온에 견딜 수 있는 합금강

너깃(nugget)　겹치기 저항 용접에 있어서 접합부에 나타나는 용융 응고된 금속의 부분

노내 경납땜(furnace brazing)　노 안에서 가열하여 땜질하는 경납땜

노출 심선부(exposed core)　피복 아아크 용접봉의 끝을 호울더로 잡기 위하여 피복하지 않는 부분

노치(notch)　구조상의 불연속 부분만 아니라, 용착 금속과 모재와의 재질적 불연속 및 용접 결함까지 포함하여 용접체에 생긴 홈, 응력 집중을 가져온다.

노치 취성(notch brittleness)　홈이 없을 때에는 충분히 연신성을 나타내는 재료라도 홈이 있으면 약해져서 파괴될 때가 있는데, 이 취성을 말한다.

녹여 떨어뜨림(burn through)　용융 금속이 개선의 뒤쪽으로 녹아 떨어지는 것

누설 방지 용접(seal weld)　유체의 누설 방지를 목적으로 하는 용접

다공성(porosity)　용착 금속 내 및 모재의 열영향부 내의 기공 및 공동의 밀집도

다극 점 용접기(multiple electrode spot welding machine)　많은 전극이 있는 점 용접기

다리 길이(leg length) 이음의 루우트에서 필릿 용접의 끝까지의 거리

다이 버언(die burn) 맞대기 저항 용접에 있어서 용접 전류를 통할 때 부적당한 용접 조건 때문에 전극 다이의 접촉면 또는 그 근방에 나타나는 모재의 표면 흠

다층 용접(multi-layer welding) 비이드를 여러 층으로 겹친 용접

단락 아아크 용접(short circutting arc welding) 이산화탄소 아아크 용접, MIG 용접 등에 있어서 와이어가 용융지에 접융할 때 단락 전류에 따라서 와이어가 용적이 되어 모재에 이행하는 아아크 용접

단속 필릿 용접(intermittent fillet weld) 용접한 부분과 용접하지 않은 부분이 교대로 있는 필릿 용접

단식 아아크 용접기(single operator welding machine) 용접공 1인이 사용하도록 만들어진 용접기

단접(forge welding) 가열한 금속을 때리거나 압력을 가하여 용접하는 방법

덧땜(reinforcement of weld) 홈이나 필릿 용접의 치수 이상으로 표면에 덧붙인 용착 금속

덧살올림 용접(built-up welding) 마멸된 부분과 치수가 부족한 표면을 보충하는 용접

덧살올림(build up) 용착 금속을 덧붙여 때워 올리는 것

덮개판 이음(strapped joint) 부재 표면과 덮개판을 두께 면에서 필릿 용접하는 이음

돌기 용접(roller-spot welding) 로울러 전극을 사용하여 간격을 두고 연속적으로 접합하는 점 용접

뒤틀림(distortion) 변형

뒷면고르기(back chipping) 맞대기 용접에서 밑부분의 용입 불량 또는 제 1 층 부분을 이면으로 깎아 내버리는 것

뒷면막기 용접(backing weld) 아아크 용접에 있어 용융 금속이 뒷면으로 빠져 떨어지는 것을 방지하기 위하여 미리 뒷면에서 하는 용접

뒷면 용접(back run) 한면 홈 용접을 할 때, 표면을 용접한 후에 뒷면에서 하는 용접

뒷받침(backing) 모재의 저부에 뒷면으로 받쳐 놓은 재료. 여기에는 금속 뿐만 아니라 아스베스토, 카아본, 입상 플럭스, 불활성 가스 등도 있다.

뒷받침 쇠(backing strip) 뒷받침용 금속편

드랙(drag) 가스 절단면에 있어서 절단 기류의 입구점과 출구점 사이의 수평 거리

딥 경납땜(dip brazing) 용융된 금속 또는 화학 약품 통 속에 피접합물을 담거나 경납땜하는 방법

라임 티탄계(lime titanium type) 피복재 계통의 하나로 라임 티탄이 많이 들어 있음

로울러 굽힘 시험(roller bend test) 두 로울러로 지지하고 눌러 굽히는 시험법

로울러 전극(roller electrode) 이음매 용접, 로울러 용접 등에 쓰이는 원형 전극

루우트(root) 용접부 단면에서 용착부의 밑바닥과 모재 표면이 맞붙은 점 또는 용접한 두 부재가 가장 접근한 부분

루우트 간격(root opening) 홈 밑부분의 간격, 벌림이라고도 함

루우트 굽힘 시험편(root-bend specimin) 이면 굽힘 시험편

루우트 면(root face) 홈 밑부분의 바로 일어선 면

루우트 반지름(root radius) J형, U형 및 H형 홈의 밑부분의 반지름(그루우브 반지름)

마찰 압접(friction welding) 금속 부재를 접촉시켜 가압하면서 접촉면에 상대 운동을 일으켜 발생하는 마찰열을 이용한 용접

맞대기 용접(butt welding) 금속면을 맞붙이고 전류 저항열과 외부 가압으로 용접하는 방법

맞대기 이음(butt joint) 2개의 부재가 동일 평면 내에서 맞붙게 되는 용접 이음

맞대기 저항 용접(butt resistance welding) 업셋 용접, 플래시 용접과 같이 그 부재의 면과 면을 맞대고 압력을 가하여 접합하는 저항 용접

맞물림 겹치기 이음(joggled lap joint) 겹치기 이음 한쪽 부재에 단을 지어 양부재의 면이 동일 평면 위에 오도록 한 겹치기 이음

맥동 용접(pulsation welding) 한 접합 장소에 2회 이상 전류를 통하여 접합하는 저항 용접, 점 용접, 프로젝션 용접, 업셋 용접에 응용함

모서리 이음(corner joint) 두 부재를 대략 직각인 L자 모양으로 유지하고, 그 각진 곳을 접합하는 이음

모재(base metal) 용접 또는 절단되는 금속

목의 두께(throat) 목의 이론 두께, 목의 실제 두께

목의 실제 두께(actual throat of fillet weld) 필릿 용접부의 루우트부터 표면까지의 최단 거리

목의 이론 두께(theoretical throat) 필릿 용접부의 단면에서 용접부의 루우트부터 표면까지의 최단 거리

미그 용접(MIG welding, inert-gas metal arc welding) 아르곤, 헬륨 등 불활성 가스 또는 여기에 소량의 활성 가스를 첨가한 가스 분위기 안에서 하는 아아크 용접

밑깔기 용접(under laying) 덧붙임 용접을 할 때 터지거나 떨어지는 것을 방지하기 위하여 미리 잘 터지지 않는 금속을 모재면에 용착하는 것

박피복 용접봉(light coated electrode) 작업성을 고려하여 피복을 얇게 묻힌 용접봉

반자동 아아크 용접(semi-automatic arc welding) 용접봉을 자동으로 보내게 되어 있으나, 운봉은 손으로 하는 용접 방법

받침(backing) 용접 일면에 금속 또는 석면을 받치는 것

백 스텝 용접(back step welding) 용착 방향과 용접 방향이 역으로 된 용접 방법

백심(cone, flame core) 가스 불꽃 안 팁 끝에 나타나는 흰색의 원뿔형 부분

버터링(buttering) 맞대기 용접을 하는 경우, 모재의 영향을 막기 위해 개선면에 다른 금속으로 서어페이싱 한 것

버트 시임 용접(butt seam welding) 금속 부재의 끝면을 맞대고, 그 맞댄 면의 일부에 전류를 공급하여 가열하는 동시에 그 부재를 가압하고 이음을 따라 연속적으로 접합하는 일종의 저항 용접이며, 주로 관 제작에 응용된다.

베벨 각(bevel angle)　모재의 가공 단면과 모재에 대한 수직 평면이 이루는 각도

베벨 절단(bevel cut)　베벨 각도를 유지하면서 절단하는 것

변(leg of fillet weld)　이음의 루우트부터 필릿 용접의 직각변 끝까지의 거리

변형(distortion)　압력이나 열의 영향을 받아 뒤틀리는 것

보안경(goggles)　해로운 광선이나 스패터로부터 눈을 보호하는 안경

보호 유리(cover glass)　용접할 때 필터 유리를 스패터에서 보호하기 위한 투명한 유리

보호통(cylinder)　피복 아아크 용접봉의 용접시에 용접봉 끝의 심선보다 약간 내민 피복 원통으로, 아아크의 방향을 조정하여 열손실을 막고, 용접봉 끝의 온도를 올리는 역할을 함. 또, 외기로부터 용착 금속을 보호하는 역할도 함.

복식 용접기(multiple operater welding maching)　1대로 2인 이상의 용접공이 동시에 사용할 수 있도록 만들어진 용접기

본드 용제(bonded flux) 분말 원료에 고착제를 사용하여 고체를 결합하는 입자 모양의 용제

볼록 필릿 용접(convex fillet weld)　필릿 용접부의 표면이 볼록 모양인 것

봉경(core diameter)　피복 아아크 용접봉 심선의 지름

불꽃 경화(flame hardening)　가스 불꽃으로 경화를 하는 방법

불꽃 전파 용접(fire cracker welding)　피복 아아크 용접봉을 이음부에 밀착시키고, 동재의 지그로 누르고, 한끝에서 아아크를 발생시켜 자동적으로 용접하는 방법

불꽃 절단(flame cutting)　불꽃의 열을 이용하여 물질을 절단하는 것

불꽃 청소(flame cleaning)　금속 표면을 불꽃으로 가열하여 녹이거나 검은 껍질 등을 제거하여 표면을 깨끗이 하는 것

불활성 가스 금속 아아크 용접(inert-gas metal-arc welding)　미그 용접

불활성 가스 아아크 용접(inert-gas arc welding)　불활성 가스 아아크 용접

불활성 가스 용접(inert-gas arc welding)　불활성 가스 아아크 용접의 일

종이며, 용접 심선을 전극으로 하는 용접

불활성 가스 텅스텐 아아크 용접(inert-gas tungsten-arc welding, TIG welding) 불활성 가스 아아크 용접의 일종이며, 텅스텐, 그 밖에 용이하게 소모되지 않는 금속을 전극으로 하는 용접

브레이즈 용접(braze welding) 경납을 용접할 때와 똑같은 홈을 가진 이음에 용융 첨가시켜, 모재를 녹이지 않고 접합하는 용접

V형 홈(single V groove) 홈을 V형으로 판 용접 이음

블록 용착 방법(block sequence) 다층 용접하는 이음의 각소 부분을 각 층 수대로 용접하여 순차적으로 다른 부분과 똑같이 용착시키는 방법

비용극(non-consumable electrode) 융점이 높고, 아아크 열에도 소모되지 않는 전극

비이드(bead) 한 번의 용접 패스로 생긴 일면의 용착부

비이드 밑균열(underbead crack) 모재의 표면까지는 진행되지 않는 열영향부의 균열

비파괴 시험(non-destructive test) 재료나 제품을 파괴하지 않고 하는 시험

사용률(cuty cycle) 단속 부하의 사용에 있어서, 전체의 시간에 대한 통전 시간을 백분율(%)로 나타낸 것

산소-아세틸렌 용접(oxy-acetylene welding) 산소와 아세틸렌의 연소열을 이용한 용접 방법

산소-아아크 절단(oxy-arc cutting) 모재와 전극 사이에 발생하는 아아크열로 모재를 가열하고, 여기에 산소를 불어넣어 절단하는 방법

산소 수소 용접(oxy hydrogen welding) 산소와 수소의 연소열을 이용한 용접 방법

산화(oxidation) 용접 과정에 있어서 철 및 비철 금속 원소가 대기 중의 산소와 반응이 일어나 산화물을 형성하는 것

서브머어지드 아아크 용접(submerged arc welding) 피복하지 않은 아아크 용접봉과 모재 사이, 또는 피복하지 않은 아아크 용접봉의 아아크로부터 발생하는 열로 용접하는 방법이며, 용재 안에서 용접이 된다. 잠호 용접이라고도 한다.

서어피싱(surfacing) 금속 표면에 다른 종류의 금속을 용착시키는 것

선상 조직(ice-flower like structure) 아아크 용접부에 생기는 조직으로서, 결정이 서리 기둥 모양으로 병립하고, 그 입자 간에 미소한 비금속 개재물과 기포가 들어 있는 용착 금속의 결함

소모 노즐(consumable nozzle) 용접용 와이어를 용접부에 인도하는 금속관에서 용착 금속의 일부로 된 것

소모 노즐식 일렉트로 슬랙 용접(consumable nozzle electro slag welding) 소모 노즐을 사용하는 일렉트로 슬랙 용접

손 용접(manual welding) 용접 작업을 손으로 하는 용접

수동 용접 손 용접

수직 자세(vertical position) 용접선이 대략 수직인 이음을 옆에서 용접하는 자세

수축 응력(shrinkage stress) 자유로이 수축하지 않으므로서 나타나는 응력

수평 자세(horizontal position) 용접선이 대략 수평인 이음을 옆쪽에서 용접하는 자세

스카아프 이음(scarf joint) 부재를 서로 기울여서 이음면을 넓게 하여 잇는 것으로, 주로 경납땜 단접에 쓰인다.

스칼럽(scallop) 용접선의 교차를 피하기 위하여 부재에 파 놓은 부채꼴의 오목 들어간 부분

스킵 용접(skip welding) 띄엄 용접이라고도 함. 주로 용접에 의한 변형을 적게 하기 위하여 띄엄띄엄 용접을 한 다음 냉각된 용접부 사이를 용접하는 방법

스텃 용접(stud welding) 보울트, 둥근 쇠막대 등의 끝과 모재 사이에 아아크를 발생시켜 가압하면서 하는 용접

스텝 경납땜(step brazing) 고융점을 가진 경납에서 순차적으로 저융점을 가진 경납을 사용하여 융점의 차를 이용하는 경납땜

스트레이트 비이드(straight bead) 위이빙을 하지 않고 직선으로 끄는 비이드

스패터(spatter) 아아크 용접과 가스 용접에 있어서 용접 중에 비산하는

슬랙 및 금속 입자

스패터 손실(spatter loss) 스패터에 의한 금속의 손실

슬랙(slag) 용착부에 나타난 비금속 물질

슬랙 섞임(slag inclusion) 용착 금속 안에 또는 모재와의 융합부에 슬랙이 남는 것

슬랙 시일드(slag shield) 피복재에 용재화 물질을 다량 함유시켜 용접시에 용착 금속을 커버하여 대기 중의 산, 질소의 해를 방지하고 용착 금속의 냉각 속도를 조절함.

슬랙 해머(slag hammer) 슬랙을 제거하는 데 쓰이는 망치

슬럿 용접(slot weld) 겹친 두 부재의 한쪽에 가공한 좁고 긴 홈에 하는 용접

시일드 아아크 용접(shielded arc welding) 아아크 및 용착 금속을 보호하는 매질로서, 대기를 차단하면서 하는 아아크 용접

시임 용접(seam welding) 저항 용접의 일종이며, 전극을 사용하여 전류를 넣는 동시에 압력을 가하여 전극을 회전시키면서 이음을 따라 연속적으로 접합하는 용접

심선(core wire) 피복이 안 묻은 나봉으로서, 주 요건은 화학 성분이 균일하여야 하며, 특히 P, S 함유량이 적어야 함.

십자형 이음(cruciform joint, cross-shaped joint) 십자형으로 필릿 용접한 이음

아래보기 자세(flat position) 용접선이 대략 수평인 이음을 위쪽에서 용접하는 자세

아르곤 아아크 용접(argon arc welding) 아르곤가스 분위기 중에서나 금속 전극과 피용접물 사이에 발생시키는 아아크열을 이용한 용접

아세틸렌 발생기(acetylene gas generator) 카아바이드(CaC_2)와 물을 접촉 반응시켜 그 상호 작용으로 아세틸렌가스를 발생시키는 기구

아아스 접속(ground connection) 아아크 용접에 있어서 모재 또는 모재와 접융시킨 금속의 용접용 케이블 접속

아아크 경납땜(arc brazing) 모재와 전극 또는 두 전극 사이에서 발생하는 아아크열로 땜질하는 전기 경납땜

아아크 스트라이크(arc strike) 아아크 용접시 처음에 아아크를 발생시키는 것. 또는, 모재 위에 순간적으로 아아크를 발생시키고 즉시 끄는 것

아아크 스폿 용접(arc spot welding) 아아크열을 이용하여 판의 한쪽에서 가열하여 융착시키는 점 용접

아아크 쏠림(arc blow) 아아크가 전류의 자기 작용으로 어긋나가는 현상

아아크 에어 가우징(arc air gouging) 아아크열로 용융시킨 금속을 압축공기를 연속적으로 불어넣어 금속 표면에 홈을 파는 방법

아아크의 길이(arc length) 모재와 용접봉 사이의 거리

아아크 전압(arc voltage) 아아크의 양단 사이에 걸리는 전압

아아크 절단(arc cutting) 아아크열로 금속을 용해하여 절단하는 방법

압접(pressure welding) 용접부에 기계적 압력을 가해서 용접하는 방법

양면 홈 이음(double groove joint) 접합하는 두 부재 사이에서 양쪽 면에 홈을 파고 용접한 이음이며, 양면 I형, K형, X형, H형, J형 홈 등이 있다.

언더컷(under-cut) 용접의 다리 길이 끝을 따라 모재가 패어지고, 용착 금속이 채워지지 않은 채 홈으로 남아 있는 부분

업셋 용접(upset welding) 금속체의 면과 면을 맞대고 압력을 가하면서 열을 주어 맞댄 면을 접합하는 용접

엇갈림 단속 필릿 용접(staggered intermittent fillet weld) T형 접합부의 양면에 단속 필릿 용접을 할 때 각면의 용접 비이드를 상호 교대로 두는 용접

엔드 탭(end tap) 비이드의 시점과 종점에 붙인 보조판

엔클로우즈드 용접(enclosed welding) 용융 금속이 용접부에서 흘러내리지 않도록 용융지를 뒷받침 쇠로 둘러싸서 하는 상진 용접

역극성(reverse polarity) 직류 아아크 용접을 할 때의 접속 방법이며, 피용접물을 전원의 음극(—), 용접봉을 양극(+)에 접속하였을 때를 말한다.

역변형(prestain) 용접으로 인한 각변형을 예측하여 반대 방향으로 변형시킨 것

역화(back fire) 불꽃이 돌발적으로 팁 안으로 역행하는 현상

연납(solder) 450℃보다 낮은 용융점을 가진 연납땜에 쓰이는 용가재

연납땜(soldering)　연납을 사용하여 모재를 용융시키지 않고 붙이는 방법

연속 필릿 용접(continuous fillet weld)　연속된 필릿 용접

열영향부(heat affected zone)　용접열 또는 절단열에 의하여 금속 조직과 기계적 성질이 변화하나, 용융되지 않은 모재의 부분

예열(preheating)　용접 또는 가스 절단 작업에 앞서 모재에 열을 가하는 것

오목 자국(indentation)　겹치기 저항 용접에 있어서 용접 결과로 전극 팁에 의하여 나타난 모재 표면의 오목 들어간 자국

오목 필릿 용접(concave fillet weld)　표면이 오목한 필릿 용접

오손(pick up)　겹치기 저항 용접에 있어서 팁과 모재와의 접합부가 가열되어 그 결과로 전극 팁 재료와 모재가 서로 움직이거나 합금층을 만들거나 하여 나타나는 전극 팁의 끝 또는 모재의 오손

오우버랩(over-lap)　용착 금속이 변 끝에서 모재에 융합하지 않고 겹친 부분

와이어 리일(wire reel)　자동, 반자동 아아크 용접에 쓰이는 와이어에 코일을 감아서 와이어가 잘 나오게 만든 바퀴

용가재(filler metal)　용착부를 만들기 위하여 녹여서 첨가하는 금속

용극(consumable electrode)　각종 아아크 용접과 아아크 절단에 있어서 아아크 중에 용융하여 소모하는 전극

용융 속도(melting rate)　단위 시간에 용융되는 용접봉의 무게 또는 길이

용융지(melton pool)　용접할 때 아아크열에 의하여 용융된 모재 부분이 오목 들어간 곳

용융 용제(fused flux)　서브머어지드 용접용 용제의 일종으로, 원료를 전기로 등으로 용융시켜 분석하여 체로 쳐서 입도를 조정한 것

용입(penetration)　모재의 용융된 부분의 가장 높은 점과 용접하는 면의 표면과의 거리

용적(droplet)　아아크의 강한 열에 의하여 용접봉이 녹아 물방울처럼 떨어지는 것

용접 금속(weld metal)　용접부의 일부이며, 용접하는 동안 용융 응고된 금속

용접 기호(welding symbol)　용접을 그림으로 표시하기 위한 기호

용접 길이(weld length)　중단되지 않은 용접의 시발점 및 크레이터를 제외한 부분의 길이

용접 루우트(root of weld)　용접부의 단면에 있어서 용착부의 밑부분과 부재 면이 마주치는 선

용접 변 끝(toe of weld)　부재의 면과 용접 표면과 마주치는 점

용접 변압기(welding transformer)　용접 전류를 공급하기 위한 변압기

용접봉(welding rod)　선 모양 또는 봉 모양의 용가재

용접부(weld zone)　용접 금속 및 그 근처를 포함한 부분의 총칭

용접선(weld line)　비이드 필릿 용접 및 맞대기 용접의 방향을 표시하는 선

용접성(weldability)　모재의 재질이 용접에 적합한가 적합하지 않은가의 정도

용접의 보강부(reinforcement of weld)　홈 또는 필릿 용접의 치수 이상으로 표면 위에 올라간 용착 금속

용접의 유효 길이(effective length of weld)　계획 치수대로 단면이 있는 용접부의 전체 길이

용접축(axis of a weld)　용접선에 직각인 용착부의 단면 중심을 통과하고, 그 단면에 수직인 선

용착 금속(deposited metal)　용접 작업에 의하여 용가재로부터 모재에 용착한 금속

용착 금속 시험편(deposited metal test specimen)　시험하려는 부분이 전 용착 금속으로 된 시험편

용착률(rate of deposition)　단위 시간에 용착되는 금속의 무게

용착부(weld metal zone)　용접부 중의 용융 응고된 부분

용착 효율(deposition efficiency)　용접봉의 소모 무게에 대한 용착 금속의 중량비. 다만, 쓰고 남은 용접봉 부분은 제외한다.

용해 아세틸렌(dissolved acetylene)　용기 중에 다공성 물질에 흡수된 아세톤에 용해시킨 아세틸렌

원자 수소 용접(atomic-hydrogen arc welding)　수소 기류 중에서 2개의 텅스텐 전극 사이에 아아크를 발생시키고, 이 때 발생하는 수소의 반응열을 이용하는 아아크 용접법

위이빙(weaving) 용접봉을 용접 방향에 대하여 옆으로 이리저리 움직이며 용접하는 방법

유니언 멜트(union-melt) 서브머어지드 용접(잠호 용접)으로 미국의 유니언 카아바이드 회사의 상품명

유도 가열 경납땜(induction brazing) 유도 전류로 얻은 열을 이용한 경납땜

용접(fusion welding) 용융 상태에서 금속에 기계적 압력 또는 타격을 가하여 용접하는 방법. 이 용접에는 가스 용접, 아아크 용접, 테르밋 용접 등이 있다.

은점(fish eye) 용착 금속의 파단면에 나타나는 은백색을 띤 고기눈 모양의 결함부

이면 굴곡 시험편(root bend specimen) 맞대기 용접 이음의 뒤쪽이 인장되도록 굴곡된 시험편

이면 용접(back weld) 뒷면 용접이라고도 하며, 한면 홈 용접을 할 때 표면을 용접한 다음에 뒷면에서 하는 용접

이산화탄소 아아크 용접(CO_2 gas shield arc welding) 주로 이산화탄소 분위기 중에서 하는 아아크 용접

이음의 루우트(root of joint) 맞대기 용접을 한 이음일 때에는 부재 사이의 가장 접근한 부분. 필릿 용접을 한 이음일 때에는 두 부재의 표면이 마주치는 선

이파 용접봉(uranami welding electrode) 개선 표면에서 용접하여 이면에도 용이한 비이드를 얻을 목적으로 만든 피복 아아크 용접봉

일렉트로 슬랙 용접(electro slag welding) 용융된 슬랙과 금속이 용접부에서 흘러 나오지 않도록 둘러싸고, 용융된 슬랙 용융지에 용접봉을 연속적으로 공급하여 주는 용융 슬랙의 저항열에 의하여 용접봉과 모재를 용융시켜 위로 용접을 진행하는 방법

자기 쏠림(magnetic arc blow) 아아크가 전류의 자기 작용에 의하여 한쪽으로 쏠리는 현상

자동 가스 절단(automatic arc cutting) 가스 절단 토오치를 전동기에 붙인 것, 또는 기계에 붙여서 하는 절단

자동 아아크 용접(automatic arc welding) 용접봉의 이동이 자동으로 진행되어 항상 조작하지 않아도 연속적으로 용접이 진행되는 장치를 사용하는 용접

자유 굴곡 시험(free bend test) 처음에는 굴곡만 하고 다음에는 오목 볼록형의 지그 또는 로울러 등을 써서 시험편의 양단으로부터 압력을 가해서 자유로이 굴곡하는 시험

잔류 응력(residual stress) 구조물 또는 부재에 남아 있는 응력

저각도 용접법(spring contact arc welding) 피복 아아크 용접봉을 용수철 등의 힘으로 용접선에 대하여 저각도를 유지시키고, 용접선을 따라서 봉 끝을 접촉시키면서 하는 용접

저온 크랙(cold crack) 고온 크랙이 약 550℃에서 생기는데 대하여 약 220℃ 이하에서 발생하는 균열

저항 경납땜(resistance brazing) 전기 저항열로 가열하여 땜질하는 경납땜

저항 용접(resistance welding) 접합할 부재의 접촉부를 통하여 전류를 흐르게 하고, 이곳에 발생하는 저항열로 가열하며 압력을 가하여 접합하는 용접법

전격 방지 장치(voltage reducing device) 아아크 용접에 있어서 아아크를 발생시키지 않을 때에는 용접기에 2차 무부하 전압을 낮춰서 전격을 방지하는 장치

전극 노출 길이(electrode extension) 콘택 토오치 또는 팁의 끝에서 노출한 길이

전극 팁(electrode tip) 점 용접에 있어서 금속 부재에 직접 접촉하여 용접 전류를 보내는 동시에 가압력을 절단하는 작용을 하는 막대 모양의 전극

전면 필릿 용접(fillet weld in normal shear, fillet weld) 용접선의 방향이 전달하는 응력의 방향과 거의 직각인 필릿 용접

전 용착 금속 시험편(all weld metal test specimen) 시험하는 부분이 모두 용착 금속으로 되어 있는 시험편

전자 비임 용접(electron beam welding) 높은 진공 속에서 고속도의 전자

비임을 부딪치게 하여 그 충격, 발열을 이용하여 접합하는 용접법

전진 용접(forward welding) 용가재가 토오치 앞을 진행하는 용접법

절단 턱(cutting shoulder) 가스 절단을 한 자리의 위 가장자리

절단 팁(cutting tip) 가스 절단 토오치에 쓰이는 팁

점 용접(spot welding) 겹친 금속 부재를 적당한 모양의 전극 끝으로 붙잡고 비교적 좁은 부분에 전류를 집중시켜 국부적으로 가열하며, 동시에 전극으로 압력을 가하여 접합하는 일종의 저항 용접

접지 접속(ground connection) 아아크 용접에 있어서 모재 또는 모재와 접촉하는 금속과 케이블과의 접속

접착부(weld metal zone) 용접부 안에서 용접하는 동안의 용융 응고한 부분

정극성(straight polarity) 직류 아아크 용접을 할 때의 접속 방법으로, 피용접물을 전원의 양극에, 용접봉을 음극에 접속하였을 때를 말한다.

중력식 용접(gravity type arc welding) 피복 아아크 용접봉이 용융됨에 따라 용접봉 지지부가 중력에 의하여 기울어져 내려오며, 용접봉이 모재와 일정한 각도를 유지하면서 용접선을 따라 이동하도록 용접하는 방법

중성 불꽃(neutral flame) 산화 작용도 환원 작용도 하지 않는 중성인 불꽃

직렬 점 용접(series spot welding) 2개 이상의 접합부에 직렬로 전류를 통하여 이 접합부를 동시에 접합하는 저항 용접

직류 아아크 용접(DC arc welding) 직류 아아크를 사용하는 용접

천이 온도(transition temperature) 금속이 어떤 온도를 경계로 하여 파괴되는 모양이 급격히 변화하는 온도

초음파 용접(ultrasonic welding) 모재에 초음파를 발생하는 음극 사이에 지지하고, 압력을 가하면서 초음파를 보내어 초음파 진동을 이용하여 접합시키는 용접법

측면 굴곡 시험편(side bend specimen) 용착부의 측면을 굽히는 시험편

측면 이음(edge joint) 2개 이상의 거의 평행하게 겹친 부재의 끝면 사이의 이음. 변두리 이음이라고도 함.

측면 필릿 용접(side fillet weld) 용접선의 방향이 전달하는 응력의 방향과 거의 평행한 필릿 용접

치핑 해머(chipping hammer) 슬래을 제거하기 위한 끝이 뾰족한 해머

콘덴서식 점 용접기(condenser type spot welder) 콘덴서에 전기적 에너지를 충전시킬 때 변압기를 끼워서 순간적으로 그 에너지를 방출시키는 일종의 점 용접기

크레이터(crater) 아아크 용접의 비이드 끝에 오목 패인 곳

탄화 불꽃(carburizing flame) 유리 탄소를 포함한 환원성을 가진 가스 불꽃

텅스텐 잠입(tungsten inclusion) TIG 용접에 있어서 용접의 시초 또는 텅스텐 전극의 용접봉 지름에 대하여 지나친 전류를 사용함으로써 텅스텐 일부가 녹아 비이드 속으로 흘러들어가는 것

테르밋 용접(thermit welding) 테르밋 반응열로 용접하는 방법이며, 이 반응으로 나타난 용융 금속을 그대로 용가제로 하여 용착시킨다.

테르밋 혼합제(thermit mixture) 테르밋 반응에 쓰이는 혼합제로서, 금속 산화물과 알루미늄 분말 등의 혼합물

토오치 헤드(torch head) 용접 및 절단용 토오치 팁을 맞추는 자리가 있는 부분

통전 시간(weld time) 저항 용접에 있어서 용접 전류를 통하는 시간

투과도계(penetrometer) 시험부와 동시에 방사선 투과 사진을 촬영하여 그 시간에 모양이나 질을 판단하기 위한 척도로 한 것

튐(expulsion and surface flash) 겹치기 저항 용접에 있어서 모재가 국부적으로 과열되어 용융 비산하는 현상 또는 그 금속을 말한다. 전극 팁에 접하는 바깥 표면에 나타나는 바깥 튐과 접합 부재 사이에 나타나는 안튐이 있다.

튐 손실(spatter loss) 튐에 의한 금속의 손실

팁(nozzle, tip) 용접 또는 절단 토오치 끝에 붙인 불꽃이 나오는 구멍 부분

파우더 절단(powder cutting) 철 분말 또는 용제 분말을 자동적으로 또 연속적으로 절단용 산소에 혼입 공급하여 그 산소열 또는 용재 작용을 이용한 절단 방법

판의 분리(sheet separation) 겹치기 저항 용접에 있어서 용접 결과로 둘

레에 나타나는 판의 간격

패스(pass, run) 용접의 진행 방향에 따른 1회의 용접 조작

퍼커션 용접(percussion welding) 미리 저축한 전기적 에너지를 금속의 접촉면을 통하여 급격히 방전시켜, 이 때 발생하는 아아크로써 접합부를 가열하고, 방전하는 동안, 또는 방전 직후에 충격 압력을 가하면서 접합하는 용접

펄세이션 용접(pulsation welding) 맥동 용접

펄스 아아크 용접(pulsed arc welding) 불활성 가스 용접에 있어서 전류를 펄스(전파)상으로 한 용접

페니트레이터(penetrator) 플래시 용접에 있어서 부적당한 용접 조건 때문에 표면이 산화된 상태에서 용접부에 잔류하는 내부 결함. 또는 침입 결함.

편면 용접부(one side welding) 맞대기 용접에 있어서 뒷받침 등을 써서 개선 쪽에서 용접을 하여 뒤쪽에 비이드를 만든 용접

편면 홈 이음(single groove joint) 한 면의 홈 이음

포오로시티(porosity) 다공성

포지셔너(positioner) 용접물을 자유로 회전시켜서 용접부를 늘 용접하기 쉬운 위치에 놓을 수 있도록 만든 작업대의 일종

폭발 압접(explosive welding) 화약이 폭발하는 충격 압력을 이용한 용접

표면 경화(hard facing) 금속 표면에 경도가 높은 금속을 용착시켜 경도가 높은 층을 만드는 것

표면 굽힘 시험편(face bend specimen) 맞대기 용접 이음의 표면(루우트의 반대쪽)에 인장력이 걸리도록 굽히는 시험편

프로젝션 용접(projection welding) 금속 부재의 접합 장소에 생긴 돌기부를 접촉시켜서 압력을 가하고, 여기에 전류를 통하여 저항열의 발생을 비교적 작고 특정된 부분에 한정시키면서 접합하는 일종의 저항 용접

프리플레이스 경납땜(preplaced brazing) 경납땜 이음부에 미리 납을 넣고 가열하는 경납땜 방법

플라즈마 아아크법(plasma arc process) 전극과 모재와의 사이에 플라즈마 아아크를 발생시켜 그 열을 이용해서 용접과 절단을 하는 방법.

플래시 용접(flash butt welding) 맞대기 용접의 일종이며, 전류를 처음 통할 때에는 센 압력을 가하지 않고 접촉부는 불꽃으로 용융, 비산시키도록 하는 동안 접합부 전체를 충분히 가열하고, 다음에 센 압력을 가하여 맞댄 면을 접합시키는 용접

플러그 용접(plug welding) 접합하는 부재의 한쪽에 구멍을 뚫고 판의 표면까지 가득하게 용접하고, 다른 쪽 부재와 접합하는 용접

플럭스 코어드 와이어 전극(flux cored wire electrode) 용접용 와이어로서 관 모양으로 되어 있으며, 그 속에 아아크의 안정과 탈산 등을 목적으로 하는 용제로 채운 것

플레어 용접(flare groove weld) 두 부재 사이의 플레어 부분에 하는 용접

플레이튼(가압판, platen) 일반적으로 평면을 가지는 전극 다이, 위치 결정 장치 등을 고정할 수 있고, 전극 가압력이나 강한 힘을 전달하는 저항 용접기의 구성 부분

피이닝(peening) 금속 표면을 해머로 두드리는 가공법이며, 용접에 있어서는 비이드 또는 그 부근을 두드린다.

피트(pit) 기공 또는 용융 금속이 튀는 현상이 생겨 용접한 부분의 바깥면에 나타나는 작고 오목한 구멍

필릿 용접(fillet weld) 겹치기 이음, T형 이음, 모서리 이음에 있어서 대개 직각으로 만나는 두 면을 결합하는 삼각형 단면의 용착부를 가지는 용접

필터 유리(filter lens) 용접할 때 발생하는 해로운 광선을 차단하는 성질을 가진 유리

핸드 시일드(hand shield) 아아크 용접을 할 때 얼굴을 보호하기 위하여 앞을 내다보는 창이 있는 손으로 잡는 보안경

현장 용접(field welding) 용접물을 설치한 장소 또는 선박 위에서 하는 용접

형틀 굽힘 시험(guide bend test) 수 형틀과 암 형틀을 사용하여 그 형틀을 따라 굽히는 시험

호울더(electrode holder) 아아크 용접에서 용접봉을 붙잡고 전류를 통하

게 하는 기구

호트 스타아트(hot start)　아아크를 발생시킬 때, 짧은 시간에 용접 전류를 많이 흐르게 하는 아아크의 초기 발생법

혼합실(mixing chamber)　연소 가스와 산소를 혼합하는 부분

환원 불꽃(reducing flame)　사용하는 부분이 환원성을 가지고 있는 가스 불꽃

회돌림 용접(boxing)　필릿 용접에 있어서 붙인 부재의 끝부분을 돌려서 하는 용접

휘핑(whipping)　수직 용접할 때 언더컷을 내지 않게 하기 위하여 용접봉을 위쪽으로 추켜 올렸다 내렸다 하는 운봉법

후열(postheating)　용접 또는 가스 절단한 다음 열을 가하는 것

후진 용접(back hand welding)　용접 재료가 토오치 뒤를 따라 진행하는 용접법

후피복 용접봉(thick coated electrode)　피복재가 두껍게 묻은 용접봉

《参考 文獻》

1.	AWS	Welding Handbcok (Sixth Edition)	AWS
2.	Giachino, Weeks, Johnson	Welding Technology	ATS
3.	J. L. Morris	Welding Principles for Engineers	Prentice-Hall Inc.
4.	B. E. Rossi	Welding and Its Application	McGraw-Hill
5.	溶接學會 編	溶接便覧	丸善
6.	鈴木春義 著	最新溶接ハントブック	山海堂
7.	鈴木春義 著	最新溶接工學	コロナ社
8.	石井・田村 著	溶接工學概論	共立出版
9.	大柴文雄 著	溶接工學	森北出版
10.	横田清義 著	寫眞溶接(ガス, 電氣)	日本文化興業
11.	神戸製鋼 編	溶接棒各論	神戸製鋼
12.	安藤・長谷川 著	溶接アーク現象	產報
13.	江藤祐春 外10人	溶接の現場技術	東京電機
14.	勞働省 編	溶接法	斯文書院
15.	廉永夏・嚴基元 著	熔接工學	東明社

찾 아 보 기

(ㄱ)

(ㄴ)

(ㅇ)

(ㅈ)

(ㅊ)

(ㅎ)

실용 용접공학

1977년 2월 1일 초판발행 • 저 자 엄 기 원
2009년 9월 20일 12쇄발행 • 발행인 최 국 주
• 발행처 동 명 사

경기도 파주시 교하읍 문발리 535-10 파주출판단지 30블록 4롯트
전 화 : 031) 955-7200(代), 955-7201~4, 7203 (편집부)
팩시밀리 : 031) 955-7205
출판등록 : 1950년 11월 1일(제1-76호)
E-mail : dms723@chol.com
홈페이지 : www.dmsbook.com

정가 18,000원

ISBN 978-89-411-0191-8 93580